河南省"十四五"普通高　　规划教材

普通高等教育网络空间安全系列教材

网络空间安全保密技术与实践

主编　郭渊博　张　琦

科 学 出 版 社

北　京

内 容 简 介

本书体现了网络安全保密一体化设计与运用的思想，横向上沿着PDR动态模型，纵向上沿着IATF动态模型，立体式地组织内容。本书涵盖了通信加密、认证与访问控制、可信计算等基于密码的网络安全机制，以及操作系统安全、防火墙、网闸、入侵检测、网络态势感知、内容安全、网络攻击溯源等通用网络安全机制，同时强调人的因素、管理因素和安全保密体系建设等问题，介绍了业务连续性管理、安全审计与责任认定、信息系统安全工程、网络安全等级保护、信息系统密码应用设计与安全性评估等内容。

本书主要面向网络空间安全、信息对抗、信息安全等专业的学生，以及从事信息系统建设与运行、密码管理与测评的相关管理人员和技术人员。

图书在版编目(CIP)数据

网络空间安全保密技术与实践 / 郭渊博，张琦主编. —北京：科学出版社，2023.6

河南省"十四五"普通高等教育规划教材·普通高等教育网络空间安全系列教材

ISBN 978-7-03-075873-6

Ⅰ. ①网… Ⅱ. ①郭… ②张… Ⅲ. ①计算机网络—网络安全—高等学校—教材 Ⅳ. ①TP393.08

中国国家版本馆 CIP 数据核字(2023)第 109447 号

责任编辑：于海云 / 责任校对：胡小洁
责任印制：吴兆东 / 封面设计：马晓敏

斜 学 虫 版 社 出版
北京东黄城根北街 16 号
邮政编码：100717
http://www.sciencep.com

天津市新科印刷有限公司印刷
科学出版社发行 各地新华书店经销

*

2023 年 6 月第 一 版 开本：787×1092 1/16
2025 年 1 月第三次印刷 印张：21 1/2
字数：547 000

定价：89.00 元
(如有印装质量问题，我社负责调换)

前　　言

随着互联网技术的飞速发展及应用，特别是移动互联网、云计算和大数据等新技术的普及应用，社会各个领域对网络信息技术的依赖程度日益提升，信息化应用发展背后的深层次安全矛盾趋于显现，一系列接踵而来的网络安全事件凸显了网络安全对国家安全的深刻影响。当前，各信息和军事强国纷纷开启网络空间实战化布局，攻防对抗态势逐步升级。因此，保障网络和信息系统可靠运行的安全防御工作已经变得不可或缺，甚至达到了与国家安全和国家利益密不可分的程度。党的二十大报告指出："推进国家安全体系和能力现代化，坚决维护国家安全和社会稳定。"网络安全作为国家安全的重要组成部分，迫切需要以党的二十大精神为指引，发展出以威胁对抗有效性为导向的网络空间安全防御理念。

对于军事信息网络、关键信息基础设施、军工企业及科研机构内网等承载着高信息价值资产的网络系统来讲，可能会遭受常态化高强度的网络威胁攻击，需要树立"敌人终将进入我方内网"甚至"敌人已经进入我方内网"的敌情思维，坚持"面向失效的设计"纵深防御理念，考虑每一项安全手段失效的"后手"。既要将网络防御能力与物理、网络、系统、应用数据与用户等各个层级进行深度融合，又要将网络防御能力部署到信息基础设施和信息系统的"每一个角落"；既要广泛采用密码技术进行"保底"，又要强调对攻击的快速反应甚至反击。

本书共 17 章，遵循从认识论到方法论，再到实践论的逻辑关系，较为系统地阐述了网络防御的基本理论、基本方法，以及系统集成实现等问题。

第 1 章绪论，介绍了网络空间安全威胁及其产生的原因，以及从信息安全、网络安全到网络防御的概念演化。

第 2 章网络防御模型及框架，介绍了现有主流的安全模型、安全保障和管理框架等。

第 3~6 章围绕基于密码的网络防御技术，介绍了密码学的基本原理、网络通信加密协议、身份认证与访问控制技术、密钥管理技术、公钥管理基础设施（PKI）与授权管理基础设施（PMI）。

第 7~9 章围绕纵深防御战略，介绍了计算机环境安全、网络边界防护和网络安全监测等技术。

第 10~11 章围绕业务连续性、合规性检测与防护，介绍了风险评估、应急响应、备份和灾难恢复、安全审计与责任认证等技术。

第 12 章网络信息内容安全，介绍了网络信息内容安全的相关概念、信息内容获取、信息内容识别与分析、信息内容过滤、网络舆情监测等关键技术。

第 13 章信息系统安全工程，以系统安全工程能力成熟度模型为主线，介绍了信息系统安全工程所涉及的主要领域、体系结构、在工程实施中的应用等内容。

第 14 章网络安全等级保护，介绍了网络安全等级保护的背景及起源、保护对象的分级及要求、等级保护安全框架和关键技术、网络等级保护安全技术设计及安全管理中心的技术要求。

第 15 章信息系统密码应用设计，介绍了信息系统密码应用基本要求、密码应用解决方案的设计和政务信息系统密码应用方案模板。

第 16 章信息系统密码应用安全性评估，介绍了密码应用安全性评估的相关概念，以及密码应用安全性评估的实施过程、测评要求和评估中存在的风险。

第 17 章网络攻击溯源，介绍了其基本概念与作用、面临的主要技术挑战、攻击溯源所需的信息和系统架构。

参与本书编写工作的有郭渊博、张琦、马骏、常德显、张瑞杰 5 位教师。其中，马骏编写第 3 章和第 5 章；常德显编写第 7 章；张瑞杰编写第 12 章；余下的章节由郭渊博、张琦完成。

由于编者水平与时间的限制，书中难免存在疏漏之处，敬请广大读者不吝赐教。

编　者

2022 年 12 月

目　　录

第1章　绪　论

新的历史时期，网络空间把世界连为一体，成为经济发展新支柱、国家安全新边疆和战略博弈新领域，也强制性地改变着战争形态。网络空间安全事关国家安危、经济命脉、兴衰强盛。网络防御是确保网络安全的重要手段，涉及信息技术、网络技术、安全技术和密码学。为了更好地理解和开展网络防御行动，需要首先明确与其相关的重要概念，搞清楚网络防御的内涵和外延。

1.1　信息与信息系统

1.1.1　信息

信息(Information)，指音信、消息、通信系统传输和处理的对象，泛指人类社会传播的一切内容。人通过获得、识别自然界和社会的不同信息来区别不同事物，得以认识和改造世界。在一切通信和控制系统中，信息是一种普遍联系的形式。1948 年，数学家香农在题为《通信的数学理论》的论文中指出信息是用来消除随机不确定性的东西。创建宇宙万物的最基本的万能单位是信息。狭义上，信息就是符号的排列的顺序。

世界是由物质组成的，物质是运动变化的。客观变化的事物不断地呈现出各种不同的信息。人们需要对获得的信息进行加工处理，并加以利用。

"信息无处不在，信息就在大家身边"。人们是通过五种感觉器官，时刻感受来自外界的信息的。人们感受到的各种各样的信息，按照参与获取信息的人来划分，可分为参与前的信息和参与后的信息。

参与前的信息是指获取信息的人没有参与信息活动情况下的信息。由于没有人为因素的参与，这个信息是客观真实的，不存在真假的问题，只存在着每个人的认知能力和认知水平问题。

参与后的信息是指获取信息的人，参与了信息活动而获得的信息。由于有获取信息的人的参与，这个信息里面就会掺杂人为因素，不再是原始状态下的信息，或多或少会失去一些客观真实的内容。

信息具有很多的基本特征，如普遍性、客观性、依附性、共享性、传递性、时效性等。

(1)普遍性：信息需要通过具体的事物表达出来，而事物每时每刻都在发展变化，事物的普遍性就决定了信息的普遍性。

(2)客观性：事物本身的发展变化是不以人的意志为转移的，所以其表达出来的信息具有客观性。

(3)依附性：信息作为客观事物属性的外在表现，必须要依附于某种客观事物而存在，并借助一定的信息媒体(如文字、图形、图像等)表现出来。

(4)共享性：信息依附的客观事物在使用过程中可能会消亡或转化，但信息本身并不会减少。相反，信息一旦成为一种资源，就具有了使用价值，可以通过传播和复制实现信息的共享。

(5)传递性：信息的传递既有空间上的概念，也有时间上的概念。必须通过传输媒介的传播，使信息在空间上传递，从而实现信息的共享。同时，通过存储介质的保存，可以实现信息在时间上的传递，如收看的体育赛事的重播视频。

(6)时效性：信息的共享随着时间的推移，可能会失去其使用价值，变为无效的信息。因此，使用者必须及时获取并利用信息，这样才能体现信息的价值。

1.1.2 信息系统

信息系统(Information System)是由计算机硬件、网络和通信设备、计算机软件、信息资源、信息用户和规章制度组成的以处理信息流为目的的人机一体化系统，主要有五个基本功能，即对信息的输入、存储、处理、输出和控制。

输入功能指的是系统获取信息和数据资源的能力，该功能决定了系统所处的信息环境和最终要达到的目的以及具备的能力。存储功能指的是系统存储各种输入信息和数据的能力。处理功能是指系统对存储信息的管理、统计、查询、分析和知识挖掘能力。控制功能是指系统对信息的处理、传输、输出等环节的控制能力。

信息系统在架构上一般包括基础设施层、资源管理层、业务逻辑层、应用表现层等。基础设施层主要由支撑信息系统运行的软硬件资源和基础网络组成。资源管理层既包括处理的各类信息数据，也包括对信息进行采集、存储、处理、输出和控制的各类管理系统。业务逻辑层主要是指实现各种应用业务的代码逻辑。应用表现层则通过友好的人机交互方式，将信息处理的结果以丰富的形式展现给最终用户。

信息系统的开发涉及计算机技术基础与运行环境，包括计算机硬件技术、计算机软件技术、计算机网络技术和数据库技术。计算机硬件技术主要提供信息系统的运行平台，计算机软件技术为信息系统提供管理、控制功能以及使用界面，计算机网络技术保障信息系统运行平台、上层软件的互联互通、资源共享，数据库技术主要提供信息和数据资源的持久化存储。

1.2 网络空间

从概念起源看，"网络空间"(Cyberspace)一词由科幻小说作家威廉·吉布森(William Gibson)首创，发展于美军，自 20 世纪 90 年代初开始得到国内学术界的关注。其称谓还经历了"赛博空间"、"网络电磁空间(网电空间)"等一系列变化。2012 年党的十八大报告提出"高度关注海洋、太空、网络空间安全"，自此"网络空间"的说法基本得到明确，但人们对其本质内涵仍有不同的认识。

科幻小说作家威廉·吉布森在 1981 年出版的小说 *Burning Chrome* 中首次使用了 Cyberspace 一词，原意是指"由计算机生成的景观，是连接世界上所有人、计算机和各种信息资源的全球计算机虚拟空间"。20 世纪 90 年代，随着互联网的兴起，人们所理解的网络空间基本与互联网同义。

从 1998 年起，美国政府就开始真正地密切关注网络空间，并建立了一个白宫领导下的组织来协调指定的牵头部门和机构以及私营部门，以"消除美国的关键基础设施，特别是在网络系统中，存在的物理和网络攻击方面的任何漏洞"。

进入 21 世纪，网络空间逐渐得到美国政府和军方的广泛重视，其定义随着认识的不断深入做过多次修订。

2003 年 2 月，美国政府公布的《确保网络空间安全的国家战略》提出了三个战略目标(预防针对美国关键基础设施的网络攻击；降低国家面对网络攻击时的脆弱性；发生网络攻击时将损失和恢复时间降至最低)，并将网络空间定义为国家关键基础设施中的中枢神经，由成千上万互联的计算机、服务器、路由器、交换机、光纤机、光纤线路组成。这一定义将网络空间视为物理设施的集合，以及国家基础设施赖以运行的物理网络基础，同时还指出计算机网络在国家、社会、政治、经济、军事上举足轻重的作用。

2006 年 12 月，美国参谋长联席会议发布的《网络空间作战国家军事战略》指出，网络空间是指利用电子和电磁频谱，经由网络化系统和相关物理基础设施进行数据存储、处理和交换的域。这一定义认为网络空间不仅仅包括物理设施，还包括在其基础上运行的电子和电磁频谱。该报告的另一个显著特点就是将 Cyberspace 定义为"域"(Domain)，即将其定义为"行使主权的领土"和"一个有着明显不同物理特征的区域"。

2009 年 5 月，美国白宫发表的题为《网络空间政策评估》的报告将网络空间定义为全球互联的数字信息和通信基础设施，包括互联网、计算机系统，以及嵌入其中的处理器和控制设备，通常也指信息和人类交互的虚拟环境。这个定义首次明确指出网络空间的范围不限于因特网(Internet)或计算机网络，还包括了各种军事网络和工业网络。

2008 年 9 月，美国国防大学编写的《Cyberpower 和国家安全》对网络空间的定义做了全面的解读：①它是一个可运作的(Operational)空间领域，虽然是人造的，但不是某一个组织或人所能控制的，在这个空间中有全人类的宝贵战略资源，不仅仅用于作战，还可用于政治、经济、外交等活动，例如，在这个空间中虽然没有一枚硬币流动，但每天都有成千上万美元的交易；②与陆、海、空、天等物理空间相比，人类只有依赖电子技术和电磁频谱等手段才能进入网络空间，才能更好地开发和利用该空间中的资源，正如人类需要借助车、船、飞机、飞船才能进入陆、海、空、天空间一样；③开发网络空间的目的是创建、存储、修改、交换和利用信息，网络空间中如果没有信息的流动，就好比电网中没有电流，公路网上没有汽车一样，虽然信息的流动是不可见的，但信息交换的效果是不言自明的；④构建网络空间的物质基础是网络化的、基于信息通信技术(ICT)的基础设施，包括联网的各种信息系统和信息设备，所以网络化是网络空间的基本特征和必要前提。

近年来，美军对网络空间的认识不断深入，美军在 2012 版《联合信息作战条令》(JP 3-13 联合出版物)中将 Cyberspace 定义为信息环境中的一个全球域，由一些相互依赖的信息技术基础设施网络构成，包括互联网、电信网、计算机系统，以及嵌入式处理器和控制器。该定义在 2018 年新版《网络空间作战》(JP 3-12 联合出版物)中得到了保持。

除了军事或国家安全部门对网络空间的理解之外，民间对网络空间的理解也不尽相同。有人认为它是由计算机网络、信息系统、电信基础设施共同构建的无时空连续特征的信息环境；有人认为它是因特网和万维网(WWW 或 Web)的代名词；但更多的人认为网络空间不限于计算机网络，还应包括蜂窝移动通信、天基信息系统等。有人认为网络空间是一种隐喻(Metaphor)，是概念上的虚拟信息空间；有人认为这个空间是社会交互作用的产物，包括从认知到信息再到物理设施三个层次。还有人强调网络空间和陆、海、空、天等物理空间的根本区别是：前者是非动力学（Non-Kinetic）系统，而后者是动力学（Kinetic）系统。

一般来讲，网络空间中的关键信息基础设施主要包括如下 5 类：①提供公共通信、广播电视传输等服务的基础信息网络。公共通信网络包括公众电话网、移动通信、互联网、城市应急通信等系统及有线与无线、固定与移动通信网络系统等；广播电视传输网络包括通信卫星、微波收转站、微波传输线路、微波站、广播电视发射台、转播台、有线电视网络等。②公共服务领域的重要信息系统，涵盖能源、交通、水利、金融等关系到国计民生的重要行业以及供电、供水、供气、医疗卫生、社会保障等领域。③军事网络，包括军事指挥、组织动员、军事训练、后勤、情报、战略支援保障等信息网络。④国家机关等政务网络。⑤用户数量众多的网络服务提供者所有或管理的网络和系统。

网络空间渗透到陆、海、空、天传统空间，越来越多的具有连接属性的物体甚至是人直接或间接连入网络空间。按照不同功能属性划分，网络空间可以从物理域、信息域和认知域三个层面进行理解。

物理域是网络空间客观存在的物质基础，包括满足网络空间中信息获取、传输、处理、存储要求的信息基础设施，以及基础设施互联所需要的电磁频谱资源等媒介和参与网络空间活动的设备与设施等。

信息域主要是指客观存在的现实世界及其相互联系和相互作用在网络空间中的信息映像。其中，客观存在表现为不同系统所具有的代码以及数据，是各类系统逻辑功能的数字化表现和信息表达；相互联系和相互作用表现为数据化信息的存储、分发、处理、交换、显示与保护等。

认知域是网络空间中的逻辑层面信息所反映的人的认知。人们以某种网络身份进入网络空间后，围绕某种联系、利益或话题聚集起来，并通过网络形成与现实世界相同或类似的各种关系群体，在其中获取知识或开展人类活动。

也有网络专家将网络空间细分为物理网络层、逻辑网络层、人物角色层（图 1-1）。

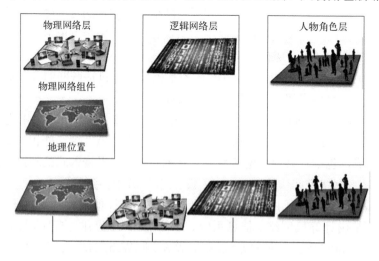

图 1-1　网络空间的分层

1.3 网络空间安全威胁

随着新一代信息技术的持续创新发展，网络空间的包容性、渗透性越来越强，其与现实世界的融合不断深化，特别是移动互联网、新型社交网络、大数据、人工智能等技术和应用的普及，使得人类的生产、生活乃至国家经济发展、社会治理、文化传播等对网络空间的依赖程度越来越深，与之相对应的是网络空间安全风险不断累积和升级，其范围越来越广，程度越来越深，成为世界各国和全人类面临的共同挑战。

1.3.1 网络空间安全威胁的表现形式

网络空间安全威胁(Security Threat)是指对网络空间安全状态构成现实影响或潜在威胁的各类事件的集合，其表现形式可按以下维度进行划分。

1) 按照行为主体进行划分

按照实施安全威胁的行为主体，网络空间安全威胁可划分为黑客攻击、有组织的网络犯罪、网络恐怖主义和国家支持的网络战等形式。

黑客攻击是指黑客通过特定网络攻击手段破解或破坏某个程序、系统及网络安全的行为。黑客攻击分为破坏性攻击和非破坏性攻击两类。破坏性攻击的目的是扰乱系统的运行，并不盗窃系统资料。非破坏性攻击则以侵入他人计算机系统、窃取系统保密信息、破坏目标系统的数据为目的。黑客攻击的常用手段包括利用后门程序、探测系统漏洞、特洛伊木马攻击、电子邮件炸弹、分布式拒绝服务攻击、网络监听等。著名的黑客攻击案例有 2011 年索尼公司 PS 网络遭受黑客攻击，运行中断 23 天，7700 万个用户的账户信息被盗，损失超过 1.7 亿美元。

网络犯罪指行为人运用计算机技术，借助网络对目标系统或信息进行攻击，破坏网络或利用网络进行其他犯罪的总称。网络犯罪因其智能性、隐蔽性、跨国性、匿名性等特性，给各国经济、社会安全等带来前所未有的挑战。典型的网络犯罪有借助网络渠道进行音视频盗版、赌博、洗钱、贩毒等传统犯罪活动，利用网络窃取机密信息、进行金融诈骗等新型犯罪活动等。近年来，对我国社会造成重大危害的电信诈骗是典型的网络犯罪手段之一，每年造成的民众财产损失高达数百亿元。

网络恐怖主义是指非政府组织或个人有预谋地利用网络并以网络为攻击目标，以破坏目标所属国的政治稳定、经济安全，或扰乱社会秩序、制造轰动效应为目的的恐怖活动，是恐怖主义向信息技术领域扩张的产物。网络恐怖主义包含两个层面：一是针对事关国计民生的关键信息基础设施发起恐怖袭击，以破坏正常社会和经济秩序，引发社会动荡；二是借助网络空间组织恐怖活动、宣扬恐怖理念、制造恐怖气氛、招募和培训恐怖分子等。网络空间的隐蔽性和无国界性决定了网络恐怖主义攻防对抗具有典型的不对称性，也是当前全球反恐斗争面临的主要威胁之一。

网络战是指国家间为干扰、破坏对方的网络和信息系统，并保证己方网络和信息系统的正常运行而采取的一系列网络攻防行动。网络战对国家安全的威胁程度最高，既涉及传统的军事安全领域，例如，通过网络攻击直接破坏对方的军事指挥控制系统、情报系统、防空系统等，也涉及针对重大民用基础设施开展的网络战行为，例如，通过网络攻击扰乱甚至致瘫对方国家的金融、能源、交通等领域,使其经济和社会秩序陷入混乱,不战而屈人之兵。网络战的典型案例有 2015 年 12 月乌克兰发生大面积停电事件,该事件也被普遍认为是一次针对能源领域的网络战行为。

2)按照威胁的形成机制进行划分

按照威胁的形成机制进行划分,网络空间安全威胁包括技术性威胁和非技术性威胁两类。

技术性威胁是指利用技术手段对目标网络或信息系统展开攻击,以窃取、破坏其机密信息,或导致系统故障使其无法提供正常的网络服务。按照网络和信息系统的组成结构,技术性威胁具体可分为针对硬件设备、无线频谱等的物理层安全威胁,针对系统脆弱性、软件安全性等的系统层安全威胁,针对网络连接、协议安全性等的网络层安全威胁,针对数据可用性、完整性、机密性、抗抵赖性的数据层安全威胁等。当前,随着移动互联网、云计算、大数据、物联网等新型应用的普及,网络攻击的渠道和手段呈现多样化、智能化和隐蔽性特征,网络空间面临的技术性威胁更趋复杂。例如,移动通信"伪基站"暴露出新的物理接入安全问题;大数据技术应用在提升全社会数据利用能力的同时,使得许多现有数据保护方法的安全假定不再适用;2016 年 10 月爆发的美国东部大规模互联网瘫痪事件成为物联网安全问题对网络空间安全形成新挑战的缩影。

非技术性威胁是指利用网络开放互连、跨时空快速传播信息的特性而衍生形成的安全威胁,典型的有借助公众网络造谣滋事、传播不良信息等,其更多地体现在对国家政治、社会和文化等领域形成安全威胁,甚至是利用网络实现政权更迭。

3)按照威胁的实现形式进行划分

按照威胁的实现形式划分,网络空间安全威胁包括网络病毒、僵尸网络、拒绝服务攻击、旁路攻击、社会工程学攻击、高级持续性威胁攻击等具体手段。

网络病毒即计算机病毒(Computer Virus),指编制或在计算机程序中插入的破坏计算机功能或毁坏数据,影响计算机使用并且能够自我复制的一组计算机指令或程序代码。

僵尸网络(Botnet)指攻击者通过发起主动漏洞攻击或传播邮件病毒等手段,使大量联网主机感染僵尸(Bot)程序病毒,从而在控制者和被感染主机之间形成的一个一对多控制的网络。利用僵尸网络,攻击者很容易针对网络目标发起分布式拒绝服务(Distributed Denial of Service,DDoS)等典型攻击行为。

拒绝服务(Denial of Service,DoS)攻击指攻击者通过向目标系统发起大量无效连接或发送恶意流量,耗尽对方的计算资源、网络连接资源或网络带宽资源,迫使目标系统无法向合法用户提供正常网络服务的一种攻击手段。DoS 攻击一般分为语义(Semantic)攻击和暴力(Brute)攻击两类,语义攻击利用目标系统实现时的缺陷和漏洞,通过"点穴"方式达到攻击目的;暴力攻击不需要目标系统存在漏洞或缺陷,通过使发起的连接请求数量超过目标系统服务能力来实施。

旁路攻击(Side Channel Attacks,SCA)也称为侧信道攻击,是指针对加密电子设备在运行过程中的时间消耗、功率消耗或电磁辐射之类的侧信道信息泄露而对加密电子设备进行攻击的方法,SCA 通常用于破解密码。当前,随着云计算应用的普及,借助虚拟机共享缓存、共享内存总线、共享网络链路等共享资源对云用户实施侧信道攻击已成为云安全面临的主要威胁之一。

社会工程学攻击是一种利用社会工程学(Social Engineering)来实施的网络攻击行为。在计算机科学中, 社会工程学指的是通过与他人的合法交流, 使其心理受到影响, 从而因为决策或认知偏差做出某些动作或透露机密信息, 如电信诈骗、网络钓鱼邮件等。

高级持续性威胁(Advanced Persistent Threat, APT)攻击是指利用先进的攻击手段对特定目标进行长期持续性网络攻击的攻击形式, 其高级性体现在发起攻击之前会对被攻击对象的业务流程、可能存在的漏洞、可行的攻击手段及攻击线路、所需的攻击资源等进行长期而细致的分析准备, 进而组建攻击者所需的网络, 制定严密的战术以实施攻击。其持续性是指攻击者一般会持续监控特定目标, 持续时间甚至长达数年。APT 攻击的特点是经过长期的人为参与策划, 并具备高度的隐蔽性, 令信息系统所有者及安全管理人员无从察觉。严格而言, APT 攻击并非新的攻击手段, 而是既有攻击手段的战术性综合利用。

1.3.2　网络空间安全威胁产生的原因

造成网络空间安全威胁的原因多种多样, 典型的有网络安全法律法规不完备、安全管理制度有漏洞, 网络与信息系统本身存在安全脆弱性以及缺乏有效的安全防护手段, 全球化产业链环境下技术先进方出于获取信息优势等目的对技术落后方刻意实施的"后门工程"等。因此, 从技术上, 以下方面使得网络空间安全威胁的存在有其必然性。

1) 网络空间应对安全威胁的先天脆弱性

这种脆弱性(Vulnerability)源自多个方面。首先, 开放和互连是网络空间存在与发展的基础, 开放性决定了网络的无边界性、网络实体的身份虚拟性等。开放程度越高, 开放范围越广, 其所带来的安全风险就越大。例如, 不良信息传播等网络内容安全问题就是借助网络空间的开放性而形成的典型威胁。未来随着互联网、电信网、物联网等不同网域以及各类信息技术应用的深度融合, 任何一个网域、一种协议甚至一类设备的机制缺陷或设计漏洞引发的安全风险都可能在开放互连的网络空间中大面积扩散, 从而进一步加剧网络空间整体上的脆弱性。其次, 网络空间的架构缺陷导致安全脆弱性。发展网络空间的最初目的是提供灵活便捷的信息通信服务, 其设计之初对安全保护机制的考虑十分有限, 其后也以发展附加式安全机制为主, 造成网络空间技术和系统架构同质化严重, 导致攻击者无论在攻击空间还是攻击时间上都拥有太多的机会。再次, 网络协议自身存在脆弱性。例如, 互联网最根本的 TCP/IP 是一个建立在可信环境下的网络互连模型, 设计时主要考虑互联互通性、互操作性以及连接可靠性, 缺少安全设计机制, 这就导致所有基于 TCP/IP 的网络应用服务在不同程度上均存在先天性的安全缺陷, 包括应用最普遍的 WWW 服务、FTP 服务、电子邮件服务等。最后, 网络空间的复杂性也带来脆弱性问题。特别是当前许多云计算和移动互联网应用, 为了便于用户接入和使用, 借助新的信息技术、智能应用技术, 整合大量的业务接口, 这就扩大了自身的受攻击面, 为复合攻击创造了条件。

2) 安全漏洞存在的普遍性

随着网络与信息系统的功能越来越强大, 智能化程度越来越高, 其软硬件设计也日趋复杂, 代码量动辄数十万、数百万行, 理论上, 迄今无法找到完全避免设计缺陷与实现错误, 或者穷尽设计缺陷与实现错误的有效方法, 而任何一个缺陷或错误都有可能产生安全漏洞并被网络攻击者所利用。实践证明, 构成网络空间物质基础的各类网络设备、信息系统、应用服务等都广泛存在漏洞且不断暴露新的漏洞。漏洞的普遍性成为当前网络空间面临安全威胁的根本原因之一。据统计，仅 2010～2016 年，中国国家信息安全漏洞库就收录了 46771 个漏洞，且呈逐年增长趋势，涉及操作系统漏洞、网络设备漏洞、数据库漏洞、Web 应用漏洞、安全产品漏洞等方面，由此造成大量的网络瘫痪、用户信息泄露、网络欺诈等网络安全事件。

3）病毒、木马和后门的易安插性

信息产业全球化格局下，透过产品设计链、工具链、制造链、加工链、销售链、服务链等环节，均可植入隐蔽的恶意功能，从器件、部件、组件到系统，从技术到服务，从设计工具、开发环境到应用软件都可以预留隐蔽的"后门"（Backdoor）功能，信息系统的安全链几乎不可能掌控。尤其是技术领先或具有卖方优势的一方，很容易对技术落后或买方市场一方实施"后门工程"，以获取网络空间的战略优势。根据《2014 年中国互联网网络安全报告》提供的数据，2014 年我国境内有 40186 个网站被植入后门。

4）网络空间攻防的不对称性

网络空间的基本态势是"易攻难守"。对攻击者而言，只需针对目标对象在整个安全链上找到一个可利用的脆弱点，就可以一招制胜，破坏或掌控整个系统，而且攻击者在时机上也具有"出其不意，先发制人"的行动优势，可以轻松掌握攻防对抗的战略主动权。对防御者而言，则只有在系统设计、实现、应用、管理等整个安全链上做到万无一失，才可能真正形成防御能力。

1.4　网　络　攻　击

网络攻击是指针对网络信息系统实施的任何类型的进攻动作。通常通过寻找并利用网络信息系统的脆弱性，以非授权方式达到破坏、欺骗和窃取信息等目的。网络攻击大多经过精心设计，具有难以防备、种类繁多、数量庞大的特点。

1.4.1　针对信息的攻击

从对信息的破坏性上看，攻击类型可以分为被动攻击和主动攻击。

1）被动攻击

被动攻击是指仅破坏信息的机密性的攻击。这种攻击可以通过窃听信息、破译密码、分析信息流量等形式来实现，并不会改变系统中所含的信息以及系统的操作与状态。下面介绍常见的信息窃听和信息流量分析攻击。

（1）信息窃听：古已有之，近代通过有线电话搭线窃听较为常见。无线截获也是常用方式之一，主要利用高灵敏接收装置来接收网络站点或网络连接设备辐射的电磁波，然后通过分析该电磁波携带的电磁信号来恢复原始数据信息。在计算机网络中，局域网采用广播方式实现数据传送，例如，将主机网卡设置为混杂模式，即可实现对主机所在子网全部数据包的获取，如果数据未加密，则可以直接进行协议解析来窃取数据；如果数据进行了加密，则需要先进行密码破译工作。

（2）信息流量分析：主要通过观察网络数据报文的模式，即便通信双方对敏感信息进行了加密，攻击者在未破译密码的情况下无法获知信息的真实内容，但仍然可以分析确定出通信双方的位置、通信的频次及消息的长度，获知相关的敏感信息。

由于被动攻击不会对被攻击的信息做任何修改,留下的痕迹很少,或者根本不留下痕迹,因而非常难以检测,所以抗击这类攻击的重点在于预防,具体措施包括虚拟专用网(VPN),采用加密手段对数据报文内容及路由信息进行保护等。被动攻击不易被发现,因而常常是主动攻击的前奏。

2) 主动攻击

主动攻击是指造成系统状态的非授权改变的攻击。攻击成功的后果不仅会破坏信息的机密性,更会破坏信息的完整性和可用性。这种攻击的具体形式可能是入侵、篡改、重放、插入、乱序、伪装、阻塞、拒绝服务、恶意代码等。下面介绍常见篡改消息、伪造、拒绝服务攻击。

(1)篡改消息:一个合法消息的某些部分被改变、删除,或消息被延迟或改变顺序,通常用以产生一个未授权的效果。例如,修改传输消息中的数据,将“允许甲执行操作”改为“允许乙执行操作”,从而破坏消息的机密性、完整性。

(2)伪造:某个实体(人或系统)发出含有其他实体身份信息的数据信息,假扮成其他实体,从而以欺骗方式获取一些合法用户的权利和特权。

(3)拒绝服务攻击:一种较为常见且危害巨大的攻击方式,可使目标信息系统停止提供正常服务,以达到降低系统性能、中断服务的目的。这种攻击通常采用消耗网络带宽等资源的方式来达到攻击目的。分布式拒绝服务攻击是 DoS 攻击的高级形式,通常指借助 C-S 技术,将多台计算机联合起来形成多级攻击平台,实现对一个或多个目标的拒绝服务攻击,这种方式成倍地提高了拒绝服务攻击的威力。

1.4.2　针对网络系统的攻击

针对网络系统的攻击,大致来说可以分为如下六类:信息收集型攻击、访问类攻击、Web攻击、拒绝服务攻击、病毒类攻击、溢出类攻击。

1) 信息收集型攻击

侦察是未经授权地发现和扫描系统、服务或漏洞,也称为信息收集。信息收集型攻击是一种基础的网络攻击方式,并不对目标本身造成危害,在大多数情况下,它是其他攻击方式的先导,用来为进一步入侵提供有用的信息。通过向目标主机发送数据包,然后根据响应来搜集系统信息,发现服务器的端口分配及所提供的服务和软件版本,可以进一步检测远程或者本地主机的安全脆弱性。此类攻击通常包含地址扫描、端口扫描、操作系统探测、漏洞扫描。

(1)地址扫描:攻击者利用 ping、tracert 或 firewalk 等进行攻击或者直接将 ICMP 消息发向目标网络,请求应答,如果请求和应答没有被网络边界过滤掉,攻击者就可以借此来获得目标网络地址分配信息,进而分析目标网络的拓扑结构。

(2)端口扫描:通过连接到目标系统的 TCP 或 UDP 端口,来确定哪些端口开放,以及什么服务正在运行。一般来说,端口扫描有三个用途:识别目标系统上正在运行的 TCP 和 UDP 服务;识别目标系统的操作系统类型;识别某个应用程序或某个特定服务的版本号。

(3)操作系统探测:攻击者利用已知网络协议数据包的响应特征数据库及其自动工具,对目标主机反馈的响应数据包进行检查。由于每种操作系统都有其独特的响应方法(例如,

Windows 和 Solaris 的 TCP/IP 堆栈具体实现有所不同），通过将此独特的响应与数据库中的已知响应特征进行对比，从而确定出目标主机所运行的操作系统。

（4）漏洞扫描：建立在上述三种扫描技术的基础之上，通过上述三种技术收集目标主机的各种信息，与漏洞库进行匹配，确定可被攻击者所利用的具体漏洞。

2）访问类攻击

访问类攻击指的是攻击者在获得或者拥有访问主机、网络的权限后，肆意滥用这些权限进行信息篡改、信息窃取等攻击行为。下面以三种访问类攻击行为为例，分别进行具体描述。

（1）口令攻击：攻击者攻击目标时常常把破译用户的口令作为攻击的开始，只要攻击者能猜测或者确定用户的口令，他就能获得机器或者网络的访问权限，并获得用户能访问到的任何资源。特别是如果这个用户有域管理员或 root 用户权限，则极其危险。

（2）端口重定向：攻击者对指定端口进行监听，把发给这个端口的数据包转发到指定的第二目标。一旦攻陷了某个关键的目标系统，如防火墙，攻击者就可以使用端口重定向技术把数据包转发到一个指定地点，这种攻击的潜在威胁非常大，能让攻击者访问到防火墙后面的任何一个系统。

（3）中间人攻击（会话劫持）：一种"间接"的入侵攻击，这种攻击行为，是通过各种技术手段将受入侵者控制的一台计算机虚拟放置在网络连接中的两台通信计算机之间，而这台计算机就称为"中间人"。然后入侵者把这台计算机模拟成一台或两台原始计算机，使"中间人"能够与原始计算机建立活动连接，并允许其读取或修改传递的信息，两个原始计算机用户却认为他们在互相通信。通常，这种"拦截数据-修改数据-发送数据"的过程就称为"会话劫持"。通过中间人攻击，攻击者可以达到信息篡改、信息窃取等目的。

3）Web 攻击

Web 这种应用的可操作性很大，用户使用的自由度也很高，同时，此应用也非常脆弱，遭遇的攻击也非常普遍。当攻击者在 Web 站点或应用程序后端"描绘"某个目标时，通常出于以下两个目的之一：阻碍合法用户对站点的访问，或者降低站点的可靠性。当前使用比较广泛的 Web 攻击方式主要有 SQL 注入攻击、跨站脚本攻击、CC 攻击、Script/ActiveX 攻击等。

（1）SQL 注入攻击：SQL 注入和缓冲区溢出都是一种依赖于开发人员没有对输入数据进行测试的疏漏而进行的攻击。SQL 注入攻击的基本原理是在用户输入中注入一些额外的特殊符号或 SQL 语句，使得系统构造出来的 SQL 语句在执行时或者改变了查询条件，或者附带执行了攻击者注入的整个 SQL 语句，从而让攻击者达到了非法的目的。由于 SQL 注入攻击利用的是 SQL 语法，所以理论上，其对于所有基于 SQL 标准的数据库软件都是有效的，包括 MS SQL Server、Oracle、DB2、Sybase、MySQL 等。只要这个恶意代码符合 SQL 语句的规则，则在代码编译与执行的时候，就不会被系统所发现。它的产生主要是由于程序对用户输入的数据没有进行细致的过滤，导致非法数据导入查询。

（2）跨站脚本（Cross Site Scripting，XSS）攻击：将恶意脚本嵌入到当前页面并执行，从而实现盗取用户资料，或利用用户身份进行某种动作，或对访问者进行病毒侵害等。

（3）CC（Challenge Collapsar）攻击：攻击者利用大量代理服务器对目标主机发起大量连接，导致目标服务器资源枯竭而拒绝服务，CC 攻击也是拒绝服务攻击的一种，不过主要是用来攻击页面的。

（4）Script/ActiveX 攻击：Script 是一种可执行脚本，ActiveX 则是一种控件对象。通过在两者中添加恶意代码并嵌入 Web 页面，便能以当前用户的权限执行相应代码。这样，当前用户的权限有多大，攻击的破坏性便有多大。

4）拒绝服务攻击

拒绝服务攻击即攻击者想办法让目标主机停止提供服务或资源访问，这些资源包括磁盘空间、内存、进程甚至网络带宽，从而阻止正常用户的访问。其实对网络带宽进行的消耗型攻击只是拒绝服务攻击的一小部分，只要能够对目标造成麻烦，使某些服务被暂停甚至主机宕机，都属于拒绝服务攻击。拒绝服务攻击问题一直得不到合理的解决，究其原因是网络协议本身的安全缺陷，从而拒绝服务攻击也成为攻击者的终极手法。

拒绝服务攻击有两种形式：带宽消耗型以及资源消耗型。它们都是通过大量合法或伪造的请求占用大量网络以及器材资源，以达到瘫痪网络以及系统的目的的，接下来介绍这两种类型下的常见攻击方式。

（1）带宽消耗型攻击。

①UDP 洪水（UDP Flood）攻击：利用了 UDP 协议作为面向无连接的传输层协议，数据传送过程不需要建立连接和进行认证这一特点。攻击时，攻击方发送大量 UDP 数据包，一方面消耗网络带宽资源，另一方面使被攻击主机忙于处理 UDP 数据包，而无法响应正常的连接请求，直至系统资源耗尽或崩溃。

②ICMP 洪水（ICMP Flood）攻击：正常情况下，为了对网络进行诊断，一些诊断程序，如 ping 等，会发出 ICMP 响应请求（ICMP ECHO）报文，接收主机收到 ICMP ECHO 后，会回应一个 ICMP ECHO REPLY 报文。而这个过程是需要 CPU 处理的，有的情况下还可能消耗大量的资源，如处理分片的时候。这样如果攻击者向目标主机发送大量的 ICMP ECHO 报文（产生 ICMP 洪水），则目标主机会忙于处理这些 ECHO 报文，而无法继续处理其他的网络数据报文。

③死亡之 ping（ping of Death）：攻击者发送大于 65535 字节的 IP 数据包给被攻击者，被攻击者收到全部分段并重组报文时总的长度超过了 65535 字节，导致内存溢出，这时主机就会出现内存分配错误而导致 TCP/IP 堆栈崩溃，系统宕机。

④Smurf 攻击：ICMP ECHO 报文用来对网络进行诊断，当一台主机接收到这样一个报文后，会向报文的源地址回应一个 ICMP ECHO REPLY。一般情况下，主机是不检查该 ECHO 报文的源地址的，因此，如果一个恶意的攻击者把 ECHO 的源地址设置为一个广播地址，这样主机在回复 REPLY 的时候，就会以广播地址为目的地址，本地网络上所有的主机都必须处理这些广播报文。如果攻击者发送的 ECHO 请求报文足够多，产生的 REPLY 广播报文就可能把整个网络淹没，这就是 Smurf 攻击。

⑤Fraggle 攻击：对 Smurf 攻击做了简单的修改，使用的是 UDP 应答消息而非 ICMP。

⑥泪滴（Tear Drop）攻击：一个特殊构造的应用程序，通过发送伪造的相互重叠的 IP 分组数据包，使其难以被接收主机重新组合，通常会导致目标主机内核失措。泪滴攻击不被认为是一个严重的 DoS 攻击，不会对主机系统造成重大损失。在大多数情况下，一次简单的重新启动是最好的解决办法，但重新启动操作系统可能导致正在运行的应用程序中未保存的数据丢失。

(2) 资源消耗型攻击。

①SYN 洪水 (SYN Flood) 攻击：攻击者通过伪造 IP 地址向服务器发送连接请求，服务器收到请求后，会使用一些资源为这个连接提供服务，并回复一个肯定答复 (SYN+ACK)，由于 SYN+ACK 是返回到一个伪装的地址，没有任何响应，服务器便继续进行 SYN+ACK 的重试。如果服务器的 TCP/IP 堆栈不够强大，最后的结果往往是堆栈溢出崩溃；如果服务器的系统足够强大，服务器也将忙于处理攻击者伪造的 TCP 连接请求，而无暇理睬客户的正常请求。

②LAND 攻击：与 SYN Flood 类似，也是利用了 TCP 连接建立的三次握手过程。通过向一个目标主机发送一个 TCP SYN 报文 (连接建立请求报文) 而完成对目标主机的攻击。与正常的 TCP SYN 报文不同的是，LAND 攻击报文的源 IP 地址和目的 IP 地址是相同的，都是目标主机的 IP 地址。这样目标主机接收到这个 SYN 报文后，就会向该报文的源地址发送一个 ACK 报文，并建立一个 TCP 传输控制块 (TCB)，而该报文的源地址就是自己，因此，这个 ACK 报文就发给了自己。这样如果攻击者发送了足够多的 SYN 报文，则目标主机的资源耗尽，最终无法提供正常服务。

③IP 欺骗攻击：利用 RST 位来实现。假设现在有一个合法用户 61.61.61.61 已经同服务器建立了正常的连接，攻击者构造攻击的 TCP 数据，伪装自己的 IP 为 61.61.61.61，并向服务器发送一个带有 RST 位的 TCP 数据包。服务器接收到该数据包后，认为从 61.61.61.61 发送的连接有错误，就会清空缓冲区中建立好的连接。这时，如果合法用户 61.61.61.61 再发送合法数据，服务器就已经没有这样的连接了，该用户就必须重新开始建立连接。攻击时，攻击者会伪造大量的 IP 地址，向目标发送 RST 数据，使服务器不对合法用户提供服务，从而实现了对目标服务器的拒绝服务攻击。

5) 病毒类攻击

根据中国国家计算机病毒应急处理中心发表的报告，占病毒总数近 45% 的是木马程序，蠕虫占病毒总数的 25% 以上，占病毒总数 15% 以上的是文档型病毒 (如宏病毒)，还有其他比较少见的病毒类型。

(1) 特洛伊 (Trojan) 木马：木马程序通过将自身伪装以吸引用户下载执行，向施种木马者提供并打开被种者主机的门户，用户一旦感染了木马，就会成为"僵尸"，施种者可以任意毁坏、窃取被种者的文件，甚至远程操控被种者的主机。一个完整的特洛伊木马套装程序包含两部分：服务器端 (被控制端) 部分和客户端 (控制端) 部分。服务器端被植入目标主机，一旦目标主机运行服务器端程序，攻击者就可以利用客户端与服务器端的通信控制目标主机，攻击者通过打开的端口实施对目标主机的入侵。

(2) 蠕虫病毒：因其最初在 DoS 环境下发作时会在屏幕上出现一条类似虫子的东西吞吃屏幕上的字母而得名。蠕虫病毒是一种自包含的程序 (或一套程序)，无须人为干预就能通过网络进行传播。蠕虫病毒入侵并完全控制一台主机后，就会以其作为宿主，进而扫描并感染其他主机。

(3) 宏病毒：一种寄存在文档或模板的宏中的计算机病毒。一旦打开这样的文档，其中的宏就会被执行，于是宏病毒就会被激活，转移到计算机上，并驻留在 Normal 模板上。从此以后，所有自动保存的文档都会感染上这种宏病毒，而且如果其他用户打开了感染病毒的文档，宏病毒就会转移到他的计算机上。

6) 溢出类攻击

缓冲区溢出，一般指的是向缓冲区中写入远多于缓冲区容量的数据，而这种地址上的越界通常会造成不可预料的后果，如软件的崩溃、信息的泄露等。缓冲区溢出一般发生在函数从调用处返回的时刻，并且在满足以下几个条件时才会发生。一是存在可访问的缓冲区。因为缓冲区溢出主要是由程序员对于内存的不当使用引起的。这一类可利用的缓冲区通常以两种形式出现：数组和指针。正是由于这一原因，对于类似于 C/C++这种可以直接操作内存的语言编写的程序，缓冲区溢出更容易发生。二是存在对于内存的写入操作。当某一缓冲区被设定为只读，只用于存放一些恒定不变的数据以供代码中的其他部分参考时，一般不会成为缓冲区溢出的引发点。但是需要经常变动或反复修改的缓冲区，就有发生溢出的可能。三是缺乏对于写入数据长度的有效验证。如果缺乏对于写入数据长度的验证，就有可能造成数据本身的长度比缓冲区的实际长度长，这是产生缓冲区溢出的必要条件，也是关键特征。

缓冲区溢出攻击，就是利用操作系统或程序本身存在的漏洞编写攻击程序，执行一些非法操作，甚至取得系统的控制权，进而进行更加严重的破坏活动。在内存空间中，根据程序增长方式的不同，可以将缓冲区溢出攻击分为栈溢出攻击和堆溢出攻击。栈溢出攻击是最常见的缓冲区溢出攻击。栈空间一般存放函数的临时变量和调用的返回地址，当程序完成函数调用后需要返回时，首先需要从栈空间中将这个返回地址取出，从这个地址开始继续执行调用前的操作。若给参数传递的变量的位数超过缓冲区，则会覆盖缓冲区中的跳转指针变量、被调用函数的返回地址和一些其他的数据。利用这个特点，就可以实施攻击。内存中的堆由用户数据区和管理结构区两部分组成，前者用来存放用户数据，后者用来存放堆的信息。针对堆的溢出攻击实际上是通过对堆中指针的修改来完成的。因此，缓冲区溢出攻击可以发生在堆栈段、堆段、BSS 段以及任何存放变量的地方，通过植入并执行代码，给信息安全带来严重的威胁。

1.4.3 完整的网络攻击步骤——杀伤链模型

一次完整的攻击过程通常涉及多种攻击方法，由多个攻击步骤组成。例如，2010 年发生的针对 Google 的 APT 攻击——极光行动(Operation Aurora)，攻击者首先搜集 Google 员工在社交网站上发布的个人信息，然后针对个人定制邮件；Google 员工单击邮件中的网络链接后，含有 shell code 的 JavaScript 导致 IE 浏览器溢出；受害主机远程下载并运行恶意程序；攻击者通过 SSL 隧道与受害主机建立连接，持续监听主机信息；攻击者利用内部主机的认证凭证进入邮件服务器，进而不断获取敏感邮件内容信息。

美国军工企业洛克希德·马丁(Lockheed Martin)公司认为，网络攻击是利用网络存在的漏洞和安全缺陷，根据一系列的计划流程进行的攻击活动。基于这一考虑，该公司提出了普遍适用的网络攻击流程的概念。这一网络攻击流程参考军事上的"杀伤链"(Kill Chain)概念，使用了"网络杀伤链"(Cyber Kill Chain)一词。"杀伤链"是指从对军事目标的探测到破坏的整个处理过程，网络攻击也要经过类似的、连续的过程，因此网络杀伤链描述了入侵者随着时间的推移渗透网络信息系统，对目标进行攻击所采取的路径及手段的集合。

杀伤链实施过程分解为目标侦察、武器化、散布、漏洞利用、安装、命令与控制、目标行动七个阶段(图 1-2)。

图 1-2 杀伤链模型

(1) 目标侦察 (Reconnaissance)：攻击者收集有关目标的信息，获取和采集关于目标网络使用的系统、防御手段及其潜在的漏洞等的信息。在这个阶段，也可能通过网络收集目标企业/机关的网站、报道资料、招标公告、职员社会关系网、成员目录等各种与目标相关的情报。

(2) 武器化 (Weaponization)：在探测和识别脆弱点的基础上，定制开发恶意程序，并将其与目标文件 (如 PDF、DOC 和 PPT 文件) 相结合，以实现伪装。

(3) 散布 (Delivery)：将武器化的恶意文件传送到目标环境中。近年来，使用最为频繁的散布手段有邮件附件、网站、USB 等。

(4) 漏洞利用 (Exploit)：网络武器散布到目标系统后，执行恶意代码的阶段。在大部分的情况下，往往会利用应用程序或操作系统的漏洞及缺陷。

(5) 安装 (Installation)：远程访问控制通常需要安装控制程序 (如木马) 等恶意软件，使得攻击者可以长期潜伏在目标系统中。

(6) 命令与控制 (Command and Control，C2)：攻击者需要一个通信通道来控制其恶意软件并继续进行操作。攻击者一般通过 C2 服务器控制被攻击者。

(7) 目标行动 (Act on Objectives)：攻击者实现预期目标的阶段。攻击目标呈现多样化，具体来讲有侦察获情、窃取敏感信息、破坏数据的完整性、摧毁系统等。

1.5 网络与信息安全

1.5.1 信息安全

美国国家标准与技术研究院 (National Institute of Standards and Technology，NIST) 在其 NIST SP80037 版 (联邦 IT 系统安全认证和认可指南) 中将信息安全定义为对信息和信息系统进行保护，防止未授权的访问、使用、泄露、中断、修改、破坏并以此提供机密性、完整性和可用性。美国国家安全局 (National Security Agency，NSA) 信息保障主任给出的信息安全定义是，因为术语“信息安全”一直仅表示信息的机密性，在国防部用“信息保障” (Information Assurance) 来描述信息安全，也叫 IA。它包含 5 种安全服务，即机密性、完整性、可用性、真实性和抗抵赖性。国际标准化组织 (ISO) 对计算机安全的定义是为数据处理系统建立和采取的技术与管理的安全保护，保护计算机硬件、软件、数据不因偶然和恶意的原因而遭到破坏、更改和泄露。以上这些定义从被保护对象的层次和对被保护对象的属性要求上看，有很大的相似性，且都偏重静态信息的保护。英国 BS7799 信息安全管理标准给出的信息安全定义是，使信息避免一系列威胁，保障商务的连续性，最大限度地减少商务的损失，最大限度地获取投资和商务的回报，涉及的是机密性、完整性、可用性。与 ISO 的定义相比，该定义增加了“保障商务的连续性”的要求，强调了动态保护的功能。

从信息安全的基本属性来看，机密性就是对抗对手的被动攻击，保证信息不泄露给未经授权的人，或者即便数据被截获，其所表达的信息也不被非授权者所理解。完整性就是对抗对手主动攻击，防止信息被未经授权地篡改。可用性就是确保信息及信息系统能够为授权使用者所正常使用。这三个基本属性被国外学者称为信息安全的 CIA(Confidentiality-Integrity-Availability)属性(图 1-3)。

图 1-3　信息安全的 CIA 属性

信息安全除了要求具有机密性、完整性、可用性这三个基本属性外，很多时候还要求具有可认证性、不可否认性、可追溯性以及可控性等信息安全的扩展属性。下面分别介绍这些属性。

1) 机密性

机密性(又称为保密性)是指信息按安全需求不泄露给非授权(又称为非法)的个人、实体或过程。机密性是防止对信息进行未授权的"读"，其核心是通过各种技术和手段来控制信息资源开放的范围。

保护机密性的常用技术和手段包括物理保密、防窃听、防辐射、信息加密、信息隐形以及访问控制等。物理保密是指利用限制、隔离、掩蔽、控制等物理措施，保护信息不被泄露；防窃听是指使对手无法侦收到有用信息；防辐射是指防止有用信息以各种途径辐射出去；信息加密是指用加密算法在密钥参与运算的情况下对信息进行加密；信息隐形是指将信息嵌入其他客体中，隐藏信息的存在；访问控制主要强调控制访问信息及信息系统的相关权限。

2) 完整性

完整性是指信息未经授权不能进行改变。完整性要防止或者至少检测出未授权的"写"，其核心是保证信息在存储或传输过程中不被修改、破坏或丢失。除了恶意或蓄意行为会破坏信息的完整性以外，无意的误操作以及没有预期到的系统故障同样会影响信息的完整性，也需要采取完整性保护措施来防范。

保护完整性的常用技术和手段包括数字签名、Hash(哈希、散列或杂凑)函数等加密认证手段，保护硬件和存储媒体不受电压不稳定、漏静电和磁力等影响。

3) 可用性

可用性是指保证合法用户对信息、信息系统和系统服务的使用不会被不正当地拒绝，信息与资源在授权主体需要时可提供正常的访问和服务，甚至在信息系统部分受损或需要降级使用时，仍能为授权用户提供有效服务。可用性是在信息保护阶段对信息安全提出的新要求，是网络空间必须满足的一项信息安全要求。攻击者通常会采取资源占用的方式来破坏可用性，使得授权主体的正常使用受到阻碍。

保护可用性的常用技术和手段很多，例如，使用访问控制机制阻止非授权用户破坏信息系统的可用性，通过备份和灾难恢复机制来增强系统的可用性，也可以通过避免或缓解由不可控因素(如战争、自然灾害)造成的系统失效来提升系统的可用性。

4) 可认证性

可认证性(又称为真实性)是指能够核实和信赖一个合法的传输、消息或消息源的真实性的属性，能够确保实体(如用户、信息、进程或系统)身份或信息、信息源的真实性，即保证主体或资源确是其所声称的身份的特性，以建立对其的信任。可认证性不仅是对技术保证的要求，也包含了对人的责任的要求，其内涵要求不能被完整性所代替。

保护可认证性的常用技术和手段包括数字签名、Hash 函数等加密认证手段。

5）不可否认性

不可否认性（又称为抗抵赖性）是指信息交换双方（人、实体或进程）在交换过程中发送信息或接收信息的行为均不可否认，这是面向收、发双方的信息真实同一的安全要求，包括原发证明和交付证明。原发证明为信息接收方提供证据，使得发送方谎称未发送过该信息或者否认其内容的企图无法得逞；交付证明则为信息发送方提供证明，使得接收方谎称未接收过该信息或者否认其内容的企图无法得逞。与完整性不同，不可否认性除了关注信息内容认证本身外，还可以涵盖收发双方的身份认证。

保护不可否认性的常用技术和手段包括通过数字证书机制进行的数字签名、时间戳、Hash 函数等加密认证手段。

6）可追溯性

可追溯性（又称为可核查性、可确认性）是指确保某个实体的行动能唯一地追溯到该实体，即能够追究信息资源什么时候使用、谁在使用及怎样操作使用等，表征实体对自己的动作和做出的决定负责。

7）可控性

可控性是指能够保证信息管理者掌握和控制信息与信息系统的基本情况，可对信息与信息系统的使用进行可靠的授权、审计、责任认定、传播源追踪和监管等控制，能对传播的信息及内容进行必要的控制以及管理，即对信息的传播及内容具有控制能力。

信息安全的基本属性（机密性、完整性和可用性）主要强调的是对非授权（非法）主体的控制，信息安全的扩展属性（可认证性、不可否认性、可追溯性以及可控性等）则是通过对授权（合法）主体的控制实现的对机密性、完整性和可用性的有效补充，主要强调授权用户只能在授权范围内进行合法的访问和操作，并对授权用户的访问和操作行为进行监督与审查等。

由于信息安全包含了上述属性，因此，对上述属性的任何破坏均可以视为对信息与信息系统安全的破坏。换句话说，如果上述属性无法得到有效保护，则可以说该信息或信息系统是不安全的。

1.5.2　信息安全分层框架

信息安全从技术角度来看是对信息与信息系统的固有属性（即上文所述 7 个安全属性）的保护过程。其具体反映在物理安全、运行安全、数据安全、内容安全、管理安全五个层面上，如图 1-4 所示。

（1）物理安全：对网络与信息系统的物理设备的保护，为网络与信息系统提供安全的构建实体，是网络空间安全的物质基础。物理安全主要包括：①保障物理设备硬件实体的可靠性，主要涉及物理设备的生存性技术、容错技术、容灾技术以及冗余备份技术等；②抵御来自物理层面的恶意攻击和木马注入，主要涉及硬件木马检测与识别、侧信道攻击防御、硬件信任基以及可信定制技术等；③保障物理设备电磁安全，一是降低物理设备自身电磁辐射带来的泄密风险，主要涉及电磁隔离技术、电磁防护技术等，二是防范对方的电磁干扰破坏已方物理设备、物理传输通道的可靠性和可用性，主要涉及干扰屏蔽技术、干扰控制技术和电子攻击技术、电子支援技术等。

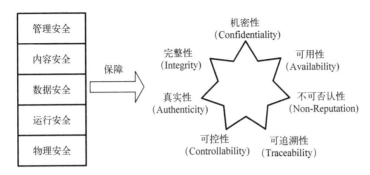

图 1-4 信息安全分层框架

(2) 运行安全：对网络与信息系统的运行过程和运行状态的保护，主要涉及网络与信息系统的真实性、可控性、可用性、合法性、唯一性、可追溯性、占有性、生存性、稳定性、可靠性等；所面对的威胁包括非法使用资源、利用系统安全漏洞、网络阻塞、网络病毒、越权访问、非法控制系统、黑客攻击、拒绝服务攻击、软件质量差、系统崩溃等；主要的保护方式有防火墙与物理隔离、风险分析与漏洞扫描、应急响应、病毒防治、访问控制、安全审计、入侵检测、源路由过滤、降级使用、数据备份等。

(3) 数据安全：对信息在数据收集、处理、存储、检索、传输、交换、显示、扩散等过程中的保护，使得在数据处理层面保障信息依据授权使用，不被非法冒充、窃取、篡改、抵赖，主要涉及信息的机密性、真实性、实用性、完整性、唯一性、不可否认性、生存性等；所面对的威胁包括窃取、伪造、密钥截获、篡改、冒充、抵赖、攻击密钥等；主要的保护方式有加密、认证、非对称密钥、完整性验证、鉴别、数字签名、秘密共享等。

(4) 内容安全：对信息在网络内流动的选择性阻断，以保证信息流动的可控能力。在此，被阻断的对象可以是通过内容判断出来的可对系统造成威胁的脚本病毒；因无限制扩散而消耗用户资源的垃圾邮件；导致社会不稳定的有害信息，等等。内容安全主要涉及信息的机密性、真实性、可控性、可用性、完整性、可靠性等；所面对的威胁包括信息不可识别(因加密)、信息不可更改、信息不可阻断、信息不可替换、信息不可选择、系统不可控等；主要的保护方式是密文解析或形态解析、流动信息的裁剪、信息的阻断、信息的替换、信息的过滤、系统的控制等。

(5) 管理安全：在信息安全的保障过程中，除上述技术保障之外的与管理相关的人员、制度和原则方面的安全措施，以及机构应对外部合规要求、行业要求等所需采取的管理方法和手段等。

需要说明的是，从现实应用场景出发，不同用户对于信息安全有着不同的内容要求。例如，对于公众来讲，最关注的是个人隐私保护问题；对于企事业单位来讲，最关注的是知识产权及商业运行秘密的保护、工作效率的保障等；对于政府机关来讲，最关注的是敏感信息防泄露、网站防篡改、与地方相关的网络舆情等；对于公安及国安等职能部门来讲，最关注的是网络案件侦破、网上反恐、网络情报收集、社会化管理等；对于运营商来讲，最关注的是网络运行质量、网络带宽防占用(P2P 流量控制)、防止 DDoS 以及木马病毒传播等大规模安全事件、防止网络诈骗等；对于国家监管部门来讲，最关注的是国家公共基础网络和重要信息系统的可用性、网上舆情的监控与引导、失泄密问题的防范等；对于军队、国防等涉密要害单位来讲，最关注的是防止敏感信息的失泄密、防止对武器平台非法操控、防止对通信内容的篡改，以及确保军事通信系统、军事指挥系统等的正常运转。

1.6　网络空间安全保护与防御

在军事领域，防御的概念最早可追溯到 20 世纪 30 年代，包括被动防御与主动防御两种概念。"防御"作为军事用语的讨论远早于 20 世纪 80 年代出现的"网络空间"一词。

美国国防部在军事上给出了被动防御的定义：为降低敌方活动导致损害的概率或最小化损害的影响程度而采取的措施。该定义隐含的一层意思是敌方破坏活动发生后而采取的降低破坏程度的补救措施，换言之，被动防御是一种"事后"行为。

通常，人们会将该定义从字面上生搬硬套到网络空间安全领域，提出网络空间被动防御的术语。现有文献中给出的关于网络空间被动防御(Passive Defense)的定义是：一种附加到目标对象体系结构之上的提供保护或威胁分析能力的系统。它强调被动防御是一种外在的、附加的手段或方法。当威胁或攻击绕过目标系统固有的防御机制后，附加的被动防御机制就可以发挥作用。

关于主动防御(Active Defense)，目前则呈现出两种不同的含义。

第一种来自安全厂商，将主动防御理解为安全产品的主动性、智能性。公安部计算机信息系统安全产品质量监督检验中心发布的《自适应网络主动防御产品安全检验规范》将自适应网络主动防御产品定义为具有智能学习功能，通过对内部网络行为特征的统计分析，形成网络运行状态知识库，从而能够自动识别影响网络正常运行的各种异常行为，并可以与网络交换机进行互动，在物理层对网络异常行为进行阻隔。

第二种来自军事领域，在美国国防部 2005 年发布的《军事及相关术语词典》中，主动防御的定义是为阻止敌方进入对抗区域或位置而采取的有限的攻击和反制部署。如果借鉴军事领域的主动防御定义，网络主动防御的定义可以是为阻止敌方进入网络空间对抗区域或位置而采取的有限的攻击和反制部署。

通过以上讨论可以看出，网络空间被动防御与 1.5 节讨论的信息安全有很大的相似性，都是出于针对受保护对象本身提供安全保护的目的。但二者的区别在于信息安全以密码技术为基础，重在强调安全机制与受保护系统及受保护的信息的内在有机融合，而网络空间被动防御更多地侧重于对攻击的封堵查杀。因此二者是一种互为补充的关系。网络主动防御更强调的是对攻击者采取的一系列的主动行动，重点强调的是对复杂攻击的防御、检测和响应。

美军的《网络空间作战》(JP 3-12)将网络空间安全保护和网络空间防御定义为针对受保护网络空间开展的两种不同类型的防护活动。

网络空间安全(Cyberspace Security)保护一般采取密码加密、密码鉴别认证、防火墙、入侵检测等安全防护手段，以及利用红方对受保护网络空间进行安全评估和测试，并在网络空间遭受攻击或受损后利用重构、恢复或隔离等手段对网络空间进行保护，以减少或消除可能会被攻击者利用的脆弱点。其目标是防止攻击者非法进入网络空间并利用或毁坏网络空间中包含的信息，以确保网络空间及其信息的可用性、完整性、可认证性、机密性和不可否认性。

网络空间防御(Cyberspace Defense)一般采取对威胁进行检测、响应和缓解的手段,或将遭受损毁的系统重新恢复到某个安全配置的状态,以应对特定威胁的攻击以及其他恶意网络空间活动的影响。网络空间防御的目标是抵御当前或即将发生的网络空间恶意活动,从而保持利用己方网络空间功能的能力,以及保护数据、网络、网络空间赋能设备和其他指定系统的能力。

可见,JP 3-12 中定义的网络空间安全保护是在任何特定安全威胁发生之前采取前摄性(Proactive)预防措施。而网络空间防御则是在安全威胁正在或即将发生时采取响应式(Reactive)应对措施。

1.7 本章小结

本章介绍了信息、信息系统及网络空间的概念,概述网络空间面临的威胁及攻击等,并从数据和信息的角度描述了需要保护的要素及重要的安全关键原则,如 CIA 三元组,机密性、完整性、可用性、可认证性、不可否认性、可追溯性、可控性这七个核心安全属性,物理安全、运行安全、数据安全、内容安全、管理安全五个安全层面,以及网络空间安全保护与防御等。可以看出,尽管关于网络安全有很多不同的定义,但从信息的安全获取、处理和使用这一本质要求出发,是理解网络防御概念的起点。随着网络技术和信息技术的进步及其应用范围的扩大,网络安全的内涵不断丰富,外延不断扩展,这些都是实现网络防御的基础。实现这些安全属性及安全层面的机制与方法,将在第 4~12 章进行更详细的论述。

习 题

1. 为什么网络空间中威胁的产生具有必然性?
2. 如何理解网络杀伤链?对网络安全防御有什么启示?
3. 信息安全的目标是什么?如何理解信息安全的内涵?
4. 请描述信息安全内涵逐步扩大的过程。
5. 在安全领域中,除了采用密码技术的防护措施之外,还有哪些其他类型的防护措施?
6. 网络信息环境中,各层次的安全问题主要有哪些?请各列举 2 或 3 个。
7. 网络空间防御与网络信息安全保护有何异同?

第2章　网络防御模型及框架

如同建造大厦需要事先设计蓝图一样，组织网络信息体系安全保密建设，也需要一定的实施依据，从整体上把握网络防御体系构建。具体讲，网络防御体系要做成什么"模样"？网络防御体系建设应该考虑哪些方面？什么样的网络防御体系才是全面而完整的？这些都需要在网络防御模型与框架的指导下，统筹技术、产品、人员和操作等各方面，发挥各自的效用。

2.1　开放系统互连安全体系结构

早在1989年，国际标准化组织(ISO)就发布了ISO 7498-2标准，即《信息处理系统-开放系统互连-基本参考模型第2部分：安全体系结构》，这个标准提供了安全服务与相关机制的一般描述，确定在参考模型内部可以提供这些服务与机制的位置。1990年，国际电信联盟(ITU)决定采用ISO 7498-2作为它的X.800推荐标准。我国依据ISO 7498-2制定了《信息处理系统 开放系统互连基本参考模型 第2部分：安全体系结构》(GB/T 9387.2—1995)标准。实际上，ISO 7498-2标准充分体现了信息安全时期人们对信息安全体系的关注焦点，即以防护技术为主的静态的信息安全体系。

ISO 7498-2安全体系结构由5类安全服务(Security Services)及用来支持安全服务的8种安全机制(Security Mechanisms)构成，安全服务体现了安全体系所包含的主要功能及内容，是能够定位某类威胁的安全措施，而安全机制则规定了与安全需求相对应的可以实现安全服务的技术手段，一种安全服务可以通过某种安全机制单独提供，也可以通过多种安全机制联合提供；而一种安全机制可以提供一种或者多种安全服务。安全服务和安全机制有机结合、相互交叉，在安全体系的不同层次发挥作用，除了OSI七层协议中第五层(会话层)外，其他各层都能提供相应的安全服务。此外，ISO 7498-2还对安全管理进行了描述，但这里的安全管理范围比较狭窄，只是对安全服务和安全机制进行的管理，即将管理信息分配到相关的安全服务和安全机制中，并收集与其操作相关的信息。ISO 7498-2这种安全体系，充分体现了信息安全层次性和结构性的特点。

2.1.1　OSI安全服务

针对网络系统受到的威胁，OSI安全体系结构要求的安全服务如下。

(1)认证服务。其包括实体认证服务和数据源认证服务。

①实体认证服务。它是指在两个开放系统同等层中的实体建立连接和传送数据期间，为提供连接实体身份认证而规定的一种服务。这种服务防止假冒或重放以前的连接，即防止伪造连接初始化类型的攻击。这种认证服务可以是单向的，也可以是双向的。

②数据源认证服务。这是某一层向上一层提供的服务，它用来确保数据是由合法实体发出的，它为上一层提供对数据源的对等实体认证，以防假冒。

(2) 访问控制服务。其可以防止未经授权的用户非法使用系统资源。这种服务不仅可以提供给单个用户，也可以提供给封闭的用户组中的所有用户。

(3) 数据完整性服务。其防止非法实体 (用户) 的主动攻击 (例如，对正在交换的数据进行修改、插入，使数据延时以及丢失等)，以保证数据接收方收到的信息与发送方发送的信息完全一致，具体包括以下几点。

①可恢复的连接完整性：对一个连接上的所有用户数据的完整性提供保障，而且对于任何服务数据单元的修改、插入、删除或重放，都可使之复原。

②无恢复的连接完整性：除了不具备恢复功能之外，其余同前。

③选择字段的连接完整性：提供在连接上传送的选择字段的完整性，并能确定所选字段是否已被修改、插入、删除或重放。

④无连接完整性：提供单个无连接的数据单元的完整性，能确定收到的数据单元是否已被修改。

⑤选择字段的无连接完整性：提供单个无连接数据单元中各个选择字段的完整性，能确定选择字段是否被修改。

(4) 数据保密性服务。它保护网络中各系统之间交换的数据，防止因数据被截获而造成的泄密，具体包括以下几点。

①连接保密：对某个连接上的所有用户数据进行保密。

②无连接保密：对一个无连接的数据报的所有用户数据进行保密。

③选择字段保密：对一个协议数据单元中用户数据的一些经选择的字段进行保密。

④信息流安全：对可能从观察信息流就能推导出的信息进行保密。

(5) 不可否认服务。其防止数据发送方发送数据后否认自己发送过数据，或接收方接收数据后否认自己收到过数据。该服务由以下两种服务组成。

①不可否认发送服务：向数据接收方提供数据源的证据，从而可防止发送方否认发送过这个数据。

②不可否认接收服务：向数据发送方提供数据已交付给接收方的证据，因而接收方事后不能否认曾收到此数据。

2.1.2　OSI 安全机制

为了实现上述各种 OSI 安全服务，ISO 建议了以下 8 种安全机制。

(1) 加密机制。它是各种安全服务和其他许多安全机制的基础。它既可以为数据提供保密性，也能为通信业务流信息提供保密性，还能成为其他安全服务和安全机制的一部分，起支持和补充的作用。

加密机制涉及加密层的选取、加密算法的选取、密钥管理等问题。

(2) 数字签名机制。它是对一段附加数据或数据单元的密码进行变换的结果，主要用于证实消息的真实来源，也是一条消息的发送方和接收方间争端的根本解决方法。数字签名机制用来提供如抗否认与认证等安全保护。数字签名机制要求使用非对称密码算法。

数字签名机制需确定两个过程：对数据单元进行签名和验证签过名的数据单元。

(3) 访问控制机制。它用来实施对资源访问或操作加以限制的策略。这种策略是将对资源的访问只限于那些被授权的用户，而授权就是指资源的所有者或控制者允许其他人访问这种资源。

访问控制还可以直接支持数据保密性、数据完整性、可用性以及合法使用的安全目标。

(4)数据完整性机制。数据完整性包括两种形式：一种是数据单元的完整性；另一种是数据单元序列的完整性。

数据单元的完整性包括两个过程：一个过程发生在发送实体；另一个过程发生在接收实体。保证数据完整性的一般方法是：发送实体在一个数据单元上加一个标记，这个标记是数据本身的函数，如一个分组校验，或密码校验函数，它本身是经过加密的。接收实体是一个对应的标记，并将所产生的标记与接收的标记相比较，以确定在传输过程中数据是否被修改过。

数据单元序列的完整性包括数据编号的连续性和时间标记的正确性，以防止假冒、丢失、重发、插入或修改数据。

(5)认证交换机制。认证交换是以交换信息的方式来确认实体身份的机制。用于交换鉴别的技术如下。

①口令：由发送实体提供，由接收实体检测。

②密码技术：将交换的数据加密，只有合法用户才能解密，得出有意义的明文。在许多情况下，这种技术与时间标记和同步时钟技术、双方或三方"握手"技术、数字签名和公证机构技术一起使用。

③利用实体的特征或所有权：常采用的技术是指纹识别和身份卡等。

(6)业务流填充机制。这种机制主要对抗非法者在线路上监听数据并对其进行流量和流向分析，采用的方法一般是由保密装置在无信息传输时，连续发出伪随机序列，使得非法者不知哪些是有用信息，哪些是无用信息。

(7)路由控制机制。在一个大型网络中，从源节点到目的节点可能有多条线路，有些线路可能是安全的，而另一些线路是不安全的。路由控制机制可使信息发送方选择特殊的路由，以保证数据安全。

(8)公证机制。在一个大型网络中，有许多节点或端节点。在使用这个网络时，并不是所有用户都是诚实的、可信的，同时也可能由系统故障等原因导致信息丢失、延迟等，这很可能引起责任问题。为了解决这个问题，就需要有一个各方都信任的实体——公证机构，如同一个国家设立的公证机构一样，提供公证服务，解决出现的问题。

一旦在系统中使用了公证机制，通信双方进行数据通信时就必须经过所设立的公证机构，以确保公证机构能得到必要的信息，从而进行仲裁。

ISO 7498-2 安全体系结构针对的是基于 OSI 参考模型的网络通信系统，它所定义的安全服务也只是解决网络通信安全问题的技术措施，其他信息安全相关领域，包括系统安全、物理安全、人员安全等方面都没有涉及(图 2-1)。此外，ISO 7498-2 安全体系结构关注的是静态的防护技术，它并没有考虑到信息安全动态性和生命周期

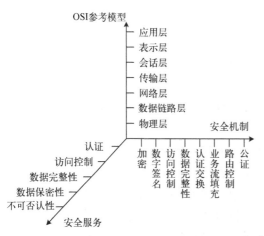

图 2-1　ISO 7498-2 安全体系结构的三维形态

性的发展特点，缺乏检测、响应和恢复这些重要的环节，因而无法满足更复杂、更全面的信息保障的要求。

2.2 ITU-T X.805 安全体系框架

针对通信网络威胁和安全脆弱性，为加强其设计、建设和运行过程中的安全保护，国际电信联盟电信标准分局(International Telecommunication Union Telecommunication Standardization Sector，ITU-T)在其建议书 X.805 中定义了分布式应用实现端到端安全的框架(图 2-2)。

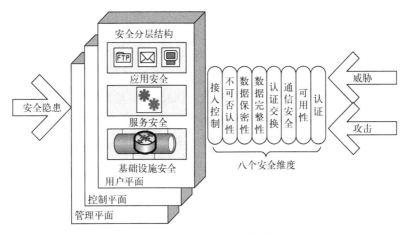

图 2-2 X.805 安全体系框架

X.805 安全体系框架的定义基于层和平面这两个主要概念。第一轴线是安全层，讨论对构成端到端网络的网络元素和系统的安全要求，分层包括基础设施层、服务层和应用层。基础设施层包括网络传输设施和单独的网络元素，如单独的路由器、交换机和服务器及其之间的通信链路等。服务层讨论提供给用户的网络服务安全，这些服务从基础连接性服务(如租用线服务)延伸到增值服务(如即时消息)。应用层讨论用户使用的基于网络的应用要求，既包括简单应用(如电子邮件)，也包括复杂应用(如用于石油勘探或汽车设计等的非常高端的综合视频)。

X.805 安全体系框架的第二轴线是安全平面，讨论网络中实施活动的安全，定义了管理平面、控制平面和用户平面三个安全平面，表示三种网络中发生的受保护的活动，这三个平面分别讨论与网络管理活动、网络控制或信令活动和用户活动相关的特定安全需求。管理平面关注运行、管理、维护和提供服务(OAM&P)活动，如向某个用户或网络提供服务。控制平面与端到端通信建立方面的信令有关。用户平面讨论用户访问和使用网络的安全，也包括保护用户数据流。

利用安全层和安全平面两条轴线，X.805 安全体系框架还定义了网络安全的八个安全维度，分别是认证、可用性、通信安全、认证交换、数据完整性、数据保密性、不可否认性和接入控制。这些安全维度适用于由层和平面构成的 3×3 矩阵中的每一个单元，以决定合适的防护措施。

综上所述，X.805 安全体系框架涵盖了通信系统安全问题的多个方面，为建立通信数据网的安全框架与评估指标体系提供了依据。

2.3　PDR 动态安全模型

面对业务活动不断变化、技术飞速发展、系统不断升级和人员经常流动的动态的信息环境，单纯的防护技术很容易导致盲目建设，也难以对新的安全威胁进行有效应对，这个时候，自然需要借助动态的安全体系、模型和方法来解决不断涌现的安全问题。从 20 世纪 90 年代开始，随着以漏洞扫描和入侵检测系统(IDS)为代表的动态检测技术及产品的发展，人们对动态安全模型的研究也逐渐深入成型，PDR 模型就是动态安全模型的典型代表。

PDR 模型源自美国国际互联网安全系统公司(ISS)提出的自适应网络安全模型(Adaptive Network Security Model，ANSM)。20 世纪 90 年代末，ISS 联合众多厂商组成 ANS 联盟，试图以此为基础建立一个可量化、可数学证明、基于时间并以 PDR 为核心的安全模型的标准。PDR 模型包括三个主要部分：Protection(防护)、Detection(检测)和 Response(响应)。

PDR 有时也称作 P^{2}DR，增加了一个 Policy(策略)。按照 P^{2}DR 的观点，一个良好的完整的动态安全体系，不仅需要恰当的防护(如操作系统访问控制、防火墙、加密等)，而且需要动态的检测机制(如入侵检测、漏洞扫描等)，在发现问题时还需要及时做出响应，同时，所有的防护、检测和响应都需要在统一的安全策略的指导下实施，由此形成一个完备的、闭环的动态自适应安全体系。P^{2}DR 模型见图 2-3。

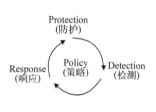

图 2-3　P^{2}DR 模型

对 P^{2}DR 模型的构成环节可以解释如下。

(1)Policy(策略)：安全策略是 P^{2}DR 模型的中心，所有的防护、检测和响应活动都是依据安全策略来进行的。安全策略体现了以管理为重的思想，它为组织进行安全管理提供了指导方向和支持手段。

(2)Protection(防护)：通过修复系统漏洞、正确设计开发和安装系统来预防安全事件的发生；通过定期检查来发现可能存在的系统脆弱性；通过教育等手段，使用户和操作员正确使用系统，防止意外威胁；通过访问控制、监视等手段来防止恶意威胁。采用的防护技术通常包括数据加密、身份认证、访问控制、授权和虚拟专用网(VPN)技术、防火墙、安全扫描和数据备份等。

(3)Detection(检测)：在 P^{2}DR 模型中，检测占据着重要的地位，它是动态响应和进一步加强防护的依据，也是强制落实安全策略的有力工具。只有通过不断地检测和监控网络系统，才能发现新的威胁和弱点，通过循环反馈来及时做出有效的响应。当攻击者穿透防护系统时，检测功能就发挥作用，与防护系统形成互补。

(4)Response(响应)：响应和检测环节是紧密关联的，只有对检测中发现的问题做出及时有效的处理，才能将信息系统迅速调整到新的安全状态，或者叫最低风险状态。响应包括紧急响应和恢复处理，恢复处理又包括系统恢复和信息恢复。

P^{2}DR 模型在整体的安全策略的控制和指导下，在综合运用防护工具(如防火墙、操作系统身份认证、加密等)的同时，利用检测工具(如漏洞评估、入侵检测等)了解和评估系统的安全状态,通过适当的反应将系统调整到"最安全"和"风险最低"的状态。防护、检测和响应组成了一个完整的、动态的安全循环,在安全策略的指导下保证信息系统的安全。

P²DR 模型的数学基础是认为与信息安全相关的所有活动,包括攻击、防护、检测和响应,都需要消耗时间。因此可以用时间来衡量一个体系的安全性和安全能力。

这样,P²DR 模型就可以用一些典型的数学公式来表达安全的要求。

$$P_t > D_t + R_t \qquad\qquad (2\text{-}1)$$

式中,P_t 代表系统采取的各种防护措施对安全目标实施有效防护的时间,或者理解为在这样的防护条件下,入侵者攻击安全目标所花费的时间;D_t 代表从入侵者发动入侵开始,系统能够检测到入侵行为所花费的时间;R_t 代表从发现入侵行为开始,系统能够做出足够的响应,将系统调整到正常状态的时间。那么,针对需要保护的安全目标,如果式(2-1)被满足,就说明安全目标处于安全状态。

$$E_t = D_t + R_t, \quad P_t = 0 \qquad\qquad (2\text{-}2)$$

如果 $P_t = 0$,就表示防护措施已经失效,安全目标已经处于不安全状态。那么,D_t 与 R_t 的和就是该安全目标的暴露时间 E_t。显然,在不安全状态下,E_t 越小,安全目标遭受的损失就越小。

上面两个公式的描述实际上给出了一个全新的安全的定义:"及时地进行检测和响应就是安全"。而且,这样的定义为安全问题的解决给出了明确的方向:延长系统的防护时间 P_t,缩短检测时间 D_t 和响应时间 R_t。

P²DR 模型可以作为安全实践活动的目标指南,为信息安全建设(工程)的最终结果提供检验的依据,近些年来,该模型被普遍使用,已经成为信息安全事实上的标准之一。当然,P²DR 也有它不够完善或者不够明确的地方,就是忽略了内在的变化因素,如人员的流动、人员的素质和策略贯彻的不稳定性。实际上,安全问题牵涉面广,除了涉及防护、检测和响应,系统本身安全的"免疫力"的增强、系统和整个网络的优化,以及人员这个在系统中最重要的角色的素质的提升,都是该模型没有考虑到的问题。

2.4　信息保障技术框架

ISO 7498-2 着重阐述功能服务和技术机制,PDR 或 P²DR 着重阐述构成信息安全的重要环节,它们都表现的是信息安全最终的存在形态,是一种目标体系模型,这种体系模型并不关注信息安全的工程化建设过程,没有阐述实现目标体系的途径和方法。当信息安全发展到信息保障阶段之后,人们越发认为,构建信息安全保障体系必须从安全的各个方面进行综合考虑,只有将技术、管理、策略、工程过程等方面紧密结合,安全保障体系才能真正成为指导安全方案设计和安全建设的有力依据。

信息保障技术框架(Information Assurance Technical Framework,IATF)就是在这种背景下诞生的。IATF 由美国军方提出,由美国国防部高级研究计划局(DARPA)开启研究,最终由美国国家安全局(NSA)制定。其 1.0 版本为《网络安全框架》(NSF),主要保护对象为美国国防部信息系统,2.0 版本起更名为 IATF,3.0 版本起扩展其使用范围并强化扩展纵深防御思想,强调信息保障战略。

IATF 攻击行为分类见表 2-1。

表 2-1　IATF 攻击行为分类

攻击类型	描述
被动攻击	流量分析、网络嗅探、解密弱加密数据包
主动攻击	企图破坏或攻击保护性能、引入恶意代码及偷窃修改信息。实现方式包括攻击网络枢纽、监听传输中的信息、电子渗透特定区域、攻击终端用户
物理临近攻击	未授权个人以更改、收集或拒绝访问信息为目的在物理上接近网络、系统或设备
内部攻击	分为恶意与非恶意。恶意攻击指内部人员有计划地窃听、偷窃或损坏信息；非恶意攻击由粗心、缺乏安全知识或"图方便"而无意间绕过安全策略行为造成
软硬件配装分发攻击	软硬件在开发、装配、产品分发工程中被恶意修改。可导致引入后门程序等恶意代码，以便日后在未授权情况下访问信息或系统功能

IATF 创造性的地方在于，它首次提出了信息保障依赖于人员、技术和操作来共同实现组织职能/业务运作的思想，对技术/信息基础设施的管理也离不开这三个要素。人员借助技术的支持，进行一系列的操作，最终实现信息保障目标，这就是 IATF 最核心的理念。

(1) 人员 (People)。

人员是信息系统的主体，是信息系统的拥有者、管理者和使用者，是信息安全保障体系的核心，是第一位的要素，同时也是最脆弱的，完善的制度和强大的技术都会因人员的疏忽大意而形同虚设。纵深防御战略强调人员因素，一是要求领导层能够意识到现实的网络安全威胁、重视安全管理工作、自上而下地推动安全管理政策的落实；二是加强对操作人员(系统用户或网络管理员)的培训，提高信息安全意识；三是制定严格的网络安全管理规范，明确各类人员的责任和义务职责；四是建立物理的和人工的安全监测机制，防止出现违规操作。

(2) 技术 (Technology)。

技术是实现信息保障的重要手段，是构建网络安全体系的现实基础，信息安全保障体系所应具备的各项安全服务就是通过技术体系来实现的。当然，这里所说的技术体系，已经不单是以防护为主的静态技术体系，而是防护、检测、响应、恢复并重的动态的技术体系。网络安防技术的迅速发展，使网络安全解决方案多元化成为可能，然而只有选用合理的方案，才能发挥技术的最大效益。纵深防御战略提出：要确保技术运用得当，就必须建立有效的技术政策和机制(包括网络安全体系结构和标准、安全产品标准、获得安全认证的产品列表、商用安全产品配置指南和系统安全评估程序等)，只有依据系统架构与安全政策，进行风险评估后，选择合适的安全防御技术，逐步构建完善的防御体系，才有助于推动实现全面的网络安全。

(3) 操作 (Operation)。

操作是指为保持系统的安全状态而开展的日常工作，其主要任务是严格执行系统安全策略，迅速应对入侵事件，确保信息系统关键功能的正常运行，构成了安全保障的主动防御体系。如果技术的构成是被动的，那么操作就是将技术结合在一起的主动过程，人员和技术在防御体系中的作用只有通过经常性的运行维护(运维)工作才能得以体现。纵深防御战略中的操作涉及政策法规和安全策略的执行、用户身份及行为的认证与授权、密钥管理、风险评估、威胁预警、安全审计、跟踪告警、入侵检测、应急响应、系统恢复和重建等工作。

在明确了信息保障的三个要素之后，IATF 定义了实现信息保障目标的工程过程和信息系统各个方面的安全需求。在此基础上，对信息基础设施就可以做到多层防护，这样的防护称为纵深防御战略(Defense-in-Depth Strategy)。

在军事学概念中，纵深防御是指防御地区或防御部署的纵向深度。在安全管理学概念中，纵深防御则是指通过设置多层重叠的安全防护系统而构成多道防线，使得即使某一防线失效，也能被其他防线弥补或纠正，即通过增加系统的防御屏障或将各层之间的漏洞错开的方式防范差错发生。

而在信息安全纵深防御体系中，纵深防御则是指在网络体系中划分不同层面与不同主体种类，多方共同采取多样化、多层次的综合性防御措施，来达到全面、严密的防御效果。纵深防御的实质在于：当攻击者成功地破坏了某种防御机制时，网络防御仍能够利用其他防御机制为信息系统提供保护，使针对特定层次的攻击行为无法破坏整个信息基础设施和应用系统。纵深防御不仅是将各种防御机制部署在多个位置和多个层次，更强调各种防御机制在功能上相互协同、相互补充。纵深防御不仅仅是防御，还包括对攻击的反应和系统遭到攻击时的快速恢复。纵深防御不仅仅是技术手段的应用，更是人员、技术和操作的协调。

在关于实现信息保障目标的过程和方法上，IATF 论述了系统工程、系统采购、风险管理、认证和鉴定以及生命周期支持等过程，对这些与信息系统安全工程(ISSE)活动相关的方法学做了说明。这样就指出了一条较为清晰的建设信息安全保障体系的路子。为了明确需求，IATF 定义了四个主要的技术焦点领域：网络和基础设施、区域边界、计算环境和支撑性基础设施，这四个领域构成了完整的信息安全保障体系所涉及的范围。在每个领域范围内，IATF 都描述了其特有的安全需求和相应的可供选择的技术措施。无论对信息安全保障体系的获得者，还是对具体的实施者或者最终的测评者，这些都有很好的指导价值。IATF 模型见图 2-4。

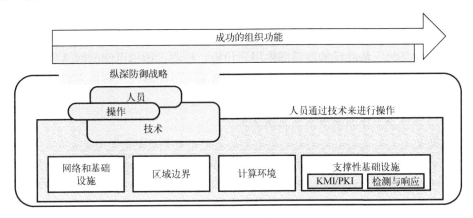

图 2-4 IATF 模型

为推动纵深防御战略的实施，深化认识、明确重点，IATF 提出实施纵深防御战略应遵循的主要原则。

1) 多处设防

信息系统的任何漏洞都可能导致严重的破坏性后果，仅对重点区域进行保护，无法抵抗多方面的攻击，所以有效的网络防御体系应该是在信息系统的多个区域中全面的防御机制，这样才能将风险降至最低。结合四个焦点领域，多处设防具体包括如下。

(1)网络和基础设施防护：网络及其附属基础设施是连接各种"飞地"的大型传输网络，

由在网络节点(如路由器和网关)间传输信息的设备(如卫星、微波、无线电频率频谱与光纤)构成，包括各类业务网、城域网、校园网和局域网。网络和支撑它的基础设施是各种信息系统与业务系统的中枢，它的安全是整个信息系统安全的基础。通过部署 VPN、加密机、加固路由器、电磁屏蔽设备等网络通信安全产品能够保障信息系统网络传输安全。

(2)网络边界防护："飞地"是一组本地计算设备的集合，是指位于非安全区中的一小块安全区域，它们通过局域网相互连接，由统一安全策略管辖且不考虑物理位置。根据业务的重要性、管理等级和安全等级的不同，一个信息系统通常可能包含多个"飞地"或外部连接。本地和远程设备在访问"飞地"内的资源时必须满足该区域的安全策略要求。网络边界防护关注的是如何对进出这些"区域"边界的数据流进行有效的控制与监视，通过在"区域"边界处部署防火墙、安全隔离与信息交换系统、安全网关、VPN 网关、入侵检测系统等，对"飞地"边界的基础设施实施保护。

(3)本地计算环境防护：本地计算环境能够提供包括信息访问、存储、传输、录入等在内的服务。在 IATF 中，通过在计算环境中部署安全操作系统、数据库管理系统、存储加密系统、安全审计系统、终端安全管理系统、身份鉴别系统、主机漏洞检测系统、主机防御系统、病毒及恶意代码检测系统等安全产品，保障信息系统计算环境安全。

(4)支撑性基础设施防护：支撑性基础设施是以安全管理系统和提供安全有效服务为目的的信息保障机制，是网络安全机制赖以运行的基础，其作用在于保障网络、"飞地"和计算环境中网络安全机制的运行，从而实现对信息系统的安全管理，并提供安全可靠的服务，在具体的安全工程实践中支撑性基础设施一般以安全管理中心的形式存在。纵深防御战略定义了两种支撑性基础设施：密钥管理基础设施(KMI)/公钥基础设施(PKI)和检测与响应基础设施。其中，密钥管理基础设施为密码产品的安全创建、分发和管理提供了一种通用的统一机制。KMI/PKI 涉及网络环境的各个环节，是密码服务的基础，提供证书、目录及密钥产生和发布功能。检测与响应基础设施能够提供用户预警、检测、识别可能的网络攻击，做出有效响应以及对攻击行为进行调查分析等功能，主要包括入侵检测技术解决方案、网络安全监控软件以及训练有素的人员(通常指计算机应急响应小组)。

各纵深防御体系工作的简单示例见图 2-5。

2)分层防护

美军在其纵深防御体系中，按照分层的网络体系结构，对各层面临的威胁进行充分的分析评估，并针对不同安全威胁分层部署防护和检测机制措施，形成梯次配置，增加攻击被检测到的概率，提高攻击成本，降低其成功概率。多处设防原则属于横向的，分层防护属于纵向防御，例如，美海军在实施纵深防御战略的过程中，构建起了以"主机、局域网、广域网、海军 GIG 网络、国防部 GIG 网络"五个区域为基础的设防区域，综合运用入侵防御系统、防火墙、基于主机的安全分层防护措施实施网络防御(图 2-6)。该体系以网络边界为界限，以网络基础设施为支点，针对各纵深层面环境特点与威胁特征，采取对应的安全防御措施，最终保证计算环境的安全性。

需要注意的是，尽管分层防护可有效抵御来自内部和外部的网络攻击，但是如果各分层防护技术或产品来自同一个或某几个厂商，就可能导致巨大的安全隐患，因为一个软件里存在的漏洞可能在同一个厂商的其他软件中也存在。因此，美军在部署纵深防御体系时，尽可能使用多家厂商、多种类型的设备与技术，避免同质化。

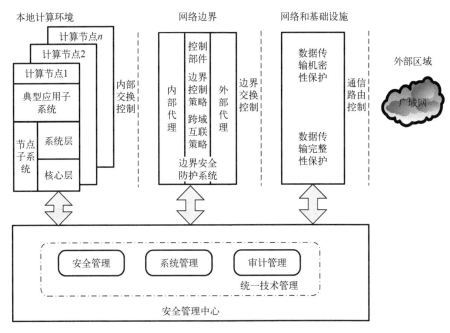

图 2-5　纵深防御体系工作示例图

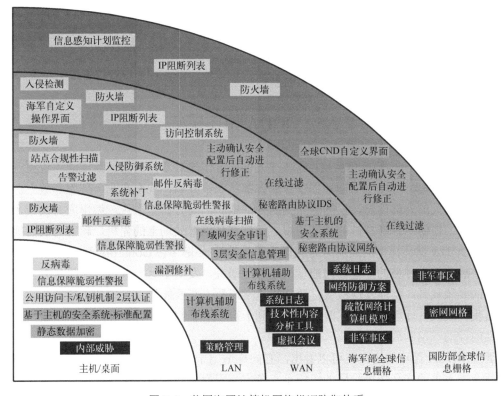

图 2-6　美国海军计算机网络纵深防御体系

3) 细化标准

细化标准主要是对网络安全系统的强健性进行具体的规定。强健性是指机制的强度(如加密算法的强度)和网络安全技术设计保障(如采用机密手段确保机制的实施)。在对各安全系统的强健性进行定义时,必须权衡被保护资产的价值和安全管理成本。为了描述网络安全的强度,美国国防部定义了三个强健性等级:高级、中级和基本级,并提出在国防信息系统的纵深防御战略中,网络安全技术解决方案应根据系统的重要性等级,采取其中一个级别的措施。例如,高强健性安全服务和机制可提供最严格的防护与最强的安全对抗措施。高强健性安全解决方案必须达到下列全部要求。

(1)采用美国国家安全局(NSA)认证的1类密码进行数据加密、密钥交换、数字签名。

(2)采用国家安全局认证的1类密码验证访问控制(如访问控制中的数字签名、基于公钥的加密技术、身份鉴别)。

(3)密钥管理方面,对于对称密钥,采用国家安全局批准的密钥管理措施(创建、控制和分发);对于非对称密码,使用5类PKI认证和硬件安全标识保护用户私钥与加密算法。

(4)优秀的安全保障设计,如达到国家安全局或国际通用标准规定的评估等级4级以上。

(5)采用的产品需通过国家安全局的评估和认证。

在实际的信息安全体系设计工作中,为贯彻纵深防御的思想,应注意以下要点。

(1)通过安全域与纵深防御层次的划分,使整体网络结构与边界清晰。

(2)具备相同安全保护要求或安全保护对象的网络和设备划分到一个安全区域。

(3)不同安全区域与防御层面,应部署不同类型和功能的安全防护设备与防御手段,形成相辅相成的多层次立体防护体系。

(4)同一安全区域内可部署相同或相似的安全防护策略。

(5)安全域与防御层次的划分应尽可能细化。

2.5　OODA 循环模型

OODA循环理论的基本观点是:武装冲突可以看作敌对双方互相较量谁能更快更好地完成"观察-调整-决策-行动"的循环程序。双方都从观察开始,观察自己、环境和敌人。基于观察,获取相关的外部信息,根据感知到的外部威胁,及时调整系统,做出应对决策,并采取相应行动。任何一方指挥链的周期越短,就越容易抢得战场上的先机,越容易取得战场上的胜利。OODA循环模型的发明人是美国空军上校约翰·博伊德(John Boyd),约翰·博伊德凭借他从事战斗机飞行员的经验和对能量机动性的研究,发明了这一理论。在瞬息万变的空战中取胜的要领就是:要能发现敌人,要能快速发现敌人,要能快速发现敌人的行为意图,在了解自我、敌人、环境态势的同时,做出有利于自己的调整,进行快速准确的决策,采取有针对性的行动一招制敌。

通过OODA循环的定义就可以看出,它同样适用于有着"对抗"特征的网络安全领域,尤其适合进入主动安全防御阶段的组织重点考虑。因为主动安全防御阶段本身就是以实时安全分析为中心,以持续快速响应为驱动,通过内外部情报驱动的决策与行动来对抗威胁,并动态适应调整安全策略。

1)观察阶段

观察(Observe)包括对自己的观察、对敌人的观察、对环境的观察三部分,在网络安全中,对自己的观察包括资产管理、漏洞管理，对敌人的观察包括各种威胁分析与检测技术应用，对环境的观察包括整体网络安全态势感知与可视化。

对自己的观察就像飞机的仪表盘，可以看到自己的飞行高度、飞行速度、所剩燃料等各种飞行状态。在网络安全中一方面是信息资产的管理，包括资产识别盘点、资产重要性赋值、资产管理基线与变动、资产与网络拓扑展示等；另一方面是漏洞管理，包括运营平台对接漏洞扫描工具、威胁情报预警、行业漏洞通报、漏洞风险评估与展示等。

对敌人的观察就像飞机的机载雷达，可以快速检测、定位敌人位置以及获得敌人的活动状态。在网络安全中其对应的是各种威胁分析与检测技术，包括网络流量分析、用户行为分析、沙箱、蜜罐、威胁情报等，并且能够通过各种关联分析规则，来提高检测的准确率和效率，解决传统设备误报、漏报的问题，发现各种未知威胁。

对环境的观察就像飞机的光电分布式孔径系统，能对飞机所处的环境进行高分辨率动态成像，提供高分辨率成像预警，提高战场态势感知能力。在网络安全中其对应的是整体安全态势、外部攻击态势、内部安全态势、资产与风险态势的感知与展示，并提供各种监控仪表盘及自动报表报告。

2) 调整阶段

调整 (Orient) 阶段的前提与基础是观察阶段的成果，观察阶段越深入、越精确，调整阶段的活动就越有效。反之，如果观察阶段出现偏差与问题，调整活动也可能会出现问题。战斗过程中的调整包括战斗策略的调整，这部分主要由飞行员 (一线人员) 根据情况进行调整。除此之外，它还包含两个后方的调整活动，分别是后方情报中心的调整、后方指挥中心的调整。

对应到网络安全中，战斗策略的调整是事前防御措施，包括定时扫描漏洞、打补丁、安全配置基线、调整黑白名单等；后方情报中心相当于威胁情报平台 (TIP)，包括多源威胁情报数据聚合、威胁情报多系统共享、威胁情报数据更新、威胁情报预警等；后方指挥中心相当于优化实时安全分析引擎 (雷达)，包括新增安全分析场景、调整安全规则与机器学习算法等。

3) 决策阶段

到了决策 (Decide) 阶段，就特别强调人机互动了，因为决策可能就是一瞬间的事情，同时决策也可能和下一个阶段的行动连在一起。

战斗中的决策包括敌我识别、智能决策，对应网络安全的安全调查分析、安全处置建议。安全调查分析包括事件分析与回溯、杀伤链还原、攻击溯源场景化；安全处置建议包括告警/风险优先级、攻击行为预测、解决方案建议等。

4) 行动阶段

行动 (Act) 阶段包括三类活动，即战斗、信息通信与协同作战活动，好比飞机的火力控制系统、信息通信系统、协同作战系统。战斗是敌我之间的活动，信息通信和协同作战是战斗单元之间，以及战斗单元与指挥部之间的活动。

在网络安全中，火力控制系统是指安全设备联动，如 SIEM 与 FW、IPS 联动；信息通信系统是指安全预警通报系统，包括信息预警通报 (短信、邮件等)、安全运营平台与工单系统对接等。协同作战系统是指安全应急处置，包括应急处理、系统恢复等。

OODA 的特点是：观察阶段周期偏长，后面各阶段周期短甚至重合；越往前阶段越基础，是后一阶段的输入，越往后阶段越关键；需要人机交互，重点是动态、联动、闭环，提高整体能力。

2.6　自适应安全架构

自适应安全是 Gartner(全球最权威的 IT 研究与顾问咨询公司)首次在 2014 年提出的面向未来的下一代安全架构,理念源自 Gartner 对美国一线安全厂商未来发展的调研。大多数企业在安全保护方面会优先使用拦截和防御(如反病毒),以及基于策略的控制(如防火墙),将危险拦截在外。但完整的防御是不可能的,系统在持续遭遇各类风险,其中高级持续性威胁(APT)攻击总能轻而易举地绕过传统防火墙和基于黑白名单的预防机制。

结果,面对不可避免的侵害行为时,大多数的企业的检测和反应能力十分有限,导致"宕机"时间变长,损失变大。当前的防护功能难以应对 APT 攻击,持续防御能力明显不足,"应急响应"已不再是正确的思维模式,因此 Gartner 提出了用自适应安全架构来应对 APT 攻击。

集防御、检测、响应和预测于一体的自适应安全架构以智能、集成和联动的方式应对各类攻击,而非各自为战、毫无互动,如图 2-7 所示。尤其对于 APT 攻击,自适应系统需要持续完善保护功能。

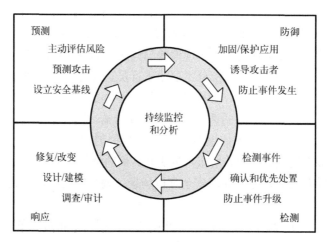

图 2-7　自适应安全架构

其关键能力如下。

(1)"防御能力"是指一系列策略集、产品和服务可以用于防御攻击。这个方面的关键目标是通过减少攻击面来提升攻击门槛,并在受影响前拦截攻击动作。

(2)"检测能力"用于应对未被防御能力拦截的攻击,该方面的关键目标是缩短威胁造成的"宕机"时间,减少其他潜在的数据泄露等损失。

(3)"响应能力"用于高效调查和补救由检测分析功能(或外部服务)查出的安全事件,以提供入侵认证和进行攻击源分析,并产生新的预防手段来避免未来安全事件的发生。

(4)"预测能力"使安全系统可从外部监控下的攻击行动中学习,以主动锁定对现有系统和信息具有威胁的新型攻击,并对漏洞划定优先级和定位。预测能力产生的情报信息将反馈到防御和检测系统,从而构成完整的闭环处理流程。

根据自适应安全的观点,在持续攻击时代,企业需要完成对安全思维的根本性切换,从"应急响应"到"持续响应"。前者认为攻击是偶发的、一次性的事故;而后者则认为攻击是不间断的，黑客渗透系统和窃取信息的尝试是不可能避免的，系统应承认自己时刻面临被攻击的可能。

自适应安全架构整体上与 PDR 模型具有一定的趋同性，但其优点在于加入了对威胁情报的利用。

2.7　网络安全滑动标尺模型

安全工作本身不好量化，所以往往从面临的风险和合规性角度进行衡量。同时，机构的安全工作做得好不好、处于哪个阶段也不好界定。为此，2015 年 Robert M. Lee 在一篇名为 *The Sliding Scale of Cyber Security* 的文章中提出了网络安全滑动标尺模型。该模型类似于信息安全 CMMI（能力成熟度模型），将机构应对外部攻击的能力划分为五个能力阶段，分别是架构安全、被动防御、主动防御、智能分析和反制威慑，如图 2-8 所示。其核心是在原有 IATF 的基础上，强调反制威慑，将防御、威慑和智能分析结合成三位一体的网络安全架构。

图 2-8　网络安全滑动标尺模型

架构安全阶段，强调在系统规划、建立和维护的过程中充分考虑安全防护问题。被动防御阶段，强调在系统架构的基础上附加可提供持续的威胁防御或洞察的系统。主动防御阶段，强调对威胁进行监控、响应、学习和知识理解。智能学习阶段，强调通过人工智能技术进行攻击行为的自学习、自识别，驱动网络防御的智能化编排与自动化响应。反制威慑阶段，强调通过以上几个阶段的叠加演进，最终形成对攻击者的战略威慑。

对于安全建设来说，不同阶段投入的精力和资金是不一样的，如图 2-9 所示。在架构安全和被动防御阶段，以补全安全能力为主，属于安全运维的概念。从主动防御阶段开始就属于安全运营的概念了。随着安全需求的增加，需要通过持续的规划、研究、建设和运行，利

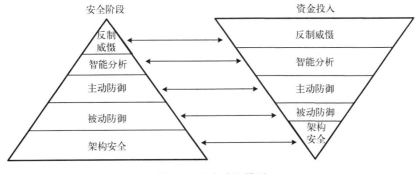

图 2-9　安全建设模型

用人工智能、态势感知、数字孪生等新技术不断提升安全能力，逐步形成对攻击者的战略威慑。因此，安全建设是一个循序渐进的过程，要统筹考虑不同阶段的安全需求与投入成本，系统性地实施安全建设。

2.8　钻石模型

"凡两个物体接触，必会产生转移现象"，意即现场一定会留下相应的痕迹，要破案就要通过这些痕迹了解罪犯的动机和手段。而网络攻防本身也是一门双方力量博弈的艺术，中间伴随着双方情报、能力的积累变换过程。为了更好地实施网络防御，就必须对攻击者进行画像，透过攻击行为看到背后的对手。因此，塞尔吉奥·卡尔塔吉龙(Sergio Caltagirone)提出了钻石模型(Diamond Model)以应对以上挑战。如果说杀伤链模型将攻击分为了 7 个步骤，钻石模型则建立在每步单个攻击事件上，是杀伤链模型的细化落地。钻石模型将对手(攻击方)、攻击使用的基础设施、能力(攻击方法)和受害者四个核心因素通过一个菱形进行关联，因此得名"钻石模型"，如图 2-10 所示。入侵活动事件(Event)作为模型的基本元素，除了包括上述四个因素之外，还包括元特征以及扩展特征(社会–政治、技术)。元特征描述了元素互相作用的时间、阶段、结果、方向、手段、资源。

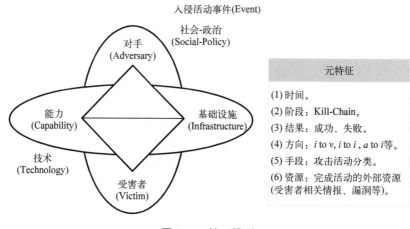

图 2-10　钻石模型

关于对手的知识一般情况下难以掌握，特别是在刚发现的时候，这时候会简单地将对手的活动当作对手。但在某些情况下分清楚两者(如 APT)是非常重要的，有利于了解其目的、归属、适应性和持久性。

能力描述事件中使用的工具或者技术，可以包括最原始的手工方法，也可以是高度复杂的自动化攻击，所有已披露的漏洞应该属于其中一部分。

基础设施描述攻击者用来实施投送的物理或逻辑结构，如 IP 地址、域名、邮件地址或者某个 USB 设备等。基础设施有两种类型，一类是攻击者完全控制及拥有的，另一类是攻击者短时间控制的，如僵尸主机、恶意网址、攻击跳跃点、失陷的账户等，它们很可能会混淆恶意活动的起源和归属。

受害者的身份和资产在不同的分析中都非常重要，在社会或政治层面的安全分析中受害者身份的作用重大，因为只有通过身份才能体现其社会属性。而系统的脆弱性评估必然和资产相关，因为资产本身就是系统暴露的攻击面或最终目标。

钻石模型的另一个重要概念是支点(Pivoting)。支点指通过提取某个元素，并利用该元素与数据源相结合，以发现其他相关元素的分析技术。四个核心因素以及两个扩展特征都可能作为支点，并且在分析中可以随时变换支点。例如，受害者在受到攻击后，可以以自己为支点，将能力和基础设施联系起来，通过攻击路径的溯源找到攻击者。

以木马攻击为例：①受害者被植入木马后，经过排查发现恶意软件；②通过技术对木马软件进行分析，定位僵尸网络控制域名；③通过对域名进行解析，定位远控端IP；④反转，通过远控端IP查询网内其余被植入木马的主机；⑤逆向反转，通过远控端IP追踪远控主机，如图2-11所示。

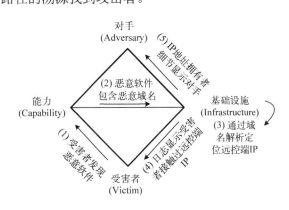

图 2-11 对手和受害者的关联

在基于支点进行分析的时候，通常先将对手和受害者划入一个象限来思考人的关联关系，将能力与基础设施划入一个象限，以此揭示技术上的关联性。然后通过人的关联与技术的关联对对手进行画像并定位更多受害者。

如图 2-12 所示，在钻石模型中，分析依赖的主要是活动线程(Activity Threads)以及活动-攻击图(Activity-Attack Graphs)。活动线程和杀伤链紧密结合，描述了对一个特定受害者进行的恶意活动，可以支持假设事件，也可以利用水平分组来获得不同活动线程之间的相关性。

	线程 1	线程 2	线程 3
	攻击者 1	攻击者 2	攻击者 3
目标侦察	1 → 2	8	11
武器化			
散布	3	10	12
漏洞利用	4		
安装			
命令与控制	5 6		13
目标行动	7 ⇢ 9		14
	被攻击主机 1	被攻击主机 2	被攻击主机 3

图 2-12 活动线程与活动-攻击图

通过活动线程与攻击图的叠加，不但保持了两种图形各自的信息，同时突出了对手的偏好，并考虑了对手的反应及替代战术，从而能够得到更好的防御策略，并加快事件调查的速度，提高准确性。

杀伤链和钻石模型各有特色，相辅相成。杀伤链着重描述过程，详细介绍七步攻击的阶段，为每个阶段提取指标，并开展跨阶段跟踪，如图 2-13 所示。钻石模型直接补充了杀伤链分析中每一步的具体实现，使用结构化指标来定义和了解对手的活动，有利于知识积累。两者结合在一起，不仅能完成应急处置，而且能形成知识沉淀和威胁情报，理解攻击者意图。

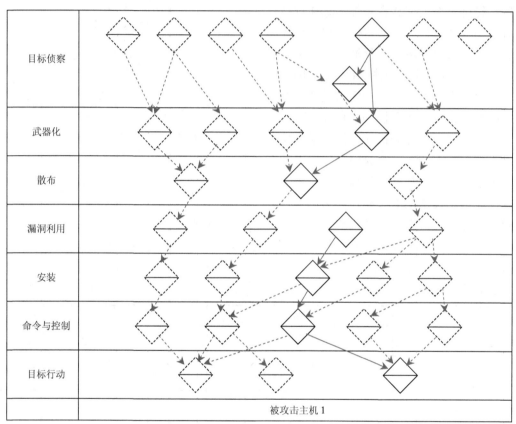

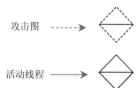

图 2-13　杀伤链

2.9　信息安全管理体系

为了系统、全面、高效地解决网络与信息安全问题，英国标准协会(BSI)于 1995 年制定了《信息安全管理体系标准》(BS 7799-1)，并于 1999 年进行了修订改版(BS 7799-2)。ISO(国际标准化组织)和 IEC(国际电工委员会)成立的联合信息技术委员会(ISO/IEC JTC1)以 BS

7799 为蓝本，制定了国际标准 ISO/IEC 17799，该标准包括 2 部分：第一部分为信息安全管理体系实施指南，第二部分为安全管理体系规范。2005 年 ISO/IEC JTC1 又以 BS 7799-2 为基础，发布了 ISO/IEC 27000 系列标准。

信息安全管理体系内容包括：信息安全政策、信息安全组织、信息资产分类与管理、个人信息安全、物理和环境安全、通信和操作安全管理、存取控制、信息系统的开发和维护、持续运营管理等。

计算机网络与信息安全 = 信息安全技术 + 信息安全管理体系（Information Security Management System，ISMS）。技术层面和管理层面的良好配合，是组织实现网络与信息安全系统的有效途径。其中，技术层面通过采用建设安全的主机系统和安全的网络系统，并配备适当的安全产品的方法来实现，管理层面则通过构建信息安全管理体系来实现。

ISO/IEC 27000 标准采用"计划（Plan）-执行（Do）-检查（Check）-改进（Act）"（PDCA）模型。该模型适用于 ISMS 的所有过程。图 2-14 描述了 ISMS 如何输入相关方的信息安全要求与期望，经过必需的活动和过程，产生满足这些需求与期望的信息安全输出。

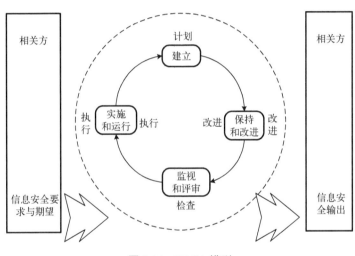

图 2-14　PDCA 模型

PDCA 模型的相关概念如下。

（1）计划（建立 ISMS）：根据组织的整体方针和目标，建立安全策略、目标以及与管理风险和改进信息安全相关的过程及程序。

（2）执行（实施和运行 ISMS）：基于安全策略，运行相关过程和程序，并实施有效控制。

（3）检查（监视和评审 ISMS）：根据安全策略、目标和惯有经验评估与测量安全管理的成效，同时向管理层报告结果并组织评审。

（4）改进（保持和改进 ISMS）：根据内部 ISMS 审核和管理评审信息或其他信息，采取纠正和预防措施，以实现 ISMS 的持续改进。

2.10　本 章 小 结

开放系统互连安全体系结构所提出的 5 类安全服务和 8 种特定的安全机制仅仅属于通信

安全的范畴，且侧重于在 OSI 七层协议上的分解。这一体系结构不能完整描述网络安全的需求和技术架构，但有助于理解"安全需求→安全服务→安全机制→安全产品"的链式逻辑关系，便于形成对网络安全技术的宏观认识。ITU-T X.805 是国际电信联盟电信标准分局针对通信网威胁和安全脆弱性，在开放系统互连安全体系结构的基础上，为加强其设计、建设和运行过程中的安全保护而定义的端到端安全的框架。PDR 模型是第一个从时间关系描述一个信息系统是否安全的模型，当前，信息安全的管理仍旧是围绕着 PDR 这三个方面开展的，所以在建立和维护网络防御体系的时候可以将 PDR 模型作为一个重要的参考进行衡量与借鉴。IATF 定义了一个对系统进行信息安全保障的过程，对系统中的软硬部件提出了安全要求，通过三个核心要素、四个焦点领域对信息基础设施实施纵深防御。OODA 循环解释了网络防御者或事件响应者在收集信息并了解如何使用它时所经历的过程。网络防御的构建者，在许多情况下，经历了观察、调整、决策和行动的过程，攻击者也是如此。攻击者观察网络防御体系在该网络中的行为，决定如何采取行动以改变环境并试图胜出。与大多数场景一样，能够观察和更快适应的一方往往会赢得胜利。自适应安全架构通过周而复始不间断地发现辨识网络信息、学习并关联信息、自动调整行动策略，利用安全分析模型对多种安全威胁数据进行自动化挖掘和网络威胁情报关联分析，为 APT、业务欺诈等行为的判定提供充分的依据，最终实现网络安全态势感知和安全威胁的精准预测。网络安全滑动标尺模型是针对网络安全活动和资源投入进行详细探讨的模型。通过该模型，组织和个人可以更好地理解资源投入的目标和影响，构建安全计划成熟度模型，按阶段划分网络攻击，从而进行根本原因分析，助力网络防御体系的构建。其目标是使用较少的资源实现更好的防御效果。钻石模型首次将科学原理应用于入侵分析，提供了一个对攻击活动进行记录、（信息）合成、关联的简单、正式和全面的方法。该方法可以有效提高分析的效率、效能和准确性。信息安全管理体系从管理层面对如何实施网络防御进行了指导。

习　　题

1. 开放系统互连安全体系结构定义的 5 类安全服务和 8 种特定的安全机制是什么？

2. 请简述安全服务与安全机制之间的关系。

3. 在 PDR 模型中，哪个环节是静态防护转化为动态防护的关键，是动态响应的依据？为什么？

4. PDR 模型中是如何定义系统的安全性的？为什么？

5. 简述纵深防御策略的起源、核心思想、三要素及其与 IATF 的关系。

6. 简述 IATF 中定义的五类安全攻击的具体含义（可从攻击与 IATF 中四个重点防护区域的关系着手）。

7. 纵深防御策略建议采用的信息安全保障原则有哪些？

8. 钻石模型有哪些应用场景？

第3章 密码学基础

密码学(源于希腊文字 kryptós "隐藏的" 和 gráphein "书写")是研究如何隐秘地传递信息的学科,在现代特别指对信息及其传输的数学性研究,常被认为是数学和计算机科学的分支。密码学的首要目的是隐藏信息的含义,并不是隐藏信息的存在。密码学是信息安全的基础,如认证、访问控制等均以密码为核心。密码学也促进了计算机科学的发展,特别是在计算机安全与网络安全方面所使用的技术,如访问控制、信息加密等。

3.1 基 本 概 念

密码是一种通信双方按约定的法则进行信息特殊变换的重要保密手段。依照这些法则,通过加密变换使明文变为密文,通过解密变换使密文变为明文。密码在早期仅对文字或数字进行加密、解密变换,随着通信技术的发展,对语音、图像、数据等都可进行加密、解密变换。

网络空间安全领域有几个基本安全性质:机密性、完整性、可认证性、可用性和不可否认性。其中除去可用性以外的四个性质都可用密码学手段来实现。

(1)机密性:不论在传输还是存储设备之中,都可以利用密码学手段隐藏信息。

(2)完整性:不论在传输还是存储设备之中,都可以利用密码学手段确认信息的完整性。

(3)可认证性:不论对信息还是用户身份,都可以利用密码学手段实现信息或身份的鉴权。

(4)不可否认性:密码学手段可以用来确认信息的来源,且可让信号的来源无法否认产生该数据的行为。

1. 基本术语

明文(Plaintext):消息。

密文(Ciphertext):被加密的消息。

加密(Encryption):用某种方法伪装消息以隐蔽它的内容的过程。

解密(Decryption):把密文转变为明文的过程。

密码算法(Cryptography Algorithm):用于加密和解密的数学函数。

加密算法(Encryption Algorithm):密码员对明文进行加密操作时所采用的一组规则。

解密算法(Decryption Algorithm):接收者对密文进行解密时所采用的一组规则。

2. 加密通信模型

加/解密过程如图3-1所示。待处理的明文按照加密算法变换成与明文完全不同的数据(密文),保证其在传输或存储过程中的安全。当需要还原成明文时,将密文通过解密算法变换成与原始明文相同的数据。通常情况下,加密和解密算法的操作都是在一组密钥的控制下进行的，分别称为加密密钥(Encryption Key)和解密密钥(Decryption Key)，根据采用加密机制的不同，加密密钥与解密密钥可以相同，也可以不同。

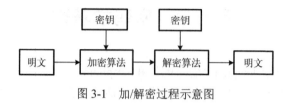

图 3-1　加/解密过程示意图

3. 密码体制

一个加密与解密的完整体系称为密码系统或密码体制(Cryptosystem)。一个密码体制是由明文空间 P、密文空间 C、密钥空间 K、加密算法集 E 和解密算法集 D 组成的五元组$(P, C,$ $K, E, D)$。

明文空间 P：作为加密输入的原始信息 m 称为明文。所有可能的明文的集合称为明文空间，通常用 P 表示。

密文空间 C：明文经加密变换后的数据 c 称为密文。所有可能的密文的集合称为密文空间，通常用 C 表示。

密钥空间 K：密钥 k 是参与密码变换的参数。一切可能的密钥构成的集合称为密钥空间，通常用 K 表示。

加密算法集 E：任给密钥 $k \in K$，在加密算法集 E 中存在唯一的加密算法 $e_k \in E:P \rightarrow C$，将明文 $p \in P$ 变换为密文 $c \in C$。对明文 p 进行变换的过程称为加密。

解密算法集 D：任给密钥 $k \in K$，在解密算法集 D 中存在唯一的解密算法 $d_k \in D:C \rightarrow P$，将密文 $c \in C$ 变换为明文 $p \in P$。对密文 c 进行变换的过程称为解密。

对于有实用意义的密码体制，总是要满足要求：$d_k(e_k(x)) = x$，其中 $x \in P$，即用加密算法得到的密文总能用相应的解密算法恢复出原始的明文。

4. 密码算法的分类

按照保密的内容，可将密码算法分为以下几类。
(1)受限制的(Restricted)算法：保密性基于保持算法的私密性。
(2)基于密钥(Key-Based)的算法：保密性基于对密钥的保密。
按照密钥的特点，可将密码算法分为以下几类。
(1)对称密钥(Symmetric Cipher)算法：加密密钥和解密密钥相同，或实质上等同，即从一个密钥易于推出另一个密钥，又称为密钥算法或单密钥算法。
(2)非对称密钥(Asymmetric Cipher)算法：加密密钥和解密密钥不相同，从一个密钥很难推出另一个密钥，又称为公钥(Public Key Cipher)算法。

3.2　加 密 技 术

根据密钥的特点将密码体制进一步划分为对称密钥体制和公钥体制。如果一个密码体制的加密密钥和解密密钥相同或从一个密钥能够很容易地导出另一个密钥，则称为对称密钥体制。如果一个密码体制的加密密钥和解密密钥不相同且是成对生成的，而加密密钥公之于众，解密密钥只有解密人自己掌握，则称为公钥体制或非对称密钥体制。

3.2.1　对称加密

对称加密，就是采用该加密方法的双方使用同样的密钥进行加密和解密。其加密过程如图 3-2 所示。

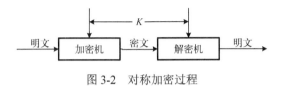

图 3-2　对称加密过程

对称密钥加密算法的加/解密速度非常快，因此，这类算法适用于大批量数据加密的场合。这类算法又分为分组密码和流密码两大类。

1) 分组密码

分组密码的基本原理是将明文消息编码表示后的明文数字序列划分成长度为 n 的组，每组分别在密钥的控制下变换成等长的密文数字序列。分组密码算法不需要存储生成的密钥序列，所以适用于存储空间有限的加密场合。目前使用的分组密码算法的分析和设计过程都相对公开，这样不仅增加了算法的透明度，防止攻击者隐藏陷门，使用户充分相信算法的安全强度，也极大地促进了分组密码算法的飞速发展。

目前，分组密码的设计与分析依然是密码学研究的热点。设计方面主要是在安全性和效率方面突破 AES 算法，分析方面主要集中在可证明安全性理论研究、应用安全性研究及新的攻击方法挖掘。此外，利用分组密码算法设计新的流密码算法、新的 Hash 函数算法也是研究的热点。

2) 流密码

流密码(Stream Cipher)(也叫序列密码)的理论基础是一次一密。它的主要原理是：生成与明文信息流同样长度的随机密钥序列，使用该序列按比特加密信息流，得到密文序列。解密变换是加密变换的逆过程。根据 Shannon 的研究，这样的算法可以达到完全保密的要求。但是，在现实生活中，生成完全随机的密钥序列是不可行的，因此只能生成一些类似随机的密钥序列，称为伪随机序列。

流密码内部存在记忆元件(存储器)以存储生成的密钥序列。根据加密器中记忆元件的存储状态是否依赖于输入的明文序列，其又分为同步流密码算法和自同步流密码算法。

对流密码的研究内容集中在如下两个方面：①衡量密钥序列好坏的标准。通常，密钥序列的检验标准采用 Golomb 的 3 点随机性公设，除此之外，还需做进一步局部随机性检验，包括频率检验、序列检验、扑克检验、自相关检验和游程检验，以及反映序列不可预测性的复杂度测试等。但是，究竟什么样的序列可以作为安全可靠的密钥序列，还是一个未知的问题。②构造线性复杂度高、周期大的密钥序列。当前最常用的密钥序列产生器主要有基于线性反馈移位寄存器的前馈序列产生器、非线性组合序列产生器、钟控序列产生器、基于分组密码技术的密钥生成器等。

常用的对称加密算法有 DES、IDEA、RC2、RC4、SKIPJACK、RC5、AES 等。

3.2.2　非对称加密

尽管对称加密速度快，但是其加密机制本身存在如下无法解决的问题。

(1)密码空间急剧增大，密钥管理困难。

传统密钥管理中，两个用户用一对密钥，则 n 个用户需要 $C(n, 2) = n(n-1)/2$ 对密钥，当用户量增大时，密钥空间急剧增大。例如：

$$n = 100 \text{ 时，} C(100, 2) = 4995$$

$$n = 5000 \text{ 时，} C(5000, 2) = 12497500$$

(2)数字签名问题，传统加密算法无法满足抗抵赖性的需求。

因此，现代密码学提出非对称加密算法。

与对称加密不同，非对称加密需要两个密钥：公钥(Public Key)和私钥(Private Key)。公钥与私钥是一对，如果用公钥对数据进行加密，那么只有用对应的私钥才能解密；如果用私钥对数据进行加密，那么只有用对应的公钥才能解密。因为加密和解密使用的是两个不同的密钥，所以这种算法称为非对称加密算法。

非对称加密算法实现机密信息交换的基本过程是：甲方生成一对密钥并将其中的一个作为公钥向其他方公开；得到该公钥的乙方使用该密钥对机密信息进行加密后再发送给甲方；甲方再用自己保存的另一个私钥对加密后的信息进行解密。甲方只能用其私钥解密由其公钥加密后的信息。

非对称加密算法的保密性比较好，不需要通信双方交换密钥，但加密和解密花费时间长、速度慢，所以它不适用于对文件加密，而只适用于对少量数据进行加密。

非对称加密过程如图 3-3 所示。

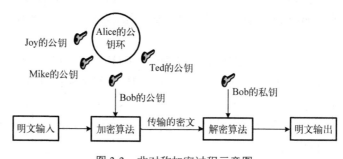

图 3-3　非对称加密过程示意图

图 3-3 中，Alice 拥有 Joy、Mike、Bob 和 Ted 四个人的公钥。Alice 采用 Bob 的公钥对明文 Plaintext 应用 RSA 算法进行加密，然后把密文发送给 Bob。当 Bob 收到密文后，使用自己的私钥进行解密，得到原始明文。即使在传输过程中，被其他人得到密文，由于他们不拥有 Bob 的私钥，所以不能进行解密，无法得到原始明文。这就是非对称加密过程。

3.3　认证与数字签名

3.3.1　认证

如前所述，在密码学提供的安全性质中，加密是实现保密性的工具，而数字签名和认证技术是实现可认证性、数据完整性和不可否认性的工具。

假设参与通信的人或者计算机叫作实体(Entity)，认证(Authentication)就是采取一些措施保证实体所宣称的身份是真实的，或者保证他们(它们)发出的消息不被非法者修改。因此存在两类基本的认证：身份认证(Identification)和消息认证(Message Authentication)(或称数据源认证，Data Origin Authentication)。

身份认证就是确认通信中对方的身份，而消息认证或者数据源认证就是确认收到的消息完整地来自正确的数据源。这里将信息、消息和数据视为同一概念，这一概念不是狭义的表示不确定性的香农信息，而是广义的信息概念。

本质上说，身份也可以视为一种消息，身份认证可视为一种消息认证，但是，身份认证和消息认证是应用于不同场合的两种基本认证形式，它们之间有明显不同的特征。身份认证一般具有实时性，需要证实身份的通信双方 A 和 B 都是在线的。如果 A 想要确认 B 的身份，可以向 B 提出一些问题，也就是挑战，而只有真实的 B 可以做出正确的应答，因此 A 可以由 B 的应答来判断 B 的身份；B 也可采用相同的方式验证 A 的身份，这也就是常见的挑战-应答类型的身份认证。

消息认证是确认一个产生于过去的消息的真实数据源，也就是确认消息是从规定的数据源发出的。消息认证不需要通信双方同时在线，因为交换消息时一般有延迟，甚至通信仅是单方向的，例如，A 向 B 发送电子邮件，过了一些时间 B 才收到。A 和 B 通常不进行直接通信，因此 B 收到宣称是 A 发送的消息时，需要一些手段验证收到的消息确实来自 A。这时采用挑战-应答方式是不方便的，为了进行验证，要求 A 提供给 B 一条消息时伴有附加信息，B 通过这些附加信息能够确定消息的真实来源。

与身份认证不同，消息认证不提供时间上何时产生一条消息的保证，因此不提供消息的实时性和唯一性。身份认证需要通过与验证者进行实际通信，确认宣称者的身份，因此是实时性的，而且一次身份认证只有当时有效，下次通信需要重新认证，这即身份认证的唯一性；身份认证除了身份以外，不涉及其他有意义的消息，而消息认证中重要的正是所传输的消息，而且需要保证消息的完整性，所以消息认证和身份认证具有不同的性质和要求。

和消息认证密切相关的一个概念就是数据完整性。数据完整性(Data Integrity)就是保持数据在其产生、传输、存储过程中不被非法改动。它是信息安全的一个基本要求。从上面的定义上看，消息认证应当提供数据完整性验证，即消息认证不仅确认消息的来源，还要保证消息的完整性。因此数据完整性与消息认证这两个问题，一般是不可分割的。

在网络通信中，除了对消息的篡改、伪造、假冒等攻击，还存在对消息的重放、延时等形式的攻击，因此还需要验证消息的顺序性和时间性。消息认证一般不提供时间性和唯一性。解决的办法是在基本的消息认证基础上，加上时间戳、唯一数等参数，构成交易认证(Transaction Authentication)。因此，交易认证就是消息认证的扩展，附带提供数据的唯一性和时间性(实效性)保证，以阻止不易察觉的消息重放攻击。

除了消息认证和身份认证以外，认证还有一种称为密钥认证(Key Authentication)的形式。在密钥建立的过程中，共享密钥(对称密钥)的参与者，希望不仅能够证明对方的身份，还要能证明他拥有共享密钥，这种认证就是密钥认证。密钥认证不仅需要身份认证，还需要证实访问保密信息的能力，因此是比较复杂的认证形式。

3.3.2　数字签名

数字签名就是附加在数据单元上的一些数据，或对数据单元所做的密码变换。这种数据或变换允许数据单元的接收者用以确认数据单元的来源和数据单元的完整性并保护数据，防止被人(如接收者)进行伪造。例如，为了实现消息认证，将待认证的消息做签名，将消息和签名发送给接收者。接收者能够确认消息的完整性和来源的可靠性，因为不同的消息对应不同的签名，如果消息变化了，则签名不能被验证；另外，验证签名使用的公钥可以确认消息的来源。

为了实现认证的功能，数字签名应当具有：

(1)可验证性；

(2)不可伪造性；

(3)不可否认性。

数字签名体制包括消息空间 M、密钥空间 K、签名空间 S、签名算法 S_{Ks} 和验证算法 V_{Kp}。消息空间 M 就是待签名的消息组成的集合；密钥空间 K 就是用于对消息进行签名的公私钥对所组成的空间；签名空间 S 就是消息经签名变换得到的签名的集合；签名算法 S_{Ks} 就是产生签名的算法；验证算法 V_{Kp} 就是检验签名是否真实的算法(图 3-4)。

通常数字签名方案包括三个部分。

(1)密钥生成过程：生成签名者所需的公私钥对，此时公钥为验证密钥，私钥为签名密钥。

(2)签名过程：对于消息 $m \in M$，签名者利用私钥进行签名 $s = S_{Ks}(m)(s \in S)$，输出消息和签名对 (m, s)(此过程一般需要首先将消息进行 Hash 函数变换，再进行签名)。

(3)验证过程：验证者获得一个签名验证方程，利用签名者的公钥验证方程是否成立，如果成立，则承认该签名。如果不成立，则拒绝。

上述过程中，消息是跟随签名一同发送给验证者的。有时签名不必携带消息，消息可以从签名 s 中恢复。因此存在两种类型的签名方案：携带消息的签名和消息恢复的签名。前者需要原来的消息作为验证算法的输入；后者不需要原来的消息，它可从签名中恢复。这两种类型的签名可以相互转换。图 3-5 为携带消息的数字签名方案的三个过程。

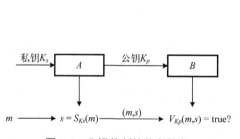

图 3-4　公钥体制的数字签名

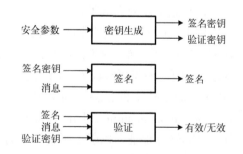

图 3-5　携带消息的数字签名方案的三个过程

消息恢复的数字签名的三个过程中，签名过程不必输出消息，验证过程即为恢复原来的消息，如果恢复的消息属于消息空间，则签名有效。此时待签名的消息一般需要经过冗余函数填充为特殊形式，即消息空间不是由任意的元素组成的，以便防止任意消息都能产生有效签名。

携带消息的签名是最常见的数字签名形式，而消息恢复的签名一般适用于短消息的情况。这两类签名还可进一步分为随机的数字签名和确定的数字签名。设 R 是从消息空间到签名空间的一对一映射，$|R|$ 表示关于一条消息 m 的映射的个数，对于随机的数字签名，有 $|R| > 1$，也就是对于同一消息存在多个签名，这是由于在签名过程中加入了随机数（即随机算法）；对于确定的数字签名，有 $|R| = 1$，也就是一条消息只对应一个签名。

图 3-6 给出了数字签名的大致分类。将来还会遇到多种特殊的数字签名形式，它们或者是基本签名的变形，如一次性签名、失败即停止签名等；或者是基本签名带有某种或多种附加功能，如盲签名、群签名、指定验证人签名、多重签名、代理签名、门限签名等，通常把后一种情况称为附加功能的数字签名。这些签名在电子现金、电子支付、电子投票等方面发挥重要作用。

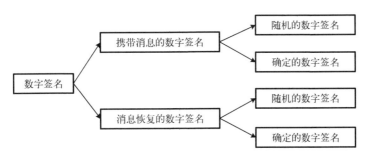

图 3-6 数字签名的类型

数字签名实现认证，具有高安全性，但是由于公钥体制的速度较慢，而在某些场合需要更加快速灵活的认证方式，这就需要用到实现认证的另一个主要工具：Hash 函数。Hash 函数是实现消息认证和数据完整性的一个主要工具。它是在 20 世纪 70 年代伴随着数字签名技术，为了达到信息安全目的应运而生的。

Hash 函数的基本思想是其作为输入串的简明表示或代表，可以用作确认输入串的唯一凭证。形象地说，Hash 函数的目的就是要产生文件、消息或其他数据块的"指纹"，所以 Hash 函数也叫作消息摘要（Message Digest）、指纹（Finger-Print）或印记（Imprint）等。因此，Hash 函数将大数据量的消息或文件，压缩成短的 Hash 值（又称为散列值），不是为了恢复原有消息，而是为了提供一种附加信息，当原来消息中任意一个二进制位发生变化时，都将引起 Hash 值的变化，因此可以实现消息的可认证性和数据完整性。例如，文件所有者可保留原文件的 Hash 值，作为检查数据完整性的一个参数。使用文件时再计算一次文件的 Hash 值，如果与原 Hash 值不一样，则说明文件被改动过了。另外，实用的数字签名方案中，一般都是先将消息经过一个 Hash 函数压缩，之后对 Hash 值进行签名，这样不仅可以节省空间和提高效率，而且可以防止一些类型的攻击。

Hash 函数是一个可有效计算的函数，它将任意有限长度的消息压缩到固定长度的较短的值，即 Hash 函数为

$$h : D \to R, \quad |D| > |R|$$

它作用于一个任意长度的消息 $x \in D$，返回一个固定长度的函数值 $h(x)$，$h(x)$ 称为 Hash 值，其长度为固定值 n。上面的绝对值符号表示集合的元素个数。上述 Hash 函数形式也常写作二进制形式：

$$h:\{0,1\}* \to \{0,1\}^n$$

由定义可以看出，Hash 函数至少有以下两个基本性质。

(1)压缩性。将一个任意有限长度的输入，映射为一个固定长度的短的输出。

(2)容易计算。给出 h 和输入 x，计算 $h(x)$ 是容易的。

由于定义域 D 的元素个数大于值域 R 的元素个数，Hash 函数是多对一的映射，所以存在碰撞是不可避免的，也就是多个不同的输入可能对应同一个输出。如果输入串的二进制长度为 t，输出串的二进制长度为 $n(t > n)$，并且假定所有输出串以相等的概率出现(即均匀分布)，则 2^{t-n} 个输入映射为相同的输出。如果发生碰撞，则意味着两个或多个不同的消息产生同一个 Hash 值，这时 Hash 函数则无法保证数据完整性。当存在碰撞的 Hash 函数用于数字签名时，不同的消息将产生相同的签名。因此应用中 Hash 函数除了具有前述的两个基本性质以外，还要求具有其他性质。

对于一个不使用密钥的 Hash 函数，应当有以下三个附加的性质。

(1)原象阻止性(Pre-Image Resistance，也称为单向性 One-Way)。对于所有事先确定的输出 y，发现任何输入 x，使 $h(x) = y$ 是计算困难的。

(2)第二原象阻止性(2nd Pre-Image Resistance，也称为弱碰撞阻止性)。对于任何指定的输入 x，发现任何第二个输入 $x' \neq x$，使得 $h(x') = h(x)$ 是计算困难的。

(3)碰撞阻止性(Collision Resistance，也称为强碰撞阻止性)。发现两个任意选择的不同的输入 x、x' 使得 $h(x') = h(x)$ 是计算困难的。

一个具有原象阻止性和第二原象阻止性的 Hash 函数，称为单向性 Hash 函数(One-Way Hash Function，OWHF)，有时也称为弱单向性 Hash 函数。

一个具有第二原象阻止性和碰撞阻止性的 Hash 函数，称为碰撞阻止性 Hash 函数(Collision Resistant Hash Function，CRHF)，有时也称为强单向性 Hash 函数。

广义上说，存在两种类型的 Hash 函数：带密钥(Keyed)的 Hash 函数和无密钥(Unkeyed)的 Hash 函数。带密钥的 Hash 函数主要就是消息认证码(Message Authentication Code，MAC)，而无密钥的 Hash 函数主要为修改检测码(Modification Detection Code，MDC)。带密钥的 Hash 函数在计算和检验 Hash 值时，必须拥有相应的密钥；而无密钥的 Hash 函数不需如此，任何人都可以计算消息的 Hash 值。

需要注意的是，有些学者将 Hash 函数直接定义为无密钥的 Hash 函数，而将有密钥的消息认证码(MAC)单独分类出来。这样做是为了强调 MAC 和无密钥的 Hash 函数的不同：MAC 是专门为了消息认证而设计的。因为只有拥有共享密钥者才能计算 MAC，所以单独使用 MAC 就能确定数据的来源和保证其完整性，也就是可实现消息认证；而单独使用 MDC 可实现数据完整性检测，但实现数据源认证需要附加可靠信道，用于保证 MDC 的来源可靠性。

上述 Hash 函数的一般形式是针对无密钥的形式。对于带密钥的 Hash 函数，定义有所不同，表示为由密钥 k 控制的函数 h_k，它具有以下性质。

(1)压缩性。h_k 将一个任意有限长度的输入 x，映射成固定长度 n 的输出 $h_k(x)$。

(2)易计算。对于一个已知的函数 h_k，给定密钥 k 和一个输入 x，$h_k(x)$ 很容易计算，$h_k(x)$ 称为 MAC 值或 MAC。

(3)计算阻止性(Computation Resistance)。未知或者已知多个文本(Text)-MAC 对

$(x_i, h_k(x_i))$，对于任何新的输入 $x(x \neq x_i)$（也不等于那些满足 $h_k(x') = h_k(x_i)$ 的 x'），在未知密钥 k 时，任何文本-MAC 对 $(x, h_k(x))$ 是计算困难的。如果不满足计算阻止性，将产生伪造的 MAC。

　　带密钥的 Hash 函数 MAC 应用于消息认证，可以利用图 3-7 进行说明。图 3-7(a)表示将需要认证的消息 M 加上 MAC，送入不安全的信道进行传输；图 3-7(b)表示具有共享密钥的接收者，利用密钥和消息 M，计算 MAC，将其与接收的 MAC 进行比较。由于 MAC 带密钥，只有拥有共享密钥的参与者才能计算和验证 MAC，这样 MAC 就保证了消息来自合法用户，提供了消息的认证。同时 MAC 具有完整性检测功能，改动消息将得不到相同的 MAC，因此 MAC 可以单独实现消息认证。

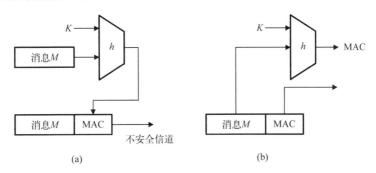

图 3-7　MAC 实现消息认证

　　无密钥的 Hash 函数 MDC 应用于消息认证，可以利用图 3-8 进行说明。图 3-8(a)表示将消息 M 送入不安全信道进行传输，同时将 MDC 送入认证信道进行传输；图 3-8(b)表示对收到的消息重新计算 MDC，并与消息附带的 MDC 进行比较。

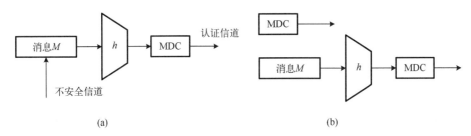

图 3-8　MDC 实现消息认证

　　无密钥的 Hash 函数应用于数字签名方案，可以利用图 3-9 进行说明。图 3-9(a)表示消息

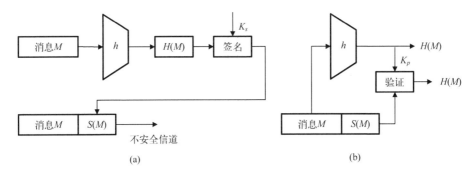

图 3-9　Hash 函数在数字签名中的应用

M 经过 MDC 后得到 Hash 值 $H(M)$ ，之后利用签名密钥 K_s 对其进行签名，将消息 M 和签名 $S(M)$ 一起送入不安全信道进行传输；图 3-9 (b) 表示接收端一方面计算消息 M 的 MDC，另一方面利用验证公钥 K_p 验证签名的正确性，验证过程中得到的 MDC 应与计算的 MDC 一致。

3.4　密码分析方法

密码学机制提供信息在传输和存储过程中的加密，以及信息交互方的认证、签名，从而保证信息系统的安全。然而，由于密码算法、密钥使用或设置不当，可能存在攻击者通过密码分析达到攻击的目的，使信息系统因密码攻击而受到安全威胁的现象。

密码分析的主要目的是研究加密消息的破译和消息的伪造。通过分析密文来推断该密文对应的明文或者所用的密钥。

在密码分析的发展过程中，产生了各种各样的攻击方式，按照密码攻击者满足的明密条件，有以下四种攻击方式。

(1) 唯密文攻击 (Ciphtext Only Attack，COA)：在仅仅知道密文的情况下进行分析，求解明文或密钥的密码分析方法。假定密码分析者拥有密码算法及明文统计特性，并截获了一个或者多个用同一密钥加密的密文，通过对这些密文进行分析求出明文或密钥。COA 已知条件最少，经不起唯密文攻击的密码被认为是不安全的。

(2) 已知明文攻击 (Known Plaintext Attack，KPA)：攻击者掌握了部分的明文 M 和对应的密文 C，从而求解或破解出对应的密钥和加密算法。

(3) 选择明文攻击 (Chosen Plaintext Attack，CPA)：攻击者除了知道加密算法外，还可以选定明文消息，从而得到加密后的密文，目标是根据明密文对推断出密钥。

(4) 选择密文攻击 (Chosen Ciphertext Attack，CCA)：攻击者可以选择密文进行解密，在已知明文攻击的基础上，攻击者可以任意制造或选择一些密文，并得到解密的明文，是一种比已知明文攻击更强的攻击方式。若一个密码系统能抵抗 CCA，那必然能够抵抗 COA 和 KPA。

按照密码攻击者所采用的攻击技术机制，密码攻击又可以分为以下几类。

(1) 穷举破译攻击。

密码攻击者对截获的密文依次用各种可能的密钥试译，直到获得有意义的明文，或者利用对手已注入密钥的加密机，对所有可能的明文依次加密，直到得出与截获的密文一致的密文。只要有足够的计算时间和存储空间，穷举破译攻击原则上是可行的，但在实际中，计算时间和存储空间都受到限制，如果密钥足够长，这种方式往往不可行。

(2) 数据分析攻击。

数据分析攻击又可分为确定性分析攻击和统计分析攻击。确定性分析攻击是先利用密文或者明文-密文对等已知量以数学关系式表示出所求未知量(如密钥等)，然后计算出未知量。为对抗这种攻击，应该选用具有坚实的数学基础且足够复杂的加密算法。统计分析攻击是密码攻击者通过对截获的密文进行统计分析，找出其统计规律或特征，并与明文空间的统计特征进行对照比较，从中提取出密文与明文间的对应关系，最终确定密钥或明文。对抗统计分析攻击的方法是设法使明文的统计特性与密文的统计特性不一样。

除以上密码攻击方式，其他典型的密码攻击方式主要包括线性密码分析攻击和差分密码分析攻击。

线性密码分析攻击作为一种已知明文攻击方式，通过将一个给定的密码算法有效且线性近似地表示出来以实现破译。典型的攻击案例是针对 16 轮 DES 系统，利用已知明文，通过线性密码分析进行破译，在某些情况下甚至可以实现唯密文攻击。线性密码分析攻击的缺点是需要获取大量的明文，才能达到密码破解的目的，往往执行效率较低。差分密码分析攻击主要适用于迭代密码。其本质思想是通过分析相应明文对差值和密文对差值之间的相互影响关系，得到密钥的一些比特信息。

3.5　密码协议

3.5.1　密码协议的概念

协议(Protocol)是一系列步骤，其包括两方或者多方，其设计目的在于完成一项任务。在该定义中，"一系列步骤"意味着协议是从开始到结束的一个序列，每一步必须依次执行，在前一步完成之前，后面的步骤都不能够执行；"包括两方或多方"意味着构成这个协议至少是需要两个人的，单独的一个人是无法构成协议的，当然一个单独的人可以采取一系列步骤去完成一项任务(例如，做一顿丰盛的晚餐)，但这不是协议(必须有另一些人参与才能构成协议，例如，家里的其他人共同享用了这顿晚餐)；"其设计目的在于完成一项任务"意味着协议必须做一些事。有些事物看起来很像是协议，但若其不能完成一项任务，那也不是协议。

协议的其他特点如下：

(1)协议中的每个人都必须了解协议，并且预先知晓所要完成的所有步骤；

(2)协议中的每个人都必须同意并遵循它；

(3)协议必须是清楚明晰的，每一步都必须有明确的定义，不能引起误解和歧义；

(4)协议必须是完整的，对于每一种可能的情况必须规定具体的动作。

在某些协议中，参与者中的一个或几个人有可能欺骗其他人，也可能存在窃听者并且窃听者可能暗中破坏协议或获悉一些秘密信息。某些协议之所以会失败，是因为设计者对需求的定义不是很完备，还有一些原因是协议设计者的分析不够充分。这就好比算法，证明其不安全远比证明其安全容易得多。

密码协议(Cryptographic Protocol)是使用密码学的协议。参与该协议的各方可能是友人和完全信任的人，也可能是敌人和相互完全不信任的人。密码协议包含某种密码算法，但通常协议的目的不仅仅是保障信息的机密性。参与协议的各方可能为了计算一个数值而共享他们各自的秘密部分，共同产生随机序列，确定相互的身份或者同时签署合同。在协议中使用密码的目的是防止或者发现欺骗和窃听。因此，可以说密码协议是建立在密码体制基础上的一种交互通信协议，它运用密码算法和协议逻辑来实现认证与密钥分配等目标，又称安全协议(Security Protocol)。

密码协议是网络防御体系中的一个重要组成部分，需要通过安全协议进行实体之间的认证、在实体之间安全地分配密钥或其他各种秘密、确认发送和接收的消息的非否认性等。在密码协议中，经常使用对称密码、公钥密码、单向函数、伪随机数生成器等。

3.5.2 密码协议的安全目标

安全目标是指密码协议运行完成时需要满足的一些安全性质，安全目标的集合构成密码协议的安全属性(Security Property)。

(1)保密性(机密性)，指密码协议的两个或多个协议参与者交换的是对重要信息由明文形式进行加密后得到的密文，不会将其泄露给非授权拥有该机密信息的其他参与者。

(2)可认证性(真实性)，指密码协议的两个或多个协议参与者通过协议运行实现参与主体身份的确认或者消息来源的确认，即身份认证和消息认证(数据源认证)。

(3)完整性，指密码协议运行中交换的消息不会被非法删除、改变和替代。在某种意义上，完整性是协议正确运行的前提，即每一步正常协议动作的执行都隐含着消息的完整性。

(4)不可否认性(抗抵赖性)，指密码协议的两个或多个协议参与者能够向第三方提供对方参与协议运行的证据。

(5)公平性(Fairness)，指在密码协议运行完成后，协议的任何一方都有充分的证据以解决今后可能出现的纠纷，且在协议运行的任何阶段，参与协议运行的任何诚实参与者都不处于劣势。它包括执行的公平性、获得的公平性和追溯的公平性。

其中，保密性和可认证性是其他安全属性的基础。

3.5.3 密码协议面临的典型攻击

与密码技术一样，密码协议也面临着多种攻击。对密码协议的成功攻击，通常并不是指攻破该协议的密码算法，相反，它通常是指攻击者能够以某种未授权并且不被察觉的方式获得某种密码信任证件或者破坏某种密码服务，同时不破坏某种密码算法。典型的针对密码协议的攻击包括：

(1)消息重放攻击。攻击者预先记录某个协议先前的某次运行中的某条消息，然后在该协议新的运行中重放(重新发送)记录的消息，由于认证协议的目标是建立通信双方之间的真实通信，并且该目标通常是通过多方直接交换新鲜的消息来实现的，所以协议之间的消息重放会导致通信双方的错误判断，从而导致通信双方之间的不真实的通信，且通信双方察觉不到。

(2)中间人攻击。中间人攻击主要针对缺乏双方认证的通信协议。在攻击过程中，攻击者能够把协议中的参与者所提出的困难问题提交给另一个参与者来回答，然后把答案交给提问问题的参与者。

(3)平行会话攻击。在攻击者的安排下，一个协议存在多个并发执行，在此过程中，攻击者能够从一个运行中得到另外某个运行中的困难问题答案，从而达到攻击的目的。

(4)交错攻击。某个协议的两次或多次执行在攻击者的特意安排下相互交织。在这种模式下，攻击者可以合成其需要的特定消息并在某个运行中进行传送，以便得到某主体应答消息，此应答消息又用于另外运行的协议中，如此交错运行，最终达到其攻击目的。

在针对密码协议的攻击类型中，还有如姓名遗漏攻击、类型缺陷攻击、密码服务滥用攻击等其他攻击方法。对密码协议的攻击无法穷尽，除了人们发现或已知的很多攻击之外，可能还存在很多人们没有发现的潜在攻击。如何设计安全的密码协议或如何检测一个密码协议是否安全是密码技术面临的严峻挑战。

3.5.4　密码协议的安全性分析

密码协议的设计非常微妙，许多密码协议在公布甚至实际应用多年之后才被发现存在漏洞。例如，1978 年公布的 Needham-Schroeder 认证协议，在它公布 17 年后才被发现存在漏洞。经验告诉我们，设计和分析一个正确的密码协议是一项十分困难的任务。

1) 密码协议非形式化分析

通过对大量有代表性的密码协议的共同特性进行分析，可以提取一些有益而直观的密码协议非形式化设计准则。坚持这些准则不仅能尽量避免协议漏洞，而且能简化协议设计。同时也可以利用这些原则对密码协议的安全性进行非形式化的分析。最有代表性的设计准则是 Abadi 和 Needham 于 1996 年提出的 11 条启发式的谨慎工程准则，用于指导协议设计者设计出好的协议。这些准则主要包括以下几点。

(1) 每条消息应该清楚地表达它的含义，对消息的解释应该仅依赖于它的内容。

(2) 要作用的消息需满足的条件应该清楚地加以说明，以使协议的分析者可以知道它们是否能被接收。

(3) 如果主体的身份对于一条消息的含义是至关重要的，那么谨慎的做法是在消息中明确包含该主体的名字。

(4) 要清楚使用加密的原因。加密的使用是有代价的，不清楚使用加密的原因可能会导致冗余。加密不等同于安全，加密的不恰当使用会导致错误。

(5) 当主体在一个已加密的数据上签名时，不能推断该主体知道消息的内容。但是，如果主体先对消息签名再加密，那么，就可以推断该主体知道消息的内容。

(6) 要清楚所假定新鲜值的特性。能够保证临时顺序的新鲜值可能无法保证关联性，关联性最好通过其他方法建立。

(7) 可预测的值(如计数器的值)在挑战-应答机制中可以用来保证新鲜性。但是，如果可预测的值是有效的，它就应该受到保护，使得攻击者不能模拟挑战并重放应答。

(8) 如果时间戳通过绝对时间作为参考来保证新鲜性，那么不同机器上的本地时钟之间的差异必须远小于信息被允许的有效期，并且各处的时间同步机制成为可信计算的基础。

(9) 密钥可能最近被使用过，例如，用来加密了一个新鲜性因子，但却可能是一个旧的密钥，甚至可能已泄露。最近使用过并不能保证一个密钥的新鲜性。

(10) 如果编码用来描述消息的含义，那么应该知道正在使用哪种编码。在编码依赖于协议的情况下，应该能够推断出消息是属于这个协议的，同时也应该知道它在协议中的序号。

(11) 协议设计者应该清楚这个协议依赖于哪些信任关系，以及为什么这些依赖关系是必要的。信任关系能被接受的原因应该是清楚的，尽管这些原因可以通过判断、策略而不是逻辑得到。

2) 密码协议形式化分析

形式化描述比用自然语言的定义要精细得多。人们常常借助形式化方法对密码协议进行设计和分析。最早提出密码协议形式化分析思想的是 Needham 和 Schroeder，但真正在这一领域做出开创性工作的是 Dolev 和 Yao，他们提出了多协议并行执行环境的 Dolev-Yao 模型。

Dolev-Yao 模型认为，攻击者可以控制整个通信网络，并应当假定攻击者具有相应的知识与能力。例如，应当假定，攻击者除了可以窃听、阻止、截获所有经过网络的消息等之外，还具备以下知识和能力：

（1）熟悉加/解密、Hash 等密码运算，拥有自己的加密密钥和解密密钥；

（2）熟悉参与协议的主体的标识符及其公钥；

（3）具有密码分析的知识和能力；

（4）具有进行各种攻击(如重放攻击)的知识和能力。

此后的协议形式化分析模型大多基于该模型或其变体。目前，研究比较深入和广泛的形式化方法有基于逻辑推理的分析方法、基于计算模型的分析方法、基于模型检验的分析方法和基于定理证明的分析方法。

3.6　本章小结

密码是一种通信双方按约定的法则进行信息特殊变换的重要保密手段，其基本思想是通过变换信息的表示形式来伪装需要保护的敏感信息，使非授权者不能了解被保护的信息的内容。网络安全使用密码学来辅助解决敏感信息的传递问题，利用密码学提供的技术和方法为网络信息系统提供最可靠的安全防御手段。本章就密码学相关的基本概念、分类、应用、密码协议等进行了阐述，使相关人员能够对密码学有基本的理解和掌握。

习　　题

1．密码协议的安全目标有哪些？为了实现这些安全目标，可以采用哪些密码技术？

2．对称加密与非对称加密的区别是什么？

3．举例说明什么是流密码和分组密码加密。

4．中间人攻击的思想是什么？举例说明中间人攻击的全过程。

5．密码破译者分析密码的主要方法有哪些？

第4章 网络安全通信

数据加密是指将信息通过加密密钥进行加密转换,变成不能直读的密文,而接收方则通过解密密钥将此密文还原成明文,因此加密是保护数据安全的一种有效手段。在网络中,数据的频繁传输,使数据极易被截获或修改,只有综合采用加密技术,才能有效地防止数据泄露。数据加密可分为"通信加密"(即传输过程中的数据加密)和"文件加密"(即存储数据加密)。本章重点阐述网络通信加密的内容。

4.1 网络安全通信基础

随着信息技术的飞速发展,从网络底层到各类网络应用再到联网设备,各个环节都潜伏着大量的威胁和隐患。很多网络基础通信协议或底层协议,都存在"冒用、盗用、错用"的风险。

4.1.1 安全目标

就通信数据传输过程来说,其面临以下三种最基本的攻击类型。

(1)威胁保密性的攻击:窃听/窃取、通信量分析。

(2)威胁完整性的攻击:篡改、伪装、重放、否认。

(3)威胁可用性的攻击:拒绝服务(DoS)、分布式拒绝服务(DDoS)。

对应于以上的攻击类型,实现网络信息传输安全目标有以下三个要求。

(1)保密性:确保通信双方之间的通信数据不会被无关的第三方所窃取,这是最基本的要求。

(2)完整性:确保通信时数据不会丢失或被第三方篡改、破坏,当数据丢失或被篡改、破坏时,通信的一方能够立即发现。

(3)可用性:确保授权用户能够按需合法访问资源。

可以分别从以下技术层面防范安全攻击,满足安全要求。

(1)提供加密和解密技术。这个层面解决了本地数据存储加密和通信过程中数据加密的一系列问题。

(2)提供认证机制和访问控制机制。认证机制的目标是确定访问资源的用户是谁、通信时对方的身份是否为期望的另一方等;访问控制机制的目标是确定某个用户是否有权限访问资源,如果有权限访问资源,再进一步确定用户所能够访问的资源以及对资源能够执行的操作(查看、使用、修改、创建等)。

在以上两个层面中会用到的密钥算法和协议有对称加密、公钥加密(非对称加密)、单向加密以及认证协议等。

4.1.2　通信加密模型

一个被广泛采用的通信加密模型见图 4-1。一方要通过网络将消息传送给另一方，那么通信双方(也称为交互的主体)必须通过执行严格的通信协议来共同完成消息交换。在 Internet 上，通信双方要建立一条从信源到信宿的路由，并共同使用通信协议(如 TCP/IP)来建立逻辑信息通道。从图 4-1 中可以看出，一个安全的通信加密模型通常由 6 个功能实体组成，它们分别是消息的发送方(信源)、消息的接收方(信宿)、安全变换、信息通道、可信的第三方和攻击者。

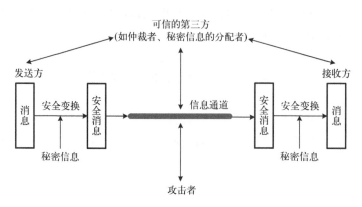

图 4-1　通信加密模型

在需要保护信息传输以防攻击者威胁消息的保密性、完整性和可用性时，就会涉及信息安全，任何用来保证信息安全的方法都包含如下两个方面。

(1)对发送的消息进行与安全相关的变换。例如，对消息进行加密，它打乱消息使得攻击者不能读懂消息，或者将基于消息的编码附于消息后，用于验证发送方的身份。

(2)使通信双方共享某些秘密信息，而这些信息不为攻击者所知。例如，加密和解密密钥，在发送端加密算法采用加密密钥对所发送的消息进行加密，而在接收端解密算法采用解密密钥对收到的密文进行解密。

图 4-1 中的安全变换就是"密码学"课程中所学习的各种密码算法。信息通道的建立可以采用第 6 章讨论的密钥协商与分配技术和 4.2～4.4 节讨论的内容实现。为了实现安全传输，有时需要有可信的第三方。例如，第三方负责将秘密信息分配给通信双方，而对攻击者保密，或者当通信双方就信息传输的真实性发生争执时，由第三方来仲裁。

通信加密模型说明，设计安全服务应包含以下 4 个方面的内容：

(1)设计一个算法，它执行与安全相关的变换，该算法应是攻击者无法攻破的；

(2)产生算法所使用的秘密信息；

(3)设计分配和共享秘密信息的方法；

(4)指明通信双方使用的协议，该协议利用安全算法和秘密信息实现安全服务。

4.1.3　一次加密通信的过程

以发送方 Alice 和接收方 Bob 为例，Alice 向 Bob 发送报文，怎么才能保证 Alice 的报文安全、可靠地被 Bob 接收到，并且保证报文数据的完整性？其基本思路见表 4-1。

表 4-1　加密通信的基本思路

安全目标	解决方案	实现步骤
确保所发送数据的完整性	利用 Hash 函数计算出这段要发送的数据的消息摘要	在数据准备发送的时候计算数据的消息摘要，在收到数据后提取其消息摘要并将其与之前的消息摘要进行对比，保证数据的完整性
确保通信过程的保密性	利用对称加密的方法	发送方 Alice 生成一个临时的对称密钥，并使用这个对称密钥加密整段数据
验证数据收发双方是否为本人	利用公钥加密的机制进行验证：公钥加密，私钥解密；私钥加密，公钥解密	在 Alice 发送数据时用 Bob 的公钥加密数据包。在 Alice 接收到数据包以后用自己的私钥是否能打开，从而验证身份

加密和发送过程：

(1) 当发送方 Alice 有数据要发送给 Bob 时，为了确保数据能够完整地发送至 Bob，首先需要使用 Hash 函数去计算出这段要发送的数据的消息摘要；

(2) 为了便于 Bob 收到数据之后可验证身份，发送方 Alice 使用自己的私钥加密这段消息摘要，并将加密后的消息摘要附加在数据后面；

(3) 为了确保通信过程是保密的，发送方 Alice 生成一个临时的对称密钥，并使用这个对称密钥加密整段数据；

(4) 发送方 Alice 获取 Bob 的公钥，再使用 Bob 的公钥来加密刚才生成的临时的对称密钥，并把加密后的对称密钥附加在整段加密数据后面，而后将其发送给 Bob。

接收和解密的过程与加密和发送的过程刚好相反：

(1) 接收方 Bob 收到数据之后，先使用自己的私钥去解密这段加密过的对称密钥(由 Alice 生成)；

(2) 接收方 Bob 用解密得到的对称密钥去解密整段(发送方用对称密钥)加密的内容，此时接收方 Bob 得到 Alice 发送给自己的数据和加密后的消息摘要；

(3) 接收方 Bob 用 Alice 的公钥去解密这段消息摘要，如果能解密出来，则发送方的身份得到验证；

(4) 接收方 Bob 再用同样的单向 Hash 函数去计算这段数据的消息摘要，将其与解密得到的消息摘要进行比较，如果相同，则数据完整性得到验证，否则说明数据有可能被篡改或破坏。

4.1.4　通信加密方式

通信加密可简单地概括为信源加密和信道加密(图 4-2)。信源加密是指对信源发送的信息明文或代表明文的电信号进行加密，以解决信息在传输、存储、使用和交换中的安全问题，使用时要求和应用系统同期开发。信道是指通信的通道，是信号的传输媒介。信道加密就是采用链路和网络加密技术为各通信节点间的传输信道进行加密，如 SDH 加密机、ATM 加密机、IP 加密机等。信道加密对系统和应用程序完全透明。

通信加密可以通过三个方式来实现：链路加密、节点加密和端到端加密，三种方式的比较如表 4-2 所示。

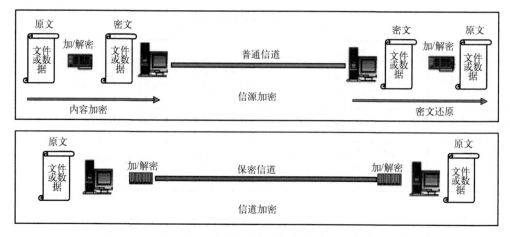

图 4-2　信源加密与信道加密

表 4-2　三种通信加密方式的比较

加密方式	优缺点	
	优点	缺点
链路加密 (Link Encryption)	(1)所有的信息都加密,包括消息头和路由信息; (2)单个密钥泄露不会危及全网安全,每对网络节点可使用截然不同的密钥; (3)加密对用户是透明的	(1)消息以明文形式通过每个节点; (2)由于所有网络节点都必须获得密钥,密钥分发和密钥管理困难; (3)由于每个保密通信链路上都需要两台设备,密码设备费用高
节点加密 (Node Encryption)	(1)消息的解密和加密在保密模块内完成,无暴露消息内容的风险; (2)加密对用户是透明的	(1)某些信息(如消息头和路由信息),必须以明文形式传输; (2)由于所有的网络节点都必须获得密钥,密钥分发和密钥管理困难
端到端加密 (End-to-End Encryption)	(1)异常灵活,加密可由用户控制,而且并非所有信息都要加密; (2)数据经网络从源到目的地都受到保护; (3)加密对网络节点是透明的,而且在网络重组期间也可以使用	(1)每个系统都必须能够进行相同类型的加密; (2)某些信息(如消息头和路由信息)可以明文形式发送; (3)要求使用复杂的密钥分发和密钥管理技术

1)链路加密

链路加密,顾名思义就是在网络的数据链路层进行信息加密的方式,网络中的每个节点都需要安装密码设备,以便进行报文的加/解密。对于链路加密,一条信息可能需要经过多个通信链路的传输,每个链路也可能使用不同的密钥或加密算法,因此包括路由信息在内的链路上的所有信息均以密文形式存在,这样,消息的源点、终点、频率、长度等特性得以掩盖,从而可以有效防止对通信业务的特征分析。

尽管链路加密在计算机网络环境中的使用相当普遍,但它并非没有问题。由于每个节点接收到消息后,需要对消息进行解密,即暴露明文,如果链路上存在安全防护薄弱的节点,就有可能影响整个链路的安全状况。此外,链路加密要求先对链路两端的密码设备进行同步,频繁地进行同步,特别是在网络带宽有限的环境下,会给网络的性能和可管理性带来影响,严重时还会造成数据的丢失或重传。而且,在实际应用中,如果只是通信的一小部分数据需要进行加密保护,在链路加密方式下也必须对所传输的所有数据进行加密处理,从而影响数据处理的效率。最后,在对称加密环境下,密钥必须被安全存储和分配,并按一定规则进行变换,这样在复杂的网络环境下进行密钥的分配就成了一个问题。

2) 节点加密

节点加密是指在网络的节点处利用密码设备对信息进行加密和解密的方式。在节点加密方式下,数据报的报头和路由信息需要以明文形式进行传输,以便中间节点正确处理数据在网络中的传输,所以相对于链路加密,该方式在防止攻击者进行通信业务分析方面是脆弱的。但是在节点加密中,除了发送节点和接收节点以明文形式处理数据外,中间节点只进行密钥的转换,并且数据的加/解密都在密码设备中进行,节点机不暴露明文,避免了链路加密中节点易受攻击的缺点。

3) 端到端加密

端到端加密,又称为包加密,是对从一端传送到另一端的数据进行加密的方式,所以一般在网络的应用层完成。端到端加密能够确保数据从传输的源点到终点都以密文形式存在。

端到端加密方式下,除报头外的所有报文均以密文形式存在,中间节点不做加/解密,所以不需要任何密码设备,相对于链路加密,可有效减少密码设备的数量。同时,由于端到端加密信息在达到终点前不进行解密,所以即使有中间节点被攻击,也不会造成信息的泄露。

另外,在端到端加密的情况下,数据报的控制信息部分不能加密,这样易于受到通信量分析的攻击。同时,在该加密方式下,每对用户在通信时,都需要共享一组密钥,在具有 n 个用户的网络环境下,每个用户需要保存 $n-1$ 个密钥,同时为了保证数据和密钥安全,有时会使用一次性密钥,所以该方式对于密钥的消耗量很大。

4.2 数据链路层安全通信

在网络分层中,数据链路层承上启下,起着重要的连接作用。根据木桶原理,网络的安全性与其最薄弱层次的安全性相当,因此必须同等重视网络中每一层次的安全性,才能保证整个网络的安全运行。

无线局域网(WLAN)以开放空间的电磁波为传输介质进行网络通信,其安全性相对于有线网络来说低得多。因此,WLAN 在标准设计之初就考虑了接入安全认证、传输数据的保密性和完整性等安全要求,例如,IEEE 802.11b 中采用基于 RC4 的 WEP 安全机制,为网络业务流提供安全保障。然而分析研究表明,WEP 存在许多安全漏洞。

在 WEP 的安全漏洞被发现以后,WLAN 的设备制造商和相关的研究机构对其进行了不同的技术改进与协议更新研究,其后提出了一系列的安全解决方案,其中有代表性的是 IEEE 802.11i 定义的新的数据链路层安全协议簇。

4.2.1 WEP 协议

有线对等保密(Wired Equivalent Privacy,WEP)协议是一个基于数据链路层的安全协议,设计目标是为无线网络提供与有线网络相同级别的安全性保障,保护无线网络中传输数据的机密性,并提供对无线网络的接入控制和对接入用户的身份认证。

1. WEP 数据加/解密流程

要理解 WEP 的加密原理，需要先了解 WEP 数据帧的格式。WEP 的数据帧分为三项：32bit 的 IV（初始向量）、传输数据及 32bit 的 ICV（即 32 位循环校验码）。其格式如图 4-3 所示。

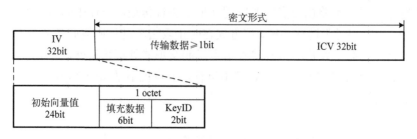

图 4-3　WEP 的数据帧格式

值得注意的是 IV 以明文方式传送，而传输数据及 ICV 以密文方式传送。

IV 包含三个子数据：24bit 的初始向量值 Init Vector、2bit 的 KeyID 和 6bit 的填充数据（全部用 0 填充）。其中初始向量值用来构成 WEP Seed，后面涉及的 IV 就指 Init Vector，KeyID 用于选择加密该数据帧所使用的密钥。WEP 加密过程如图 4-4 所示。

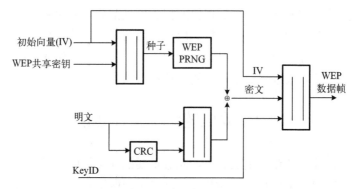

图 4-4　WEP 加密过程

(1) 计算原始数据包中明文数据的 CRC 和 ICV，将明文与 ICV 连接。

(2) 为每一个数据包选定一个初始向量(IV)，初始向量(IV)与共享密钥相连接作为密钥种子(Seed)，进入 WEP 伪随机数生成器(PRNG)生成随机数，该随机数就是加密密钥流。

(3) 将加密密钥流与明文和 CRC 的连接值做异或，得到密文。

(4) 初始向量(IV)和密钥指数 KeyID，加在密文前面，生成 WEP 数据帧。

WEP 数据帧的解密过程是把在 WLAN 中传输的数据转化成明文。

(1) 从 WEP 数据帧中提取 KeyID、IV 和密文，根据 KeyID 调出相应的密钥。

(2) 将 IV 和密钥 Key 一起送入 RC4 算法伪随机数生成器(PRNG)，得到解密所需的密钥流。

(3) 将密钥流与密文异或，生成明文。

(4) 对信息的 CRC-32 和 ICV 进行验证，如果正确，接收解密后的数据帧；否则，丢弃错误的数据帧。

2．WEP 数据完整性校验

为了防止数据在无线传输的过程中遭到篡改，WEP 协议采用了 CRC-32 和来保护数据的完整性。

ICV 是一个 32 比特的 CRC 的值，并满足如下等式：

$$C = K \oplus (P \,\|\, \mathrm{ICV})$$

式中，P 为明文；K 为密钥；C 为密文。

接收方在收到 WEP 数据帧以后，先对数据帧进行解密，然后计算解密出明文的 CRC-32 和 ICV′，并将 ICV′与从数据帧中解密出的 ICV 进行比较，若二者相同，则认为数据在传输过程中没有被篡改，接收该数据帧；否则认为数据已被篡改过，丢弃该数据帧。

3．WEP 身份认证

IEEE 802.11 定义了两种认证方式：开放系统认证（Open System Authentication）和共享密钥认证（Shared Key Authentication）。

开放系统认证以明文方式进行，因此相当于空认证，只适用于安全要求较低的场合。

共享密钥认证基于客户端是否具有共享密钥的"请求/响应"机制。

如图 4-5 所示，先由客户端站点 STA 向接入点（AP）发送一个认证请求；AP 收到这个请求后，产生一个随机数并发送给客户端；然后客户端利用 RC4 算法加密该随机数（或"nonce"），将密文返回给 AP；最后 AP 使用共享密钥对收到的密文进行解密，再将解密结果与发送的随机数相比较，若相同，则验证了客户端是合法用户，允许其访问网络，否则，拒绝该客户端的访问请求。

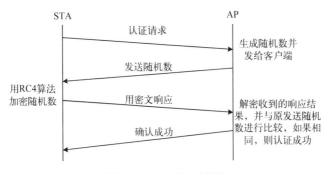

图 4-5　WEP 认证过程

从以上过程可以看出，接入点（AP）可以对客户端进行认证，而客户端却不能对 AP 进行身份认证，因此不能保证客户端和一个合法的 AP 或无线网络进行通信。这种简单的单方"请求/响应"机制很不安全，可能会遭到包括中间人攻击在内的各种攻击。

4．WEP 协议中的安全隐患

802.11 工作组提出 WEP 协议时认为，WEP 协议对数据进行了加密，使在无线电波中传输的数据都是加密密文，窃听者在不知道共享密钥的情况下是无法了解数据内容的，达到了保证数据保密性的目的；数据的完整性校验的目的是防止对加密数据进行篡改，达到了保证数据完整性的目的。然而，许多研究结果表明，缺乏广泛检验而提出的 WEP 设计存在不少漏洞。

1）RC4 算法缺陷

（1）密钥重复。

WEP 协议在数据加密时采用的是 RC4 算法，种子密钥是由 IV 和共享密钥 Key 相连接组成的，种子密钥经过 RC4 算法伪随机数生成器生成加密密钥流。假设有两段明文 P_1 和 P_2，都采用相同的种子密钥{IV, Key}的 RC4 算法进行加密，对应的生成密文分别 C_1 和 C_2，如下等式成立：

$$C_1 = P_1 \oplus RC4(IV, Key)$$

$$C_2 = P_2 \oplus RC4\{IV, Key\}$$

$$C_1 \oplus C_2 = P_1 \oplus RC4\{IV, Key\} \oplus P_2 \oplus RC4\{IV, Key\}$$
$$= P_1 \oplus P_2$$

从上式可以看出，因为加密密钥流被重复使用了，此时两段密文的异或值等于两段明文的异或值。如果知道两段密文 C_1、C_2 和其中一段明文 P_1，则另一段明文 P_2 马上就可以推出：

$$P_2 = C_1 \oplus C_2 \oplus P_1$$

由于明文很可能是具有一定语义的字符的 ASCII 码的组合，攻击者有可能猜测到明文 P_1、P_2 的值，并使用明文的 CRC-32 值来判断得到的猜测值是否正确。如果攻击者知道多段密文值，就能得到多段明文的值。随着已知密文数的增多，同时由于一些帧具有特定的格式和含义，如接入请求和响应之类的身份认证帧，它们的内容比较容易被猜测出来。采用统计分析的方法，解密将会变得越来越容易。

（2）弱密钥问题。

在 RC4 算法的密钥空间中存在大量的弱密钥，在使用这些弱密钥作为种子时，RC4 算法输出的伪随机序列存在一定的规律，生成具有可识别格式化前缀的加密密钥流。WEP 协议简单地将 IV 和共享密钥连接形成种子密钥，但 IV 暴露了 RC4 种子的前三个字节。确定用弱密钥加密的数据包很容易，因为 3 字节的密钥来自以明文发送的 IV，而 IV 可以形成弱密钥（1600多万个 IV 值中，约有 9000 多个弱密钥）。

（3）密钥生成过于简单。

因为密钥的构成是 IV 与共享密钥直接串联，密钥流的第一个字节的生成主要受 IV 与共享密钥影响，观察大量的 IV 值对应的密钥流，分析 IV 与共享密钥的第一个字节对密钥流输出的第一个字节的影响（假设共享密钥的其他字节对密钥流的第一个字节没有影响，这种概率大于 5%），通过对密钥流的第一个字节的生成分析，找到共享密钥的第一个字节，因为这种分析的概率大于 5%，对于攻击者实现攻击是有意义的。同样，攻击者可以使用相同的方法逐步推出共享密钥的每一个字节。而对于密钥流的第一个字节，可以通过观察以及对一些常识的了解来获得，如日期、发送者的身份。因此这种攻击方法不仅涉及密码学原理，还依赖攻击者的经验，通常用于已知密文攻击。

2）IV 空间问题

WEP 协议中的密钥序列是由 IV 和共享密钥共同决定的。由于共享密钥是静态不变的，密钥序列的改变就由 IV 来决定,也就是说加密密钥的不同是由 IV 决定的,所以使用相同 IV 的两个数据包,其 RC4 密钥必然相同。如果窃听者截获了两个(或更多)使用相同密钥的加密数据包,他就可以用它们进行统计攻击以恢复明文。因为 W 向量空间较小,应用生日悖论可知 IV 发生冲突的概率为

$$p = 1 - (1 - 1/2^{24})(1 - 2/2^{24})(1 - 3/2^{24})\cdots(1 - (t-1)/2^{24})$$

当数据包超过 4823 个时,就有 50%的概率使 IV 发生冲突。当数据包超过 12430 个时,IV 冲突的概率上升到 99%。这样大大降低了 IV 的有效空间,使 IV 冲突明显加剧。另外,IV 空间最多也只有 2^{24} 个值。在无线局域网环境中要获得两个相同 IV 的数据包并不难。

3)完整性校验问题

WEP 协议利用完整性校验和确保数据在传输过程中不被更改,即在加密数据包后附加一个由 CRC-32 产生的校验和 ICV。然而 CRC 和并不足以抵御攻击者对消息的篡改,因为 CRC 和不是一个密码学意义上的安全认证码。对消息进行篡改用到了 WEP 校验和的以下性质:WEP 校验和是消息的线性函数。

这条性质表示校验是通过异或运算进行的,对于任意的消息 x 和 y,有 $C(x \oplus y) = C(x) \oplus C(y)$。利用该性质,能够做到在不改变校验和的前提下对密文进行修改。

设消息为 M,密文为 C,其在到达目的地之前被截获:

$$A \rightarrow B : (\text{IV}, C)$$

式中, $C = \text{RC4}(\text{IV}, K) \oplus (M, \text{CRC}(M))$; A 是数据发送者; B 是篡改者。

假定经过修改后的密文为 C'',其对应的消息为 $M' = M \otimes z$ (z 代表篡改者任意选择的值),这样就能够用新的密文 C'' 取代原密文 C:

$$A \rightarrow B : (\text{IV}, C')$$

最终接收者 B 只能收到经过更改的消息 M'和未经更改的校验和。

数据篡改的关键是如何从密文 C 得到 C',并使用 C' 解密得到对应的消息 M'以取代 M。因为 RC4 流密码是线性的,所以可以对各项重新进行排序。

对于等式 $C = \text{RC4}(\text{IV}, K) \oplus (M, \text{CRC}(M))$,将其与 $(z, \text{CRC}(z))$ 进行异或运算即得到更改的密文 C'':

$$\begin{aligned}
C' &= C \oplus (z, \text{CRC}(z)) \\
&= \text{RC4}(\text{IV}, K) \oplus (M, \text{CRC}(M)) \oplus (z, \text{CRC}(z)) \\
&= \text{RC4}(\text{IV}, K) \oplus (M \oplus z, \text{CRC}(M) \oplus \text{CRC}(z)) \\
&= \text{RC4}(\text{IV}, K) \oplus (M', \text{CRC}(M \oplus z)) \\
&= \text{RC4}(\text{IV}, K) \oplus (M, \text{CRC}(M'))
\end{aligned}$$

从上面的描述中可以知道,可以完全不用破坏校验和而对密文进行任意更改,实现对 WEP 协议数据的完整性校验的攻击。攻击可以在攻击者不知道消息 M 的情况下进行,攻击者只需要截获密文 C 和修改值 z 就能够计算得到新密文:

$$C'' = C \oplus (z, \text{CRC}(z))$$

4.2.2 IEEE 802.11i 协议

IEEE 802.11i 在数据加密方面，定义了 TKIP(Temporal Key Integrity Protocol)、CCMP(Counter-Mode/CBC-MAC Protocol)和 WRAP(Wireless Robust Authenticated Protocol)三种加密机制，同时规定使用 802.1x 认证和密钥管理方式，目的是有效地抵抗各种主动和被动攻击，以构建符合 RSN(Robust Security Network)要求的无线网络。本节重点介绍 802.11i 协议的 TKIP 加密机制。

1. TKIP 加密机制

TKIP 是包裹在 WEP 外面的一套算法，针对 WEP 的漏洞增加了 4 个新特性。

(1)使用消息认证码，即 MIC，防止对信息的篡改与伪造。MIC 用 Michael 算法生成，英文记作 Message Authentication Code。该消息认证码本应简称为 MAC，但由于 IEEE 802 已经把 MAC 用为"Media Access Control"的简称，因此 IEEE 802.11i 使用 MIC 的缩略形式。

(2)扩展了 48 位 IV 和 IV 顺序规则(Sequencing Rules)，防止重放攻击。

(3)使用每包密钥构建(Per-Packet Key Construction)机制，免除 IV 与弱密钥的相关性，防止针对弱密钥的攻击。

(4)密钥重新获取和分发机制，以生成新鲜的加密和完整性密钥，防止因 IV 重用而受到攻击。

TKIP 的密钥生成过程见图 4-6。发送方用 MIC 生成函数计算消息认证码并随报文一起发送，接收方则在验证器中根据 K 和报文重新计算 MIC，并将其与收到的 MIC 进行比较，相等则认为报文未被改动，反之则认为报文被改动，丢弃报文，并增加被更改报文的计数。在 IEEE 802.11b 网络中，如果每分钟报文被更改的计数大于 2，则认为网络受到攻击，会话将被中止，以确保网络的安全。

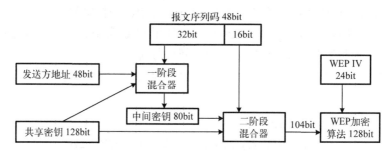

图 4-6　TKIP 的密钥生成过程

采用 MIC 的措施虽然防止了对数据包的篡改，却不能防止重放攻击。标准的解决方法是把包序列号空间和 MIC Key 联系起来，在包序列号空间耗尽之前重新生成 MIC Key。

TKIP 使用 WEP IV 域作为报文序列码 TSC，IV 在 TKIP 中延长为 48 位。TSC 是一个单调增加的 48 位的计数器，当 TKIP 进行密钥设定时，收发双方的报文序列码归零，然后每发送一个报文，发送方序列码加 1，在收到序列码小于或等于已经正确接收的报文序列码的报文时，接收方将丢弃报文，并把重放攻击计数加 1。接收方为每一个收到的 TKIP 数据流的相应 MAC 地址维持一个重放窗口，以适应 IBSS 的多播/广播。当通过 MSDU 的 MIC 校验后，

TKIP 才移动重放窗口，以防止攻击者插入带有有效的 ICV 和 IV 值及错误的 MIC 的包。为了适应突发的 ACK 包和因优先级而推迟发送的包，该重放窗口的大小设为 16。如果收到的包在重放窗口之外，则被丢弃。

由于 RC4 算法的漏洞，TKIP 并不直接使用由 PTK(Pairwise Transient Key)或者 GTK(Group Temporal Key)分解出来的密钥进行加密，而是将该密钥作为基础密钥(Base Key)，经过两个阶段的密钥混合后，生成一个新的密钥。

TKIP 加密机制有效地解决了 802.11b 无线网络中 WEP 加密算法密钥过短、静态密钥以及消息伪造等问题，WEP 和 TKIP 加密机制的密钥对比见表 4-3。

表 4-3　WEP 与 TKIP 的密钥对比

密钥特点	加密机制	
	WEP	TKIP
密钥长度	40bit	128bit
密钥使用周期和范围	静态密钥，网络上所有用户使用相同密钥	每个使用者、每个认证周期、每个信息包都使用动态密钥
密钥的获得	在每个无线设备上手动输入	由 802.1x 认证信道自动分配

TKIP 的加密过程见图 4-7，其具体步骤如下。

(1)TKIP 根据 MSDU 的 SA、DA、优先级和数据计算 MIC，把 MIC 添加到 MSDU 后面。

(2)TKIP 根据需要把 MSDU 分段为一个或多个 MPDU，并给每个 MPDU 一个单调增加的 TSC。

(3)对于每个 MPDU，TKIP 计算出 WEP Seed，也就是 Per-Packet Key(RC4Key)。

(4)TKIP 把 WEP Seed 分解成 WEP IV 和 RC4 Base Key 的形式，把它们和 MPDU 一起送入 WEP 加密器进行加密，并将所用 Temporal Key(TK)对应的 KeyID 编入 WEP IV 域中。

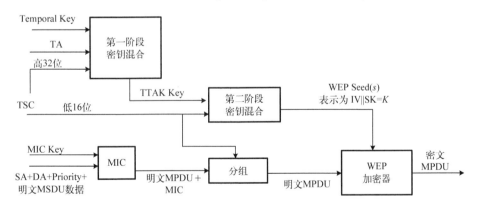

图 4-7　TKIP 加密过程图

TKIP 使用 RC4 加密 MIC，降低了将 MIC 的信息泄露给攻击者的风险。同时 MPDU 使用 ICV 和 802.11 的 FCS 来检测随机位错误，那么 ICV 和 FCS 正确而 MSDU 的 MIC 错误就意味着数据包被篡改。而且，MIC 保护 SA 和 DA 不被改变，这样，数据包就不能被重定向到非法目的地址或源地址进行欺诈。

TKIP 的解密过程步骤如下。

（1）在 WEP 解封一个收到的 MPDU 前，TKIP 从 WEP IV 域中得到 TSC 和 KeyID，如果 TSC 超出了重放窗口，则该 MPDU 被丢弃；否则，根据 KeyID 定位 Temporal Key（TK），计算出 WEP Seed，也就是 Per-Packet Key（RC4Key）。

（2）TKIP 把 WEP Seed 分解成 WEP IV 和 RC4 Base Key 的形式，把它们和 MPDU 一起送入 WEP 解密器进行解密。

（3）如果 WEP ICV 检查正确，则该 MPDU 被组装入 MSDU。如果 MSDU 重组完毕，则检查 MIC。

（4）如果 MIC 检查正确，则 TKIP 把 MSDU 送交上一层，否则，MSDU 被丢弃，并触发重放攻击对策。

2．802.11i 协议的认证机制

由于 WLAN 通过无线电波在空中传输数据，在数据覆盖区域内几乎任何 WLAN 用户都能接触到这些数据。这一固有弱点使得身份认证机制在 WLAN 安全中具有特殊重要的地位。

IEEE 802.11i 的身份认证机制采用了基于端口的网络访问控制协议（Port Based Network Access Control Protocol），即 IEEE 802.1x 协议。802.1x 源于有线网络，提供了可靠的用户认证和密钥分发框架。IEEE 802.11i 使用了 IETF 的 EAP 协议和 RADIUS 协议作为其具体实现的认证方式。EAP 能够灵活地处理多种的认证表述方式，如用户名和密码的组合、安全接入号等。

1）802.1x 协议

802.1x 的认证过程定义了如下参与者。

（1）端口接入实体（Port Access Entity，PAE），是在端口捆绑的认证协议实体和请求认证实体，它负责支持认证双方的认证过程。

（2）申请者（Supplicant），即申请接入的无线客户端，是需要接入网络并要求认证系统提供服务的设备，在 WLAN 中一般指移动站（如笔记本电脑等）。为发起 802.1x 协议的认证过程，客户端必须运行 802.1x 客户端软件并提供必要的认证信息（身份标识和口令信息等）。

（3）认证者（Authenticator），是一个将 STA 和网络分开的设备，用来防止非授权的访问，在 802.11 网络中通常是指 AP。在认证完成之前，它仅负责转发申请者和认证服务器间的认证信息包；在认证结束后，向申请者提供无线接入服务。可见，认证者根据后台服务器对客户端的认证结果控制客户端的物理接入，在客户端和认证服务器间充当消息中介角色。

（4）认证服务器（Authentication Server，AS），是一个后端设备，是整个认证体系结构的核心，用来完成对 STA 的实际认证。所有申请者的信息都保存在认证服务器，它将根据数据库信息同意或者拒绝申请者的接入请求。802.11 网络中通常用 RADIUS（Remote Authentication Dial in User Service）服务器做后台认证服务器，认证系统根据它返回的认证结果完成端口控制。

相比于其他认证方式，802.1x 协议的一个重要特点就是"受控端口"和"非受控端口"的概念，它是整个认证协议的核心概念。如前所述，802.1x 中提供的网络访问端口可以是物理端口（如以太网交换机的以太网口），也可以是逻辑端口（如客户端 MAC 地址的接入逻辑），其端口控制原理结构见图 4-8。

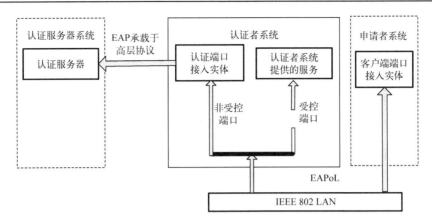

图 4-8　IEEE 802.1x 端口控制原理结构图

常将网络访问端口分为两个虚拟端口：非受控端口和受控端口。在逻辑状态上，受控端口又可分为非授权状态和授权状态。任何到达端口的报文信息对于非受控端口和受控端口都是可见的。当与网络访问端口关联的客户端可用时，非受控端口始终处于双向连通状态，但是通过这个端口只能传递 AP 认证报文。在客户端通过认证前，受控端口处于非授权状态，不允许任何业务数据流通过；客户端通过认证后，受控端口被置为授权状态，客户端可以通过它获得网络服务。根据不同的需要，受控端口可以配置为双向受控和单向受控。

根据端口的置位状态，802.1x 存在三种认证模式。

(1) 强制已认证模式：在这种模式下受控端口始终处于授权状态，此时任何客户端都可以接入网络。当用户在一个安全的环境下或者对安全性要求不高时可以启动这种模式，从而能够减缓网络进行接入认证的压力，提高网络效率。

(2) 拒绝认证模式：此时受控端口维持非授权状态，认证系统将拒绝所有客户端发起的认证请求。在认证系统维护时启用这种模式，暂时拒绝用户接入。

(3) 自动模式：通常使用的模式。在这种模式下，认证系统需要激活 802.1x 协议，通知设备管理模块对客户端进行端口认证控制。认证完毕后，认证系统根据认证服务器对客户端的认证结果决定是否允许用户接入，同时将受控端口置为授权状态或非授权状态。

2) EAP 协议

IEEE 802.1x 协议的认证是基于可扩展认证协议(EAP)实现的。EAP 由点对点协议(PPP)扩展而来，它是建立在挑战-响应的通信模型上的。EAP 并不是真正的认证协议，而仅仅是一种认证协议的封装格式，通过使用 EAP 封装，客户端和认证服务器能够实现对具体认证协议的动态协商。

认证服务器通过 EAP 机制向客户端提问，所有的认证都由后台服务器完成。EAPoL(EAP over LAN) 协议就是在 LAN 中应用的 EAP 协议，它能够在 STA 和 AP 之间传输 EAP 基本报文，并且提供 EAP 封装，同时也包含会话开始、会话结束的通知。

图 4-9 给出了一个典型的 IEEE 802.1x/EAP 中的协议实体。AP 和 RADIUS 服务器之间使用 RADIUS 协议通信，可将 EAP 报文承载在 RADIUS 协议中进行传输，从而使认证时的交互信息通过复杂的网络(可以是有线网络或无线网络)。RADIUS 协议提供了在 AP 和 RADIUS 服务器之间对每个包进行认证和完整性校验的机制。

图 4-9　IEEE 802.1x/EAP 中的协议实体

考虑到现在 RADIUS 认证协议应用的普遍性，Internet 工程任务组（IETF）的 RFC 3580 规范了 RADIUS 协议在 802.1x 认证架构中的使用方法，其认证框架见图 4-10。

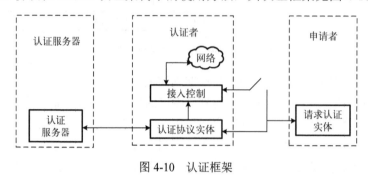

图 4-10　认证框架

当认证者探测到申请者的接入请求时，由于申请者还未经过认证，所以认证者不会允许申请者接入网络，而只会让申请者的认证信息包通过，具体的认证工作由后台的认证服务器完成。

在一个典型的 802.1x/EAP 认证过程中，STA 首先向 AP 发送 EAPoL-Start 消息，表明自己希望加入网络中。当收到该消息后，AP 向 STA 发送 EAP-Request/Identity 消息，要求 AP 发送其身份。STA 在收到该消息后，必须返回一条 EAP-Response/Identity 消息来对身份请求消息做出应答。在收到该应答消息后，AP 将该消息发送给 AS。此后，STA 和 AS 之间便开始认证消息的交互。认证消息交互的细节取决于实际所采用的认证协议。虽然认证消息都经过 AP，但它不需要了解认证消息的含义。在认证过程结束后，AS 决定允许还是拒绝 STA 的访问，AS 通过 EAP-Success 或者 EAP-Failure 来通知 STA 最后的结果。在 AP 转发 Access Granted/Denied 消息时，它也根据此消息来允许或者阻止 STA 通过它的数据流。如果认证成功，STA 和 AS 会得到一个主密钥（$K_{AS\text{-}STA}$），同时 STA 和 AP 会得到一个共享密钥 $K_{AP\text{-}STA}$。通过 $K_{AS\text{-}STA}$ 对 $K_{AP\text{-}STA}$ 进行加密以交换密钥，之后 AP 与 STA 利用 $K_{AP\text{-}STA}$ 对消息进行加密。WLAN 下 IEEE 802.1x 协议的双向认证流程见图 4-11。

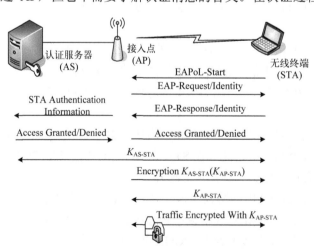

图 4-11　WLAN 下 IEEE 802.1x 协议的双向认证流程

4.3　网络层安全通信

在典型 OSI 参考模型中，网络层是为传输层提供服务的，传送的数据单元称为数据包或分组。网络层的主要作用是解决如何使数据包通过各节点进行传送的问题。由于网络层数据传输的开放性，可能存在传输数据被窃取、修改的风险。因此，需要提供网络层的安全通信机制。

IPSec(IP Security)是 IP 安全协议标准，是在 IP 层为 IP 业务提供保护的安全协议标准，其基本目的就是把安全机制引入 IP 协议，通过使用密码学方法支持机密性和可认证性服务，使用户能有选择地使用安全机制，并得到所期望的安全服务。

4.3.1　IPSec 协议简介

IPSec 在 OSI 参考模型中的层次见图 4-12。

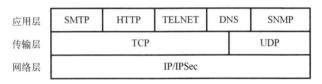

图 4-12　IPSec 所属 TCP/IP 协议的位置

IPSec 用于提供 IP 层的安全性。由于所有支持 TCP/IP 协议的主机进行通信时，都要经过 IP 层的处理，所以提供了 IP 层的安全性就相当于为整个网络提供了安全通信的基础。IPSec 提供的主要功能如下。

(1)身份鉴别：确保 IP 报文来源于合法的 IP 报文发送者，以防止发送者伪造合法身份而对网络形成攻击。

(2)数据完整性保护：IPSec 通过此项功能以保证 IP 报文中的数据为发送方最初放在报文中的原始数据，以防止接收者因接收到被篡改的报文而受到攻击。

(3)数据的机密性保护：IPSec 通过对 IP 报文使用一定的加密算法以防止信息被非法者窃取。

(4)防重放攻击：防止敌方截获已经过认证的 IP 数据报后实施重放攻击。

4.3.2　IPSec 基本工作原理

IPSec 的工作原理见图 4-13。

当接收者接收到一个 IP 数据包时，IPSec 通过查询安全策略数据库(Security Policy Database，SPD)决定对接收到的 IP 数据包的处理。IPSec 对 IP 数据包的处理方法有丢弃、直接转发(绕过 IPSec)以及进行 IPSec 处理。

进行 IPSec 处理意味着对 IP 数据包进行加密和认证，这样才能保证在外部网络(外网)传输的数据包的机密性、真实性、完整性。

IPSec 既可以只对 IP 数据包进行加密，或只进行认证，也可以同时进行。但无论进行加密还是进行认证，IPSec 都有两种工作模式，一种是传输模式，另一种是隧道模式。

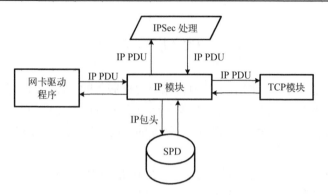

图 4-13　IPSec 工作原理示意图

　　传输模式只对 IP 数据包的有效负载进行加密或认证。此时，继续使用以前的 IP 头部，只对 IP 头部的部分域进行修改，而 IPSec 协议头部插入到 IP 头部和传输层头部之间。

　　隧道模式对整个 IP 数据包进行加密或认证。此时，需要新产生一个 IP 头部，IPSec 头部被放在新产生的 IP 头部和以前的 IP 数据包之间，从而组成一个新的 IP 头部。

4.3.3　IPSec 中的三个主要协议

　　前面已经提到 IPSec 的主要功能为加密和认证，为了进行加密和认证，IPSec 还需要有密钥的管理和交换的功能。加密、认证和密钥管理与交换的工作分别由 ESP、AH 和 IKE 三个协议完成。

　　为了介绍这三个协议，需要先引入一个非常重要的术语"安全关联"（Security Association，SA）。通信双方如果要用 IPSec 建立一条安全的传输通路，需要事先协商好将要采用的安全策略，包括使用的加密算法、密钥、密钥的生命周期等。当双方协商好使用的安全策略后，就称双方建立了一个 SA。SA 就是能向其上的数据传输提供某种 IPSec 安全保障的一个简单连接。当给定了一个 SA，就确定了 IPSec 要进行的处理，如加密、认证等。

　　SA 可通过手工配置和自动协商两种方式建立。手工配置建立安全关联的方式是指用户在两端手工设置一些参数，在两端参数匹配和协商通过后建立安全关联。自动协商方式由 IKE 生成和维护，通信双方基于各自的安全策略库经过匹配和协商，最终建立安全关联，而不需要用户的干预。

　　AH 和 ESP 都需要使用 SA，而 IKE 的主要功能就是 SA 的建立和维护。要实现 AH 和 ESP 都必须提供对 SA 的支持。

　　1）ESP

　　ESP 是报文安全封装协议，ESP 将用户数据进行加密后封装到 IP 包中，以保证数据的机密性。同时作为可选项，用户可以选择使用带密钥的哈希算法保证报文的完整性和真实性。

　　ESP 是与具体的加密算法无关的，几乎可以支持各种对称密钥加密算法。加密算法从 SA 中获得密钥，对参加 ESP 加密的整个数据进行加密运算，得到一段新的"数据"。完成之后，ESP 将在新的"数据"前面加上 SPI（安全策略索引）字段和序列号字段，在"数据"后面加上认证字段和填充字段。

　　SPI 用来标识发送方是使用哪组加密策略来处理 IP 数据包的，当接收方看到这个序号时就知道了如何对收到的 IP 数据包进行处理。序列号用来区分使用同一组加密策略的不同数据包。序列号结合防重放窗口可以防御重放攻击。认证字段记录通过散列算法获得的数据的完整性校验值。填充字段用来保证加密数据部分满足块加密的长度要求。除此之外，ESP 协议还包含"下一个头部"（Next Header）以指出有效负载部分使用的协议，其可能是传输层协议（TCP 或 UDP），也可能是 IPSec 协议（ESP 或 AH）。在传输模式下，ESP 协议对 IP 报文的有效数据进行加密（可附加认证）。在隧道模式下，ESP 协议对整个内部 IP 报文进行加密（可附加认证）。

2）AH

AH（Authentication Header）是报文认证头协议，主要提供数据源认证、数据完整性校验和防报文重放等功能。AH 只涉及认证，不涉及加密，除了可以对 IP 的有效负载进行认证外，还可以对 IP 头部实施认证。AH 虽然在功能上和 ESP 有些重复，但 AH 主要对 IP 头部进行认证，而 ESP 的认证功能主要面对 IP 的有效负载。AH 采用了 Hash 算法来对数据包进行保护，可选择的 Hash 算法有 MD5（Message Digest）、SHA1（Secure Hash Algorithm）等。AH 插到标准 IP 包头后面，它保证数据包的完整性和真实性，防止黑客截断数据包或向网络中插入伪造的数据包。

在使用 AH 协议时，首先在原数据前生成一个 AH 报头，报头中包括一个递增的序列号与认证字段（空）、安全策略索引（SPI）等。AH 协议将对新的数据包进行 Hash 运算，生成一个认证码，并将其填入 AH 报头的认证字段。AH 协议使用 32 比特序列号结合防重放窗口和报文认证来防御重放攻击。在传输模式下，AH 协议认证 IP 报文的数据部分和 IP 头部中的不变部分。在隧道模式下，AH 协议认证全部的内部 IP 报文和外部 IP 头部中的不变部分。

AH 协议和 ESP 协议在传输模式和隧道模式下的数据封装形式见图 4-14。

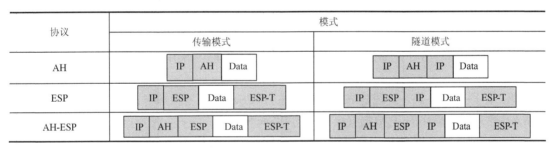

图 4-14　安全协议数据封装格式

3）IKE

在实施 IPSec 的过程中，可以使用因特网密钥交换（Internet Key Exchange，IKE）协议来建立 SA。IKE 建立在由互联网安全关联和密钥管理协议（Internet Security Association and Key Management Protocol，ISAKMP）定义的框架上，是 IPSec 的信令协议，为 IPSec 提供了自动协商交换密钥、建立安全关联的服务，能够简化 IPSec 的使用和管理。

（1）IKE 的安全机制。

IKE 具有一套自保护机制，可以在不安全的网络上安全地认证身份、分发密钥、建立 IPSec SA。

①数据认证。数据认证有如下两方面的概念。

身份认证：确认通信双方的身份。支持两种认证方法：预共享密钥（Pre-Shared-Key）认证和基于 PKI 的数字签名（Rsa-Signature）认证。

身份保护：身份数据在密钥产生之后加密传送，实现了对身份数据的保护。

②DH。DH（Diffie-Hellman）算法是一种公共密钥算法。通信双方在不传输密钥的情况下通过交换一些数据，计算出共享的密钥，即使第三者（如黑客）截获了双方用于计算密钥的所有交换数据，由于其复杂度很高，第三者也不能计算出真正的密钥。因此，DH 交换技术可以保证双方能够安全地获得公有信息。

③PFS。完善的前向安全性（Perfect Forward Secrecy，PFS）特性指一个密钥被破解，并不影响其他密钥的安全性，因为这些密钥间没有派生关系。对于 IPSec，PFS 是通过在 IKE 第二阶段的协商中增加一次密钥交换来实现的。PFS 特性是由 DH 算法保障的。

（2）IKE 的交换过程。

IKE 使用了两个阶段为 IPSec 进行密钥协商并建立 SA。

第一阶段，通信各方彼此间建立一个已通过身份认证和得到安全保护的通道，即建立一个 IKE SA，为其他协议的协商（第二阶段）提供保护和快速协商。第一阶段有主模式（Main Mode）和野蛮模式（Aggressive Mode）两种 IKE 交换方法。

主模式被设计成将密钥交换信息与身份、认证信息相分离。这种分离保护了身份信息，交换的身份信息受已生成的 Diffie-Hellman 共享密钥的保护。但这增加了 3 条消息的开销。

野蛮模式则允许同时传送与 SA、密钥交换和认证相关的载荷。将这些载荷组合到一条消息中，减少了消息的往返次数，但是就无法提供身份保护了。虽然野蛮模式存在一些功能限制，但可以满足某些特定的网络环境需求。例如，远程访问时，如果接收方（服务器）无法预先知道发送方（终端用户）的地址，或者发送方的地址总在变化，而双方都希望采用预共享密钥验证方法来创建 IKE SA，那么，不进行身份保护的野蛮模式就是唯一可行的交换方法。另外，如果发送方已知接收方的策略，采用野蛮模式也能够更快地创建 IKE SA。

第二阶段，用在第一阶段建立的安全通道为 IPSec 协商安全服务，即为 IPSec 协商具体的 SA，建立用于最终的 IP 数据安全传输的 IPSec SA。

第一阶段主模式的 IKE 协商过程中包含三对消息，见图 4-15。

①第一对消息叫 SA 交换，是协商确认有关安全策略的过程。

②第二对消息叫密钥交换，交换 Diffie-Hellman 公共值和辅助数据（如随机数），密钥生成信息在这个阶段产生。

③最后一对消息是身份和验证数据交换，进行身份认证和对整个第一阶段交换内容的认证。

在对身份保护要求不高的场合，使用交换报文次数较少的野蛮模式可以提高协商的速度；在对身份保护要求较高的场合，则应该使用主模式。

（3）IKE 在 IPSec 中的作用。

因为有了 IKE，IPSec 的很多参数（如密钥）都可以自动建立，降低了手工配置的复杂度。

对于 IKE 协议中的 DH 交换过程，每次的计算和产生的结果都是不相关的。每次 SA 的建立都运行 DH 交换过程，保证了每个 SA 所使用的密钥互不相关。

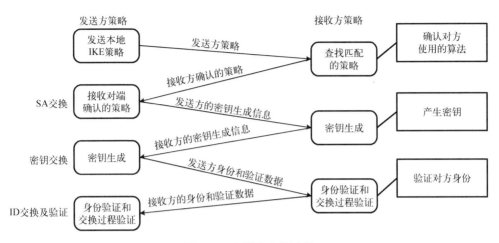

图 4-15　主模式交换过程

IPSec 使用 AH 或 ESP 报头中的序列号实现防重放。为实现防重放，SA 需要重新建立，这个过程需要 IKE 协议的配合。

对安全通信的各方身份的认证和管理，将影响到 IPSec 的部署。IPSec 的大规模使用，必须有认证中心(Certificate Authority，CA)或其他集中管理身份数据的机构的参与。IKE 提供端与端之间动态认证。

(4)IPSec 与 IKE 的关系。

从图 4-16 可以看出 IKE 和 IPSec 的关系。

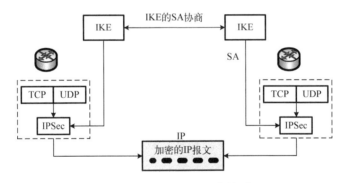

图 4-16　IPSec 与 IKE 的关系

①IKE 是 UDP 之上的一个应用层协议，是 IPSec 的信令协议。

②IKE 为 IPSec 协商建立 SA，并把建立的参数及生成的密钥交给 IPSec。

③IPSec 使用 IKE 建立的 SA 对 IP 报文进行加密或认证处理。

4.4　传输层安全通信

安全套接层(Secure Sockets Layer，SSL)是一种国际标准的加密及身份认证通信协议，最先是由著名的 Netscape 公司开发的，现在广泛用于 Internet 上的身份认证与 Web 服务器和客户端浏览器之间的数据安全通信。

　　TCP/IP 是整个 Internet 数据传输和通信所使用的最基本的控制协议，而 SSL 协议是位于TCP/IP 和各种应用层协议之间的一种数据安全协议（图 4-17）。SSL 协议可用于保护正常运行于 TCP/IP 之上的任何应用层协议（如 HTTP、FTP、SMTP 或 Telnet）的通信，最常见的是用SSL 来保护 HTTP 的通信。SSL 协议的优点在于它是与应用层协议无关的，高层的应用协议能透明地建立于 SSL 协议之上。

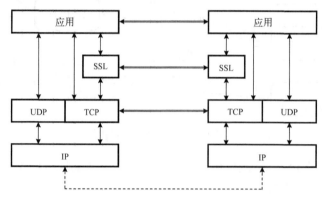

图 4-17　SSL 协议的位置

4.4.1　SSL 协议概述

　　SSL 协议提供的服务可以归纳为如下 3 个方面。

　　(1)用户和服务器的合法性认证。

　　该服务使得用户确保数据将被发送到正确的客户机和服务器上。客户机和服务器都有各自的识别号，由公钥编排。为了验证用户，SSL 协议要求在握手交换数据中做数字认证，以此来确保用户的合法性。

　　(2)加密数据以隐藏被传送的数据。

　　SSL 协议采用的加密技术既有对称密钥，也有非对称密钥。具体来说，就是客户机与服务器交换数据之前，先交换 SSL 初始握手信息。在 SSL 握手信息中采用了各种加密技术，以保证其机密性和数据的完整性，并且经数字证书鉴别，这样就可以防止非法用户破译。

　　(3)维护数据的完整性。

　　SSL 协议采用 Hash 函数和密钥共享的方法提供数据完整性访问，使所有经过 SSL 协议处理的应用层数据在传输过程中完整、准确地发送给接收方。

　　SSL 协议由两层组成，分别是 SSL 记录协议（SSL Record Protocol）和 SSL 握手协议（SSLHandshake Protocol）。SSL 记录协议位于可靠的传输层协议（如 TCP）之上，用于封装高层协议的数据；SSL 握手协议建立在记录协议之上，允许服务方和客户方互相认证，并在应用层协议传送数据之前协商出一个加密算法和会话密钥。此外，还有告警协议和密钥改变协议。SSL 协议的组成见图 4-18。

　　1)记录层

　　记录层只包含记录协议，该协议封装了高层协议的数据，协议数据采用 SSL 握手协议中协商好的加密算法及 MAC 算法来进行保护。记录协议传送的数据包括一个序列号，这样就可以检测消息的丢失、改动或重放。如果协商好了压缩算法，那么 SSL 记录协议还可以执行压缩功能。其工作流程见图 4-19。其主要功能包括：

(1) 保护传输数据的私密性，对数据进行加密和解密；

(2) 验证传输数据的完整性，计算报文的摘要；

(3) 提高传输数据的效率，对报文进行压缩；

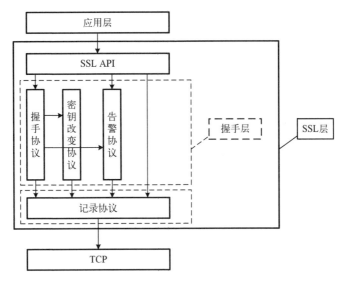

图 4-18　SSL 协议的组成

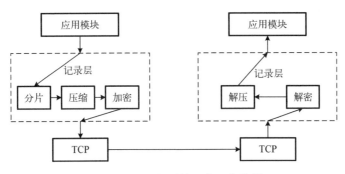

图 4-19　SSL 记录协议的工作流程

(4) 保证数据传输的可靠和有序。

2) 握手层

握手层包括握手协议、密钥改变协议和告警协议。

SSL 握手协议是用来在客户端和服务器端传输应用数据而建立的安全通信机制，主要完成以下功能。

(1) 算法协商。首次通信时，双方通过握手协议协商密钥加密算法、数据加密算法和摘要算法。

(2) 身份验证。在密钥协商完成后，客户端与服务器端通过证书互相验证对方的身份。

(3) 确定密钥。最后使用协商好的密钥交换算法产生一个只有双方知道的秘密信息，客户端和服务器端各自根据这个秘密信息确定数据加密算法的参数(一般是密钥)。

密钥改变协议指明对使用的密码规范的改变,此协议由一条消息组成,可由客户端或服务器端发送,通知接收方后面的记录将使用新协商的算法和密钥保护。

告警协议传送与事件相关的消息,包括事件严重性及事件描述。这里的事件主要是指错误情形,如错误的 MAC 码、证书过期或非法参数。告警协议也用于共享有关预计连接终止的信息。

4.4.2　SSL 的工作原理

SSL 协议定义了两个通信主体:客户(Client)和服务器(Server)。其中,客户是协议的发起者。

在客户-服务器结构中,应用层从请求服务和提供服务的角度定义客户与服务器,而 SSL 协议则从建立加密参数的过程中其所扮演的角色来定义客户和服务器。

SSL 中需要区分两个重要概念:SSL 连接(Connection)和 SSL 会话(Session)。SSL 连接是点对点的关系,目的是提供适合数据传输的服务,连接是暂时的,每一个连接和一个会话关联。SSL 会话是客户与服务器之间的一个关联,并由握手协议创建。会话定义了一组可供多个连接共享的密码安全参数,用以避免为每一个连接提供新的安全参数所需的昂贵协商代价。如图 4-20 所示,在任意一对通信主体之间,可以有多个安全连接。

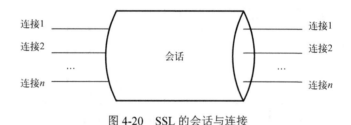

图 4-20　SSL 的会话与连接

SSL 握手协议包含四个阶段:第一个阶段,建立安全能力;第二个阶段,完成服务器鉴别和密钥交换;第三个阶段,完成客户鉴别(可选的)和密钥交换;第四个阶段,完成握手协议。其工作过程如下。

(1)客户端发送 ClientHello 消息给服务器端,服务器端回复 ServerHello。其中,ClientHello 消息包括客户端 SSL 协议的版本号、加密算法的种类、产生的随机数,以及其他服务器端和客户端之间通信所需要的各种信息;ServerHello 中包括 SSL 协议的版本号、选择的加密算法、随机数及其他相关信息。

这个过程建立的安全参数包括协议版本号、会话标识、加密算法、压缩方法。另外,还交换两个随机数:ClientHello.Random 和 ServerHello.Random,用于计算会话密钥。

(2)ServerHello 消息发送完后,服务器端发送它的证书和密钥交换信息以及 ServerHelloDone 消息。

客户利用服务器端传过来的信息验证服务器的合法性。服务器的合法性包括:证书是否过期,发行服务器证书的 CA 是否可靠,发行者证书的公钥能否正确解开服务器证书的“发行者的数字签名”,服务器证书上的域名是否和服务器的实际域名相匹配。如果合法性验证没有通过,则通信将断开;如果合法性验证通过,则将继续进行第(3)步。

(3)客户端使用前面消息发生的随机数产生一个用于后面通信的对称密钥,然后用服务器的公钥(从步骤(2)中服务器的证书中获得)对其进行加密,再将加密后的"预主密钥"(Pre-Master Key)传给服务器。如果服务器要求进行客户的身份认证(在握手过程中为可选),用户则可以建立一个随机数,然后对其进行数字签名,将这个含有签名的随机数和客户自己的证书,以及加密过的"预主密钥"一起传给服务器。

(4)如果服务器要求进行客户的身份认证,则服务器必须验证客户证书和签名随机数的合法性。具体的合法性验证包括:客户的证书使用日期是否有效,为客户提供证书的 CA 是否可靠,发行 CA 的公钥能否正确解开客户证书的发行 CA 的数字签名,检查客户的证书是否在证书撤销列表(CRL)中。如果验证没有通过,则通信立刻中断;如果验证通过或服务器没有要求进行客户的身份认证,则服务器将用自己的私钥解开加密的"预主密钥",然后执行一系列步骤来产生主密钥(客户端也将通过同样的方法产生相同的主密钥)。

(5)完成以上步骤之后,服务器和客户端将拥有相同的主密钥,即会话密钥,用于 SSL 协议中通信数据的加/解密和完整性保护。随后,服务器端向客户端发出信息,指明后面的数据通信将使用会话密钥,同时用"握手完成"(Finished)消息通知客户端和服务器端的握手过程结束。

(6)SSL 的握手部分结束,客户和服务器开始使用相同的对称密钥进行数据通信,同时进行数据完整性的检验。

需要注意的是,密钥改变协议(ChangeCipherSpec)并不在实际的握手协议之中,它在第(4)步与第(5)步之间,用于客户端与服务器端协商新的加密数据包时改变原先的加密算法。

无客户端认证的握手协议消息交换过程见图 4-21。

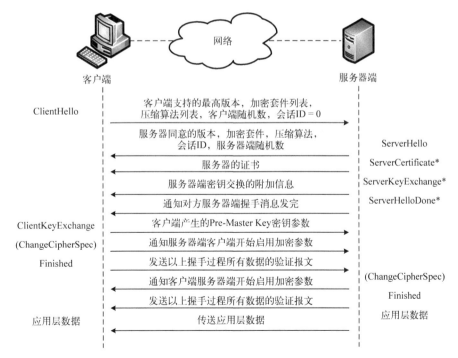

图 4-21　客户端认证的全握手过程

完成握手协议之后,应用层数据的传输过程如下。

(1)应用程序把应用层数据提交给本地的 SSL。

(2)发送端的 SSL 根据需要：

①使用指定的压缩算法，压缩应用层数据；

②使用散列算法对压缩后的数据计算散列值；

③把散列值和压缩数据一起用加密算法加密；

(3)密文通过网络传给对方。

(4)接收方的 SSL 根据需要：

①用相同的加密算法对密文进行解密，得到明文；

②用相同的散列算法对明文中的应用层数据进行散列；

③将计算得到的散列值与明文中的散列值进行比较；

④如果一致，则明文有效，接收方的 SSL 把将明文解压后得到应用层数据上交给应用层，否则就丢弃数据，并向发方发出告警信息。严重的错误有可能引起再次的协商或连接中断。

4.5　本章小结

通信加密作为其他安全机制的基础，也是保障通信安全的一个有效手段，在交换与传输过程中的信息可以通过链路加密、节点加密和端到端加密的方式在通信网络的不同位置进行加密保护。TCP/IP 是目前应用最多的一种网络协议，其多个协议层次都可以集成安全验证或加密功能，使网络通信更加安全、可靠。本章在介绍通信加密基础知识的基础上，从网络各层次相关的网络协议入手，介绍了几种常见的安全通信协议，重点内容为数据链路层 WEP 协议、网络层 IPSec 协议和传输层 SSL 协议。从本章介绍的安全通信协议中，读者应该可以总结出一些安全通信协议设计的基本规律：每个信息安全相关实体都分配有如公钥证书这样的安全文件或参数，由认证机构按照安全策略进行分配；安全通信一般从认证开始，认证一般基于由可信机构签署的公钥证书或共享的参数进行，认证的效果是双方或一方确定对方有与公钥对应的私钥。随后进行会话密钥的协商。最后进行通信。在以上交互过程中，非重复值、时间戳和数字签名被大量使用，以防止篡改、重放或中间人攻击等威胁。

习　　题

1. 简述 WEP 的缺陷。

2. 802.11i 中有哪几种加密模式？区别是什么？

3. 802.11i 由哪几部分组成？各部分的层次是怎样的？

4. 802.1x 中有哪几个角色？这些角色是如何相互作用的？

5. 利用抓包工具分析无线局域网的各种分组，如果要破解其口令，应当分析哪些网络分组？

6. IPSec 的 3 个主要协议是什么？它们的作用各是什么？

7．IPSec 有哪两种工作模式？如何通过数据包格式区分这两种工作模式？

8．在由 IPSec 保护的 IP 数据包中，"认证头"（AH）起什么作用？

9．请解释 AH 和 ESP 协议。

10．简述 IPSec 和 SSL 各自适用的场景。

11．在 SSL 中，为什么要有一个单独的密钥改变协议，而不是直接在实际的握手协议中包含 ChangeCipherSpec 报文？

12．请比较在 IPSec 协议下和在 SSL 下建立的安全连接有什么相同与不同之处。

第5章 网络信任技术

网络世界的信任关系必须以物理世界的信任为基础。因此，网络信任体系必须实现网络实体及其资源的统一、可信管理。主要通过注册、审核环节对物理实体(包括机构实体、用户实体、应用系统、安全设备等)分配唯一的网络身份标识，建立起有序、实名、可管、可控的虚拟网络世界。有了网络身份认证，就可以基于身份认证实现分级、分域的等级保护，实现资源共享的授权管理和访问控制。因此，本章将介绍网络信息体系中的身份认证和访问控制。

5.1 基 本 概 念

5.1.1 认证与身份认证

为了保证计算机网络系统的安全，防止非法用户进入系统并通过违法手段获取不正当利益、恶意破坏数据的完整性和安全性或者合法用户非法访问受控信息，需要首先对用户身份的合法性进行验证，其中身份(Identify)是指访问主体的标识属性，可以是任何东西，如用户名、邮箱等，但要保证其唯一性。一个主体可以有多个身份，但只能有一个主身份(Primary Identify)。

认证是对网络系统使用过程中的主客体进行鉴别，并在确认主客体的身份以后，给这些主客体赋予恰当的标志、标签、证书的过程，负责用户身份和认证信息的生成、存储、同步、验证与维护的整个过程的管理。

身份认证是计算机网络系统在用户进入系统或访问不同保护级别的系统资源时，确认该用户的身份是否真实、合法和唯一的过程，可分为用户与主机之间的认证和主机与主机之间的认证。目前用来验证用户身份的方法如下。

(1)基于用户知道什么(Something the User Knows)的方法：如常见的基于用户名和密码的验证方法、基于 PIN 和密钥的方法。

(2)基于用户拥有什么(Something the User Possesses)的方法：如常用的智能卡、USBKey。

(3)基于用户是谁(Something the User is)的方法：主要指基于声音、指纹、掌纹、人脸、虹膜等生物识别技术进行身份的验证。

5.1.2 访问控制

1. 访问控制的三要素

身份认证只解决了用户合法性的问题，但是合法用户不一定拥有访问所有系统资源的权限，这就需要对进入系统的用户进行有效的管控。访问控制(Access Control)指系统根据用户身份及其所属的预先定义的策略组，限制其使用数据资源的能力的手段，通常用于控制用户对服务器、目录、文件等网络资源的访问。访问控制是系统保密性、完整性、可用性和合法性的重要基础，是网络安全防范和资源保护的关键策略之一。访问控制涉及用户身份、策略组、数据资源，这也构成访问控制的三要素。

(1) 主体(Subject)：访问资源具体请求的发起者，但不一定是执行者，可以是某一用户，也可以是用户启动的进程、服务和设备等。

(2) 客体(Object)：被访问资源的实体。所有可以被操作的信息、资源、对象都可以是客体。客体可以是信息、文件、记录等集合体，也可以是网络上硬件设施、无线通信中的终端，甚至可以包含另一个客体。

(3) 控制策略(Control Policy)：主体对客体的相关访问规则的集合。访问策略体现了一种授权行为，也是客体对主体某些操作行为的默认。

2. 访问控制的安全策略

1) 基于身份的安全策略

基于身份的安全策略主要过滤主体对数据或资源的访问。只有通过认证的主体才可以正常使用客体的资源。这种安全策略包括以下几个。

(1) 基于个人的安全策略。它是以用户个人为中心建立的策略，主要由一些控制列表组成。这些列表针对特定的客体，限定了不同用户所能实现的不同安全策略的操作行为，如自主访问控制策略。

(2) 基于组的安全策略。它是基于个人的安全策略的发展与扩充，主要指系统对一些用户使用同样的访问控制规则，访问同样的客体，如基于角色的访问控制。

2) 基于规则的安全策略

在基于规则的安全策略中，所有数据和资源都标注了安全标记，用户的活动进程与其原发者具有相同的安全标记。系统通过比较主体和客体资源的安全等级，判断是否允许用户进行访问。这种安全策略一般具有依赖性与敏感性，如强制访问控制。

5.2　身份标识与认证方式

最简单的身份认证方式就是普通的用户名密码方式，但是这种静态认证方式极易遭受暴力破解攻击，安全风险较大。而动态口令方式和基于 PKI 的认证方式具有"一次一密"的特性，在可靠性上具有一定的优势。但是这种方式需要依赖硬件载体，在该载体丢失的情况下依然存在失泄密的风险。而生物特征方式的认证具有唯一性，且不用增加用户的保存风险，是目前比较新的认证方式。但在实际应用中，任何单一的认证方式都有其局限性，所以一般情况下会将几种认证方式组合起来进行多因素认证。

5.2.1　基于静态口令的身份认证

最普通的身份认证方式是用户标识(ID)和口令(Password)的组合，通常采用的是基于知识的传统口令技术。口令选择的原则，一是易记，二是难以被别人猜中或发现，三是抗分析能力强。但实际上，大多数用户为防止忘记密码，经常采用如生日、电话号码等容易被猜到的字符串作为密码，很容易造成密码泄露。如果口令再以明文形式存储在计算机系统中，则容易受到字典攻击。

因此，不管在口令的存储还是传输环节，都需要对其进行加密。一般系统的口令文件中，存储的是口令的 Hash 值。即使攻击者得到 Hash 值，也无法推导出明文，但这依然不足以保证账户的安全。黑客虽然不知道口令的原文，但他可以将截获的口令散列值直接发送给认证服务器，并能通过验证，这就是重放攻击。为了避免重放攻击，服务器可以先生成一个随机数发送给客户，客户将口令散列值和随机数进行连接或异或后再用单向散列函数处理一遍，随后把散列值发送给认证服务器，其处理过程见图 5-1。

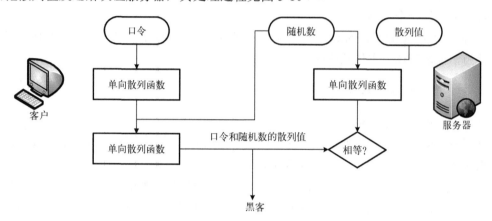

图 5-1　基于静态口令的身份认证过程

5.2.2　基于硬件令牌的动态口令的身份认证

针对静态口令认证机制在安全方面的脆弱性，20 世纪 80 年代初，贝尔(Bell)实验室的 Lamport 博士提出了一种生成动态口令的方法。90 年代初，贝尔实验室开发出了较为成熟的动态口令系统 S/KEY，口令的生成主要依靠一个口令生成器，即令牌(Token)。令牌通常是独立于终端的、授权用户可随身携带的硬件，并且令牌本身可使用 PIN 来保护。动态口令认证系统通过使用令牌产生的无法猜测和复制的动态口令，保证了接入远程系统的终端用户确实为授权实体，有效地保护了信息系统的安全性，大大降低了非法访问的风险。

动态口令认证机制的主要原理是：在登录过程中加入不确定因素，使每次登录过程中所得到的密码都不相同，以提高登录过程的安全性。动态口令是 3 个因子按一定算法计算得到的结果，这 3 个因子分别是种子(Seed)密钥、迭代(Iteration)值和通行短语。

1.　动态口令认证的方式

动态口令认证目前有时间同步方式、事件同步方式和挑战/应答(异步)方式三种技术模式。

(1)时间同步方式。时间同步(Time Synchronization)，就是以时间作为变量，每个用户都持有相应的时间同步令牌，令牌内置时钟、种子密钥和加密算法。时间同步令牌根据当前时间和种子密钥，每隔　段时间动态生成一个一次性口令。用户需要访问系统时，将令牌生成的动态口令传送到认证服务器。服务器通过其种子密钥副本和当前时间计算出所期望的输出值，对用户进行验证。如果相匹配，则认证通过。时间同步方式的关键在于认证服务器和令牌的时钟要保持同步，这样在同一时钟内两者才能计算出相同的动态口令。该方式的实现还需要有时间同步令牌这类特殊硬件的支持。

(2)事件同步方式。事件同步方式又称为 Lamport 方式或哈希链(Hash Chains)方式。事件同步方式是以事件(次数/序列数)作为变量，在初始化阶段选取一个口令 PW 和一个迭代值 N，以及一个单向 Hash 函数 F，计算 $Y=F_n(\text{PW})$($F_n()$ 表示进行 n 次散列运算)，并把 Y 和 N 的值存到服务器上。客户计算 $Y'=F_{n-1}(\text{PW})$ 的值，再将其提交给服务器。服务器则计算 $Z=F(Y')$，最后服务器将 Z 值同服务器上保存的 Y 值进行比较。如果 $Z=Y$，则验证成功，然后用 Y' 的值取代服务器上 Y 的值，同时 N 的值减 1。这种方式易于实现，且无需特殊硬件的支持。但是，由于 N 是有限的，所以用户登录 N 次后必须重新初始化口令序列。

(3)挑战/应答方式。挑战/应答(Challenge/Response)方式就是以挑战数作为变量，每个用户同样需要持有相应的挑战/应答令牌，令牌内置种子密钥和加密算法。在用户访问系统时，服务器随机生成一个挑战数据，并将挑战数据发送给用户，用户将收到的挑战数据手工输入到挑战/应答令牌中，挑战/应答令牌利用内置的种子密钥和加密算法计算出相应的应答数据。用户再将应答数据上传给服务器。服务器根据该用户存储的种子密钥和加密算法计算出相应的应答数据，再将其和用户上传的应答数据进行比较来实施认证。该方式可以保证很高的安全性，是目前最可靠有效的认证方式。

三种技术模式的认证系统服务器端结构非常类似，功能也基本相同，提供着同一级别的安全认证管理。但三种技术模式的客户端有着较大的不同。

(1)时间同步方式。难点在时间同步上，由于以时间做变量，因此客户端设备必须具有时钟，从而对设备精度的要求高，成本高，并且从技术方面很难保证用户的时间令牌在时间上和认证服务器严格同步；同步机制复杂，认证效率降低，数据在网络上传输和处理存在一定的延迟，当时间误差超过允许值时，正常用户的认证也会失败；耗电量大，使用寿命短。因此，一般将其用于软件令牌。

(2)事件同步方式。由于这一方式与应用逻辑相吻合，因此客户端设备的设计要求简单，甚至可不使用运算设备。但其安全性依赖于单向 Hash 函数，不宜在分布式的网络环境下使用。此外，使用事件同步方式进行身份认证，需要进行多次散列运算。而且由于迭代值是有限的，每隔一段时间还需要重新初始化系统，服务器的额外开销比较大。

(3)挑战/应答方式。由于挑战数据是由认证系统提出的，将挑战数据输入客户端设备后产生应答数据，因此应用模式可设计得较丰富，以满足不同的应用需求，如双向认证、数字签名等。但由于需要运算，客户端需要特殊硬件(挑战/应答令牌)的支持，设备必须具备运算功能，增加了该方式的实现成本；同时，用户需多次手工输入数据，易造成较多的输入失误；认证步骤复杂，对应用系统的改造工作量大；用户的身份 ID 直接在网络上明文传输，攻击者可很容易地截获它，留下了安全隐患；没有实现用户和服务器间的相互认证，不能抵抗来自服务器端的假冒攻击；挑战数据每次都由服务器随机生成，造成了服务器开销过大。

2．动态口令生成算法

动态口令生成算法借鉴了对称密码加密的方式。将令牌的序列号经系统密钥加密后写入用户令牌中，通过对计数器值的加密得到二进制一次性口令，再将其转化为十进制一次性口令 OTP。计数器值 C 随机生成，为 4 字节。令牌密钥可用固定的系统密钥对令牌序列号用 AES 进行加密后得到。系统密钥和令牌序列号均为 16 字节的字符串。令牌密钥生成后是固定的。每个令牌密钥 UK 既是随机数，在整个系统中又是唯一的，这样确保非法用户难以获得用户的 UK。即使其获得某个或少数令牌的密钥，对获得系统中其他用户的密钥也毫无帮助。OPT 算法有两个基本功能模块：①利用 RC5 算法，对计数器值用令牌密钥进行加密，输出 4 字节的二进制串。RC5 算法非常适用于硬件实现，加密速度非常快，实时性好，且对不同字长的处理器具有较好的适应性。②OTP_Conv()函数的作用是将二进制串转换为十进制串。算法流程见图 5-2。

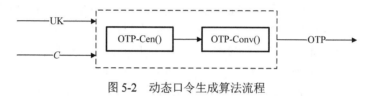

图 5-2　动态口令生成算法流程

3．动态口令认证协议

认证协议具体包括 3 个阶段：初始化阶段、口令生成阶段和认证阶段(图 5-3)。

(1)初始化阶段。认证服务器初始化时，将计数器值和令牌序列号存入数据库，同时生成一个服务器的主密钥，主密钥保存在智能卡中，由系统管理员使用。每次在启动认证服务器的时候，从智能卡中读入该主密钥，确保主密钥的安全。令牌初始化时将计数器值、令牌密钥和一次性口令生成及转换算法写入令牌中。

(2)口令生成阶段。利用 RC5 算法对 4 字节计数器值 C 用令牌密钥 UK 进行加密，加密出的结果仍为 4 字节的二进制串，将 4 字节的二进制串转换为用户可以接受的长度的十进制数，作为一次性口令 OTP。

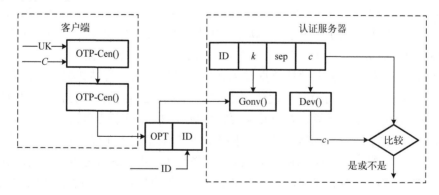

图 5-3　动态口令认证协议

(3)认证阶段。首先识别令牌所有者。用户提交用户名、PIN 和一次性口令，将其传输到认证服务器以后，认证服务器根据用户名从数据库中查到 PIN，与接收到的数据进行对比。如果一致，则证明令牌所有者是本人。如果不一致，则拒绝登录。然后进行 OTP 的比较。认证服务器首先将接收到的一次性口令进行转换，然后用 AES 算法对系统密钥和令牌序列号进行运算得到令牌密钥。再用令牌密钥对一次性口令进行解密。将解密得到的结果 c_1 和认证服务器中的计数器值 C 进行比较。如果用户触发事件的次数大于偏移量，即 $c_1 > C + \text{offset}$，则系统记录当前的 c_1 值，提示客户再次输入口令，对第二次提交的一次性口令按同样的方式进行解密后得到结果 c_2，将 c_2 与 c_1 进行比较，此时如果 $c_2 = c_1+1$ 或者 $c_2=0$ 且 $c_1=2^{32}-1$，则二次认证通过，否则认证不通过。认证通过后，将 C 的值用 c_1 更新；如果是二次认证通过，则将 C 的值用 c_2 更新。若以上 3 个条件都不符合，认证不通过。

5.2.3　基于 USBKey 的身份认证

USBKey 是一种 USB 接口的硬件设备，内置单片机或智能卡芯片，可以存储用户的密钥或数字证书，利用 USBKey 内置的密码算法实现对用户身份的认证。它采用软硬件相结合、"一次一密"的强双因子认证模式，很好地解决了安全性与易用性之间的矛盾。基于 USBKey 的身份认证系统主要有两种应用模式：一是基于冲击/响应的认证模式，二是基于 PKI 体系的认证模式。

1) 基于冲击/响应的认证模式

采用基于冲击/响应的认证模式，每个 USBKey 都有用户 PIN，实现双因子认证功能。USBKey 内置单向散列算法，预先在 USBKey 和服务器端存储一个证明用户身份的密钥，当需要在网络上验证身份时，先由客户端向服务器端发送验证请求。服务器端接收到此请求后生成一个随机数并通过网络将其传输给客户端(称为冲击)。客户端将收到的随机数提供给插在客户端上的 USBKey，由 USBKey 使用该随机数与存储在 USBKey 中的密钥进行带密钥的单向散列运算，并得到一个结果作为认证证据传送给服务器端(称为响应)。与此同时，服务器端使用该随机数与存储在服务器数据库中的该客户密钥进行单向散列运算，如果服务器端运算的结果与客户端传回的响应结果相同，则认为客户端是一个合法的用户，流程见图 5-4。

2) 基于 PKI 体系的认证模式

该模式在 PKI 基础之上以数字证书的形式解决了公钥信息的存储表示问题，通过把要传输的数字信息进行加密和签名，保证信息传输的机密性、真实性、完整性和不可否认性，同时使用 USBKey 中的存储空间存储用户的私钥、会话密钥以及数字证书等机密数据，并通过该硬件保证用户的私钥不可导出，这样就充分保证了私钥等机密信息的安全性。基于 PKI 的认证模式的工作流程如下。

(1) 客户端将信息 A(用户名、密码等)发送给服务器端。

(2) 服务器端收到信息 A 后，将信息 A、当前系统时间、随机数序列(为了防止重放攻击)形成的数据 B 保存在服务器上，并通过服务器的加密函数将上述信息以客户公钥加密的方式加密成数据 C 发送给客户端。

(3) 客户端收到该加密数据 C 后，用自己的私钥进行解密，再用服务器公钥进行加密后，形成数据 D 发还给服务器端。

(4) 服务器端收到数据 D 后，用自己的私钥进行解密，并与服务器上原先保存的数据 B 进行比对，若完全一致，则服务器认为请求者是合法用户，允许用户的登录操作。

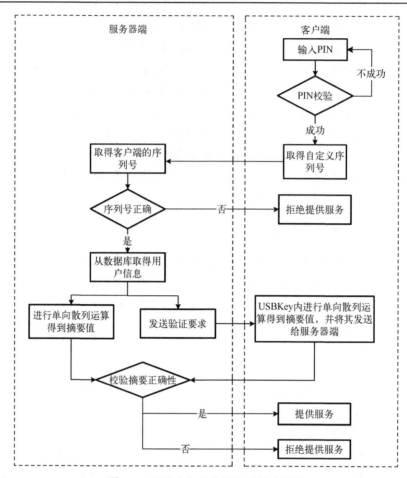

图 5-4　基于冲击/响应的认证模式流程

基于冲击/响应的认证模式可以保证用户身份不被仿冒，但无法保证数据在传输过程中的安全。而基于 PKI 的认证模式可以有效保证用户的身份安全和数据传输安全。数字证书是由可信任的第三方认证机构——证书认证中心（Certificate Authority，CA）颁发的一组包含用户身份信息（密钥）的数据结构。PKI 体系通过采用加密算法构建了一套完善的流程，保证数字证书持有人的身份安全。鉴于 PKI 的重要性，将在 6.2 节详细介绍其相关原理和技术。

5.2.4　基于生物特征的身份认证

基于生物特征的身份认证是以人体唯一的、可靠的、稳定的生物特征（如指纹、虹膜、脸部、声纹等）为依据，通过图像处理和模式识别进行认证的方式。它可信度高而又难以伪造，已经成为便捷安全的认证方式。

1. 指纹认证

指纹作为一种生物特征用于认证由来已久。早在公元前 7000 年～公元前 6000 年，指纹就作为身份鉴定的工具在古代中国和古叙利亚使用。1880 年，亨利方德首先对指纹作为人体生物特征的唯一性做出了科学性的阐述，奠定了现代指纹识别技术的基石。

最初的指纹识别采用的是人工的方式。人工获取指纹的按印并整理存放到指纹库中，需要认证时再人工从指纹库中查找比对。20 世纪 60 年代之后，人们开始运用扫描设备将指纹转化成数字图像进行存储，并逐步使用数字图像处理、模式识别、人工智能等技术开发自动指纹识别系统（Automated Fingerprint Identification System，AFIS）。1974 年，Osterburg 通过论证，证明了 2 枚指纹出现 12 处相同的特征却不属于同一个人的概率只有大约十万亿分之一，这为之后使用计算机代替人工进行指纹自动识别和匹配的一系列研究提供了理论依据。

指纹识别技术是对人工指纹识别整个过程的模拟，因此 AFIS 也是一类模式识别系统，一个典型的 AFIS 包括离线存储和在线识别两个阶段，指纹识别系统原理见图 5-5。

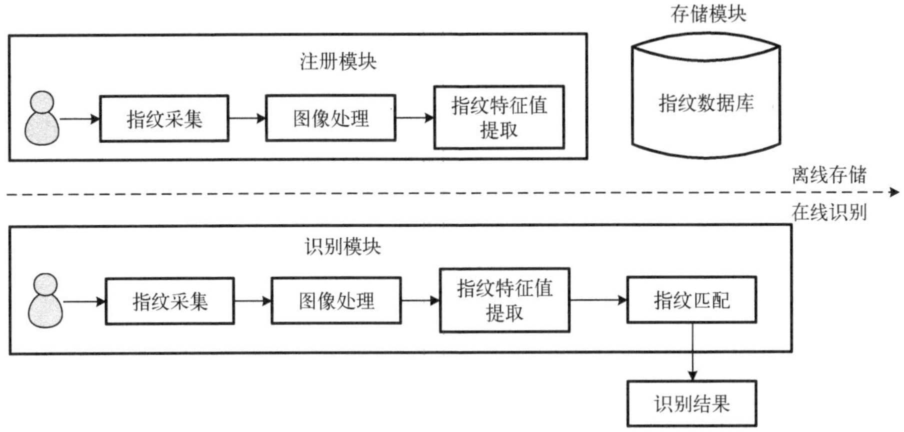

图 5-5　指纹识别系统原理

1）指纹注册

指纹注册的目的是获取用户注册样本、提取指纹特征值。AFIS 首先对注册人员进行指纹采集，获得数字指纹图像矩阵，然后对得到的指纹图像进行还原、增强及细化处理，得到黑白二值图像，并在此基础上提取指纹特征值，将其与用户身份信息一起存入指纹数据库。

2）指纹识别

指纹识别的主要任务是在线实时采集待识别的指纹图像并提取特征值，通过指纹匹配算法与指纹数据库中存储的指纹特征进行匹配，继而基于模糊理论计算相似度。待完成与数据库中所有指纹特征值的匹配检索后，可以确认用户身份的合法性和访问权限。指纹识别系统一般由 3 部分组成：数据采集、数据处理、分类决策，其分别对应指纹采集、指纹特征值提取、指纹匹配 3 个步骤。

（1）指纹采集通常需要使用各种物理传感器，其中光学传感器利用光的全反射原理来采集指纹图像，其采集的图像成像好、造价低，是目前普遍使用的指纹采集传感器。由于指纹采集设备的局限性，指纹图像会产生畸变。另外，柔性的手指表面由于按压用力不均也会产生指纹扭曲，通常需要使用数学模型进行矫正。

（2）指纹特征值提取是指纹识别的重要部分。指纹特征主要包括指纹的全局特征和局部特征。全局特征包括核心点和三角点，根据这些点的数量和位置关系可以对指纹进行初步分类。指纹的局部特征包括指纹脊线的端点和分叉点。指纹特征值提取就是提取这些特征的位置、类型、方向等信息并将其存储成特征文件的过程。

（3）指纹匹配是基于指纹模式分类特征集的模式识别过程。在产生指纹模式（指纹信息的纹理图)后,指纹处理系统将要鉴别的指纹的纹理图与指纹库中的指纹纹理图进行比较,并最终得到正确的匹配结果,以进行身份认证。早期的工作大多使用指纹的结构特征进行识别。目前最常用的指纹匹配算法是基于指纹细节点特征的点模式匹配,该算法将指纹之间的匹配转化成特征点集之间的相似性度量。

指纹识别的技术主要有 3 种。

(1)光学式指纹识别。其主要被打卡机以及支持屏下识别的手机所采用。该技术是在光线照射到指纹上时,利用指纹本身的凹凸不平,将光线再反射到接收器上,从而得到指纹的纹路。

(2)电容式指纹识别。电容式的指纹识别是利用多个电容极板,由于凸起的指纹线和凹下去的指纹线与极板的距离不一样,所以各个电容极板的电容量就会有差异。电容量大的地方就是凸起的指纹线,电容量小的地方是凹下去的指纹线,即通过电容量,识别出指纹的纹路。

(3)超声波指纹识别。这种就和人们熟悉的蝙蝠、船上用的声呐系统类似,发出超声波,然后根据反射回来的声波,识别出来指纹的纹路。

2. 指纹识别优缺点

指纹识别的优点在于:
(1)识别速度最快,应用最方便;
(2)推广容易,应用最为广泛,适应能力强;
(3)误判率和拒真率低;
(4)稳定性和可靠性强;
(5)易操作,无须进行特殊培训即可使用;
(6)安全性强,系统扫描对身体无害;
(7)指纹具备再生性。
但是其缺点同样很明显:
(1)对环境的要求很高,对手指的湿度、清洁度等都很敏感,脏、油、水都会造成识别不了或影响识别的结果;
(2)某些人或某些群体的指纹特征少,甚至无指纹,所以难以成像;
(3)对于脱皮、有伤痕等低质量指纹存在识别困难、识别率低的问题;
(4)每一次使用指纹时都会在指纹采集头上留下用户的指纹印痕,而这些指纹印痕存在被用来复制指纹的可能性;
(5)指纹识别时的操作规范要求较高。

3. 声纹识别

声纹其实就是对语音中所蕴含的、能表征和标识说话人的语音特征,以及基于这些特征(参数)所建立的语音模型的总称,而声纹识别是根据待识别语音的声纹特征识别该段语音所对应的说话人的过程。与指纹类似,每个人在说话过程中所蕴含的语音特征和发音习惯几乎是独一无二的,就算被模仿,也改变不了说话者最本质的发音特性和声道特征。有相关科学研究表明,声纹具有特定性和稳定性等特点,尤其在成年之后,可以在较长的时间里保持相对稳定不变。

　　声纹识别的研究最早始于 20 世纪 30 年代,当时研究者主要通过观察人类对语音的实际反应,研究人耳听觉对说话人的辨识机理。进入 20 世纪下半叶,随着生物信息和计算机信息技术的发展,通过计算机进行自动的声纹识别成为可能。1945 年,Bell 实验室的 Kesta 等借助肉眼观察,成功实现了语谱图匹配,首次提出了“声纹”的概念,并于 1962 年首次提出采用此方法进行声纹识别的可行性。Bell 实验室的 Pruzanshy 提出了基于模板匹配和统计方差分析的说话人识别方法,该方法引起了声纹识别研究的高潮。

　　声纹识别与语音识别不同,声纹识别侧重于找到区别每个人的个性特征,而语音识别则侧重于对说话人所表述的内容进行区分。在实际应用中往往把语音识别技术和声纹识别技术结合起来,以提高声纹身份认证系统的安全性能。现代声纹识别技术通常可以分为前端处理和建模测试阶段。

　　前端处理包括语音信号的预处理和语音信号的特征提取。在前端处理阶段中,将语音信号看作短时平稳的序列,语音特征提取的第 1 步是语音信号的分帧处理,并利用函数来减少由截断处理导致的 Gibbs 效应;第 2 步是用预加重来提升高频信息,缩小语音的动态范围;第 3 步是对每帧语音信号进行频谱处理,得到各种不同的特征参数。常用的特征参数有线性预测倒谱系数(Linear Predictive Cepstrum Coefficient,LPCC)、感知线性预测(Perceptual Linear Predictive,PLP)系数、梅尔倒谱系数(Mel Frequency Cepstrum Coefficient,MFCC)等。

　　在进行声纹测试之前,需要首先对多个声纹信号经过特征提取后进行训练建模,形成一个表征每个人的多复合声纹模型库。而声纹测试的过程是将某段来自某个人的语音经过特征提取后与多复合声纹模型库中的参考模型进行匹配,进而识别打分。这个阶段可以判断该段语音来自集内说话人还是集外说话人。如果来自集内说话人,则进行下一步的辨认或确认操作。对于声纹辨认来说,这是一个“一对多”的比较过程,即所提取的特征参数要与多复合声纹模型库的每一个参考模型进行比较,并把与它分数最接近的参考模型所对应的说话人作为某段语音的发出者;而对于声纹确认来说,则是将某段语音提取的特征参数与特定的说话人的参考模型相比较,如果得出的分数大于预先规定的阈值,则予以确认,否则予以拒绝。

　　声纹识别技术的具体应用可以银行交易为例:

　　(1)用户启动终端业务软件,由业务软件随机生成一个 3DES 密钥,与此同时利用相应的设备、算法等采集并且提取出声纹特征;

　　(2)用户终端再使用银行的 RSA 公钥把 3DES 密钥及声纹特征进行加密处理,把所得密文经互联网传输给银行,银行收到密文后使用自己的 RSA 私钥进行解密,从而获得用户的声纹特征和 3DES 密钥;

　　(3)银行把用户的声纹特征与其内部声纹库记录进行匹配,验证用户的合法身份。如果验证是合法用户,取出用户的数字信封/数字签名私钥,并且使用用户传递过来的 3DES 密钥进行加密,进而将其回送给用户;

　　(4)用户收到密文后使用自己的 3DES 密钥进行解密,从而得到两把私钥。

　　采用这种认证技术有两个优点:密钥对是随机产生的,每次都是不一样的,所以这样就避免了密钥被窃取;声纹特征及 3DES 密钥使用的加密密钥在银行服务器端也是随机产生的,这样就能够防止黑客利用攻击非法取得银行的信任。

4. 人脸识别

人脸识别(Face Recognition)是一种依据人的面部特征(如统计或几何特征等),自动进行身份鉴别的技术。广义上的人脸识别指对人体脸部的识别,特指眼、鼻、口以及面颊等部位的识别。人脸识别又称为面相识别、人像识别、相貌识别、面孔识别、面部识别等,这些叫法的含义有细微的差别。特定意义上的人脸识别一般指依据活体人脸进行身份识别,如门禁等应用,而面相识别、人像识别则强调的是像,以确定人像图片中人物的身份为主,如照片、画像比对等应用。

人脸识别主要依据不同个体之间存在较大差异的面部特征实现对个体的稳定度量。由于人脸变化复杂,因此特征表述和特征提取十分困难。人脸识别技术包括三个主要环节。

(1)人脸检测(Face Detection):实现人脸自动提取采集,从摄像机视野或图片内的复杂背景图像中自动提取人的面部图像,确认检测目标的人脸属性。

(2)人脸确认(Face Verification):将某人员面相与指定人员面相进行一对一的比对,根据其相似程度(一般以是否达到或超过某一量化的可信度指标或阈值为依据)来判断二者是否是同一人。

(3)人脸鉴别(Face Identification):将某人员面相与数据库中的多人的人脸进行比对,并根据比对结果来鉴定此人身份,或找到其中最相似的人脸,并按相似程度输出检索结果。常用的方法有几何特征的人脸识别方法、基于 PCA(主成分分析)的人脸识别方法、弹性图匹配的人脸识别方法、线段 Hausdorff 距离(LHD)的人脸识别方法等。

本节介绍的认证方式各有其优缺点,现将其进行总结比较,见表 5-1。

表 5-1　几种认证方式的比较

认证方式	优点	缺点
静态口令方式	实现简单,成本低、速度快	安全性较差
动态口令方式	具备动态性、随机性、一次性、抗窃听性、方便性	需要增加硬件成本
USBKey 方式	具有便携性、机密性、完整性、真实性和抗抵赖性	存在丢失的风险,且基于 PKI 的 USBKey 由于证书撤销列表的刷新时间差,存在安全风险
生物特征方式	认证过程方便,几乎无法被造假和冒用	识别设备成本高,识别正确率存在不稳定性

5.3　单点登录

身份认证系统有效解决了对合法用户的身份认证和对非法用户的拒绝服务问题,当某个单位或企业的应用系统非常多,每个系统都需要经过身份认证后才能访问时,如果使用单一的认证凭证(口令、密钥或证书),则存在很大的失泄密的风险,如果使用不同的认证凭证,则增加了用户管理和保存凭证的压力。一种有效的解决方案是使用户只需要登录一次就可以访问所有相互信任的应用系统,这种方案就称为单点登录(Single Sign On,SSO)。要实现单点登录,需要解决的首要问题就是如何产生和存储认证凭证,然后是其他系统如何验证这个认证凭证的有效性。

　　单点登录解决方案根据应用程序的登录方式可以分为两类：一种是基于脚本的解决方案；另一种是基于访问票据的解决方案。

　　基于脚本的解决方案的主要目标是通过脚本使登录过程自动化。一般的工作原理为：用户在 SSO 客户端登录，SSO 监控相关应用程序登录事件的发生，当发生登录事件时 SSO 客户端向 SSO 服务器请求该用户的认证凭证，SSO 客户端根据获取的凭证构造登录脚本并执行（图 5-6）。

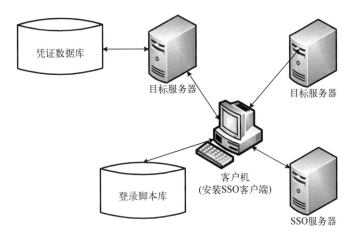

图 5-6　基于脚本的单点登录

　　这种解决方案的优点在于实现容易，可以在不修改目标系统代码的情况下为一个目标系统加入 SSO 解决方案；缺点在于需要安装客户端软件，其安全性还有待提高，所以目前已经很少有系统采用这种解决方案。

　　对于基于访问票据的解决方案，其主要目标是通过要求目标系统进行改造接受访问票据来实现 SSO，对用户的验证工作由 SSO 服务器负责，目标系统的责任只是通过 SSO 服务器验证访问票据的有效性，一般的工作原理见图 5-7。

　　(1)用户向 SSO 服务器提供凭证证明自己的身份。

　　(2)SSO 服务器向用户发放访问票据。

　　(3)用户启动目标系统。

　　(4)目标系统向客户端索取访问票据。

　　(5)目标系统通过 SSO 服务器验证访问票据。

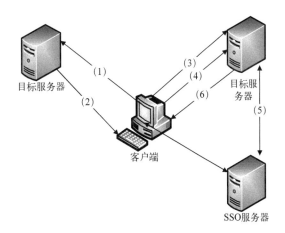

图 5-7　基于访问票据的单点登录

　　(6)如果访问票据有效，目标系统则继续下一步工作。

　　这种解决方案倾向形成一个 SSO 的标准，各个需要进行 SSO 的目标系统必须遵循这个标准。这种方案的优点在于可以实现一个完整功能的 SSO；缺点在于需要修改目标系统，把原来的用户身份认证部分改成对访问票据的认证。还有重要的一点是，该 SSO 标准必须广泛

地被各个软件供应商接受。本节将重点针对基于访问票据的单点登录的实现方式，介绍基于
Kerberos 协议和基于 SAML 标准的单点登录方式。

5.3.1　基于 Kerberos 协议的单点登录方式

Kerberos 协议是美国麻省理工学院(MIT)的 Athena 项目小组提出的基于可信第三方的认
证机制，旨在为开放网络环境中的服务请求提供安全保障，既可用于身份认证，也可用于保
证数据的完整性与保密性。至今，Kerberos 经历了五个版本，其中前三个版本是内部应用版
本，Kerberos V4 是被公之于众的第一个版本，Kerberos V5 针对 V4 存在的一些安全漏洞做
了改进。

Kerberos 的实现包括密钥分配中心(Key Distribution Center，KDC)以及一个可供调用
的函数库。KDC 包括认证服务器(AS)和票据授权服务器(Ticket Granting Server，TGS)。
AS 的作用是对用户的身份进行初始认证，若认证通过，便发放给用户一个称为 TGT 的票
据，凭借该票据用户可访问 TGS，从而获得访问应用服务器时所需的服务票据。票据
(Ticket)是指能够证明用户身份的凭证。Kerberos 把身份认证的任务集中在认证服务器上
执行。

Kerberos 认证过程分三个阶段五个步骤(图 5-8)。

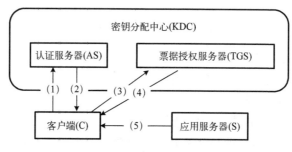

图 5-8　Kerberos 认证过程模型

第一阶段：客户端(C)请求认证服务器(AS)发给访问票据授权服务器(TGS)的门票 TGT。

(1)客户端(C)向认证服务器(AS)发出访问 TGS 的请求，请求内容包括客户标识(IDC)、
客户 IP 地址(IPC)、TGS 标识(IDTGS)、时间戳。

(2)当 AS 收到 C 的请求报文后，产生一个用于客户与 TGS 加密通信的随机会话密钥
SKC，并将客户标识、客户 IP 地址、TGS 标识、会话密钥使用 TGS 的密钥 KTGS 进行加密
作为客户访问 TGS 的授权票据(TC)。客户接收到 AS 的响应后，用自己的密钥进行解密，得
到授权票据和与 TGS 通信的会话密钥。

第二阶段：客户端(C)访问 TGS，获得访问应用服务器(S)的门票 ST。

(3)客户端对 AS 返回的信息进行解密，将得到的 TC，连同验证码 AC 与要访问的应用
服务器标识 IDS 一起发送给 TGS。TGS 通过比较 TC 和 AC 的信息是否一致来验证客户端的
身份，如果身份被确认，返回访问应用服务器的票据 TC 和会话密钥 SKC 给客户端。

第三阶段：客户端(C)与应用服务器(S)间相互验证身份。

(4)客户端将接收到的消息进行解密得到会话密钥 SKC，并把 TC 和验证码 AC 一起发送
给服务器。

(5)服务器通过比较 TC 和 AC 是否一致来验证客户端的身份，如果身份被确认，就将时间戳加 1 返回给客户端。客户端通过通过检查时间戳的有效性实现对应用服务器的认证。

Kerberos 协议是目前分布式网络环境中应用广泛的第三方认证协议，但因为 Kerberos 协议基于对称密码体制，仍然存在口令猜测攻击、密钥管理困难等方面的不足。

5.3.2　基于 SAML 标准的单点登录方式

SAML(安全断言置标语言)是一种基于 XML 的，用来在互联网上交换安全信息的框架。它完美地继承了 XML 兼容不同平台的特点，利用 XML 将认证、授权等信息组织成标准的结构，实现在互联网的不同平台环境之间的传输和处理，从而为不同架构的应用系统之间提供了统一的安全信息交互规则。

SAML 规范主要有三个组成部分：断言、请求/响应协议和绑定。

1)SAML 断言

断言是 SAML 的基本数据对象，是对服务请求者(用户、计算机等)的安全信息(身份、权限等)的 XML 描述。在 SAML 标准中主要有 3 种断言。

(1)身份认证断言：一般由可信机构(如认证服务器)进行发放，该断言表明某用户在特定的时间内是合法的。

(2)属性断言：由某个可信机构产生，属性断言中需要包含一个主体元素，同时还需要包含一定数目的属性元素，这是 SAML 断言中比较关键的两个元素。

(3)授权决策断言：SAML 体系对主体请求资源做出的响应，表明主体是否可以访问其请求的某些操作或者资源。

2)SAML 请求/响应协议

SAML 协议规定了两点间共享 SAML 数据所需交换的消息种类和格式，两点间的消息传输通过 SAML 绑定来实现。SAML 协议采用的是请求/响应的方式以完成 SAML 信息的传输和主体身份的认证等操作(图 5-9)。

当一个主体希望获得认证断言时，需要将认证请求传输到认证服务器，身份判定机构收到认证请求后对实体的身份进行核实，如果身份合法就会返回该主体的 SAML 断言信息。

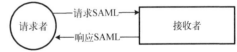

图 5-9　SAML 请求/响应协议

3)SAML 绑定

通过将 SAML 请求和应答消息插入到现有的网络通信协议上进行传输的过程称为绑定。常见的 SAML 绑定方式有 SOAP 绑定、反 SOAP 绑定、HTTP 重定向绑定等。

(1)SOAP 绑定。

SOAP 协议是一个非常轻便的信息交互协议，能够在分布式的环境中传输结构化的信息。它本身的一个设计目标是使得交互信息能够在大多数的底层协议上进行传输，使本身具有极强的扩展性。SOAP 绑定的报文格式见图 5-10。

(2)反向 SOAP 绑定。

在反向 SOAP 绑定机制中，服务请求者并不直接询问 SAML 信息，而是通过一个 HTTP 请求将自己能解析 SOAP 报文的能力告诉服务提供者；服务提供者接到该请求之后将 SAML 信息嵌入到 SOAP 报文里面，然后将 SOAP 报文返回给服务请求者；服务请求者对报文进行解析之后，将响应信息重新封装在 SOAP 报文里面，发给服务提供者；最后服务提供者通过将一个 HTTP 响应发送给服务请求者的方式来结束本次信息交互过程(图 5-11)。

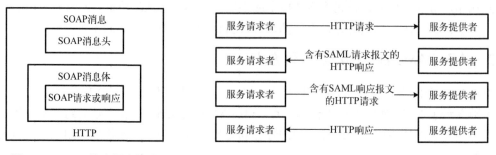

图 5-10　SOAP 绑定报文格式　　　　　　图 5-11　反向 SOAP 绑定信息交互过程

(3)HTTP 重定向绑定。

HTTP 重定向绑定是将 SAML 的相关信息放在统一资源定位器(URL)里面进行传递，该绑定方式的应用场合是：服务请求者和服务提供者之间不存在一条直接通路，需要通过一个代理进行桥接，其绑定流程见图 5-12。该方式的缺点在于：HTTP 协议要求 URL 地址的长度是有限的(80B)，一旦要传输的信息长度超过最大值，该绑定方式将失效；另外，URL 的信息需要进行编码，随着信息量的不断增加，传输的效率将受到限制；如果需要传输的 SAML 信息没有采取安全措施，安全性将非常低。

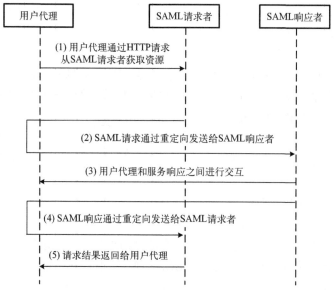

图 5-12　HTTP 重定向绑定流程

基于 SAML 标准的单点登录方式较基于 Kerberos 协议的单点登录方式的优势在于：SAML 的请求和响应数据可以跟任何传输层协议捆绑，这对需要在基于不同传输层协议的系统间实现单点登录的应用场景具有更好的兼容性。但是其相对于 Kerberos 的劣势在于：其本身并不提供认证和授权机制，只定义了用于在服务器之间安全传输信息的交换机制，防止信息的泄露，但是容易受到中间人和重放等攻击。

5.4　传统访问控制模型

5.4.1　自主访问控制

自主访问控制(Discretionary Access Control，DAC)是由客体的属主对自己的客体进行管理，由主体自己决定是否将自己的客体访问权限或部分访问权限授予其他主体，这种控制方式是自主的。也就是说，在自主访问控制下，用户可以按自己的意愿，有选择地与其他用户共享他的资源。

访问控制矩阵(图 5-13)，是实现 DAC 策略的基本数据结构，矩阵的每一行代表一个主体，每一列代表一个客体，行列交叉处的矩阵元素中存放着该主体访问该客体的权限。矩阵通常是巨大的稀疏矩阵，必须采用某种适当形式存放在系统中，完整地存储整个矩阵将浪费系统存储空间。一般的解决方法是按矩阵的行或列存储访问控制信息。

主体、客体、权限	O_1	O_2	O_3	O_4	O_5
S_1	rw	rwx		r	r
S_2			rw		
S_3	r	rw		rw	
S_4	rw	r	rwx		rwx

图 5-13　访问控制矩阵

注：矩阵中 r 代表读取，w 代表写入，x 代表可执行。

1. 基于行的访问控制机制

基于行的访问控制机制是把每个主体所在行上的有关客体(即非空矩阵元素所对应的那些客体)的访问控制信息以表的形式附加给该主体，根据表中的内容不同又分为不同的实现机制。

1)权限表机制

权限表中存放着主体可访问的每个客体的权限(如读、写、执行等)，主体只能按赋予的权限访问客体。权限可以包含在程序中，也可以存储在数据文件中。为了防止权限信息被非法修改，还可以采用硬件、软件等加密措施。由于允许属主把自己的权限转授给其他主体，或从其他主体收回访问权限，权限表机制是动态实现的。因此，最好能够把该主体所需访问的客体限制在较小的范围内。

由于权限表体现的是访问控制矩阵中单行的信息，所以对某个特定客体而言，一般情况下很难确定所有能够访问它的主体。因此，利用权限表不能实现完备的自主访问控制。实际上，利用权限表实现自主访问控制的系统并不多。

2)前缀表机制

前缀表中存放着主体可访问的每个客体的名字和访问权限。当主体要访问某个客体时，系统将检查该主体的前缀中是否具有它所请求的访问权限。前缀表机制的实现存在以下困难。

(1)主体的前缀表可能很大，增加了系统管理的困难。

(2)前缀表只能由系统管理员进行修改。这种管理方法违背 DAC 原则。

(3)撤销与删除困难。要系统回答"谁对某一客体具有访问权限"这样的问题比较困难，但这个问题在安全系统中是很重要的。

3)口令机制

每个客体相应地有一个口令。当主体请求访问某个客体时，必须向系统提供该客体的口令。需要注意的是，这里讲的口令与用户登录进入系统时回答的口令不是一回事。为了安全起见，一个客体至少要有两个口令，一个用于控制读，另一个用于控制写。利用口令机制对客体实施的访问控制是比较麻烦和脆弱的，主要体现在以下几点。

(1)系统不知谁访问了客体。对客体访问的口令是手工分发的，不需要系统参与。

(2)安全性脆弱。需要把客体的口令写在程序中，这样很容易造成口令的泄露。

(3)使用不方便。每个用户需要记住许多需要访问的客体的口令，很不友好。

(4)管理麻烦。撤销某用户对某客体的访问权限，只能改变该客体的口令，必须通知新口令给其他用户。

2. 基于列的访问控制机制

基于列的访问控制机制是把每个客体所在列上的有关主体(即非空矩阵元素所对应的那些行上的主体)访问的控制信息以表的形式附加给该客体，然后以此进行访问控制。

1)保护位机制

保护位对所有主体、主体组以及客体的拥有者指定了一个访问权限的集合，UNIX 中就使用该机制进行访问控制。在保护位中包含了主体组的名字和拥有者的名字。保护位机制中不包含可访问该客体的各个主体的名字。由于保护位的长度有限，用这种机制表示访问控制机制实际上是不可能的。

2)访问控制表机制

在访问控制表(ACL)机制中，每个客体附带了访问控制矩阵中可访问它自己的所有主体的访问控制表，其结构见图 5-14。该表中的每一项包括主体的身份和对该客体的访问权限。ACL 方式是实现 DAC 策略的最好方法。

客体i	ID$_1$-RW	ID$_2$-RE	…	ID$_n$-E

图 5-14　访问控制表

但是这种方法的缺点是会造成 ACL 比较长。采用分组与通配符的方法有助于缩短 ACL 的长度，其结构见图 5-15。一般而言，在一个单位内部工作内容相同的人需要涉及的客体大部分是相同的，把他们分在一个组内作为一个主体对待，可以显著减少系统中主体的数目。再利用通配符手段加快匹配速度，同时也能简化 ACL 的内容。通配符用"*"表示，可以代表任意组名或主体标识符。

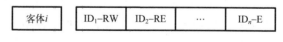

客体 FILE1	Liwen.math.REW	*.math.RE	Zhang.*.R	*.*.null

图 5-15　带分组和通配符的访问控制表

从图 5-15 中的 ACL 可以看出，属于 math 组的所有成员对客体 FILE1 都具有读与执行权限，只有 Liwen 这个人对 FILE1 有读、写与执行的访问权限。任何组的用户 Zhang 对 FILE1 只有读的访问权限，除此以外，其他任何组的任何主体对 FILE1 都没有任何访问权限。

3) 访问许可权与访问操作权

在 DAC 策略下，访问许可 (Access Permission) 权和访问操作权是两个有区别的概念。访问操作权表示有权对客体进行一些具体操作，如读、写、执行等，访问许可权则表示可以改变访问权限的能力或把这种能力转授给其他主体的能力。对某客体具有访问许可权的主体可以改变该客体的 ACL，并可以把这种权利转授给其他主体。

在 DAC 模式下，有 3 种访问许可权控制方式。

(1) 层次型。

层次型 (Hierarchical) 的文件的控制关系一般都呈树型的层次结构，系统管理员可修改所有文件的 ACL，文件属主可以修改自己文件的 ACL。层次型的优点是可以选择可信的人担任各级权限管理员；缺点是一个客体可能会有多个主体对它具有控制权，发生问题后存在责任认定问题。

(2) 属主型。

属主型 (Owner) 的访问许可权控制方式是为每一个客体设置拥有者，一般情况下客体的创建者就是该客体的拥有者。拥有者是唯一可以修改自己客体的 ACL 的主体，也可以授予或撤销其他主体对自己客体的访问操作权。拥有者拥有对自己客体的全部控制权，但无权将该控制权转授给其他主体。

属主型控制方式的优点是修改权限的责任明确，由于拥有者最关心自己客体的安全，他不会随意把访问权限转授给不可信的主体，因此这种方式有利于保障系统的安全。如果主体 (用户) 不存在了，系统需要利用某种特权机制来删除该主体拥有的客体。

(3) 自由型。

在自由型 (Laissez Faire) 的访问许可权控制方式中，客体的拥有者 (创建者) 可以把对自己客体的访问许可权转授给其他主体，并且也可以使其他主体拥有这种转授能力，而且这种转授能力不受创建者自己的控制。但由于访问许可权 (修改权) 可能会被转授给不可信的主体，因此这种对访问权限修改的控制方式是很不安全的。

3. DAC 机制的缺陷

(1) 允许用户自主地转授访问权限，这是系统不安全的隐患。

(2) 权限修改时，系统无法区分是用户的合法修改还是木马程序的非法修改。

(3) 无法防止木马程序利用共享客体或隐蔽信道传送信息。

(4) 无法解决因用户无意 (如程序错误、某些误操作等) 或不负责任的操作而造成的敏感信息的泄露问题。

5.4.2　强制访问控制

强制访问控制 (MAC) 是系统强制主体服从访问控制策略，是由系统按照规定的规则控制主体对客体资源的访问权限。在 MAC 中，每个主体及客体都被赋予一定的安全等级，只有系统管理员才可确定用户和组的访问权限，用户不能改变自身或任何客体的安全等级。系统通过比较用户和访问文件的安全等级，决定用户是否可以访问该文件。此外，MAC 不允许进程生成共享文件，以通过共享文件将信息在进程中进行传递。MAC 可通过使用敏感标签对所有用户和资源强制执行安全策略，一般采用 3 种方法：限制访问控制、过程控制和系统限制。MAC 对专用或简单系统较有效，但对通用或大型系统并不太有效。

MAC 的安全等级有多种定义方式，常用的分为 4 级：绝密级(Top Secret，T)、机密级(Confidential，C)、秘密级(Secret，S)和无级别级(Unclassified，U)，其中 T>C>S>U。所有系统中的主体和客体都分配安全标签，以标识安全等级。

通常 MAC 与 DAC 结合使用，并实施一些附加的、更强的访问限制。一个主体只有通过自主与强制性访问限制检查后，才能访问其客体。用户可利用 DAC 来防范其他用户对自己客体的攻击，由于用户不能直接改变强制访问控制属性，所以强制访问控制提供了一个不可逾越的、更强的安全保护层，以防范用户偶然或故意地滥用 DAC。

5.4.3　基于角色的访问控制

基于角色的访问控制(Role-Based Access Control，RBAC)是通过对角色的访问所进行的控制。它将权限与角色相关联，用户通过成为适当角色的成员而得到其角色的权限，可极大地简化权限管理。

1) RBAC0

RBAC0 定义了能构成一个 RBAC 控制系统的最小的元素集合。在 RBAC0 之中，包含最基本的 6 个元素：用户(User)、角色(Role)、对象(Object)、操作(Operation)、权限(Permission)、会话(Session)，其相互关系见图 5-16。

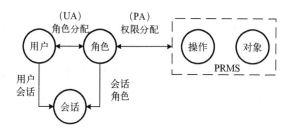

图 5-16　RBAC0 的结构

用户(User)：代表人，也可以是机器、Agent 或者其他任何智能型物品。

角色(Role)：表示一个工作职责。该职责可以关联一些关于权力和责任的语义。

对象(Object)：表示资源(Resource)或目标，任何访问控制机制的目的都是保护系统的资源。对象包括文件，目录，数据库表、行、字段，磁盘空间，打印机，甚至 CPU 周期等。

操作(Operation)：程序的可执行的反映(Image)，被用户调用和执行。操作的类型取决于实现系统的类型。

权限(Permission)：对在一个或多个对象上执行操作的许可。例如，"一个文档"不是权限，"删除"也不是权限，只有"对文档的删除"才是权限。由于 RBAC 标准定义的权限是正向授权(正权限)，并没有禁止负向授权(负权限)，因此可以自定义负权限。正向授权在开始时假定主体没有任何权限，然后根据需要授予权限，适用于权限要求严格的系统。负向授权在开始时假定主体有所有权限，然后将某些特殊权限收回。

会话(Session)：在 RBAC0 中是比较隐晦的一个元素。RBAC 标准定义：每个会话是一个映射，是一个用户到多个角色的映射。当一个用户激活他所有角色的一个子集时，会建立一个会话。每个会话和一个用户关联，每个用户可以关联到一个或多个会话。

RBAC0 与传统访问控制的差别在于增加一层间接性(角色)带来了灵活性，RBAC1、RBAC2 都是在 RBAC0 上的扩展。

2) RBAC1

RBAC1(Hierarchical RBAC)引入角色间的继承关系。角色间的继承关系可分为一般(General)继承关系和受限(Limited)继承关系。一般继承关系仅要求角色继承关系是绝对偏序关系，允许角色间的多继承。而受限继承关系则进一步要求角色继承关系是一个树结构。一般继承关系的 RBAC 和受限继承关系的 RBAC 两者的区别在于：前者是图，而后者可以有多个父节点，但只能有一个子节点，是一个反向树结构。RBAC1 的结构见图 5-17。

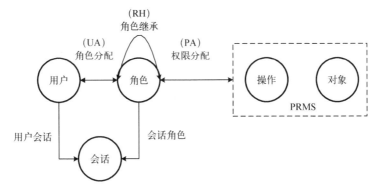

图 5-17　RBAC1 的结构

角色继承主要用于解决复杂组织机构层次间的权限管理问题，如总经理→部门经理→业务员。角色继承的方向和用户的关系方向相反，即权限最小的在顶端：业务员→部门经理→总经理。

3) RBAC2

RBAC2(Constraining RBAC)模型中添加了责任分离(Separation of Duty，SoD)关系，这是 RBAC 最复杂的部分(图 5-18)。这种模型对某些组织机构可能会很有用，例如，会计和出纳，在一般公司都不允许同一个人兼任。责任分离的方式有两种。

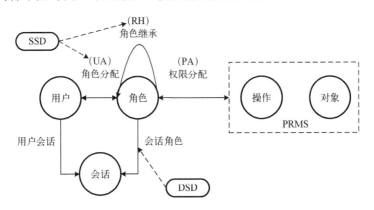

图 5-18　RBAC2 的结构

(1)静态责任分离(SSD),即在为用户分配角色时就判断是否将有冲突的角色赋予同一用户。在RBAC标准中,冲突的角色被定义为一个二元关系,也就是说,任何一个用户只能拥有其中的一个角色。

(2)动态责任分离(DSD),指相互冲突的角色可以同时赋予一个用户,但用户在一次会话中不能同时扮演两个冲突的角色。

5.5 新型访问控制模型

5.5.1 基于任务的访问控制模型

基于任务的访问控制模型(Task-Based Access Control Model)从面向任务的角度来建立安全模型和实现安全机制,在任务处理的过程中提供动态实时的安全管理。在基于任务的访问控制(TBAC)中,对象的访问权限并不是不变的,而是随着执行任务的上下文环境变化的。

1)TBAC的特点

TBAC在工作流的环境中考虑信息的保护问题。在工作流环境中,每步对数据的处理都与以前的处理相关,相应的访问控制也是这样的,因而TBAC模型是一种上下文相关的访问控制模型。它不仅能对不同工作流实行不同的访问控制策略,而且还能对同一个工作流的不同任务实例实行不同的访问控制策略,所以TBAC模型又是一种基于实例的访问控制模型。因为任务都有时效性,所以在基于任务的访问控制中,用户对于被授予的权限的使用也是有时效性的。

2)重要概念

(1)任务(Task):工作流程中的一个逻辑单元,是一个可区分的动作,与多个用户相关,也可能包括几个子任务。

(2)授权结构体(Authorization Unit):由一个或多个授权步组成的结构体,它们在逻辑上是联系在一起的。任务中的子任务,对应于授权结构体中的授权步。

(3)授权步(Authorization Step,AS):在一个工作流程中对处理对象的一次处理过程。授权步是访问控制所能控制的最小单元,由受托人集(Trustee-Set)和多个许可集(Permissions Set)组成。

(4)受托人集:可被授予执行授权步的用户的集合。

(5)许可集:受托人集的成员被授予授权步时拥有的访问集。

(6)依赖(Dependency):授权步之间或授权结构体之间的相互关系。

3)TBAC授权

TBAC的授权采用五元组(S,O,P,L,AS)来表示。其中S表示主体,O表示客体,P表示许可,L表示生命周期,AS表示授权步。P是授权步AS所激活的权限,而L则是授权步AS的生命周期,授权流程见图5-19。在授权步AS被激活之前,它的保护态是无效的,其中包含的许可不可使用。当授权步AS被激活时,它的委托人开始拥有许可集中的权限,同时它的生命周期开始倒计时。在生命周期内,五元组有效。生命周期终止时,五元组无效,委托人所拥有的权限被回收。根据需要,在授权步的保护态中的许可集中也可以加入使用次数限制。例如,保护态中的写权限只能使用3次,当授权步使用写权限3次以后,写权限自动从保护态中的执行者许可集中去除。授权步不是静态的，而是随着处理的进行动态地改变内部状态。授权步的状态变化一般自我管理。授权步的生命周期、许可的使用次数限制和授权步的自我动态管理形成了 TBAC 的动态授权。

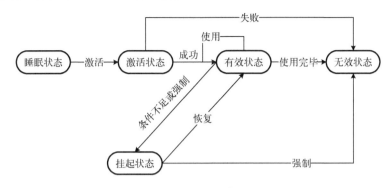

图 5-19 TBAC 授权流程

授权步的状态包含以下五个状态。

(1)睡眠状态：授权步还未生成。

(2)激活状态：授权步被请求激活，此时授权步已经生成。

(3)有效状态：授权步开始执行，随着权限的使用，保护态发生变化。

(4)挂起状态：授权步被管理员或因执行条件不足而强制处于挂起状态，它可以被恢复成有效状态，也可能因生命周期用完或被管理员强制为无效状态。

(5)无效状态：授权步已经没有存在的必要，可以在工作流程中删除。

5.5.2 基于属性的访问控制模型

基于属性的访问控制(Attribute Based Access Control，ABAC)是通过动态计算一个或一组属性是否满足某种条件来进行授权判断，其模型见图 5-20。属性通常来说分为四类：角色属性(如用户年龄)、环境属性(如当前时间)、操作属性(如读取)和对象属性(如某个数据库，又称为资源属性)。例如，"允许所有老师在上课时间自由进出校门"这条规则，其中，"老师"是用户的角色属性，"上课时间"是环境属性，"进出"是操作属性，而"校门"就是对象属性了。

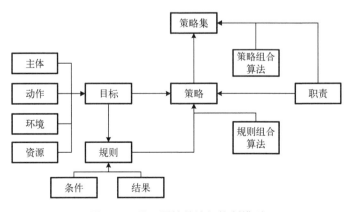

图 5-20 基于属性的访问控制模型

1) ABAC 授权的步骤

ABAC 的授权过程(图 5-21):

(1) 用户访问资源,发送原始请求;

(2) 请求发送到策略实施点(PEP),PEP 构建 XACML 请求,并发送到策略决策点(PDP);

(3) PDP 根据 XACML 请求,查找策略管理点(PAP)中的策略文件;

(4) PDP 从策略信息点(PIP)查找策略文件中需要的属性值(主体、环境、资源属性);

(5) PDP 将决策结果(同意或拒绝)返回给 PEP;

(6) 若决策结果为同意,PEP 发送请求并获得资源;

(7) PEP 返回资源给用户。

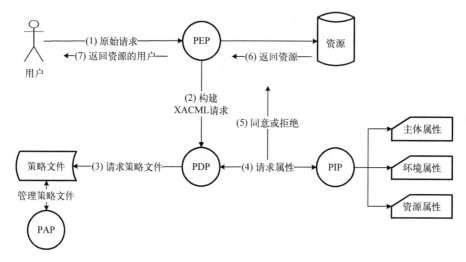

图 5-21　ABAC 授权过程

2) ABAC 的特点

(1) 集中化管理;

(2) 可以按需实现不同粒度的权限控制;

(3) 不需要预定义判断逻辑,降低了权限系统的维护成本,特别是需求经常变化的系统;

(4) 定义权限时,不能直观看出用户和对象间的关系;

(5) 规则如果复杂,或者设计混乱,会给管理者维护和追查带来麻烦;

(6) 权限判断需要实时执行,规则过多会导致性能问题。

5.5.3　基于信任的访问控制模型

基于信任的访问控制(TRBAC)模型在用户获得角色之前,首先计算该用户的信任值,然后根据信任值决定用户是否能够获得该角色,即用户的信任值决定其能获得的权限。该模型从权限对用户的具体要求出发,综合计算用户的多种信任特征,实现细粒度、灵活的授权机制,从而更为安全合理地为用户分配所需权限。

1) TRBAC 模型结构

TRBAC 模型避免了 RBAC 模型动态性、监管性不足等缺点,能够动态地进行角色分配。但它也存在一定的不足之处,例如,只要用户的信仁值达到一定程度,就能获得对应角色的全部权限，而不考虑各个权限对用户信任值的不同需求，这给恶意用户提供了绕过访问控制的机会，他们可以通过先积累信任值，获得较高等级的角色权限后再对系统进行破坏。

TRBAC 模型的结构见图 5-22，其主要包含以下元素。

(1) 用户(User)：一个可以独立访问系统服务的主体，可以是自然人，也可以是具有自主行为的网络程序等。

(2) 服务(Service)：系统为用户提供的服务。

(3) 操作(Operation)：用户对服务可以执行的操作。

(4) 条件(Condition)：用户对服务可以执行操作时的条件。条件是指用户为了获得对应权限，其信任值应该达到的信任阈值。

(5) 权限(Permission)：对系统提供的服务进行访问的许可。在模型中，将权限定义为 $p = (\mathrm{op}, s, \mathrm{condition})$，其中服务 s 是访问控制系统的真正客体，操作 op 是作用在该服务上的一种访问方式，$\mathrm{condition} \in \mathrm{Condition}$ 是用户被允许执行该操作时信任值应该达到的信任阈值。

(6) 角色(Role)：可以看作将权限分配给用户的映射函数，即 $P = \mathrm{Role(User)}$，其中 $P \in \mathrm{Permission}$。

(7) 信任值(Trust Value)：根据信任值计算算法得到的用户信任值，其值域为[0,1]。

(8) 上下文(Context)：计算信任值时所需要的上下文环境。

(9) 会话(Session)：对应于一个用户和一组激活的角色，表示用户获得角色的过程。一个用户可以进行多次会话，在每次会话中获得不同的角色，这样用户也将具有不同的访问权限。

(10) 用户角色分配(URA)：$\mathrm{User} \in \mathrm{User} \times \mathrm{Role}$，是用户(User)到角色(Role)的多对多的映射关系，表示一个用户可以获得多个角色，一个角色也可以被分配给多个用户，$(\mathrm{User}, \mathrm{Role}) \in \mathrm{URA}$ 表示用户 User 拥有角色 Role，即表示用户 User 可以使用角色 Role 所具有的权限。

(11) 用户信任值分配(UTA)：$\mathrm{URA} \in \mathrm{User} \times \mathrm{Trust\ Value}$，表示用户(User)到信任值(Trust Value)的多对多映射关系，即一个用户可以拥有不同的信任值，从而表示用户不同的信任特征。

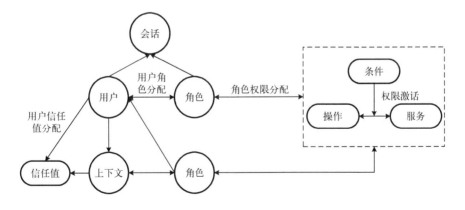

图 5-22　TRBAC 模型结构

(12) 角色权限分配(RPA)：$\mathrm{RPA} \in \mathrm{Role} \times \mathrm{Permission}$，是权限(Permission)到角色(Role)的多对多映射关系。$\mathrm{PRA}(p, \mathrm{Role})$ 表示权限 p 被赋予给角色 Role，即拥有角色 Role 的用户能够使用权限 p。

(13)权限激话(PA)：$PA \in Trust\ Value \times Permission$，是指根据用户信任值以及权限的条件判断该用户能否使用该权限的过程。

2)信任值计算

不同的上下文需要考虑用户不同的信任特征，采用的信任值计算算法也可能有不同，各有侧重，所以需要先对上下文进行定义：

$$Context = (TF, TA)$$

式中，$TF = \{tf_1, tf_2, \cdots, tf_n\}$，表示上下文对用户所要求的信任特征子集，子集中的元素定义为 $tf_i = (feature_i, w_i)(i = 1, 2, \cdots, n)$，$feature_i$ 表示用户的某种信任特征名称，w_i 表示在计算用户信任值时，该信任特征所占的比重，w_i 的值越大，该信任特征越重要。$TA = \{ta_1, ta_2, \cdots,\ ta_n\}$，表示计算信任值时使用的算法名称，如 average，weight 等。average 表示计算各信任特征的平均值。weight 表示根据权重计算这些信任特征的加权平均值。

因此，在某个上下文 c 中，用户 User 的对应信任值为

$$Trust\ Value_{User}^{i} = ta_i(w_1, tf_1, w_2, tf_2, \cdots, w_n, tf_n)$$

上下文与信任特征关系见图 5-23。

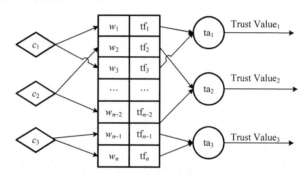

图 5-23　上下文与信任特征关系图

3)TRBAC 授权过程

在 TRBAC 模型中，用户获得权限的过程分为两部分(图 5-24)。

(1)用户进行身份认证。通过身份认证后，TRBAC 模型建立会话，并根据用户的身份标识为其分配角色(Role Assignment)。在这个过程中，用户获得了使用角色所拥有的权限的资格，但此时还不能使用这些权限。将此时用户所拥有的权限集称为基本权限集(Basic Permission Set，BPS)。基本权限集是指在一个系统中，用户根据其身份标识得到的角色所具有的权限集，即 $BPS = Role(User)$。

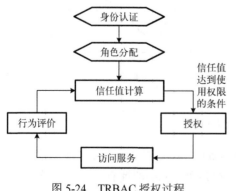

图 5-24　TRBAC 授权过程

(2)在用户访问服务之前，TRBAC 模型根据上下文对用户进行信任值计算(Trust Value Computing)，并根据所请求权限的条件判断用户是否能够使用该权限。当用户的信任值达到使用权限的条件后，用户获得授权并访问服务

（Access Services）。在用户访问服务之后，TRBAC 模型对用户进行行为评价（Behavior Assessment）。当用户再次访问服务时，重新进行上述过程。在这个过程中，用户的行为结果会对下次访问授权产生影响，从而保证用户使用权限的安全性。

5.6　本章小结

身份认证技术的发展经历了硬件时代、软件时代、生物时代、智能时代，从发展的历程看，其一直试图在安全性和便捷性之间找寻某种平衡。如果身份认证解决了身份合法性的问题，访问控制则以身份认证为基础，解决了合法用户权限滥用的问题，而单点登录则是为了减轻用户管理认证凭证的负担，提高用户体验。传统的访问控制模型，在控制粒度上普遍比较粗放和单一，缺乏灵活性，而新型的访问控制模型实现了细粒度、动态灵活的授权机制，从而更为安全合理地为用户分配所需权限。

习　　题

1．比较自主访问控制、强制访问控制和基于角色的访问控制各自的特点。

2．动态口令认证有哪几种类型？它们的工作原理有何不同？

3．基于生物特征的身份认证有哪几种？与其他身份认证相比，它有哪些优缺点？

4．简述 Kerberos 用户和认证服务器之间基于共享密钥的身份认证过程和防中间人攻击机制。

5．什么是访问控制？访问控制的要素有哪些？

6．自主访问控制有哪两种方式？

7．RBAC0、RBAC1 和 RBAC2 的区别是什么？

8．在基于任务的访问控制模型中，授权步的状态有几种？

9．基于属性的访问控制模型中主要包含哪些属性？

10．基于信任的访问控制模型存在哪些安全风险？

第6章　密码基础设施

密码基础设施是为信息系统提供机密性、完整性、可用性、可控性、不可否认性等基本支撑性安全服务的设施，包括密钥管理基础设施、公钥基础设施等。其中，密钥管理基础设施(KMI)是为信息系统安全提供网络化密钥管理、密码管理等服务的基础设施，主要提供密钥的生成、注册、预订、分发、使用、监测、审计等全生命周期的管理。公钥基础设施(PKI)是为信息系统安全提供公钥管理和证书服务的基础设施。公钥基础设施可产生、管理数字签名证书和密钥协商证书，生产、分发、管理、吊销、还原和跟踪公钥证书及其相应的私钥，支持用户注册、证书发放和全方位的证书管理服务，以保证信息系统内部的安全互操作性。

6.1　密钥管理技术

6.1.1　基本概念

1883年，Kerckhoffs提出的密码设计原则就已经阐明，除了密钥，密码系统的所有细节均可为对手所知，现代密码系统更是要求将密码体制和密码算法公开。这就使得密码系统的安全性取决于对密钥的保护，而非对密码系统的保护。Kerckhoffs规则还指出，密钥需要由通信双方事先约定好，并根据一定的协议进行更换。很多密码应用的不安全性并不是由密码体制本身的不安全性所导致的，而是由密钥管理不科学而导致的。这就说明，密钥的保护和安全管理问题极为重要。

最初的密钥管理比较简单，大多采用手工方式进行管理。随着多用户通信和网络的发展，所需的密钥量越来越大，密钥管理越来越复杂，必须借助信息化手段来实现自动化管理，由密钥分配中心来实现密钥的集中管理。这种自动分配的方法成本低、速度快，而且安全性较高，因此能够适应网络化的应用需求。

通常来说，密钥管理覆盖了密钥自产生到最终销毁的全生命周期，包括系统的初始化，密钥的生成、分配、存储、备份、恢复、吊销、销毁、保护、丢失等内容，密钥的生成、分配和存储又是密钥全生命周期中的核心环节。

6.1.2　密钥的生命周期

简单系统的密钥可以永久不变地使用，但是，几乎所有保密系统的密钥都需要按一定的程序和协议进行定期更新。密钥管理的生命周期是指一组密钥从产生到销毁所经历的一系列状态和阶段。在密钥全生命周期中，密钥可以分为以下4种状态。

(1)预操作状态：密钥尚无法正常使用。

(2)操作状态：密钥可被正常使用，并处于正常使用中。

(3)后操作状态：密钥不再正常使用，但可以离线访问密钥。

(4)废弃状态：密钥记录已被全部删除，密钥不再可用。

密钥的上述 4 种状态，大致可以体现为 12 个阶段(图 6-1)。

(1)用户登记。在用户登记阶段，一个实体(即用户)成为某安全域(或称为保密域)中的授权成员。该阶段分为获取、创建或交换初始密钥材料(如共享口令或个人识别码(PIN))等环节。这个阶段需要使用一种安全的一次性技术来实现。

(2)初始化。该阶段的工作包括系统初始化和用户初始化两部分，系统初始化完成安全操作平台的建立和配置；用户初始化则是由用户实体对其密码系统应用的初始化，包括初始密钥材料等软硬件安装和初始化等工作。

(3)密钥生成。采用适当的算法生成密钥，也可以从其他可信的系统获得相关密钥。

(4)密钥安装。将密钥安装在保密系统的软件或者硬件中以便使用。

(5)密钥登记。在安装密钥时，将密钥材料登记下来，并将其与特定的信息和属性绑定。这些信息包括实体身份、认证信息、信任度等。例如，PKI 系统中的公钥证书可以通过公钥目录的方式供需要者使用。

(6)密钥使用。密钥管理的最终目的就是使用密钥。只要密钥在有效期内，通常都可以正常用于加密和(或)解密。例如，大多数时候，非对称密码体制的某对密钥可以同时用于加密和解密，有时候其公钥可能不能再用于加密，但其私钥可以继续保留用于解密。

(7)密钥备份。密钥备份是密钥恢复的前提。可以将密钥材料的副本存储在一个独立、安全的介质中，在需要恢复时作为数据源以供密钥恢复。

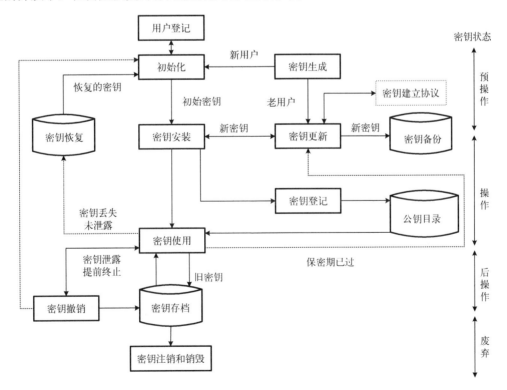

图 6-1　密钥管理全生命周期

(8)密钥更新。如果密钥已经使用了一定时间，继续使用就会加大泄露的风险，或者密钥有效期即将结束，需要一个新的密钥对信息进行保护。无论上面哪种情况，都需要通过密钥更新生成新密钥以取代旧密钥。

(9)密钥存档。对长时间不用或者超出有效期的密钥进行长期的离线保存，以便需要时检索密钥档案中的文档。

(10)密钥恢复。其是指从密钥备份或密钥档案中检索密钥材料的过程，如果因某种原因丢失了密钥材料又未产生安全风险(这种情况称为以安全的方式丢失)，则可以从密钥备份或者密钥档案中恢复密钥。

(11)密钥注销和销毁。其又称为取消登记，如果密钥材料不需要保留，或者与某个用户实体的联系不需要维护，就应该将其注销，从系统正式记录中清除，并销毁所有的密钥备份，使之无法以物理或电子等任何方式被恢复。

(12)密钥撤销。如果密钥的正常生命周期行将结束，或者密钥的安全性无法保证，那么可以将密钥撤销，具体方法是，通知所有可能使用该密钥的实体该密钥即将撤销，通知内容包括密钥材料的完整 ID、撤销日期、撤销时间、撤销原因等。如果是基于证书的密钥，则需要撤销相应的证书，在 PKI 的 CA 证书体系中就是将作废的证书加入证书撤销列表(CRL)。使用者通过 CRL 的周期性发布机制或在线查询机制来获知该证书的撤销信息。

6.1.3　密钥分类及其生成方式

在信息化时代的网络系统中，密钥的安全保密是密码系统安全的重要保证。保密通信和密钥的安全使用需要采用多级密钥管理方法，通常需要采用三级密钥体系，密钥体系自上而下依次是主机主密钥、密钥加密密钥、数据加密密钥(包含用户密钥以及会话密钥)等。下级密钥的加密使用上级密钥来进行，即数量最大的数据使用少量动态产生的数据加密密钥进行保护，而数据加密密钥又使用更少量的密钥加密密钥来进行保护，而密钥加密密钥则使用最少量的、相对不变的主机主密钥来进行保护。

因此，多级密钥管理方法使得只有极少量的主机主密钥以明文形式直接存储在主机密码器件中，主机密码器件通常采取严密的物理保护措施；密钥加密密钥和数据加密密钥则以加密后的密文形式存储在密码器之外的存储器中，从而在降低密钥管理的复杂性的同时，显著提高了密钥管理的安全性。为了确保密钥的安全性，密码设备都配有防窜扰设施，如果密封的核心密码器遭到物理破坏，其中的主密钥和其他密钥可以自动清除或者自毁。

1)主机主密钥

主机主密钥通常用于保护其他类型的密钥(例如，对密钥加密密钥进行加密)，还可以用于生成其他类型的密钥对本地存储的其他密钥(密钥交换密钥和数据加密密钥)和数据进行加密。因此，主机主密钥是最重要的密钥，通常选择真随机密钥来保证其安全性。因为这种密钥存储于主机处理器中，所以称为主机主密钥或本地主密钥(Local Master Key，LMK)，常用 k_m 表示。

生成主机主密钥的真随机数通常通过自然界中的随机源产生的随机模拟信号生成。工程中经常通过对晶体管、电阻等噪声元器件产生的热噪声进行放大、滤波、采样、量化来产生随机密钥。此外，也可使用抛硬币协议等算法生成主机主密钥。

2)密钥加密密钥

密钥加密密钥(Key-Encrypting Key，KEK)，又称为密钥交换密钥、密钥传送器或者传输密钥,包括终端主密钥(Terminal Master Key,TMK)、区域主密钥(Zone Master Key, ZMK)等,用于对传输的数据密钥进行加密,从而实现数据密钥的自动分配,常用 k_e 表示。通信网络中,不同的两个通信节点使用不同的密钥加密密钥,从而实现密钥的分工管理。即使其中一个或数个密钥加密密钥泄露,密钥生成算法也必须能够保证其他密钥加密密钥仍具有足够的安全性。

密钥加密密钥可以使用真随机数方法来产生,也可以使用主机主密钥作为某个强密码算法输入的方法来生成。这种强密码算法可以用于随机数生成器,要求其产生的随机序列具有良好的统计特性和不可预测性,即具有良好的随机性。

3) 数据加密密钥

数据加密密钥又称为工作密钥,由用户密钥和会话密钥组成,用户密钥和会话密钥一起,用于产生加密数据的密钥。用户密钥是用户在较长时间段内所专用的密钥,常用 k_u 表示;会话密钥是两个通信终端用户(用户跟其他计算机或者两台计算机之间)在一次通信会话中或交换数据时随机产生的加/解密密钥,常用 k_s 表示。

数据加密密钥可以采用的具体形式包括终端 PIN 密钥(Terminal PIN Key,TPK)、终端认证密钥(Terminal Authentication Key,TAK)、区域 PIN 密钥(Zone PIN Key,ZPK)、区域认证密钥(Zone Authentication Key,ZAK)、PIN 校验密钥(PIN Verification Key,PVK)、卡校验密钥(Card Validation Key,CVK)等,其用于不同数据的加密,实现数据保密、消息认证、数字签名等功能。

数据加密密钥的更新周期较短,尤其是会话密钥。每次会话的会话密钥均不同,即实现"一次一密"。因此,可以在密钥加密密钥的控制下,由密钥生成算法(如使用各种随机数生成器等)来动态地产生数据加密密钥。

6.1.4　密钥协商和密钥分配

实现保密通信的基本前提是产生密钥。产生密钥通常有两种方案:密钥协商、密钥分配。密钥协商方案是通过交互协议来共同确定一个新的会话密钥,通常不需要可信管理机构的参与;密钥分配方案则需要一个可信管理机构来选取密钥,并将密钥分配给通信各方。

1. 密钥协商

密钥协商(Key Agreement),是两个或多个实体在公开信道上进行通信时,通过协商共同建立会话密钥的过程。通信的目的是产生临时会话密钥,实现保密通信。通常采用密码学技术保证密钥传送的安全性。

典型的密钥协商协议是 Diffie-Hellman 密钥交换协议。Diffie-Hellman 密钥交换协议主要解决密钥配送问题,本身并非用来加密。该协议的数学基础是构造一个复杂的计算问题,使得该问题无法在现实的时间内得到快速有效的求解。

DH 密钥交换协议在 1976 年由 Whitfield Diffie 和 Martin Hellman 共同提出。该协议主要解决两个问题,一是在公开信道上如何进行安全的密钥分配,二是如何进行消息或身份认证。

DH 密钥交换协议的基本流程如下。

(1)假设 Alice 需要与 Bob 协商一个密钥,首先 Alice 与 Bob 共享一个素数 p 以及该素数 p 的本原根 g。这两个数可通过公开信道进行共享,只要保证双方都得知 p 和 g 即可。

（2）Alice 产生一个私有的随机数 A，满足 $1 \leqslant A \leqslant p-1$，然后计算 $g^A \bmod p = Y_a$，将结果 Y_a 通过公网发送给 Bob；与此同时，Bob 也产生一个私有的随机数 B，满足 $1 \leqslant B \leqslant p-1$，计算 $g^B \bmod p = Y_b$，将结果 Y_b 通过公网发送给 Alice。

（3）此时 Alice 知道的信息有 p、g、A、Y_a，其中数字 A 是 Alice 私有的，只有她自己掌握，其他三个信息都是别人有可能知道的；Bob 知道的信息有 p、g、B、Y_b，其中数字 B 是 Bob 私有的，只有他自己知道，别人不可能知道，其他信息都是别人有可能知道的。

到目前为止，Alice 和 Bob 之间的密钥协商结束。

Alice 通过计算 $K_a = (Y_b)^A \bmod p$ 得到密钥 K_a，同理，Bob 通过计算 $K_b = (Y_a)^B \bmod p$ 得到密钥 K_b，此时可以证明，必然满足 $K_a = K_b$。因此双方经过协商后得到了相同的密钥，达成密钥协商的目的。

该密钥交换协议的正确性证明如下。

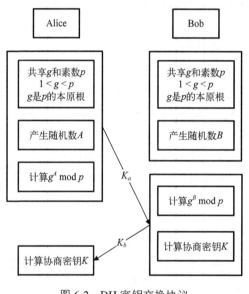

图 6-2　DH 密钥交换协议

对于 Alice 有

$$K_a = (Y_b)^A \bmod p = (g^B \bmod p)^A \bmod p$$
$$= g^{B \times A} \bmod p$$

对于 Bob 有

$$K_b = (Y_a)^B \bmod p = (g^A \bmod p)^B \bmod p$$
$$= g^{A \times B} \bmod p$$

可见，Alice 和 Bob 生成密钥时其实进行的是相同的运算过程，因此必然有 $K_a = K_b$。

整个 DH 密钥交换协议见图 6-2

2. 密钥分配

密钥分配是指由保密通信当中的某一方或密钥分配中心生成或选择一个密钥，并将该密钥发送给其他一方或多方。密钥分配技术是在不让其他人（除密钥分配中心）看到密钥的情况下将一个密钥传递给希望交换数据的双方的方法。

密钥分配方案中最关键的就是密钥分配协议，该协议规定了密钥分配的规则和约定，用于密钥分配的控制。设计密钥分配协议时希望传输量和存储量都比较小，而且每对用户都能独立地计算出一个密钥，还要求尽可能地采用自动分配机制，以提高密钥分配系统的效率。

针对不同的网络规模和用户要求，密钥也有不同的分配方式。根据分配途径划分，密钥分配方式分为人工分配方式、自动分配方式和利用特定物理现象（如量子技术）的分配方式 3 种。人工分配方式又称为网外分配方式；自动分配方式包括基于 KDC 的分配方式、基于认证的分配方式等，都称为网内分配方式。大多数密钥分配方式要结合具体的应用环境进行选择。

1）人工分配方式

人工分配方式是借助非通信网络的可靠物理渠道来携带密钥，并将其分配给各通信参与方。例如，最原始的人工分配方式是通过邮递或者信使渠道来传送密钥。

这种方式的缺点是：随着用户和通信量的增加，密钥量同步增加，导致传输量和存储量都很大；密钥为保证可靠需要频繁更换，造成密钥分配成本过高；对人工参与者的可信度要求较高等。这些缺点在很大程度上限制了人工分配方式的应用，难以适应现代网络空间的应用需求。

2) 基于 KDC 的分配方式

基于 KDC 的分配方式的关键是利用密钥分配中心(KDC)作为可信任的第三方来进行密钥分配。其优点是通信一方凭借己方的密钥和 KDC 的公钥，就能够通过 KDC 来获取通信另一方的公钥，从而建立正确的保密通信。这种方式应用较为广泛。

基于 KDC 的分配可以使用 Kerberos 协议。在 Kerberos 协议中，如果通信双方 A、B 需要使用一个密钥来进行通信，那么 A 就应该先从 KDC 获得一个密钥(图 6-3)。这种模式因为是通信方 A 主动请求密钥的，所以称为拉模式(Pull Model)。

与拉模式相对应，另一种模式称为推模式(Push model)，是由通信方 A 先联系另一通信方 B，推动 B 与 KDC 联系以获取 A、B 之间的会话密钥(图 6-4)。美国国家标准《金融机构(大规模)密钥管理标准》(ANSI X9.17)采用的就是这种模式。

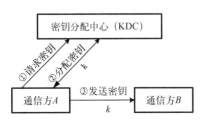
图 6-3　基于 KDC 的分配拉模式

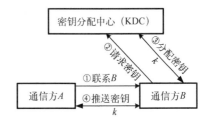
图 6-4　基于 KDC 的分配推模式

选用推模式或拉模式取决于具体的应用环境。单从安全性来考虑，二者并无明显差异。如果是本地网络环境，可以采用 Kerberos 来实现认证管理，由客户机来获取密钥，从而减轻服务器的负担。如果是在采用 ANSI X9.17 的广域网环境中，则直接由服务器去获取密钥更为方便，因为服务器通常与 KDC 部署较近，而客户机则部署较远，宜使用推模式来实现密钥分配。

在 Kerberos 协议系统中，每个用户与可信中心(TA)之间共享一个 DES 密钥，并且每个用户都有一个用于标识自己的 ID。假设用户 A 的标识为 ID(A)，密钥为 K_A，用户 B 的标识为 ID(B)，密钥为 K_B，所有的传送消息都采用 CBC 模式进行加密，其密钥分配阶段的协议流程如图 6-5 所示。

(1) 当用户 A 要向用户 B 发起通信时，用户 A 首先向 TA 请求一个会话密钥 K；

(2) TA 选择一个会话密钥 K、一个时间戳 T 和一个生命周期 L，计算 $m = E_{K_A}(K, \mathrm{ID}(B), T, L)$ 和 $n = E_{K_B}(K, \mathrm{ID}(A), T, L)$，并将 m 和 n 一起发送给 A；

(3) A 解密 m 获得 K、ID(B)、T 和 L，并计算 $p = E_K(\mathrm{ID}(A), T', T')$，将 p 和 n 一起发送给 B；

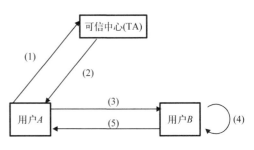
图 6-5　Kerberos 协议流程

(4) B 解密 n 获得 K、$\text{ID}(A)$、T 和 L，使用 K 解密 p 获得 $\text{ID}(A)$ 和 T 进行验证，若两者与从 n 中获得的值一致，则计算 $q = E_K(T+1)$ 并发送给 A；

(5) A 使用 K 解密 q 获得 $T+1$ 并进行验证，若验证通过，则密钥分配协议成功。

3）基于量子的分配方式

从数学角度上讲，如果把握了恰当的方法，任何密码都可破译，但与传统密码学不同，量子密码学利用物理学原理保护信息。通常把"以量子为信息载体，经由量子信道传送，在合法用户之间建立共享密钥的方法"，称为量子密钥分配。

量子密码学是传统密码学与量子力学相结合的产物，这种加密方法用量子状态来作为传送信息加密和解密的密钥。量子密码的理论基础是海森堡（Heisenberg）不确定性原理和单量子不可克隆定理。海森堡不确定性原理指出不可能在同一时刻以相同精确度测定量子的位置和动量，最多只能精确测定其中之一。单量子不可克隆定理是海森堡不确定性原理的一个推论，它是指不可能在不知道量子状态的情况下克隆单个量子，原因是要想克隆单个量子，就只能先做测量，而测量必然改变量子的状态，而一个微小的改变就测不准量子的状态了，也不能进行克隆了。

1984 年，Charles Bennett 与 Gilles Brassard 利用量子力学线性叠加原理及单量子不可克隆定理，首次提出了一个量子密钥协议，称为 BB84 协议（BB84 Protocol），可以通过该协议实现安全的加密通信。1989 年 IBM 公司的 Thomas J. Walson 研究中心实现了第一次量子密钥传输演示实验。这些研究成果最终从根本上解决了密钥分配这一世界性难题。

一般来说，利用量子（态）进行密钥分发的过程可由下面几个步骤组成。

（1）量子传输：设 Alice 与 Bob 要利用量子信道建立一个共享的密钥，则 Alice 随机选取单光子脉冲的光子极化态和极化基并将其发送给 Bob。Bob 再随机选择极化基进行测量，将测量到的量子比特串加密保存。

（2）数据筛选：传输过程中噪声以及窃听者的干扰等原因，将使量子信道中的光子极化态发生改变，Bob 的接收仪器测量的失误等各种因素也会影响 Bob 测量到的量子比特串，所以必须在一定的误差范围内对量子数据进行筛选，以得到确定的密码串。

（3）数据纠错：如果经数据筛选后通信双方仍不能保证各自保存的全部数据无偏差，可对数据进行纠错。目前比较好的方法是采用奇偶校验进行纠错，具体做法：Alice 与 Bob 将数据分为若干个数据区，然后逐项比较各数据区的奇偶校验子。在对某一数据区进行比较时，双方约定放弃该数据区的最后一个比特，并且操作过程重复多次，可在很大程度上减少窃听者所获得的密钥信息量。量子信息论的研究表明，这样做可使窃听者所获得的信息量按指数级减少。虽然数据纠错减少了密钥的信息量，但保证了密钥的安全性。

6.2　公钥基础设施

每个安全系统都依赖于系统用户之间的信任，尽管这种信任存在着多种形式。一般说来，存在多种形式的信任主要是为了解决不同的安全问题和减少一定条件下的风险。在一个给定的环境里应用哪种形式的信任是由安全策略决定的。

在网络安全解决方案中存在两种重要形式的信任：直接信任和第三方信任。直接信任是指两个个体已经建立了彼此间的信任关系的情况；而第三方信任是指两个从来没有建立过个

人关系的个体，如果他们都信任一个共同的第
三方，彼此也能暗中信任对方(图 6-6)。在一个
大规模的网络中，每一个用户与网络中的所有
用户都建立关系是不现实的，甚至是不可行的。
而很多应用都要求用户的公钥必须被广泛传
播，因此，公钥和个人之间的联系必须由一个
可信的第三方来保证，以防伪造。

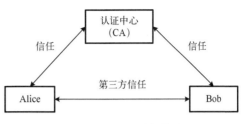

图 6-6　第三方信任模型

公钥基础设施采用证书进行公钥管理，通过第三方的可信任机构(认证中心，即 CA)，
把用户的公钥和用户的其他标识信息捆绑在一起，其中包括用户名和电子邮件地址等信息，
以在互联网上验证用户的身份。PKI 把公钥密码和对称密码结合起来，在互联网上实现密钥
的自动管理，保证网上数据的安全传输。

一个有效的 PKI 系统必须是安全的和透明的，用户在获得加密和数字签名服务时，不需
要详细地了解 PKI 的内部运作机制。在一个典型、完整和有效的 PKI 系统中，除证书的创建、
发布以及证书的撤销之外，一个可用的 PKI 产品还必须提供相应的密钥管理服务，包括密钥
的备份、恢复和更新等。

PKI 发展的一个重要方面就是标准化，它也是建立互操作性的基础。目前，PKI 标准主
要有两个：一是 RSA 公司的公钥加密标准(Public Key Cryptography Standards，PKCS)，它定
义了许多基本 PKI 部件，包括数字签名和证书请求格式等；二是由互联网工程任务组(Internet
Engineering Task Force，IETF)和 PKI 工作组(Public Key Infrastructure　Working Group)所定
义的一组具有互操作性的公钥基础设施协议。大部分的 PKI 产品为保持兼容性，对这两种标
准都有支持。

6.2.1　PKI 组成

PKI 作为一组在分布式计算系统中利用公钥技术和 X.509 证书所提供的安全服务，企业
或组织可利用相关产品建立安全域，并在其中发布密钥和证书。在安全域内，PKI 管理加密
密钥和证书的发布，并提供如密钥管理(包括密钥更新、密钥恢复等)、证书管理(包括证书
产生和撤销等)和策略管理等服务。PKI 产品也允许一个组织通过证书级别或直接交叉认证等
方式来同其他安全域建立信任关系。

PKI 在实际应用上是一套软硬件系统和安全策略的集合，它提供了一整套安全机制，使
用户在不知道对方身份或用户分布很广的情况下，以证书为基础，通过一系列的信任关系进
行通信。

一个典型的 PKI 系统组成见图 6-7，包括 PKI 策略、软硬件系统、认证机构(CA)、注册
机构(RA)、证书发布系统和 PKI 应用等。

1) PKI 策略

PKI 建立和定义了一个组织信息安全方面的指导方针，同时也定义了密码系统使用的处
理方法和原则。一般情况下，在 PKI 中有两种类型的策略：一是证书策略，用于管理证书的
使用，例如，可以确认某一 CA 是在 Internet 上的公有 CA，还是某一企业内部的私有 CA。
另一个就是 CPS(Certificate Practice Statement)。一些由商业证书发放机构(CCA)或者可信的
第三方操作的 PKI 系统需要 CPS。这是一个包含在实践中增强和支持安全策略的一些操作过

程的详细文档。它包括 CA 是如何建立和运作的，证书是如何发行、接收和废除的，密钥是如何产生、注册的，以及密钥是如何存储的，用户是如何得到它的等。

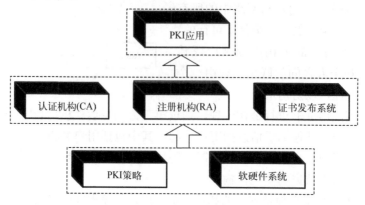

图 6-7　PKI 系统组成

2）软硬件系统

软硬件系统是指构建 PKI 体系所需的硬件设备以及实现证书管理的软件产品的集合。

3）认证机构

CA 是 PKI 的信任基础，它管理公钥的整个生命周期，其作用包括发放证书、规定证书的有效期和通过发布证书撤销列表（CRL）确保必要时可以废除证书。后面将会对 CA 进行详细介绍。

4）注册机构

RA 并不给用户签发证书，而只接收用户的注册申请，审查用户的资格，并决定是否同意 CA 给其签发数字证书。这里的用户指向 CA 申请数字证书的客户，既可以是个人，也可以是某个团体或机构。鉴于 RA 的功能，一般将其设置在直接面对用户的业务部门，如银行的营业部、机构的人事部门等。当然，对于规模较小的 PKI 应用系统来说，注册管理的职能可由 CA 来完成，而不设立独立运行的 RA。但是，PKI 国际标准推荐由一个独立的 RA 来完成注册管理的任务，这样可以增强应用系统的安全性。

5）证书发布系统

证书发布系统负责证书的发放，可以通过用户自己或目录服务器来实现。目录服务器可以是一个机构中现有的，也可以是 PKI 方案中提供的。

6）PKI 应用

PKI 是提供安全服务的基础框架，通过使用 PKI，客户能将安全特性集成到不同的应用中，以提升系统的整体效益。

6.2.2　认证机构 CA

1. 数字证书基础

数字证书包含了能够证明持有者身份的可靠信息，其中最重要的就是持有者的公钥。其他用户利用该公钥既可以对信息进行加密，也可以验证持有者的数字签名。涉及数字证书的重要问题是，如何保证证书中的信息是安全的，以及用户如何确定该证书确实属于持有者。

为了建立这种信任关系，一般是由 CA 使用它的私钥对数字证书进行签名。CA 的数字签名一方面确保了数字证书的完整性，另一方面由于 CA 是唯一有权使用其私钥的实体，确保了证书确实是由其签发的，从而证明了持有者身份的真实性。同时，也确保了 CA 无法对签发行为进行否认。

1)证书格式

数字证书的格式遵循 ITUT X.509 标准，它定义了一个开放的框架，并在可以一定的范围内进行扩展。

X.509 目前有三个版本，V1 和 V2 所包含的主要内容如下。

(1)证书版本号(Version)：指明 X.509 证书的格式版本，现在的值可以为 0、1、2，也为将来的版本进行了预定义。

(2)证书序列号(Serial Number)：由 CA 分配给证书的唯一的数字型标识符。当证书被撤销时，需要将证书的序列号放入由 CA 签发的 CRL 中，这也是序列号必须唯一的原因。

(3)签名算法标识符(Signature)：用来指定由 CA 签发证书时所使用的签名算法，所用算法需向国际标准化组织(ISO)注册。

(4)签发机构名(Issuer)：用来标识签发证书的 CA 的 X.500 DN 名字，包括国家、省市、地区、组织机构、单位部门和通用名。

(5)有效期(Validity)：指定证书的有效期，包括证书开始生效的日期和时间以及失效的日期和时间。每次使用证书时，都需要检查证书是否在有效期内。

(6)证书用户名(Subject)：指定证书持有者的 X.500 名字，包括国家、省市、地区、组织机构、单位部门和通用名，还可包含 E-mail 地址等个人信息。

(7)公钥信息(Public Key Info)：包含两个重要信息，即证书持有者的公钥的值和公钥使用的算法标识符。

(8)签发者唯一标识符(Issuer Unique Identifier)：在 X.509 的 V2 版本中进行定义，主要用在当同一个 X.500 名字用于多个认证机构时，用 1 比特字符串来唯一标识签发者的 X.500 名字。此为可选项。

(9)证书持有者唯一标识符(Subject Unique Identifier)：在 X.509 的 V2 版本中进行定义，主要用在当同一个 X.500 名字用于多个证书持有者时，用 1 比特字符串来唯一标识证书持有者的 X.500 名字。此为可选项。

(10)签发机构签名(Issuer's Signature)：证书签发机构对证书上述内容的签名。

X.509 V3 版本在 V2 版本的基础上以标准形式或普通形式增加了扩展项，以使证书能够附带额外信息。标准扩展项是指具有广泛应用前景的扩展项。普通扩展项是各个组织或团体，根据实际需要向一些权威机构(如 ISO)增加的私有扩展项，如果这些扩展项应用广泛，以后也会成为标准扩展项。

2)CRL 格式

证书撤销列表(CRL，又称为证书黑名单)为应用程序和其他系统提供了一种检验证书有效性的方式。任何一个证书撤销以后，CA 会通过发布 CRL 的方式来通知各个相关方。目前，同 X.509 V3 证书对应的 CRL 为 X.509 V2 CRL，所包含的内容有 CRL 的版本号、签名算法、证书签发机构名、此次 CRL 签发时间、下次 CRL 签发时间、用户公钥信息(其中包括撤销的证书序列号和证书撤销时间)、签名算法、签名值。另外，CRL 中还包含扩展域和条目扩展域。CRL 扩展域用于提供与 CRL 有关的额外信息部分,允许团体和组织定义私有的 CRL 扩展域来传送他们独有的信息;CRL 条目扩展域则提供与 CRL 条目有关的额外信息,允许团体和组织定义私有的 CRL 条目扩展域来传送他们独有的信息。

3) 证书的存放

数字证书作为一种电子数据格式,可以直接从网上下载,也可以通过其他方式获得。

(1)使用 IC 卡存放用户证书。把用户的数字证书写入 IC 卡中,供用户随身携带。这样用户在所有能够读 IC 卡证书的终端上都可以享受安全服务。

(2)将证书直接存放在磁盘或自己的终端上。用户将从 CA 申请来的证书下载或复制到磁盘、PC 或智能终端上,当用户需要使用安全服务时,直接从终端读入即可。

2. CA 框架模型

CA 用于创建和发布证书,它通常为一个称为安全域(Security Domain)的有限群体发放证书。创建证书的时候,CA 系统首先获取用户的请求信息,其中包括用户公钥,CA 根据用户的请求信息产生证书,并用自己的私钥对证书进行签名。其他用户、应用程序或实体将使用 CA 的公钥对证书进行验证。如果一个 CA 系统是可信的,则验证证书的用户可以确信,他所验证的证书中的公钥属于证书所代表的那个实体。CA 还负责维护和发布证书撤销列表(CRL)。CA 系统生成 CRL 以后,要么将其放到 LDAP 服务器中供用户查询或下载,要么将其放置在 Web 服务器的合适位置,以页面超级链接的方式供用户直接查询或下载。

一个典型的 CA 系统包括安全服务器、注册机构(RA)、CA 服务器、LDAP 服务器和数据库服务器等(图 6-8)。

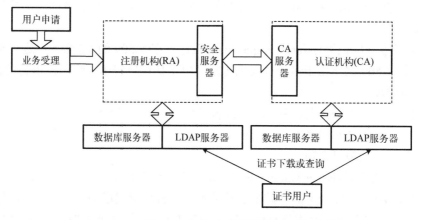

图 6-8 典型 CA 框架模型

安全服务器面向普通用户,用于提供证书申请、浏览、证书撤销列表以及证书下载等安全服务。安全服务器与用户的通信采取安全信道方式(如 SSL 的方式,不需要对用户进行身份认证)进行。用户首先得到安全服务器的证书(该证书由 CA 颁发),然后用户与服务器之间的所有通信,包括用户填写的申请信息以及浏览器生成的公钥均以安全服务器的密钥进行加密传输,只有安全服务器利用自己的私钥进行解密才能得到明文,这样可以防止其他人通过窃听得到明文,从而保证了证书申请和传输过程中的信息安全性。

CA 服务器是整个认证机构的核心,负责证书的签发。CA 首先产生自身的私钥和公钥(密钥长度至少为 1024 位)，然后生成数字证书，并且将数字证书传输给安全服务器。CA 还负责为操作员、安全服务器以及注册机构服务器生成数字证书。出于安全的考虑，应将 CA 服务器与其他服务器隔离，任何通信均采用人工干预的方式进行，确保认证中心的安全。

注册机构(RA)面向注册中心操作员，在 CA 体系结构中起承上启下的作用，一方面向 CA 转发安全服务器传输过来的证书申请请求，另一方面向 LDAP 服务器和安全服务器转发 CA 颁发的数字证书与证书撤销列表。

LDAP 服务器提供目录浏览服务，负责将注册机构服务器传输过来的用户信息以及数字证书放到服务器上，这样用户通过访问 LDAP 服务器得到数字证书。

数据库服务器用于认证机构中数据(如密钥和用户信息等)、日志与统计信息的存储和管理。实际的数据库服务器应采用多种措施，如磁盘阵列、双机备份和多处理器等，以维护数据库服务器的安全性、稳定性、可伸缩性和高性能。

3. 证书的申请和撤销

证书的申请有两种方式，一种是在线申请，另一种是离线申请。在线申请就是通过浏览器或其他应用系统，利用网络进行证书的申请，这种方式一般用于申请普通用户证书或测试证书。离线方式一般指通过人工的方式直接到证书机构的证书受理点去办理证书申请手续，通过审核后获取证书，这种方式一般用于比较重要的场合，如服务器证书。下面主要讨论在线申请方式。

当申请证书时，首先用户使用浏览器通过 Internet 访问安全服务器，下载 CA 的数字证书(又叫作根证书)，然后注册机构服务器对用户进行身份审核，审核通过后便批准用户的证书申请，接着操作员对证书申请表进行数字签名，并将申请及其签名一起提交给 CA 服务器。

CA 操作员获得注册机构服务器操作员签发的证书申请，发行证书或者拒绝发行证书，然后将证书通过硬复制的方式传输给注册机构服务器。注册机构服务器得到用户的证书以后将用户的一些公开信息和证书放到 LDAP 服务器上提供目录浏览服务，并且通过电子邮件的方式通知用户从安全服务器上下载证书。用户根据邮件的提示到指定的网址下载自己的数字证书，而其他用户可以通过 LDAP 服务器获得他的公钥数字证书。

认证中心还涉及 CRL 的管理。用户向特定的注册机构操作员(仅负责 CRL 的管理)发一份加密签名的邮件，申明自己希望撤销证书。操作员打开邮件，填写 CRL 注册表，并且进行数字签名，将其提交给 CA 操作员，CA 操作员验证注册机构操作员的数字签名，批准用户撤销证书，并且更新 CRL，然后将不同格式的 CRL 输出给注册机构，公布到安全服务器上，这样其他人可以通过访问服务器得到 CRL。

4. 密钥管理

密钥管理也是 PKI(主要指 CA)中的一个核心问题，主要是指密钥对的安全管理，包括密钥产生、密钥备份和恢复、密钥更新等。

1)密钥产生

密钥对的产生是证书申请过程中重要的一步，其中产生的私钥由用户保留，公钥和其他信息则交于 CA 进行签名，从而产生证书。根据证书类型和应用的不同，密钥对的产生也有不同的形式和方法。对于普通证书和测试证书，密钥对一般由浏览器或固定的终端应用来产生,这样产生的密钥强度较小,不适合应用于比较重要的安全应用场合。而对于比较重要的证书,如服务器证书等,密钥对一般由专用应用程序或 CA 直接产生,这样产生的密钥强度大,适用于重要的应用场合。

另外,根据密钥的应用不同,也可能会有不同的产生方式。例如,签名密钥可能在客户端或 RA 产生,而加密密钥则需要在 CA 直接产生。

2)密钥备份和恢复

在一个 PKI 系统中,维护密钥备份至关重要,如果没有这种措施,当密钥丢失后,将意味着加密数据的完全丢失,对于一些重要数据,这将是灾难性的。因此,密钥的备份和恢复也是 PKI 密钥管理中的重要一环。

3)密钥更新

每一个由 CA 颁发的证书都会有有效期,密钥的生命周期由签发证书的 CA 来确定,各 CA 系统的证书有效期有所不同,一般为 2~3 年。

当用户的密钥泄露或证书的有效期快到时,用户应该更新密钥。这时用户可以撤销证书,产生新的密钥对,申请新的证书。

6.2.3 交叉认证

构建 PKI 服务最简单、最安全的方法是采用单 CA 模式。在单 CA 模式下,所有用户都以该 CA 的公钥作为信任锚。但现实中不存在管理全世界所有用户的单一的全球 PKI,这样既不可能,也不现实。实现各 PKI 体系间互联、互通、互信最可行的办法是在多个独立运行的 CA 间实行交叉认证。交叉认证是 PKI 技术中连接两个独立的信任域的一种方法,每一个 CA 都有自己的信任域,在该信任域中的所有用户都能够相互信任,而不同信任域中的用户要相互信任,就需要通过在 CA 之间进行交叉认证来完成。常用的交叉认证模式如下。

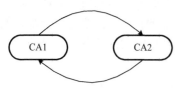

图 6-9　水平交叉认证

1)水平交叉认证模式

水平交叉认证是指双方之间直接建立 CA 信任关系,由一个 CA 颁发证书给另一个 CA(图 6-9)。

水平交叉认证模式的特点是:风险较小,比较灵活,但不易控制和管理,而且这种交叉认证建立在双方 CA 的个人信任上,并不适用于大范围的 PKI/CA 建设。

2)证书信任列表模式

证书信任列表(Certificate Trust Lists,CTL)是指一系列可信任的根 CA。这是一种比较常用的验证对方证书是否可信的模式(图 6-10)。一个域内的用户在检验另一个域内用户身份时,将检查对方证书的颁发 CA 是否在证书信任列表中,这样就可以判断是否能信任对方用户的身份。

图 6-10　证书信任列表

证书信任列表模式的特点是：操作简单，减少了信任路径寻找的复杂步骤，风险比较分散，但不易于控制和统一管理，对于小范围内的交叉认证比较适用，对于范围较大、复杂性较高的交叉认证则难以处理，因为对于证书信任列表的确定会产生问题。

3) 树型认证模式

树型认证是指所有的 CA 都统一在一个根 CA(Root CA)下，其他 CA 按其重要性和所在的地位可以分别处于二级 CA 或者三级 CA 的信任节点上(图 6-11)。每一个 CA 都仅有一个上级 CA，这使得证书路径的建立也相对容易，那么不同 CA 的用户通过数字证书同根下的信任链追溯就可以实现相互的认证。这是一种包含上下级关系的交叉认证模式。在这种情况下，下级 CA 所发出的证书要想被使用者所采用，就必须满足该下级 CA 的有效证书路径可追溯至该根 CA 中。下级 CA 是不被允许发放自己所签发的证书的，根 CA 是唯一的证书颁发机构，然后由上级 CA 审核发送凭证给下级 CA，树型认证模式尤其适用于政府或企业机构。

树型认证模式的特点是：易于控制，根 CA 统一管理下级 CA 的运营权；风险集中，根 CA 的破坏将导致整个体系的破坏；认证关系要在 CA 建立之时就确立；对已有的 CA 兼容性差。

4) 桥式认证模式

桥式认证是指在不同的 CA 之间再建立一个桥 CA(Bridge CA，BCA)，实现各个 CA 之间的互相信任关系的连接(图 6-12)。不同 CA 之间的相互认证全部由这个桥 CA 来处理，如果桥 CA 认为对方 CA 是可信的，就认为对方 CA 域内的用户是可信的。

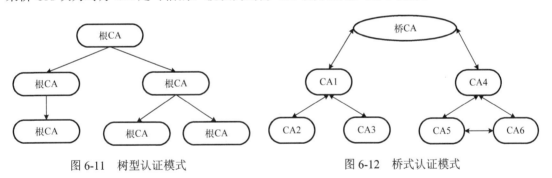

图 6-11　树型认证模式　　　　　　　　图 6-12　桥式认证模式

桥式认证模式的特点是：各 CA 相对独立；桥 CA 的建立相对独立；风险相对分散；桥式 CA 的作用只是认证范围的扩展或收缩。

5) 网状模式

网状模式也称为对等模式，在该模式下，没有明确的信任中心，各个 CA 间是平等的，不能认为其中一个 CA 从属于另一个 CA，PKI 的交叉认证必须在独立的 CA 之间进行，各个独立的 CA 之间可以根据业务需要建立和撤销交叉信任关系。

网状模式的特点是：由于该模式具有多个信任点，因此具有很好的灵活性；不存在唯一的信任中心，当一个信任点出现信任问题时，不会造成整个 PKI 体系崩溃。但由于用户选择的多样性，数字证书验证路径难以确定，容易产生验证路径过长的情况。当多个组织需要对自己的内部实行严格控制时，网状模式的交叉认证是一个较为理想的选择，但终端用户数字证书的信任路径是不确定的，使得路径发现比较困难，不易于管理。

6) 相互承认模式

相互承认模式实际上是一种声明(或陈述),它明确地说明了一个给定的 PKI 领域中的用户可以在其某个特定的应用上面信任一个外部 PKI 领域的数字证书,以达到同其他 PKI 领域相互信任的目的。

相互承认模式的特点是:其信任基础是双方 CA 下用户间的一种协定和陈述,不易于管理和控制,而其中一方出现问题,则会传递式地影响到另一方,比较适合特定范围内对信任要求不太严格的应用。

上述交叉认证模式都有其优缺点和实用性,只有了解 PKI 体系和机构的需求后,才能选择最适合的模式。水平交叉认证模式和证书信任列表模式都比较适用于内部 PKI 涵盖数量有限的环境。树型认证模式适用于组织结构定义明确的环境,目前很多国家的政府 PKI 就采用该模式。桥式认证模式适用于已有的 PKI 数量较多、异质性高且互通需求不固定的环境。

6.2.4　PKI 的安全性

从理论上讲,PKI 是目前比较完善和有效的实现身份认证和数据完整性、有效性保护的手段,但在实际的实施中,仍有一些需要注意的问题。

与 PKI 安全相关的一个问题(也是最主要的)是私钥的存储安全性。私钥保存的责任是由持有者承担的,而非 PKI 系统。私钥的丢失,会导致 PKI 的整个验证过程没有意义。另一个问题是证书的撤销与证书撤销列表的更新之间存在时间差,从而使无效证书在该段时间内可能被使用。另外,Internet 使得获得个人身份信息很容易,如身份证号等,一个人可以利用别人的这些信息获得数字证书,从而实现身份的假冒。同时,PKI 系统的安全很大程度上依赖于运行 CA 的服务器、软件等,如果黑客非法侵入一个不安全的 CA 服务器,就可能危害整个 PKI 系统。因此,从私钥的保存到 PKI 系统本身的安全方面都要加强防范。在这几方面都有比较好的安全性的前提下,PKI 不失为一个保证网络安全的合理有效的方案。

6.3　授权管理基础设施

6.3.1　基本概念

授权管理基础设施(Privilege Management Infrastructure,PMI)是在 PKI 解决了信任和统一的安全认证问题后提出的。PMI 的基本思想是,将授权管理和访问控制决策机制从具体的应用系统中剥离出来,在通过安全认证确定用户真实身份的基础上,由可信的权威机构对用户进行统一的授权,并提供统一的访问控制决策服务。

PMI 是一个由属性证书、属性权威机构、属性证书库等部件构成的综合系统,用来实现权限与证书的产生、管理、存储、分发和撤销等功能。PMI 使用属性证书表示和容纳权限信息,通过管理证书的生命周期实现对权限生命周期的管理。属性证书的申请、签发、撤销、验证过程对应着权限的申请、发放、撤销和验证过程。

基于属性证书的 PMI 在确保授权策略、授权信息、访问控制决策信息安全可信的基础上,实现了 PMI 的跨地域、分布式应用。

PMI 与 PKI 在结构上非常相似,信任的基础都是有关权威机构。PMI 信任源称为权威源

（SOA），下设分布式的属性权威（Attribute Authorities，AA）和其他机构。AA 的作用是签名属性证书。同时，SOA 可以将它的权利授权给下级 AA。如果用户需要撤销授权，AA 将签发一个属性证书撤销列表（ACRL）。

6.3.2　属性证书

属性证书（Attribute Certificate，AC）是一种轻量级的数字证书，表明证书的持有者（主体）对于一个资源（客体）所具有的权限。

1）属性证书的结构

2000 年颁布的 ITU-T X.509 V4 版本对属性证书的格式进行了标准化，为将属性证书应用于 PMI，实现策略信息和授权信息的可信发布与安全应用奠定了基础。

属性证书的内容包括两大部分：待签名的属性证书信息和对属性证书的数字签名。其中，待签名的属性证书信息包括属性证书的版本、持有者的主体名称、发行者及其唯一标识符、签名算法、序列号、有效期、属性（包括资源信息、策略信息、角色信息等）、扩展域和数字签名。属性证书的内容详见表 6-1。

表 6-1　属性证书的内容

字段	含义
版本	属性证书的版本
主体名称	该属性证书的持有者的名称
发行者	签发属性证书的 AA 的名称
发行者唯一标识符	签发属性证书的 AA 的名称的唯一标识符
签名算法	签名算法标识符
序列号	证书序列号
有效期	属性证书有效期
属性	持有者的属性
扩展域	包含其他信息
数字签名	签发者的数字签名

2）属性证书的特点

公钥证书将身份标识和公钥绑定，属性证书将标识和角色、权限或者属性绑定。和公钥证书一样，属性证书能被分发、存储或缓存在非安全的分布式环境中，不可伪造，防篡改。同时，属性证书具有以下特点。

（1）由分立的发行机构分发。

（2）基于属性，而不是基于身份进行访问控制。

（3）属性证书与身份证书相互关联。

（4）时效短。

（5）一个人可以拥有好几个属性证书，但每一个属性证书都会与唯一的身份证书关联。几个属性证书可以来自不同的机构。

3)属性证书的使用

第一种是推模式,当用户在要求访问资源时,由用户自己直接提供其属性证书,即用户将自己的属性证书"推"给资源服务管理器。这意味着在客户和服务器之间不需要建立新的连接,而且对于服务器来说,这种方式不会带来查找证书的负担,从而减少了开销。

第二种是拉模式,业务应用授权机构发布属性证书到目录服务系统,当用户需要用到属性证书的时候,由服务器从属性证书颁发者(AA)或存储证书的目录服务系统"拉"回属性证书。拉模式的优点在于不需要对客户端做任何改动。

这两种模式可以根据应用服务的具体情况灵活应用。

6.3.3　PMI 系统框架

PMI 在体系上可以分为四级,分别是权威源(SOA)、属性权威(AA)中心、资源管理(RM)中心和业务代理点。在实际应用中,这种分级体系可以根据需要进行灵活配置,可以是四级、三级、二级或一级。PMI 系统的总体架构见图 6-13。

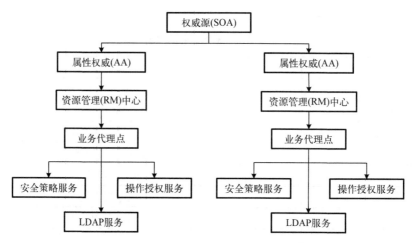

图 6-13　PMI 系统的总体架构示意图

1)权威源(SOA)

权威源(SOA)是整个授权管理体系的中心业务节点,也是整个授权管理基础设施(PMI)的最终信任源和最高管理机构。

SOA 的职责主要包括授权管理策略的管理、应用授权受理、AA 的设立审核及管理和授权管理体系业务的规范化等。

2)属性权威(AA)

属性权威(AA)是授权管理基础设施(PMI)的核心服务节点,是对应于具体应用系统的授权管理分系统,由具有设立 AA 业务需求的各应用单位负责建设,并与 SOA 通过业务协议达成相互的信任关系。

AA 的职责主要包括应用授权受理、属性证书的发放和管理,以及业务代理点的设立审核和管理等。AA 需要为其所发放的所有属性证书维持一个历史记录和更新记录。

3)资源管理(RM)中心

资源管理(RM)中心是授权管理基础设施(PMI)的用户代理节点,是对应 AA 的附属机构，接受 AA 的直接管理，由各 AA 负责建设，报经主管的 SOA 同意，并签发相应的证书。资源管理中心的设立和数目由各 AA 根据自身的业务发展需求而定。

资源管理中心的职责主要包括应用授权服务代理和应用授权审核代理等，负责对具体的用户应用资源进行授权审核，并将属性证书的操作请求提交到授权服务中心进行处理。

4）业务代理点

业务代理点是指用户应用系统中具体对授权验证服务进行调用的模块。

业务代理点的主要职责是将最终用户针对特定的操作授权所提交的授权信息（属性证书）连同对应的身份认证信息（公钥证书）一起提交到授权服务代理点，并根据授权服务中心返回的授权结果，进行具体的应用授权处理。

6.3.4 PKI 与 PMI 的关系

PKI 和 PMI 都是重要的安全基础设施，它们是针对不同的安全需求和安全应用目标设计的，PKI 主要进行身份鉴别，证明用户身份，即"你是谁"；PMI 主要进行授权管理和访问控制决策，证明这个用户有什么权限，即"你能干什么"。

尽管如此，PKI 和 PMI 两者又具有密切的关系。基于属性证书的 PMI 是建立在 PKI 基础之上的，一方面，对用户的授权要基于用户的真实身份，即用户的公钥数字证书，并采用公钥技术对属性证书进行数字签名；另一方面，访问控制决策是建立在对用户身份认证的基础上的，只有在确定了用户的真实身份后，才能确定用户能干什么。它们之间的关系类似于护照和签证的关系。护照是身份证明，唯一标识个人信息。签证具有属性类别，只有持有某一类别的签证，才能在该国家进行该类别的活动。

此外，PKI 和 PMI 还具有相似的层次化结构、相同的证书与信息绑定机制和许多相似的概念，如属性证书和公钥证书、授权管理机构和证书认证机构等，PKI 与 PMI 中概念和实体的对照关系见表 6-2。

表 6-2 PKI 与 PMI 的对照

概念	实体	
	PKI	PMI
证书	公钥证书（PKC）	属性证书（AC）
证书签发者	CA	SOA/AA
证书用户	主体	持有者
证书绑定	主体名和公钥绑定	持有者名和策略、权限或角色等属性的绑定
撤销	证书撤销列表（CRL）	属性证书撤销列表（ACRL）
信任的根	根 CA（RCA）/信任锚	权威源（SOA）
从属机构	子 CA	属性权威（AA）

6.3.5 PMI 技术的优点

与传统的同应用密切捆绑的授权管理模式相比，基于 PMI 技术的授权管理模式主要存在以下三个方面的优势。

1) 授权管理的灵活性

基于 PMI 技术的授权管理模式可以通过属性证书的有效期以及委托授权机制来灵活地进行授权管理，从而实现了传统的访问控制技术领域中的强制访问控制模式与自主访问控制模式的有机结合。与传统的授权管理模式相比，采用属性证书机制的授权管理技术对授权管理信息提供了更多的保护功能；而与直接采用公钥证书的授权管理技术相比，则进一步增加了授权管理机制的灵活性，并保持了信任服务体系的相对稳定性。

2) 授权操作与业务操作相分离

基于 PMI 技术的授权管理模式将业务管理工作与授权管理工作完全分离，更加明确了业务管理员和安全管理员之间的职责分工，可以有效地避免业务管理员参与到授权管理活动中而可能带来的一些问题。基于 PMI 技术的授权管理模式还可以通过属性证书的审核机制来提供对操作授权过程的审核，进一步加强了授权管理的可信度。

3) 多授权模型的灵活支持

基于 PMI 技术的授权管理模式将整个授权管理体系从应用系统中分离出来，授权管理模块自身的维护和更新操作将与具体的应用系统无关，因此，可以在不影响原有应用系统正常运行的前提下，实现对多授权模型的支持。

6.4　本　章　小　结

公钥基础设施(PKI)，是一种遵循既定标准的密钥管理平台，它能够为所有网络应用提供加密和数字签名等密码服务及所必需的密钥和证书管理体系，简单来说，PKI 就是利用公钥理论和技术建立的提供安全服务的基础设施。PKI 技术已成为在异构环境中为分布式信息系统的各类业务提供统一的安全支撑的重要技术。

授权管理基础设施(PMI)与 PKI 和目录服务紧密地集成，系统地建立起对认证用户的特定授权，并对权限管理进行了系统的定义和描述。建立在 PKI 基础上的 PMI 技术为分布式信息系统的各类业务提供了统一的授权管理和访问控制策略与机制。

习　　题

1. PKI 可以提供哪些安全服务？PKI 体系中包含了哪些与信任有关的概念？

2. CA 与 RA 的作用是什么？

3. 简述基于 X.509 的数字证书在 PKI 中的作用。

4. 简述交叉认证的作用。

5. 简述数字证书的签发过程。

6. 当一个组织基于 PKI 体系来为网络信息系统提供安全保护时，如果公钥证书由组织自建的 CA 签发而非第三方 CA 签发，会有哪些安全隐患？

7. 请看这样一种情况：攻击者 A 创建了一个证书，放置一个真实的组织名(假设为银行 B)及攻击者自己的公钥。接收者在不知道是攻击者在进行发送的情形下，得到了该证书，误认为该证书来自银行 B。请问如何防止该问题的产生。

8. PMI 和 PKI 相比有哪些改进？PMI 系统可以脱离 PKI 系统单独运行吗？

第7章 网络计算环境安全

网络计算环境是运行信息系统的基础环境，其安全性直接影响信息系统安全。近年来，随着信息安全建设的不断深入和安全形势的不断发展，传统的以组织边界和核心资产为保护对象的安全体系逐渐显示出严重的缺陷，无法有效应对网络计算环境的安全威胁。

第2章介绍的信息保障技术框架(IATF)中，将信息保障技术层面划分成了四个技术框架焦点域：本地计算环境(Local Computing Environment)、区域边界(Enclave Boundaries)、网络和基础设施(Networks and Infrastructures)、支撑性基础设施(Supporting Infrastructures)，其中，本地计算环境及支撑性基础设施就组成了网络计算环境，主要包括终端、服务器以及其上安装的应用程序、操作系统和数据库等。

为有效确信信息系统运行安全性，必须确保网络计算环境安全，即终端安全、操作系统安全、数据库安全，同时应基于可信计算技术确保计算系统可信运行。

7.1 终 端 安 全

计算机终端作为信息交互、处理和存储的设备，数量众多，安全问题尤为突出，严重威胁用户、企业的数据、隐私。为提高联邦政府计算机终端的安全性，美国提出联邦桌面核心配置(Federal Desktop Core Configuration，FDCC)计划，确保计算机终端安全并实现计算机管理的统一化和标准化。考虑到计算机终端安全的需求，我国国家信息中心也开展了终端安全配置研究，目前已发布国家标准《信息安全技术政务计算机终端核心配置规范》(GB/T 30278—2013)，并开展了标准配套工具开发和试点应用等。可见，终端安全相关技术研究对于确保网络信息安全具有重要意义。

7.1.1 终端安全威胁

终端早期泛指接入互联网的计算机设备。随着信息技术的发展和创新，终端已包含多种形态，如 Windows 终端、国产化系统终端、手机终端、平板终端、云终端和物联网终端等。终端分布广、数量大，用户的使用需求也存在较大差异，个人安全意识薄弱，这些都造成终端极易成为攻击对象。一般的终端都包括硬件、软件和存放的数据，主要存在以下几类安全问题。

1) 硬件安全

终端设备上的数据通常并未采取较强的防护手段，一旦丢失或被盗，易造成重要信息的泄露。此外，内网对终端设备的外设控制不到位，导致使用者随意接入各种可转移数据的外设，如 USB 存储设备、光驱、打印机、蓝牙和红外等。而且，终端设备可以通过其他引导方式进入系统，从而绕过身份认证，实现数据的转移。

2) 软件安全

软件包括终端安装的操作系统，大都存在漏洞，如果未及时更新，就会成为恶意软件的攻击对象。同时，安全配置不到位(如未定期更换口令、开放了不该开放的端口和服务)也会带来安全风险。此外，终端还经常安装未授权的应用软件，这些软件获得系统权限后也会导致数据和隐私泄露。

3) 数据安全

终端设备存放的重要和敏感信息未加以保护、敏感信息在传输过程中未实施保护、用户越权查看文件、内外网在无任何监管措施的情况下相互传输数据、集中存放数据的服务器安全措施不到位，这些都会威胁到数据安全。

4) 新型终端安全

随着移动互联网、云计算的快速发展与应用，产生了新型计算机终端，主要包括物联网终端和云计算终端。

物联网呈现的是万物互联的状态，是信息化技术发展的必然趋势。物联网设备的制造商主要考虑了设备的智能化，对安全性的重视不够。物联网终端安全性主要体现在设备本身存在安全漏洞、未采用安全认证技术、权限控制不到位、通信链路不安全等方面。云端服务的数据要保证稳定性和安全性，终端用户接入云端服务更要保证其安全性，否则一切云端服务都将变得不可信。

7.1.2　终端安全机制

终端的形态和接入方式多种多样。根据木桶效应，任何存在安全隐患的终端都是内网或整个互联网的短板，从而成为攻击者的突破口。为了增强终端安全性，必须针对上述终端安全问题，从系统设计与使用管理方面分析相应的终端安全机制，主要分为两方面，分别是终端的物理安全机制和终端的系统安全机制。

1. 物理安全

在网络空间安全体系中，物理安全就是要保证信息系统有一个安全的物理环境，对接触信息系统的人员有一套完善的技术控制措施，且充分考虑到自然事件对系统可能造成的威胁并加以规避。简单地说，物理安全就是保护信息系统的软硬件设备以及其他介质免遭地震、水灾、火灾、雷击等自然灾害的破坏，避免人为破坏、操作失误以及网络犯罪行为带来的风险所采取的技术和方法。

物理安全主要包括三个方面：场地安全，是指信息系统所在环境的安全，重点是场地与机房安全；设备安全，主要指设备的防盗和防毁、防电磁信息辐射和泄露、防线路截获、抗电磁干扰及电源保护等；媒体安全，包括媒体本身及其存储的数据的安全。

2. 系统安全

终端系统包括应用软件、操作系统、数据库等，相应的安全技术将在 7.2 节和 7.3 节介绍，本节主要关注终端使用和运行过程中的安全机制。终端安全机制设计时主要考虑以下几方面。

(1)终端接入控制与身份认证。因为非法终端接入内部网络造成的安全事件层出不穷，所以必须严格控制终端接入内部网络的行为。可以利用 Radius 认证服务和第 4 章介绍的 802.1X 协议实施终端的接入控制，利用第 5 章介绍的口令和生物特征技术实现终端的身份认证。

(2)终端的监控与审计。任何安全手段都离不开事前检查、事中控制和事后审计。终端接入和登录成功，只能说明其身份被认可，但不能保证拥有该身份的终端的操作都是可信的。纵观历年的泄密事件，绝大部分都来自内部人员的非法操作。终端的监控与审计可从以下几个方面着手。

系统安全的监控。重点对终端系统的补丁安装情况、病毒库更新情况进行监控，并根据监控情况向系统发出告警并上报日志，必要时通过断网方式阻断威胁的传播。

外设的监控。重点对接入终端的移动存储介质、蓝牙、红外、打印机等外设进行监控，通过设定必要的安全策略降低外设带来的风险。

文件、进程、驱动和服务的监控。通过对终端系统的文件进行分级访问控制，建立进程、驱动和服务的黑白名单，确保所有的操作行为都有严格的日志记录。

按照国家保密标准及等级保护标准的明确规定，计算机终端归属不同用户使用，不同用户对计算机终端有着不同的操作权限。计算机终端使用者变更时应及时改变所属人员及权限，防止使用者非授权登录和使用计算机终端，从而保证计算机终端信息的安全性。

7.2　操作系统安全

7.2.1　操作系统面临安全问题

操作系统是信息系统的重要组成部分。首先，操作系统位于软件系统的底层，需要为其上运行的各类应用服务提供支持；其次，操作系统是系统资源的管理者，对所有系统软硬件资源进行统一管理；最后，作为软硬件的接口，操作系统起到承上启下的作用，应用软件对系统资源的使用与改变都是通过操作系统来实现的。因此，没有操作系统的安全，信息系统的安全将犹如建在沙丘上的城堡一样没有牢固的根基。

1. 操作系统的脆弱性

操作系统的安全问题是网络攻防的焦点所在，根本原因在于操作系统自身的脆弱性。由于操作系统的差异性，不同操作系统的脆弱性各不相同，但共同的脆弱性主要体现在以下几个方面。

1)操作系统自身脆弱性

操作系统自身脆弱性主要指系统设计中本身所存在的问题，如技术错误、人为设计等。技术错误体现在代码编写时出现错误，导致无法弥补的缺陷；人为设计体现在操作系统设计过程中，为实现操作系统缺陷的及时修补，而人为设计能够绕过安全控制机制获取系统访问权限的方法。同时，底层协议安全问题也是共性问题。

2)物理脆弱性

物理脆弱性主要体现在硬件问题上，即由于硬件原因，编程人员无法修补硬件的漏洞，使硬件的问题通过上层操作系统进行体现。例如，2018 年爆出的 Intel 和 AMD 处理器的幽灵、熔断和 PortSmash 漏洞，这些漏洞都对于操作系统的性能和数据安全造成了影响。

3) 逻辑脆弱性

逻辑脆弱性指操作系统或应用软件在逻辑设计上存在缺陷，可以通过相应手段如打补丁、版本升级等进行修复。

4) 应用脆弱性

应用脆弱性指因上层应用的漏洞而致使操作系统出现权限提升、文件损坏、数据泄露等安全问题。

5) 管理脆弱性

管理脆弱性是指在配置操作系统时，为了提高用户的体验，有意或无意地忽略操作系统的安全设置，导致安全性降低。例如，人员权限管理设置不严格，导致操作系统权限易丢失。

2. 脆弱性所导致的安全威胁

操作系统的脆弱性往往会被攻击者所利用造成实质性的安全威胁。按照安全威胁的表现形式来划分，操作系统面临的安全威胁有以下 5 种。

1) 计算机病毒

计算机病毒指的是能够破坏数据或影响计算机使用，并能够自我复制的一组计算机指令或程序代码。它们利用系统的各种漏洞或正常服务，进行各种形式的破坏行为。

2) 逻辑炸弹

逻辑炸弹是指加在被感染程序上的程序。每当被感染程序运行时就会触发逻辑炸弹。逻辑炸弹不能复制自身，不能感染其他程序。

3) 特洛伊木马

特洛伊木马指的是表面上执行合法功能，实际上却实现了用户未曾料到的非法功能的计算机程序。

4) 后门

后门指的是嵌在操作系统中的一段非法代码，入侵者可以利用这段代码侵入系统。后门由专门的命令激活，一般不容易被发现。而且后门所嵌入的软件拥有入侵者所没有的特权。通常后门设置在操作系统内部，彻底防止后门的办法是不使用该操作系统。这就是在信息系统建设中要求全部国产化以及研制国产操作系统的原因，目的就是避免在某些硬件和软件中存在后门。

5) 隐蔽通道

隐蔽通道可定义为系统中不受安全策略控制的、违反安全策略的、非公开的信息泄露路径。

7.2.2　操作系统的安全机制

操作系统安全的核心思想是以操作系统的身份认证、访问控制等安全机制为基础，并利用密码学原理对身份认证、访问控制和数据安全进行加固，这些内容在第 5 章都已经详细介绍过，在此不再赘述，本节重点从病毒防治、恶意代码防御、基于进程的访问控制、安全隔离机制和隐蔽通道分析与处理等方面进行介绍。

1. 病毒防治

计算机病毒的定义从其产生发展至今逐渐有了质的变化，如今的病毒结合各类技术向多方面发展，基本上可以说只要对计算机系统、计算机网络有不良影响的行为都能称得上是计算机病毒。

1）计算机病毒的特点

（1）破坏性：任何病毒只要侵入系统，都会对系统及应用程序产生不同程度的影响，轻则显示一些画面、播放音乐、弹出一些窗口；重则破坏数据、删除文件、格式化磁盘，甚至损坏计算机硬件。

（2）隐蔽性：病毒一般是一段短小精悍的程序，通常嵌入到正常程序或磁盘中，在没有防护的情况下，有些病毒在悄无声息地进行着计算机的破坏或者自我复制，因此很难被发现。

（3）潜伏性：大部分病毒在感染系统之后不会马上发作，它可以长时间隐藏在系统之中，只在满足其特定条件时才启动并实施破坏活动。

（4）传染性：病毒能将自身的代码强行传染到一切符合其传染条件的未感染的文件，而且还可以通过各种可能的渠道感染其他计算机。

（5）不可预见性：从病毒检测技术来看，病毒还有不可预见性，不同种类的病毒，其代码千差万别，有的正常的程序也使用了类似病毒的操作甚至借鉴了某些病毒的技术，甄别起来更是困难，再加上病毒的制作技术也在不断提高，所以病毒相对于反病毒软件来说永远是超前的。

2）计算机病毒的分类

计算机病毒的分类方式多种多样，按其破坏性可分为良性病毒和恶性病毒；按照病毒链接方式可分为源码型病毒、嵌入型病毒、操作系统型病毒和外壳型病毒；按照病毒的寄生方式可分为引导型病毒、文件型病毒、复合型病毒、宏病毒和网络病毒等。其他的分类方式还包括按照计算机病毒攻击的操作系统、计算机病毒激活的时间、计算机病毒攻击的机型等进行划分。

3）计算机病毒的工作原理

计算机病毒在结构上有着共同性，一般由引导模块、传染模块、表现（破坏）模块 3 部分组成，但不是任何病毒都必须包含这 3 个模块。因为计算机病毒的传染和发作需要使用一些系统函数及硬件，而后者往往在不同的平台上是各不相同的，所以大多数计算机病毒都是针对某种处理器和操作系统编写的。本节将对常见的病毒类型的工作原理进行分析，目的是通过分析病毒的特征找到有针对性的检测和防治方法。

（1）引导型病毒。

引导型病毒就是专门感染引导扇区的计算机病毒。如果被感染的磁盘作为系统启动盘使用，则在系统启动时，病毒程序即被自动装载入内存。引导型病毒是一种将磁盘重新分区和格式化都不能清除掉的顽固病毒，其工作原理如图 7-1 所示。

引导扇区是磁盘的第一个扇区，是存放引导指令的地方，对于操作系统的装载起着十分重要的作用。一般来说，引导扇区在 CPU 的运行过程中最先获得对 CPU 的控制权，一旦病毒控制了引导扇区，也就意味着病毒控制了整个系统。

图 7-1　引导型病毒工作原理

引导型病毒程序会用自己的代码替换原始的引导扇区信息，并把这些信息转移到磁盘的其他扇区中。当系统需要访问这些引导信息时，病毒程序会将系统引导到存储这些引导信息的新扇区，从而使系统无法发觉引导信息的转移，增强了病毒自身的隐蔽性。

（2）文件型病毒。

文件型病毒攻击的对象是可执行文件，病毒程序将自己附着或追加在扩展名为.exe或.com 等的可执行文件上。当感染了该类病毒的可执行文件运行时，病毒程序将在系统中进行破坏行动。同时，它将驻留在内存中，试图感染其他文件。当该类病毒完成了它的工作之后，其宿主程序才得到运行，使一切看起来很正常。目前绝大多数的文件型病毒都属于 Win32 PE 病毒。该类病毒被触发的一般流程如下：

①用户单击或系统自动运行 HOST 程序（正常的用户程序）；

②装载 HOST 程序到内存；

③通过 PE 文件定位程序第一条语句的位置（程序入口）；

④从第一条语句开始执行（这时执行的其实是病毒代码）；

⑤病毒代码执行完毕，将控制权交给 HOST 程序原来的入口代码；

⑥HOST 程序继续执行。

（3）特洛伊木马。

木马是一种基于远程控制的攻击工具，采用客户-服务器（C-S）工作模式。它通常包含控制端和被控制端两部分。一旦被控制端的木马程序植入受害者的计算机（简称宿主）中，操纵者就可以在控制端实时监视该用户的一切操作，有的放矢地窃取重要文件和信息，甚至还能远程操控受害者的计算机对其他计算机发动攻击。木马对网络主机的入侵过程，可大致分为 6 个步骤：

①配置木马；

②传播木马；

③运行木马；

④信息泄露；

⑤连接建立；

⑥远程控制。

（4）蠕虫病毒。

蠕虫病毒和普通病毒有着很大的区别。普通病毒主要感染文件和引导扇区，而蠕虫病毒则是一种通过网络进行传播的恶性代码。它具有普通病毒的一些共性，如传播性、隐蔽性、破坏性等，同时也具有一些自己的特性，如不利用文件寄生、可对网络造成拒绝服务、与攻击者技术相结合等。蠕虫病毒的传染目标是网络内的所有计算机。在破坏性上，蠕虫病毒也不是普通病毒所能比的，网络的发展使得蠕虫病毒可以在短短的时间内蔓延到整个网络，造成网络瘫痪。

蠕虫病毒的工作原理见图 7-2。

①扫描：主要负责收集目标主机的信息，寻找可利用的漏洞或弱点。当程序向某台主机发送探测漏洞的信息并收到成功的反馈信息后，就得到一个可传播的对象。扫描主要是探测主机的操作系统类型、主机名、用户名、开放的端口、开放的服务、开放的服务器软件版本等。

②攻击：按步骤自动攻击前面扫描中找到的对象，取得该主机的权限（一般为管理员权限）。

③复制：通过原主机和新主机的交互将蠕虫病毒程序复制到新主机中并启动。

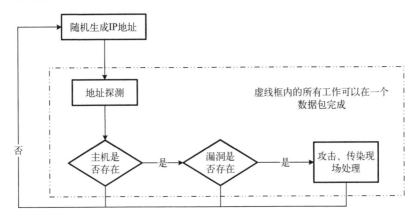

图 7-2　蠕虫病毒工作原理

4) 计算机病毒的检测

(1) 特征值检测技术。

计算机病毒的特征值是指病毒本身在特定的寄生环境中确认自身是否存在的标记符号。病毒在传染宿主时，首先判断该病毒欲传染的宿主是否已染有该病毒，病毒程序可以按照特定的偏移量从文件中提取特征值。同样地，在进行病毒检测和清除时，也可以通过特征值的提取来判断哪些主机感染了病毒。

(2) 校验和检测技术。

根据前面关于计算机病毒工作原理的分析，既然病毒会将自身嵌入在正常的文件中，那么必然会引起宿主文件的变化，而一旦宿主文件发生变化，其校验和也会发生变化，所以可以通过校验和的校验来检测系统中是否存在病毒。

(3) 启发式扫描技术。

启发式扫描技术是通过分析指令出现的顺序，或特定组合情况等常见病毒的标准特征来决定文件是否感染病毒。病毒要达到感染和破坏的目的，通常的行为都会有一定的特征，如非常规读写文件、终结自身、非常规切入等，所以可以根据扫描特定的行为或多种行为的组合来判断一个程序是否是病毒。

(4) 虚拟机技术。

将病毒放入虚拟机，使其在执行过程中暴露病毒行为，待其执行到特定位置时再对其进行查杀和清除。

(5) 主动防御技术。

主动防御技术是基于程序文件特征和程序行为自主分析判断的实时防护技术。应用层的应用程序执行的功能最终都要通过 SSDT 转到内核层实现。只要将 SSDT 中的内核 API 地址替换成自己的函数地址，就可以拦截用户层的 API 调用了，还可以根据条件拒绝 API 的调用，从而实现病毒行为的阻止。

2. 恶意代码防御

恶意代码是指任何故意对软件系统进行破坏的程序。关于计算机病毒与恶意代码的区别，从范围上讲，恶意代码的范围更广，特别是近年来随着网络技术的发展和网络应用的普及，恶意代码的发展呈现出集传统的计算机病毒、木马、后门及黑客攻击于一体的趋势，其传播速度、破坏范围和破坏力倍增。从功能的角度考虑，计算机病毒强调对于操作系统或网络系统的破坏，而恶意代码更注重对于信息的窃取。

传统的恶意代码防御技术主要包括静态特征扫描、动态实时监控和虚拟机技术，这些防御技术的本质是以恶意代码为中心，研究其物理特征和行为特性，在此基础上实现恶意代码的检测和防御。这种防御技术的缺点是它必须依赖对恶意代码的先验知识，因而不能有效防御未知恶意代码的攻击，从而导致其相对于恶意代码技术的发展总是有所滞后。此外，对恶意代码先验知识的依赖，还使得其防御效果不仅取决于防御技术本身，还与用户的安全防范意识密切相关，假如用户不及时升级防护软件，那他仍然无法抵御已知恶意代码的袭击。

目前比较新型的恶意代码防御技术如下。

1) 基于系统调用监控的防御技术

基于系统调用监控的防御技术的主要思想是：不管攻击者来自何方，他对目标系统所进行的未授权访问最终都要通过目标系统的系统调用来实现。因此，通过对系统调用的执行情况进行监控分析，可以检测出主机上所发生的入侵事件。通过控制进程的系统调用执行权限，可以防止或限制恶意代码的破坏行为。

例如，在 Windows 系统中，通过在内核中放置一组安全钩子(Hooks)函数来控制对内核对象的访问，并为操作系统的关键客体(包括文件及目录、注册表、进程和服务等)指定敏感标记，这样当用户进程执行系统调用时，首先采用线程钩子与系统钩子等函数拦截和监控用户线程对系统核心资源的访问，进行强制访问控制检查，确定是否允许或禁止其访问。

2) 基于不可执行内存的防御技术

Intel 的不可执行内存保护(No Execute Memory Protection，NX)技术为防御恶意代码提供了硬件级的安全支持。该技术通过在页面转换表(Page Translation Table，PTT)中增加新的比特位(NX 位)来实现不可执行内存。在 CPU 进行指令的读取操作时，将根据 PTT 把逻辑地址转换为物理地址，然后从物理地址上读取指令。如果 PPT 上的 NX 位生效，会引起无法读出指令的异常。操作系统利用这个硬件保护机制，只要把栈区与缓冲区所在的内存区域的 NX 位设置为开启状态，即可防止包含在溢出字符串中的代码被执行。AMD 公司的 AMD64 系列 CPU 中也包含了类似的技术，称为增强病毒保护(Enhanced Virus Protection，EVP)技术。

3) 基于代码安全审查的防御技术

代码安全审查是对每个待执行程序进行可信度量和可信验证，在此基础上，运用安全操作系统的访问控制机制，防止主体触发来源不可信或已被篡改的代码，从而实现对各种已知和未知恶意代码的防御。代码安全审查模型最初是通过软件实现的，但软件实现的模型抗攻击能力弱，特别是代码特征值列表等重要信息、代码完整性验证模块等关键组件容易受到攻击，由此导致系统的安全性和可用性下降。随着可信计算技术及相应硬件平台的普及，可利用可信计算平台的硬件安全机制来实现更可靠的代码安全审查，基本思想是利用可信平台模块(Trusted Platform Module，TPM)提供的安全存储功能来存储和保护可信程序的特征值列表，利用 TPM 的可信度量和可信报告机制实现代码的完整性度量与验证。

4) 基于密码隔离的防御技术

基于密码隔离的恶意代码防御模型假设只有经过标识的已知代码才是安全的。在这个假设的基础上，把系统中的所有可执行文件分为两类：一类是已知的并经过标识的可执行文件，除此之外的所有其他可执行文件都归为另一类。对前者进行加密，把它同其他未经标识的可执行文件用密码隔离的方法分隔开来。对可信的可执行文件按照上述方法进行标识和加密保护之后，为了确保它们能够被正确执行，需要在操作系统的程序装载器中增加代码解密模块，如图 7-3 所示。由于只有解密正确的代码才能被操作系统执行，只要确保加/解密密钥的安全性，就可以阻止恶意代码的执行。

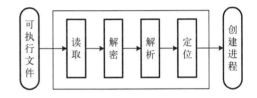

图 7-3　基于密码隔离的恶意代码防御模型

3. 基于进程的访问控制

大部分的访问控制模型(如第 5 章讲到的各种访问控制模型)都以用户为中心，这些访问控制模型虽然对于操作系统安全也是必需的，但是依然存在安全隐患。根据这些访问控制模型，如果用户拥有对某资源的访问权限，则系统中的进程也可以访问该资源，但是由于恶意代码、木马或者计算机病毒导致危险进程会在用户不知道的情况下访问某些重要资源，这样会对系统的安全性、保密性造成威胁。

基于进程的访问控制(Process Based Access Control，PBAC)是以进程的角度建立的安全机制，它将用户权限根据具体进程的要求进一步细化，使进程的权限在满足其具体要求的同时还具有最小的访问系统资源的权限。基于进程的访问控制在具体实施过程中可以和基于角色的访问控制结合起来，采用两级配置的方式，系统管理员负责设置适合所有用户的各个进程的权限以及进程的默认权限，各用户在这个基础上根据具体需要，进一步设置进程的权限，从而尽可能将资源访问情况置于自己的监控中，防止非法操作。这样，既有基于角色的灵活性和分配合理的特点，又有基于进程的严格控制的优势，使访问控制围绕角色和进程这两条主线，一明一暗，动静结合地保证了操作系统的安全。

4. 安全隔离机制

安全隔离机制实现了隔离运行环境与普通运行环境的隔离，这样才能保证隔离运行环境能够抵御来自操作系统中特权代码的恶意攻击。虽然隔离运行环境中的软件有访问操作系统资源的权限，然而这些软件在未经授权的情况下也不能随意改变普通运行环境下操作系统的运行状态。隔离运行环境的部署应该尽量不修改操作系统和应用程序代码，从而保证隔离运行环境具备较好的可移植性和适用性。另外，需要保证隔离运行环境自身的性能负载，即在该环境中运行的软件和其自身的性能开销对操作系统的性能影响不大，以保证隔离运行环境的可用性。与此同时，要保证隔离运行环境行为可监控性，即在该环境中运行的软件行为可被该环境监控，能够检测到恶意软件修改代码和数据，从而为安全隔离的防护机制提供防护依据。

1) 硬件隔离机制

为了保证系统中敏感信息的安全，设计者考虑通过设计专用的安全硬件模块来提供一个相对安全的硬件隔离运行环境，利用硬件来实施访问控制，运行软件一般难以绕过这种隔离机制。这样，可以将系统中的关键数据、密钥或加/解密服务存储在该模块中，且限制其他非法软件的访问。

目前实现硬件隔离比较主流的方案有两种：一种方案是在芯片外设计一个专门的硬件安全模块；另一种方案是在芯片设计时在内部集成一个硬件安全模块。第一种方案应用比较广泛的是手机中的 SIM 卡和智能卡。例如，智能卡，它和加密协处理器一般划分为同一个安全等级并可防止物理篡改。操作系统在安装或运行程序时，需要和智能卡或加密协处理器进行通信，只有被智能卡或加密协处理器标记的程序才允许在操作系统中安装或运行。第二种方案主要包括两大类：管理加密操作与密钥存储的硬件安全模块和专门为安全子系统设计的通用处理器。例如，通用处理器，它是内置在主处理器中的通用处理引擎，主要使用定制的硬件逻辑来阻止未授权软件对系统敏感资源的访问。

纯硬件的隔离机制尽管能将关键数据和操作保护在一个安全可靠的物理设备中，然而其也存在难以根据系统安全需求进行实时更新的缺点，且更新成本高，周期长，作用范围比较受限。

2) 软件隔离机制

软件隔离机制是在软件层构建一个可信的隔离运行环境，从而限制恶意代码的扩散或将可信软件、可信代码或敏感数据保护在该隔离运行环境中。其中典型的软件隔离机制包括虚拟机、沙箱、蜜罐和基于瘦特权软件层的机制等。

(1) 虚拟机机制。

虚拟机作为一个更高权限的软件隔离层，运行在硬件与操作系统之间，它抽象了整个硬件层，实现了虚拟资源到物理资源的映射机制，因此能协助将客户操作系统映射到具体的硬件设备。当客户操作系统需要使用敏感指令来访问系统资源时，虚拟机也能拦截这个操作并通过模拟相应的指令来进行处理。这种使敏感指令沦陷，然后由虚拟机来模拟处理这些指令操作，并返回结果给客户操作系统的机制有效地阻止了非法操作的执行。同时，虚拟机能够保存和切换多个客户操作系统，这样有效地保证了各个虚拟系统之间安全隔离，互相独立，且互不影响。比较典型的虚拟机是 KVM (Kernel-Based Virtual Machine) 和 Xen。前者基于内核的虚拟机，它是 Linux 内核的一个非常小的模块。后者主要运行在裸机上。

(2) 沙箱机制。

沙箱 (Sand Box) 按照严格的安全策略来限制不可信进程或不可信代码运行的访问权限，因此它能用于执行未被测试或不可信的应用。沙箱内的应用需要访问系统资源时，首先会发出读系统资源的请求，然后系统会核查该资源是否在它所操作的权限范围内，如果核查通过，则同意读请求，否则系统会拒绝读请求。

(3) 蜜罐机制。

蜜罐 (Honeypot) 机制本质上是一种入侵检测机制，能收集系统所遭受的攻击，因此可以提高系统检测能力。它通过诱骗攻击者使其误认为成功侵入目标主机或网络，从而对攻击行为进行分析并完善安全策略，进而构建更加安全全面的入侵检测机制。这种机制能够消耗攻击者的计算资源，也能够直接收集具有较高价值的攻击者信息，还能够捕获一些从未见过的攻击行为。然而，蜜罐只能捕获与它直接交互的攻击行为，对其他的系统攻击行为则无能为力。同时，它自身往往携带一定的预期特征或者行为，这样攻击者可能识别出其身份并对它实施攻击，甚至利用它危害系统的安全。

(4)基于瘦特权软件层的机制。

还有一种基于瘦特权软件层而实现的隔离机制，如微虚拟机或经过验证的微内核，这些机制对隔离敏感任务是非常有效的。以微内核为例，微内核操作系统采用多级安全架构，可以将任务划分成多种安全等级，这样就可以根据用户的安全需求进行设置。可以将任务按照非密、秘密、机密和绝密的级别进行划分，也可以根据任务的安全等级进行更加细粒度的划分，进而采用相应的访问控制策略来实现隔离。

虽然纯软件实现的隔离机制从一定程度上解决了安全问题，但其自身也存在许多的不足之处。例如，虚拟机机制提供一个相对安全可靠的隔离运行环境，然而它需要管理系统和分配资源，其代码量越来越大，已经不断暴露出越来越多的漏洞。而且，类似直接内存存取(DMA)和图形处理器(GPU)等都能绕过虚拟机提供的保护机制。

3)系统级隔离机制

系统级隔离机制主要是通过对硬件进行安全扩展，并配合相应的可信软件，从而在系统中构建一个相对安全可靠的可信执行环境(Trusted Execution Environment，TEE)。TEE 是主处理器上的一个安全区域，它提供一个隔离的执行环境，可以保证程序的隔离执行、可信应用的完整性、可信数据的机密性及安全存储等，并能保证加载到该环境内部的代码与数据的安全性、机密性和完整性。TEE 是与操作系统并行的独立执行环境，内部由可信操作系统(Trusted OS，TOS)和其上运行的可信应用程序组成。TOS 有独立的初始化代码、安全服务、进程调度模块及内存管理模块等。运行在 TEE 中的可信应用可以访问设备主处理器和内存的全部功能，硬件隔离机制保护其不会遭受来自外部操作系统的恶意攻击，而 TEE 内部的软件和密码隔离机制可以保证其内可信应用程序之间的隔离。

TEE 在使用过程中要结合具体的应用场景和需求进行设计，保证其可信计算基(TCB)足够小，以确保其足够安全。同时，TEE 在系统掉电的情况下无法发挥其安全优势，所以必须防止在离线状态下其可能遭受的各类物理攻击。

5.　隐蔽通道分析与处理

隐蔽通道的概念最初是由 Lampson 于 1973 年提出的，他这样定义隐蔽通道：如果一个通道的设计既不用于通信，也不用于传递信息，则称该通道为隐蔽通道。

1)隐蔽通道的分类

从不同角度对于隐蔽通道可以有不同的分类方法。首先，根据场景的不同，可以将隐蔽通道划分为隐蔽存储通道和隐蔽定时通道两大类。当一个进程直接或间接地写一个存储单元，另一个进程直接或间接地读该存储单元时，称这种隐蔽通道为隐蔽存储通道。当一个进程通过调节它对系统资源的使用，影响另一个进程观察到的真实响应时间，实现一个进程向另一个进程传递信息时，称这种隐蔽通道为隐蔽定时通道。隐蔽存储通道又进一步细分为直接隐蔽存储通道和间接隐蔽存储通道。细分的主要依据是发送进程是否具有写接收进程所要读的客体的权限。直接隐蔽存储通道中，发送进程可以写一个或多个客体，接收进程可以从改变的客体中读取他们想要的信息。间接隐蔽存储通道是那些发送进程不需要具有写客体的能力而间接向接收进程发送信息的存储通道。

此外，由于隐蔽通道信息的传递是以比特为单位的，故可以根据隐蔽通道的这一特点定义隐蔽噪声通道和隐蔽无噪通道。如果对于发送进程传送的任意比特，接收进程都能以概率 1 正确地解码，则称该通道为隐蔽无噪通道。相反地，在噪声通道中，对于发送进程传送的任意比特，接收进程能够正确解码的概率小于 1，则称该通道为隐蔽噪声通道。

隐蔽通道的发送进程与接收进程在进行信息传递的时候需要设置变量以保持进程间的同步，如果两个进程可以同时对多个变量进行读写操作，则称该通道为聚集隐蔽通道，否则称为非聚集隐蔽通道。根据发送与接收进程设置、读、重置多个变量方式的不同，聚集通道可以进一步分为串行聚集通道、并行聚集通道和串并混合聚集通道。例如，如果发送进程与接收进程串行地设置所有的数据变量，则该通道构成串行聚集通道。如果多个发送进程与接收进程并行地设置所有的数据变量，则该通道构成并行聚集通道。如果发送进程与接收进程并行地设置数据变量，但串行地读数据变量，则该通道构成串并混合聚集通道。

2）隐蔽通道产生的条件

隐蔽通道根据其类型的不同，产生的条件也不完全相同，但是要使操作系统中具备存在隐蔽通道的条件，首先发送进程与接收进程都要具有访问一个共享资源的同一属性的权限，同时发送进程可以修改该共享资源的属性，而接收进程能够检测到该共享资源属性的改变，最后还需要存在某种机制，能够启动发送进程与接收进程进行通信，并正确调节通信事件的顺序，保证信息能够通过隐蔽通道进行传输。

3）隐蔽通道分析流程

（1）标识隐蔽通道。

产生隐蔽通道的根源在于系统内部出现了不应该出现的非法信息流。因此，标识隐蔽通道就是要从系统描述中找出所有潜在的信息流，然后从这些信息流中排除合法的信息流。

（2）计算隐蔽通道带宽。

隐蔽通道的带宽决定了单位时间内通道传输的数据的最大比特数，一定程度上反映了隐蔽通道对于操作系统安全所造成的威胁的大小，所以需要计算隐蔽通道的带宽以评估威胁度。隐蔽通道的带宽与执行一次具体的隐蔽通道攻击所能传送的信息比特数、执行隐蔽通信所需时间、操作系统的其他进程对信息传输效率的影响都有关系。一般采用理论估计和工程测量的方式计算带宽，在理论估计时，通常可以不考虑系统其他进程对隐蔽通道传输的影响。

（3）处理隐蔽通道。

处理通道的常用方法包括消除法、降低带宽法和审计法等。确定处理方法时除了要考虑通道带宽外，还要考虑受保护的信息本身的数据特性与重要性，以及系统本身的特征等因素。一般采用的策略是：采用审计法对信息流进行监督；在具体环境允许的情况下，尽可能使用消除法对非法信息流进行控制；不得已的情况下采用降低带宽法，即设法降低隐蔽通道的信息传输速率，使得传输结果难以预测。

①消除法。

消除法的基本原则是：只要有可能，就设法消除隐蔽通道。但在实际应用中，这种方法应用较少。因为有些隐蔽通道根本无法消除，另外，消除隐蔽通道往往需要改变系统的设计与实现。因此，尽管有些隐蔽通道可以消除，但消除代价太大。

②降低带宽法。

降低带宽法是隐蔽通道处理中最常用的方法。这种方法是事先设定可以接受的阈值，将隐蔽通道的最大带宽或平均带宽降低到阈值以下。通常的做法是：故意引入噪声、故意引入延时或两种方法同时应用。

引入噪声的一种方式是在安全内核内限制用户进程只使用虚拟时间，即时间仅与用户进程的动作有关，与系统的真实时间无关。另一种方式是引入冗余进程。将这些用户进程安置在隐蔽通道的发送进程与接收进程之间，可以引入延时。但需要注意的是，在降低隐蔽通道带宽的同时，也会降低系统的性能。

③审计法。

审计法是一种威慑方法，它的目的是无二义性地检测隐蔽通道的应用，监控系统中已知隐蔽通道的使用情况。首先，保证审计机制不被旁路，即不漏报；其次，保证准确审计，即不误报。事实上，这个要求很难达到。审计的固有困难性表现在：很难区分正常应用与非正常应用；很难区分隐蔽通道中的发送进程与接收进程，甚至有些隐蔽通道是无法进行审计的。

7.2.3　安全操作系统的设计

1. 安全操作系统的设计原则

安全操作系统的设计要遵从以下原则。

(1)最小特权原则。为使无意或恶意的攻击所造成的损失降到最低，每个用户和程序必须按照"需要"原则，尽可能地使用最小特权。

(2)经济性原则。保护系统的设计应小型化、简单、明确。保护系统应是经过完备测试或严格验证的。

(3)开放性原则。保护系统机制应该是公开的，安全性不依赖于保密。

(4)完整的访问控制机制。系统要对每个访问操作进行检查。

(5)基于"允许"的设计原则。系统应标识什么资源是可存取的，而不应标识什么资源是不可存取的。

(6)权限分离原则。系统的管理权限由多个用户承担，使入侵系统者不会拥有对全部系统资源的存取权限。

(7)避免信息流的潜在通道。可共享实体提供了信息流的潜在通道，系统为防止这种潜在通道，应采取物理或逻辑分离的方法。

2. 安全操作系统设计的安全模型与策略

1)BLP 模型

BLP 模型(Bell-Lapadula Security Model)是保密性访问控制模型，该模型主要用于防止保密信息被未授权的主体访问。使用 BLP 模型的系统会对系统的用户(主体)和数据(客体)做相应的安全标记，因此这种系统又称为多级安全系统。

BLP 有三条强制的访问规则：简单安全规则（Simple Security Rule）、星属性安全规则（Star Property Rule）、强星属性安全规则（Strong Star Property Rule）。简单安全规则表示低安全等级的主体不能从高安全等级客体读取数据，但是可以写数据。星属性安全规则表示高安全等级的主体不能对低安全等级的客体写数据，但是可以读数据。强星属性安全规则表示一个主体可以对相同安全等级的客体进行读和写操作。

2）Biba 模型

Biba 模型对系统中的每个主体和客体均分配一个完整性级别（Integrity Level）。客体的完整性级别用于描述对一个客体中所包含信息的信任度。主体的完整性级别用于衡量主体产生和处理信息的能力。Biba 模型的主要目标是：防止客体被非授权用户修改（机密性）、维护内外部的一致性（一致性）、防止授权用户进行不确定的修改（逻辑一致性）。

Biba 安全策略分为两大类：强制安全策略与自主安全策略。

（1）强制安全策略。

强制安全策略主要包括以下基本策略。

①对于主体的下限标记策略。一个主体能够持有对给定客体 Modify（向客体中写信息）的访问方式，仅当此主体的完整性级别支配该客体的安全等级。一个主体能够持有对另一主体 Invoke（允许两个主体间相互通信）的访问方式，仅当第一个主体的完整性级别支配第二个主体的安全等级。一个主体持有对任何客体 Observe（从客体中读信息）的访问方式。当主体执行了对客体的 Observe 操作之后，主体的完整性级别被置为执行 Observe 操作前主体和客体的完整性级别的最小上限。

②对于客体的下限标记策略。一个主体能够对具有任何完整性级别的客体持有 Modify 访问方式。当主体执行了对客体的 Modify 操作之后，客体的完整性级别被置为执行 Modify 操作前主体和客体的完整性级别的最大下限。

③下限标记完整审计策略。一个主体能够 Modify 具有任何完整性级别的客体。当主体 Modify 一个具有更高或不可比的完整性级别的客体时，该次违背安全的操作将被记在审计追踪记录中。

（2）自主安全策略。

自主安全策略要求每个客体具有一个访问控制表，指明能够访问该客体的主体和每个主体能够对此客体使用的访问方式。客体的访问控制表可以被对此客体持有 Modify 的访问方式的主体修改。同时客体被要求组织成层次结构，每个客体的先驱节点持有 Observe 的访问方式。对于每一个主体，该策略要求分配一个权限属性，称为环。环是数字的，低数字的环表示高的权限。在此策略下，一个主体仅在环允许的范围内对客体持有 Modify 的访问方式；一个主体仅在环允许的范围内，持有对任何具有更高权限的主体 Invoke 的访问方式，一个主体能够对任何具有较低或相同权限的主体持有 Invoke 的访问方式；一个主体仅在环允许的范围内持有对客体 Observe 的访问方式。

Biba 模型的优势在于：由于 Biba 的严格完整性策略是 BLP 机密性策略的对偶，所以它的实现是直观的和易于理解的。基于 Biba 模型和 BLP 模型的相似性，Biba 模型可以比较容易地与 BLP 模型结合，用以形成集机密性和完整性于一体的综合性安全模型。

Biba 模型的不足在于：完整标签的确定很困难。完整性的分级和分类一直没有相应的标准予以支持。此外，不同性质的范畴在同时实现机密性和完整性目标方面难以配合使用。

3）Clark-Wilson 模型

Clark-Wilson 模型属于完整性策略模型，在 1987 年由 David Clark 和 David Wilson 提出。Clark-Wilson 模型将数据划分为两类：限制数据项（Constrained Data Items，CDI）和非限制数据项（Unconstrainecl Data Items，UDI），CDI 是需要进行完整性控制的客体，而 UDI 则不需要进行完整性控制。

Clark-Wilson 模型还定义了两个过程，一个是完整性验证过程（Integrity Verification Procedure，IVP），确认限制数据项处于一种有效状态，如果 IVP 检验 CDI 满足完整性约束，则称系统处于一个有效状态；另一个是转换过程（Transformation Procedure，TP），将数据项从一种有效状态改变至另一种有效状态。

Clark-Wilson 模型用 CDI 来表达其策略，CDI 由 TP 进行处理。TP 就像一个监控器，对特定种类的数据项执行特定的操作。只有 TP 才能对这些数据项进行操作。TP 通过确认这些操作已经执行来维持数据项的完整性。Clark-Wilson 模型将策略定义为访问三元组：<userID, TP_i, {CDI_j, CDI_k,…}>，通过它将 TP、一个或多个 CDI 以及用户识别结合起来。其中用户是指已经被授权且以事务程序的方式操作数据项的人。

为了达到并保持完整性，Clark-Wilson 模型提出了证明规则和实施规则，证明规则由管理员来执行，实施规则由系统来执行。

（1）证明规则 1（CR1）：当任意一个 IVP 在运行时，它必须保证所有的 CDI 都处于有效状态。

（2）证明规则 2（CR2）：对于某些相关联的 CDI 集合，TP 必须将那些 CDI 从一个有效状态转换到另一个有效状态。

（3）实施规则 1（ER1）：系统必须维护所有的证明关系，且必须保证只有经过证明的 TP 才能操作该 CDI。

（4）实施规则 2（ER2）：系统必须将用户与每个 TP 及一组相关的 CDI 关联起来。TP 可以代表相关用户来访问这些 CDI。如果用户没有与特定的 TP 及 CDI 相关联，那么这个 TP 将无法代表那个用户对 CDI 进行访问。

（5）证明规则 3（CR3）：被允许的关系必须满足责任分离原则所提出的要求。

（6）实施规则 3（ER3）：系统必须对每一个试图执行 TP 的用户进行认证。

（7）证明规则 4（CR4）：所有的 TP 必须添加足够多的信息来重构对一个只允许进行添加的 CDI 的操作。

（8）证明规则 5（CR5）：任何以 UDI 为输入的 TP，对于该 UDI 的所有可能值，只能进行有效的转换，或者不进行转换。这种转换要么是拒绝该 UDI，要么是将其转化为一个 CDI。

（9）实施规则 4（ER4）：只有 TP 的证明者可以改变与该 TP 相关的一个实体列表。TP 的证明者或与 TP 相关的实体的证明者都不具有对该实体进行执行的许可。

Clark-Wilson 模型确保完整性的安全属性如下。

（1）完整性：确保 CDI 只能通过限制的方法来改变并生成另一个有效的 CDI，该属性由 CR1、CR2、CR5、ER1 和 ER4 来保证。

（2）访问控制：控制访问资源的功能，由 CR3、ER2 和 ER3 来提供。

（3）审计：确定 CDI 的变化及系统处于有效状态的功能，由 CR1 和 CR4 来保证。

(4)责任：确保用户及其行为唯一对应，由 ER3 来保证。

4)中国墙模型

1989 年 Brewer 和 Nash 提出的兼顾保密性和完整性的安全模型，称为中国墙(Chinese Wall，CW)模型，中国墙模型对数据的访问控制是根据主体已经具有的访问权限来确定是否可以访问当前数据。该模型的基本思想是只允许主体访问与其所拥有的信息没有利益冲突的数据集内的信息。

中国墙模型中主体 S 可以读取客体 O，当且仅当满足以下任一条件：

(1)存在 S 曾经访问过的客体 O'，并且 O' 和 O 处于同一数据集中；

(2)对于 S 访问过的所有 O'，都有 O' 和 O 不在一个利益冲突类中。

如此一来，一旦主体读取了某个利益冲突类中的一个客体，那么该主体在这个利益冲突类中所能读取的客体必须与它以前读取的客体属于同一个数据集，即一个主体在每个利益冲突类中最多只能访问一个数据集；要访问一个利益冲突类中的所有客体，所需要的最少主体个数应该与利益冲突类中数据集的个数相同。

3. 安全操作系统开发方法

从头开始建立一个完整的安全操作系统的方法并不常见，通常可行的方法是在一个现有的非安全操作系统上增加安全功能，基于非安全操作系统开发安全操作系统。一般有以下 3 种方法。

1)虚拟机法

在现有操作系统与硬件接口之间增加一个虚拟机的分层，作为安全内核，这样，安全内核的接口几乎与原有硬件等价，操作系统本身并未意识到其已被安全内核控制，仍像在裸机上一样执行它自己的多进程和内存管理功能。因此，该方法可以透明地支持现有的应用程序，且能很好地兼容将来的版本。采用虚拟机法时，硬件特性对虚拟机的实现非常关键，要求原有操作系统硬件和结构都支持虚拟机技术，所以这种方法的局限性很大。

2)改进/增强法

在现有操作系统的基础上，对其内核和应用程序进行面向安全策略的分析，然后加入安全机制。这种方法受系统体系结构和现有应用程序的限制，很难达到很高的安全等级。但这种方法不破坏原有操作系统的体系结构，开发代价小，且能很好地保持原有系统的用户接口界面和系统效率。

3)仿真法

对现有操作系统的内核做面向安全策略的修改，然后在安全内核与原有操作系统用户接口界面中间，编写一层仿真程序。这样，在建立安全内核时，可以不受现有系统的限制，且可以完全自由地定义系统仿真程序与安全内核之间的接口。采用这种方法时，要同时开发安全内核和仿真程序，系统的有些接口是不安全的，不能仿真，有些接口虽安全，但很难仿真。

Linux 作为开放源代码的操作系统，具有代码结构清晰、运行稳定可靠、支持多种硬件平台等优点，目前已在多个领域得到了广泛应用。通过对 Linux 内核进行安全加固、扩充安全功能，使其达到一定的安全要求，是当前开发安全操作系统的一种典型方法。

7.3 数据库安全

数据库作为重要的存储工具，保存着重要的、敏感的、有价值的商业和公共安全中最具有战略性的资产。在现实情况下，数据库安全问题一直是被关注的焦点，引起数据库安全事件频发的原因较多，美国 Verizon 就"核心数据是如何丢失的"做过一次全面的市场调查，结果发现，75%的数据丢失情况是由数据库漏洞造成的。另外，数据库安全配置管理措施不够、非结构化数据缺乏安全保护措施也是造成数据库安全事件频发的主要原因。

7.3.1 数据库的安全问题

1. 数据库自身安全问题

数据库的安全问题首先在于其自身的安全缺陷，主要表现为设计缺陷和安装运行时的漏洞。

1) 数据库设计缺陷

当前的主流数据库的数据文件都是以明文存储的，非法使用者可以通过网络、操作系统接触到这些文件，从而导致数据泄密风险。针对这种缺陷，常见的攻击方式就是拖库、洗库和撞库。

拖库是指攻击者入侵有价值的数据库并把数据文件全部盗走的行为。在取得大量的用户数据之后，攻击者会通过一系列的技术手段和黑色产业链将有价值的用户数据变现，这通常称作洗库。最后，攻击者根据已获取的数据(如登录密码)尝试登录其他系统以获取其他内容，叫作撞库。

上述一系列的攻击行为中，拖库是实施攻击的关键，也是最复杂的一个环节。实施拖库前，攻击者首先对目标服务器进行扫描，查找其存在的漏洞，通过扫描到的漏洞，在服务器上建立"后门"，通过该"后门"获取服务器操作系统的权限，并利用系统权限直接下载备份数据库，或查找数据库链接，将其导出到本地。具体流程如图 7-4 所示。

针对该类缺陷的防护，除了增强数据库自身的身份认证和访问控制以外，就是对数据库进行加密，这样，即便攻击者获得了数据库中的数据，但由于其中存储的不是明文，也能在一定程度上降低数据泄露的风险。

2) 安装运行时的漏洞

数据库安装后往往存在缺省数据库用户、密码简单、缺省端口等，如 Oracle 端口 1521、SQL Server 端口 1433、MySQL 端口 3306 等。这些默认配置信息都会被攻击者所利用以实施数据窃取、损坏和篡改行为。同时，数据库运行的系统软件本身也可能存在漏洞。例如，缓冲区溢出漏洞，通过 HTTP 或者 FTP 服务可以触发，假如攻击者拥有数据库合法的账户信息，即使这些服务关闭，也能利用这些漏洞进行攻击；通信协议漏洞，攻击者通过发送超长连接请求破坏数据库握手协议；SQL 注入攻击，攻击者通过 SQL 注入攻击，破坏数据库系统或者盗取敏感信息；拒绝服务攻击，攻击者通过大量连接、深度嵌套、频繁访问等方式，破坏数据库系统可用性等。

在数据库系统维护中，如果不重视数据库系统漏洞的修复或制定相应的安全策略，一旦系统遭到攻击，势必会给数据库的安全带来严重的影响。针对该类安全威胁，如 SQL 注入攻击，可以采用 SQL 注入攻击检测和防御方法，避免攻击者利用漏洞进行信息的窃取，同时利用数据库水印技术进行敏感信息的隐藏，避免引起攻击者的注意，也就降低了数据泄露的概率。

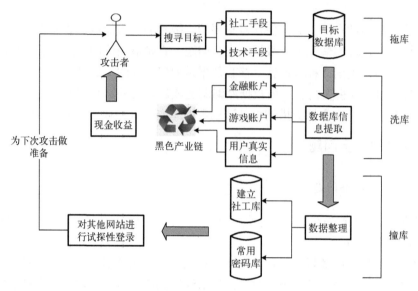

图 7-4　拖库、洗库与撞库

2. 数据库安全管理配置问题

1）安全管理配置不够

数据库的运维人员对数据库安全管理不够重视、安全管理措施不够严格、人员授权管理不到位、日常操作不规范、第三方维护人员的操作监控失效、离职员工的后门等问题，导致越权滥用和盗用、恶意操作、数据损坏和数据泄露等风险。针对这类管理配置问题，一方面要加强对人员的培训管理、规范业务流程，另一方面可以通过访问控制、数据备份等手段进行技术上的管控和修复。

2）安全审计不足

随着数据库信息的价值及可访问性得到提升，内部和外部的安全风险大大增加，事后无法有效追溯和审计等问题日益明显。而数据库服务器自身的日志审计功能缺乏可视化，在形式上只是一堆的日志文件，查询困难，而且在安全性上完全达不到相关的要求，同时开启审计功能还会降低服务性能，所以运维人员都不愿意使用审计功能。而且数据库自身的审计数据没有任何加密保护措施，存在被攻击者恶意删除或篡改的风险，难以体现审计的有效性和公正性。

7.3.2　数据库安全技术

1. SQL 注入攻击防御技术

1）SQL 注入方式

SQL 注入，就是通过把 SQL 命令插入到页面请求的查询字符串中，最终达到欺骗服务器执行恶意的 SQL 命令的目的。

根据相关技术原理，SQL 注入可以分为平台层注入和代码层注入。前者由不安全的数据库配置或数据库平台的漏洞所致；后者主要由程序员未对输入进行细致的过滤，从而进行了非法的数据查询所致。具体的注入方式如下。

(1) 强制产生错误。

对数据库类型、版本等信息进行识别是此类攻击的动机所在。它的目的是为其他类型的攻击做准备，相当于攻击的预备步骤。其主要利用应用服务器返回的默认错误信息而取得漏洞信息。

(2) 采用非主流通道。

除 HTTP 响应外，也能通过通道获取数据，然而，通道大都依赖于数据库支持的功能而存在，所以这种方式并非适用于所有的数据库平台。SQL 注入的非主流通道主要有 E-mail、DNS 以及数据库连接，基本思想是：先对 SQL 查询打包，然后借助非主流通道将信息反馈至攻击者。

(3) 使用特殊的字符。

不同的 SQL 数据库有许多不同的特殊字符和变量，通过某些配置不安全或过滤不细致的应用系统能够取得某些有用的信息，从而为进一步攻击提供方向。

(4) 使用条件语句。

此方式具体可分为基于内容、基于时间、基于错误三种形式，一般在经过常规访问后加上条件语句，根据信息反馈来判定被攻击的目标。

(5) 利用存储过程。

通过某些标准存储过程，数据库厂商对数据库的功能进行扩展的同时，系统也可与其进行交互。部分存储过程可以让用户自行定义。通过其他类型的攻击收集到数据库的类型、结构等信息后，便能够构建具备攻击功能的存储过程。这种攻击类型往往能达到远程命令执行、特权扩张、拒绝服务的目的。

(6) 避开输入过滤。

虽然对于通常的编码都可利用某些过滤技术进行 SQL 注入防范，但是在某些情况下也有方法能够避开过滤，常规的手段包括 SQL 注释和动态查询的使用，截断、URL 编码与空字节的使用，大小写变种的使用以及嵌套剥离后的表达式等。借助这些手段，通过构造专门的查询可以避开输入过滤，从而使攻击者能获得想要的查询结果。

(7) 推断。

基于推断的注入方式主要分为时间测定注入与盲注入两种。前者是在注入语句里加入语句，如 "wait for 100"，按照此查询结果出现的时间对注入能否成功和数据值范围的推导进行判定；后者主要是 "and 1 = 1" "and 1 = 2" 两种经典注入方式。这些方式均是通过构造对某些间接关联的提问，进而通过响应信息推断出想要信息，然后进行攻击。

2) SQL 注入检测技术

(1) 动态污染传播技术。

动态污染传播技术主要是指通过跟踪外部输入的数据在程序中的传播过程和最终执行的情况来分析是否存在安全漏洞与存在什么类别的漏洞。它假定由外部输入的数据都是不可信的、污染的数据，为数据打上污染的标记，在程序传播过程中，如果经过了严格的、可依赖的安全验证，就认为它不再是污染的，去掉污染标记，否则污染标记在整个传播过程都会被继承下来。一旦有污染标记的数据被代码执行，就判断可能存在安全漏洞。这种技术需要应用程序的开发环境支持一个外部库来检验污染标记是否可以去掉。

(2)基于语法分析的检测技术。

SQL 注入攻击是利用输入中加入恶意代码来实现的，而恶意代码一般都通过加入关键字、操作符等来改变 SQL 语句的语法结构，从而达到 SQL 注入的目的。基于语法分析的检测技术就是根据 SQL 的关键字、分隔符、标志符和用户输入来构建 SQL 语句的语法树，通过对比用户输入前后的语法树的结构来判断是否发生 SQL 注入攻击。

3)SQL 注入防范技术

要防御 SQL 注入，用户的输入就绝对不能直接被嵌入到 SQL 语句中。

(1)使用参数化语句。

在构造 SQL 指令时，采用参数来代替需要写入的数值。在语句传输过程中，数据库不会对参数进行处理，而是在完成解析编译后，才对参数进行处理。就算参数中含有恶意的语句，数据库也能正常查询。这样就可以防止攻击者利用单引号和连字符实施攻击。因此，相比起动态 SQL，参数化语句更加安全。

(2)输入验证。

攻击者往往会通过服务器的报错信息来确定服务器、数据库的平台信息等。因此，需要检查用户定义的参数并加以过滤，如验证输入参数的长度、类型等信息或使用白名单测试用户输入，只接收数据库期望的已知的良好输入。数据的输入验证应当在客户端和服务器端都执行。之所以要执行服务器端验证，是为了弥补客户端验证机制脆弱的安全性。

(3)加密处理。

用户输入的数据经过加密后再与数据库中保存的数据比较，这样用户输入的数据不再对数据库有任何特殊的意义，从而也就防止了攻击者注入 SQL 命令。

(4)利用存储过程执行查询。

将 SQL 语句从应用程序上脱离出来，放到自定义的存储过程上，通过调用定义的存储过程来代替用户输入字符串构建的 SQL 语句。这样可以将数据库权限限制到只允许特定的存储过程执行，并且所有的用户输入必须遵从被调用的存储过程的安全上下文，这样就能避免 SQL 注入攻击。

数据库被 SQL 注入攻击后，采取必要的补救工作也是必不可少的。管理人员应当要尽快关闭服务器以免受到二次攻击，同时调查可疑的 SQL 注入攻击，分析数字化痕迹，识别攻击活动，通过取证确定攻击者在系统上执行的操作，检查并理解攻击者的恶意查询逻辑，掌握其攻击企图，并对漏洞进行修补，做好数据恢复工作，将损失减至最小。

2. 聚合与推理的防止

访问控制技术保证了数据库用户只能访问其权限范围内的数据，但是这种机制存在安全漏洞，用户完全可以根据低密级的数据和模式的完整性约束推导出高密级的数据，造成未经授权的信息泄露，其主要有两种方式：聚合和推理。

1)聚合

聚合(Aggregation)是指用户没有访问特定信息的权限，但是有访问这些信息的组成部分的权限，这样，就可以将每个组成部分组合起来，得到受限访问的信息。

下面是一个简单的概念化例子。假设数据库管理员不想让 Users 组的用户 A 访问一个特定的句子 "The chicken wore funny red culottes"，他将这个句子分成六个部分，限制用户访问，如图 7-5 所示。

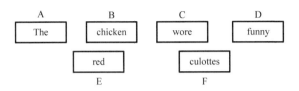

图 7-5　聚合实例

假设用户 A 可以访问 A、C、F 三个部分，他可以通过将这三个部分结合起来得出这个句子的部分信息。

为了防止聚合，需要防止主体和任何主体的应用程序与进程获得整个数据集合的权限，包括数据集合的各个独立的组成部分。客体可以进行分类并赋予较高的级别，存储在容器中，防止低级别的主体进行访问。可以对主体的查询进行跟踪，并实施基于上下文的分类。这将记录主体对客体的访问历史，并在聚合攻击发生时限制访问企图。

2）推理

推理（Inference）和聚合很相似。推理指的是主体通过他可以访问的信息推理出受限访问的信息。当可以由安全等级较低的数据描述出较高等级的数据时，就会发生推理攻击。其实质是用户可在不违反访问控制机制的情况下非法获取信息，从而构成对数据库安全的威胁。

例如，如果一个职员不应该知道军队在沙特阿拉伯的行动计划，但是他可以访问到食品需求表格和帐篷位置的文档，那么他就可以根据食品和帐篷运送的目的地推算出军队正在向 Dubia 地区移动。在文档安全性分类中，食品需求表格和帐篷位置文档是机密文档，而军队行动计划是绝密文档。由于不同的分类，这个职员可以根据他知道的信息推理出他不应该知道的秘密。

推理从方式上主要分为演绎推理（Deductive Inference）、诱导推理（Abductive Inference）和概率推理（Abductive Inference）。演绎推理是推理过程最为严格的一种方式，推理的完成只使用了数据库内的信息。诱导推理的要求相对较低，可以在假定具有低密级权限的情况下完成，并且除了数据库内的信息外，还可以利用数据库外的信息。概率推理不要求有严格的推理过程证明推理 "的确" 能够发生，而是在给定的推理前提下，从概率的角度判断推理是否发生，通常通过阈值比较的方式来确定。

（1）推理的实现方式。

从实现方式上，推理的实现通道主要有以下 4 种。

①利用多次查询结果间的逻辑关系进行推理。一般通过包含聚集函数（如求和、平均、最大等）的查询结果，在综合分析的基础上推理出高等级数据。

②利用不同等级数据之间的函数依赖进行推理分析。函数依赖，在数据库关系中用来刻画各属性之间相互制约而又相互依赖的情况，例如，确定了一台密码设备有一个安全漏洞，则与其同型号的所有密码设备都具有相同的漏洞。

③利用实体完整性约束进行推理。实体完整性约束作为数据库最重要的安全约束，要求关系表中的主键必须是唯一的，如果插入相同的主键，就会破坏实体的完整性。基于该原理，

低等级用户可以通过违反实体完整性约束推理出高等级数据的存在。

④利用分级约束进行推理。分级约束描述了对数据进行分级的标准，这些标准如果泄露，就有可能推导出高等级数据。在数据库应用中，一方面要防止分级约束的规则泄露，另一方面可以通过设定基于内容或上下文的规则，对用户的查询请求加以限制。

(2)推理的形式化描述。

推理的形式化主要研究如何定义推理问题，目前主要从集合论、经典信息论、数据分区和函数依赖等多方面进行研究。

①集合论描述。

考虑一个数据库，每一个数据项都被指定一个访问级别，并且假设访问级别的集合是偏序的。定义关系如下：给定数据项 x 和 y，$x \rightarrow y$ 表示可能从 x 推出 y，并且该关系是自反的和传递的。集合 S 是推理封闭的，如果 x 属于集合 S，并且 $x \rightarrow y$ 成立，则 y 也属于 S。对于一个访问级别 L，让 $E(L)$ 表示由所有可能的访问级别小于或等于 L 的响应组成的集合。如果 $E(L)$ 不是推理封闭的，就存在一条推理通道。

②经典信息论描述。

给定两个数据项 x 和 y，让 $H(y)$ 表示 y 的不确定性，让 $H_x(y)$ 表示给定 x 以后 y 的不确定性。因此，给定 x 之后 y 的不确定性的减少量可以有如下定义：

$$\text{INFER}(x \rightarrow y) = (H(y) - H_x(y)) / H(y)$$

$\text{INFER}(x \rightarrow y)$ 的值为 0～1。如果值等于 0，那么不可能从 x 推出 y 的任何信息。如果值大于 0 且小于 1，那么给定 x 就有可能推出 y。如果值等于 1，那么给定 x 就肯定能推出 y。

③数据分区描述。

对于每个用户，数据库中的数据可以划分为两个分区：一个可见(Visible)的集合与一个不可见(Invisible)的集合，用户只能允许访问可见集合的数据，不允许访问不可见集合的数据。如果不可见集合和可见集合的交集为空，则不存在推理问题；反之，则存在推理问题。

④函数依赖描述。

函数依赖定义如下：设 R 是一个关系模式，"*"表示其属性集合，$X, Y \in *$，当其中任意两个元组 u、v 对应于 X 的那些属性分量的值均相等时，则有 u、v 中对应于 Y 的那些属性分量的值也相等，即如果 $u[X] = v[x]$，则 $u[Y] = v[Y]$，称 X 函数决定 y，或 y 函数依赖于 X。

(3)防止推理攻击的措施。

防止推理攻击的一种措施叫作单元抑制(Cell Suppression)，一般采用分割数据库或者噪声和扰动的方式实现。分隔数据库包括将数据库分成不同的部分，使未授权用户很难访问到可以用于推理攻击的相关的数据。噪声和扰动是一种在数据库中插入伪造信息的技术，目的是误导和迷惑攻击者，使得真实的推理攻击不能成功。

另一种措施是多实例。多实例建立了相同主键的多元组和由安全等级定义的实例之间的关系。当一条信息插入到数据库中时，需要限制低等级用户访问这条信息。通过建立另一组数据迷惑低等级用户，使用户认为他得到的信息是真实的，而不是仅仅限制信息的访问。

例如，某海军基地租用 Oklahoma 船舶公司的船只从 Delaware 到 Ukraine 运载武器，这种类型的信息应该划为绝密信息，只有声明拥有绝密信息权限的人才可以访问。可以创建一个虚假信息文件，内容是 Oklahoma 船舶公司有一艘从 Delaware 到非洲的食品货运船，如

表 7-1 所示。很明显，Oklahoma 的船只已经离开，但是低等级的用户以为船去了非洲，而不是到 Ukraine。这就保证低等级的用户不去试图访问该艘船的信息。

表 7-1　船舶信息

Level	Ship	Cargo	Origin	Destination
Top Secret	Oklahoma	Weapons	Delaware	Ukraine
Unclassified	Oklahoma	Food	Delaware	Afric

多实例为同一客体创建了两种不同的视图，因此低等级的用户无从知道真正的信息，同时也阻止了他试图进一步以其他途径获得真正的信息。

3. 数据加密技术

上面提到的 SQL 注入、拖库和推理与聚合，使攻击者可以利用数据库或操作系统的漏洞窃取或篡改数据库文件，并且由于数据库在操作系统中以文件形式进行管理，数据库管理员可以任意访问所有数据，但这往往超出了其职责范围，同样造成了安全隐患。因此，需要对存储的敏感数据进行加密保护，使得即使数据泄露或者丢失，也难以造成泄密。

对数据库加密必然会带来数据存储与索引、密钥分配和管理等一系列问题，同时加密也会显著地降低数据库的访问与运行效率。保密性与可用性之间不可避免地存在矛盾，需要妥善解决二者之间的矛盾。一般来说，一个好的数据库加密系统应该满足以下几个方面的要求。

(1) 足够的加密强度，数据难以在有限时间内被破译。

(2) 加密后的数据库存储量没有明显的增加。

(3) 加/解密速度足够快，尽量减小对数据操作响应时间的影响。

(4) 加/解密对数据库的合法用户操作是透明的。

(5) 灵活的密钥管理机制，加/解密密钥存储安全，使用方便可靠。

1) 数据库加密的实现机制

(1) 库内加密。

库内加密在数据库管理系统(DBMS)内核层实现加密，加/解密过程对用户与应用透明，数据在物理存取之前完成加/解密工作。这种机制的优点是加密功能强，并且加密功能集成为 DBMS 的功能，可以实现加密功能与 DBMS 之间的无缝耦合。但是库内加密机制的缺点在于，DBMS 需要在完成管理功能的同时进行加/解密运算，加重了数据库服务器的负载，对系统性能的影响比较大。此外，加密密钥与数据保存在服务器中，其安全性依赖于 DBMS 的访问控制机制，造成密钥管理风险比较大。而且，DBMS 一般只提供数量和强度有限的加密算法，自主性受限。

(2) 库外加密。

在库外加密机制中，加/解密过程发生在 DBMS 之外，DBMS 管理的是密文。加/解密可以由客户端实现，也可以由专门的加/解密服务器或硬件完成。与库内加密机制相比，库外加密减少了数据库服务器与 DBMS 的运行负载。同时，可以将加密密钥与所加密的数据分开保存，提高了安全性。库外加密的主要缺点是加密后的数据库功能受到一些限制，例如，加密后的数据无法正常索引。同时，数据加密后也会破坏原有的关系数据的完整性与一致性，这些都会给数据库应用带来影响。

2) 数据库加密的粒度

一般来说，数据库加密的粒度可以有 4 种，即表、记录、属性和数据元素。不同加密粒度的特点不同，总的来说，加密粒度越小，灵活性越好，且安全性越高，但实现技术也更为复杂，对系统的运行效率影响也越大。

(1) 表加密，加密的对象是整个表，这种加密方法类似于操作系统中文件加密的方法，即每个表与不同的表密钥进行运算，形成密文后存储。这种方法最为简单，但因为对表中任何记录或数据项的访问都需要将其所在表的所有数据快速解密，因而执行效率很低，浪费了大量的系统资源。

(2) 记录加密，是把表中的一条记录作为加密的单位，当数据库中需要加密的记录比较少时，采用这种方法是比较好的。

(3) 属性加密，又称为"域加密"或"字段加密"，即以表中的列为单位进行加密。一般而言，属性的个数少于记录的条数，需要的密钥相对较少。如果只有少数敏感属性需要加密，则属性加密是比较好的选择。

(4) 数据元素加密，是以记录中每个字段的值为单位进行加密，数据元素是数据库中最小的加密粒度。采用这种加密粒度，系统的安全性与灵活性最高，不同的数据项使用不同的密钥，相同的明文形成不同的密文，抗攻击能力得到提高。不利的方面是，该方法需要引入大量的密钥，密钥管理的复杂度大大增加，一般要周密设计自动生成密钥的算法，同时系统效率也受到影响。

3) 数据库加密方法

(1) 秘密同态方法。

寻找一种既保证数据库安全性，又保证使用的方便性的加密方法一直是数据库加密的主要研究方向。一种提高密文数据库的查询效率的方法称为秘密同态。

假设 E_{k1} 和 D_{k2} 分别代表加密、解密函数，明文数据空间中的元素是有限集合 $\{M_1, M_2, \cdots, M_n\}$，$\alpha$ 和 β 代表运算，若 $\alpha(E_{k1}(M_1), E_{k2}(M_2), \cdots, E_{kl}(M_n)) = E_{kl}(\beta(M_1, M_2, \cdots, M_n))$ 成立，则称函数组 $(E_{k1}, D_{k2}, \alpha, \beta)$ 为一个秘密同态。

秘密同态方法能够对未经解密的密文数据进行查询，大大提高了密文数据库的查询效率。但是，该方法对加密算法提出了一定的约束条件，使得满足密文同态的加密算法的应用不具有普遍性。

(2) 密文索引方法。

提高密文数据库查询效率的另一种主要方法是密文索引方法。假设属性 A 是用户的查询属性，为 A 建立索引 A'，A 是对用户保密的，用户只能看到其索引 A'，这样既保证了用户查询的方便性，又保证了敏感数据的安全性。对于加密粒度为记录级的加密方法，比较适合建立索引，而对于加密粒度为属性列的加密方法，即使为属性列建立索引，在检索时也需要对整个属性列进行解密，所以并不适合建立密文索引。

(3) 子密钥加密方法。

传统的基于记录的数据库加密的方法存在一个问题，因为数据是以记录为单位进行加密的，所以需要对整个字段进行解密以后再进行查询，这就必然增加了查询开销。为了解决基于记录的数据库加密方法存在的问题，出现了子密钥加密方法。子密钥加密方法的核心思想是根据数据库中数据组织的特点，在加密时以记录为单位进行加密操作，而在解密时以字段为单位进行解密操作。系统中存在两种密钥,一种是对记录进行加密的加密密钥,另一种是对字段进行解密的解密密钥。子密钥加密方法,从一定程度上弥补了基于记录的数据库加密方法的缺陷。但是,因为系统要保存两种密钥,这就增加了密钥管理的复杂度。

4) 密钥管理

对数据库进行加密时,一般对不同的加密单元采用不同的密钥。

但是,密钥一旦增多,必然会带来密钥管理的问题。对数据库密钥的管理一般有集中密钥管理和多级密钥管理两种机制。

集中密钥管理机制是设立密钥管理中心。在建立数据库时,密钥管理中心负责产生密钥并对数据进行加密,形成一张密钥表。当用户访问数据库时,密钥管理中心审核用户标识和用户密钥。通过审核后,由密钥管理中心找到或计算出相应的数据密钥。这种密钥管理机制方便用户使用和管理,但由于这些密钥一般由数据库管理人员控制,因而权限过于集中。

目前研究和应用比较多的是多级密钥管理机制,以加密粒度为数据元素的三级密钥管理机制为例,整个系统的密钥由一个主密钥、每个表上的表密钥,以及各个数据元素密钥组成。表密钥被主密钥加密后以密文形式保存在数据字典中;数据元素密钥由主密钥及数据元素所在行、列通过某种函数自动生成,一般不需要保存。在多级密钥管理机制中,主密钥是加密子系统的关键,系统的安全性在很大程度上依赖于主密钥的安全性。

5) 数据库加密的局限性

(1) 系统运行效率受到影响。

数据库加密带来的主要问题之一是影响系统运行效率。为了减少这种影响,一般对加密的范围做一些约束,如不加密索引字段和关系运算的比较字段等。

(2) 难以实现对数据完整性约束的定义。

数据库一般都定义了关系数据之间的完整性约束,如主/外键约束及值域的定义等。数据一旦加密,DBMS 将难以对数据完整性进行约束。

(3) SQL 及 SQL 函数受到制约。

SQL 中的 Group by、Order by 及 Having 子句分别完成分组、排序和分组比较等操作,如果这些子句的操作对象是加密数据,那么解密后的明文数据将失去原语句的分组和排序作用。另外,DBMS 扩展的 SQL 内部函数一般也不能直接作用于密文数据。

(4) 密文数据容易成为攻击目标。

数据库加密方法把有意义的明文转换为看上去没有实际意义的密文,但密文的随机性同时也暴露了消息的重要性,容易引起攻击者的注意和破坏,从而造成了一种新的不安全性。数据库加密方法往往需要和其他非加密安全机制相结合,以提高数据库系统的整体安全性。

4. 数据库水印技术

上面提到,数据库加密方法某种程度上暴露了消息的重要性,容易引起攻击,造成了新的不安全性。另外,随着软硬件技术的发展,现有加密算法的安全性正受到严峻挑战。以数字水印为代表的信息隐藏技术并不限制正常的数据存取,而是保证隐藏的信息不引起攻击者的注意,从而降低被侵犯的可能性。在此基础上再结合密码学方法来增强隐藏信息的安全性和抗攻击能力。

数字水印(Digital Watermarking)技术是指用信号处理的方法在宿主数据中嵌入不易察觉且难以去除的标记，在不破坏原有数据内容和对象的可用性的前提下，达到保护数据安全的目的。数字水印的主要特性如下。

(1)安全性。嵌入在宿主数据中的数字水印是不可删除的，且能够提供完全的版权证据。

(2)透明性。在数字产品中嵌入数字水印不会引起明显的降质，并且不易被察觉，不影响宿主数据的可用性。

(3)鲁棒性。在经历多种无意或有意的信号处理过程的攻击后，数字水印仍能保持完整性或仍能被准确鉴别。

数字水印目前的研究主要集中在多媒体领域，如图像水印、视频水印、音频水印等，另有少量对文本水印、软件水印以及三维网格数据水印的研究。如果将其应用在数据库中就形成了数据库水印。与多媒体数据相比，数据库水印的主要区别如下。

(1)多媒体数据对象是由大量的位组成的，并且许多位是冗余的。关系数据库则是由许多独立的元组组成的，难以找到可辨认的冗余空间，因此实现难度较大。

(2)多媒体数据对象各个点之间主要存在空间上的有序关系。而组成关系数据库的元组之间以及元组的属性值集合之间是无序的。

(3)多媒体数据对象某个部分的删除或替换，很容易引起知觉上的变化，而关系数据库却可以简单地去掉或者用其他类似的关系数据库中的元组来代替一些元组且不易被发觉。这使得数据库水印易于被攻击且难以发现。

(4)数据库数据主要被机器程序读取和处理，无法像多媒体数据那样基于人类视觉模型(HVS)或听觉模型(HAS)来实现数字水印的隐蔽嵌入。

(5)静态的多媒体数据很少进行更新，而数据库中的数据一般更新频繁，这给保证数字水印的鲁棒性带来困难。

1)数据库水印嵌入方法

目前常用的数据库水印嵌入方法主要分为两种。

(1)利用一定失真范围内的数据变形实现水印嵌入。

该方法的核心思想是利用数据库关系中数值型元组存在的冗余空间，通过在某些数值型属性值中引入少量误差，对其最低有效位(Least Significant Bits, LSB)进行位操作，实现水印的嵌入。具体的做法是：首先，选用单向 Hash 函数，根据用户给定的密钥和元组主键值以及需要标记的元组比例来确定哪些元组需要标记；然后，根据可以标记的属性数和比特位数确定标记的属性及其比特位位置。这样，在整个数据库中由许多个比特位标记组合的比特位模式就是嵌入的水印。

(2)基于元组排序和划分集合实现水印嵌入。

该方法是指首先根据元组的加密键的哈希值对其进行秘密排序，然后基于"均方差"特性构造子集，取连续序列数据作为嵌入水印的基本单位，通过调整关键属性数据改变连续序列数据的分布特征来表示 1 和 0。

上述两种数据库水印嵌入方法各有其特点。第一种方法采用基本的 LSB 嵌入算法，易于实现，但是攻击者如果能够猜测出水印位于哪几位，就能够清除水印，所以水印的抗攻击能力较弱，而且难以嵌入有实际意义的水印。第二种方法具有较好的鲁棒性，但如果数据库中不同字段的取值范围相差比较大，将导致计算获得的值只能对部分数据项适用，限制了水印嵌入的容量。

2）数据库水印嵌入和检测系统的组成

典型的数据库水印嵌入和检测系统的工作原理如图 7-6 所示。在该系统中，水印为二值比特序列，水印嵌入与检测的过程由密钥控制。首先对水印做预处理，然后利用嵌入算法和密钥把预处理后的水印隐藏到数据库中。需要检测时，利用密钥从数据库中检测出水印，解密处理后判断其是否为嵌入的水印。检测的过程可以有原数据库参与，也可以没有原数据库参与。模型中，水印的隐藏算法是公开的，系统的安全性依赖于密钥的使用。

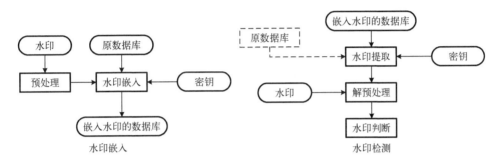

图 7-6　数据库水印嵌入和检测系统工作原理

3）数据库水印的研究现状与发展方向

目前对于数据库水印的研究主要集中在两个方面。一方面是如何提高数据库水印的鲁棒性和安全性。研究如何使隐藏的信息可以避免有意或无意的攻击，并寻找对尽可能多的攻击算法有免疫性的数据库水印嵌入算法。另一方面是对于数据库脆弱水印（Fragile Watermark）的研究。相对于研究较多的鲁棒水印而言，脆弱水印在具有较强的抗攻击能力的同时，还要求有较强的敏感性，既允许一定程度的失真，又要能将失真情况探测出来。因此，从应用上来说，数字产品的版权证明一般采用鲁棒水印。而要实现对数据的完整性验证，则需要依靠脆弱水印的特点来进行篡改提示与定位乃至数据的复原。

未来对于数据库水印的研究主要集中在以下几个方面。

（1）对水印宿主数据类型的扩展。现有的数据库水印技术大多是对数值型数据进行标记，而在非数值型数据中因为难以找到可辨认的冗余空间，给水印的安全嵌入带来困难。只有解决了非数值型数据的水印嵌入问题，数据库水印技术才具有真正的实用性。

（2）对数据库水印的信号容量的研究。到目前为止，还没有对某种信息载体可以隐藏多少信息量进行准确计算的理论方法。一般来说，不同的信息隐藏算法可嵌入的水印的信号容量是不同的，不同变换域所能嵌入的水印信号容量也是不一样的。

（3）对新的水印嵌入信道的寻找。从数字通信的角度看，水印嵌入可理解为一个在宽带信道上用扩频通信技术传输一个窄带信号。现有的数据库水印都是在空域实现的，为了得到隐蔽信道下的较大水印信号容量，必然要去寻找新的水印嵌入信道。多媒体数字水印通过使用变换域技术获得了较高的鲁棒性与信道容量，如离散傅里叶变换（DFT）、离散余弦变换（DCT）、离散小波变换（DWT）以及分形变换等。能否将这些变换用于数据库水印，如何实现变换，这些问题的研究将对数据库水印的信道容量与抗攻击能力的提升具有重要意义。

(4)数据库水印安全性的形式化描述与证明。上面提到，水印的嵌入和检测依赖于密钥，所以只有将透明性、完整性、鲁棒性等有机集成到形式化的水印安全模型中，并且对各种攻击进行形式化描述，数据库水印的安全性才能从理论上得到保证。

利用数字水印实现对数据库的版权验证和完整性控制，是一种从非加密角度进行数据库安全控制的新策略。结合传统的密码学机制，数据库水印有望在身份认证、访问控制、入侵检测及隐私保护等领域得到新的应用，成为数据库安全控制的新技术。

5. 备份与恢复

一个数据库系统总是避免不了故障的发生。安全的数据库系统必须能在系统发生故障后利用已有的数据备份，恢复数据库到原来的状态，并保持数据的完整性和一致性。数据库系统所采用的备份与恢复技术，对系统的安全性与可靠性起着重要作用，也对系统的运行效率有着重大影响。

1) 数据库备份

常用的数据库备份的方法有如下 3 种。

(1)冷备份。

冷备份是在没有终端用户访问数据库的情况下，关闭数据库并将其备份，又称为"脱机备份"。这种方法在保持数据完整性方面显然最有保障，但是对于那些必须保持 7×24h 全天候运行的数据库服务器来说，较长时间地关闭数据库进行备份是不现实的。

(2)热备份。

热备份是指在数据库正在运行时进行的备份，又称为"联机备份"。因为数据备份需要一段时间，那么在此期间发生的数据更新就有可能使备份的数据不能保持完整性，这个问题的解决依赖于数据库日志文件。在备份时，日志文件将需要进行数据更新的指令"堆起来"，并不进行真正的物理更新。备份结束后，系统再按照被日志文件"堆起来"的指令对数据库进行真正的物理更新。但是，热备份操作存在不利因素：如果系统在进行备份时崩溃，则堆在日志文件中的所有事务都会丢失，造成数据的丢失。与此同时，在进行热备份的过程中，如果日志文件占用的系统资源过多，会造成系统不能接受业务请求，对系统运行产生影响，并且热备份本身也要占用相当一部分系统资源，会进一步降低系统运行的效率。

(3)逻辑备份。

逻辑备份是指使用软件技术从数据库中导出数据并写入一个输出文件，该文件的格式一般与原数据库的文件格式不同，而是原数据库中数据内容的一个映像。因此逻辑备份文件只能用来对数据库进行逻辑恢复，即数据导入，而不能按数据库原来的存储特征进行物理恢复。逻辑备份一般用于增量备份，即备份那些在上次备份以后改变的数据。

2) 数据库恢复

在系统发生故障后，把数据库恢复到原来的某种一致性状态的技术称为恢复，其基本原理是利用"冗余"进行数据库恢复。问题的关键是如何建立"冗余"，并利用"冗余"进行数据库恢复。数据库恢复技术一般有 3 种策略，即基于备份的恢复、基于运行时日志的恢复和基于镜像数据库的恢复。

(1)基于备份的恢复。

基于备份的恢复是指周期性地备份数据库。当数据库失效时，可取最近一次的数据库备份来恢复数据库，即把备份的数据复制到原数据库所在的位置上。用这种策略，数据库只能恢复到最近一次备份的状态，而从最近备份到故障发生期间的所有数据库更新数据将会丢失。备份的周期越长，丢失的更新数据越多。

（2）基于运行时日志的恢复。

运行时日志是用来记录对数据库的每一次更新的文件。对日志的操作优先于对数据库的操作，以确保记录数据库的更改。当系统突然失效而导致事务中断时，可重新装入数据库的副本，把数据库恢复到上一次备份时的状态。然后系统自动正向扫描日志文件，将故障发生前所有提交的事务放到重做队列，将未提交的事务放到撤销队列，这样就可把数据库恢复到故障前某一时刻的数据一致性状态。

（3）基于镜像数据库的恢复。

数据库镜像就是在另一个磁盘上复制数据库作为实时副本。当主数据库更新时，DBMS 自动把更新后的数据复制到镜像磁盘，始终使镜像磁盘和主数据库保持一致。当主数据库出现故障时，可由镜像磁盘继续提供服务，同时 DBMS 自动利用镜像磁盘数据进行数据库恢复。镜像策略可以使数据库的可靠性大为提高，但由于数据镜像通过复制数据实现，频繁地进行复制会降低系统运行效率。为兼顾可靠性和可用性，可有选择性地镜像关键数据。

6. 多级安全数据库技术

多级安全数据库技术的核心是通过数据库系统存储和管理不同安全等级的敏感数据，同时通过自主访问控制或者强制访问控制机制保持数据的安全性。该项技术在考虑设计和实现时依据提供多种密级粒度、确保一致性和完备性、实施推理控制、防止敏感聚合、进行隐蔽通道分析、支持多执行并发控制等原则，解决多级安全数据库的各种关键问题。

多级安全数据库体系结构主要分为三类：TCB 子集结构、可信主体结构（Trusted Subject DBMS）和完整性锁结构。

1）TCB 子集结构

TCB 子集结构，使用 DBMS 外的可信计算（关于可信计算的详细内容参见 7.4 节）基对数据库对象进行强制存取控制，如图 7-7 所示。

2）可信主体结构

可信主体结构依赖于可信操作系统内核的 TCB 子集结构，但该结构在获得更高级别的访问控制的同时牺牲了部分 DBMS 功能，如图 7-8 所示。

3）完整性锁结构

完整性锁结构是可信主体结构的一个重要变

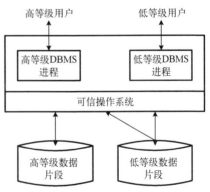

图 7-7　TCB 子集结构

种。图 7-9 显示了这种体系结构由三部分组成：不可信前端、可信筛选器和不可信 DBMS。不可信前端与用户交互，负责进行查询语法分析，并将处理查询结果返回给用户。可信筛选器进程负责数据库对象及其安全标签的加密和解密。假设数据库对象是元组，可信筛选器将对每一个元组和其安全标签采用加密算法进行加密，并产生一个校验和。这样就锁住或密封了元组及其安全标签。当用户在数据库上执行选择操作时，可信筛选器将启动 DBMS 检索出所有满足条件的元组，然后，将这些元组返回到可信筛选器。可信筛选器检查敏感标签，丢弃那些不能通过强制访问控制的元组，并且重新使用加密算法验证每个元组及其安全标签是否被篡改。

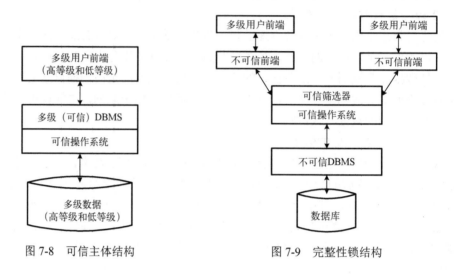

图 7-8　可信主体结构　　　　　　　　图 7-9　完整性锁结构

7.4　可　信　计　算

可信计算(Trusted Computing)由国际可信计算组织(Trusted Computing Group，TCG)倡导推动，旨在构建基于硬件安全模块的可信计算平台(Trusted Computing Platform，TCP)，该平台由信任根、硬件平台、操作系统和应用系统组成，其目的在于提高计算系统的安全性。

7.4.1　可信技术概述

1. 技术起源

传统的防火墙、入侵检测、病毒防御等网络安全手段，都侧重于保护服务器的信息安全，而相对脆弱的终端就越来越成为信息系统的主要安全威胁。针对这些系统安全需求和各类攻击手段，可信计算从计算机体系结构着手，以可信平台模块为基础，从硬件安全出发，建立一种信任传递体系，确保计算运行环境的可信，从源头上解决人与程序、人与机器还有人与人之间的信任问题。

随着信息技术不断发展，信息安全问题越演越烈，网络攻防技术层出不穷、不断升级，究其原因主要有以下三个方面。

(1)计算机体系结构先天不足。为增强计算机体系结构的通用性、减小复杂度、提高运行效率，在产业化发展过程中舍弃了许多成熟的安全机制(包括存储器隔离保护、程序安全保护等)，导致计算机体系结构中程序的执行可以不通过认证，程序与系统区域的数据可被随意修改，从而使病毒、木马、恶意程序有机可乘。

(2)高复杂程度带来的低安全性。现有计算机系统的扩展使整个软件变得越来越脆弱，操作系统、应用软件存在的漏洞层出不穷。

(3)计算机成为网络的组成部分。网络技术的发展使计算机成为网络中的一个组成部分,将信息交互扩大到整个网络。由于现有因特网缺乏足够的安全设计,处于其中的计算机时刻都可能受到安全威胁。而目前仅有部分网络协议得到安全证明与验证,无法避免计算机因网络协议缺陷而受到攻击。

由于上述原因,计算机体系结构中缺乏相应的安全机制,整个计算平台易被攻击而进入不可控状态。因此,必须从底层硬件、操作系统和应用程序等方面采取综合措施,以整体上提高其安全性。

可信计算技术由此产生并快速发展。该技术通过在计算机中嵌入硬件设备,提供基于硬件的存储保护功能;通过在计算机运行过程的各个执行阶段中(如 BIOS、操作系统装载程序等)加入完整性度量机制,建立系统信任链;通过在操作系统中加入底层控制软件,为上层应用软件提供调用可信服务的接口;通过构建可信网络协议和设计可信网络设备,实现网络终端的可信接入。可见,可信计算技术从计算机系统的各个层面进行安全性增强,提供比以往任何安全技术都更加完善的安全防护功能。

2. 可信的定义

可信计算的发展已经有 30 多年的历史,然而,不同技术领域的学者对"可信"一词尚有不同的理解和定义。

目前,关于可信计算中"可信"的定义主要有如下几种。

(1)TCG 的可信定义:如果一个实体的行为是以预期的方式执行的,符合预期的目标,则该实体是可信的。

(2)国际标准化组织在 ISO/IEC 15408 标准中的可信定义:参与计算的组件、操作或过程在任意的条件下是可预测的,并能够抵御病毒和一定程度的物理干扰。

(3)IEEE 的可信定义:计算机系统所提供的服务可以证实其是可信赖的,这里的可信赖指的是可靠性、可用性和可维护性。

(4)我国著名的信息安全专家沈昌祥院士团队认为:可信要做到一个实体在实现给定目标时,其行为总是符合预期结果,强调行为结果的可预测性。

本书的"可信"侧重于 TCG 及沈昌祥院士提出的定义,可信计算是能够提供系统的可靠性、可用性、安全性(信息的安全性和行为的安全性)的技术,通俗地简称为:可信≈可靠+安全(Trust ≈ Dependability + Security)。

7.4.2　可信计算关键技术

可信计算技术的基本思想是,首先,在计算机系统中建立一个信任根,该信任根的可信性由物理安全、技术安全和管理安全共同确保。然后,建立一条信任链,从信任根开始到软硬件平台,再到操作系统,最后到应用,一级度量认证一级,一级信任一级,最终把这种信任扩展到整个计算机系统,从而确保整个计算机系统的可信。

利用可信计算技术能够构建可信计算平台,其主要具备数据保护、系统保护及可信接入功能(图 7-10)。对应于上述功能,可信计算关键技术主要包括可信存储、可信度量和可信报告三个方面。

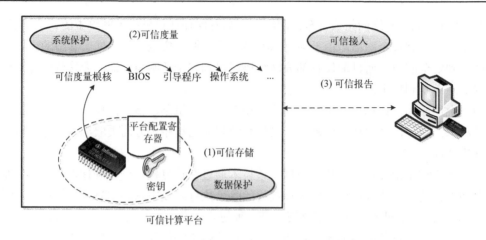

图 7-10　可信计算平台主要功能与关键技术

1. 可信存储技术

可信存储技术主要是指可信平台提供的数据保护机制，包括密钥管理、数据存储等。密钥管理方面，有限的可信芯片内部存储空间是密钥管理面临的主要问题，TCG 设计了"存储对象保护体系"以解决此问题；数据存储方面，可信芯片提供了传统的加密以及体现了平台完整性的封装操作。

1)密钥管理

为了便于管理和增强安全性，TPM 对密钥类型进行了详细划分。TPM 可以对外提供的密钥类型包括：身份密钥(Identity Key)，标识 TPM 和计算平台身份的密钥，主要用于引证(Quote)平台完整性，即完整性报告功能；绑定密钥(Binding Key)，用于数据的加密和解密；签名密钥(Signing Key)，用于对用户选定的数据进行签名，也可以用于引证平台完整性，与身份密钥不同的是，普通的签名密钥无法获得身份密钥证书，其安全性只能通过另一密钥的认证保障；存储密钥(Storage Key)，用于保护其他密钥，或将数据封装于计算平台之上；遗留密钥(Legacy Key)，同时兼具绑定密钥和签名密钥的特性，一般情况下不推荐使用该类密钥，除非密码学方案中某密钥必需既进行签名又进行加密；迁移密钥(Migrate Key)，当 TPM 充当迁移权威时，专用于保护被迁移密钥的特殊密钥类型，注意此类密钥和可迁移类密钥(Migratable Key)不是同一个概念。

可信计算技术采用存储保护对象体系进行有效的密钥管理，以保障密钥尤其是存储在可信芯片外部的密钥的安全性。存储保护对象体系是一个树型的保护关系逻辑结构，由存储密钥及其保护对象组成。树根为存储根密钥(Storage Root Key，SRK)，其以非易失的方式存储在 TPM 内部，并且永远不在 TPM 外部使用。叶子节点为受保护的对象，包括密钥、封装的数据、非易失性存储区域和计数器等，而除 SRK 之外任何的非叶子节点都是普通存储密钥。任何存储密钥或受保护对象生成时，都必须指定(存储保护对象体系中)已存在的存储密钥作为保护密钥。当 TPM 未曾加载任何密钥时，可以使用 SRK 充当保护密钥；当 TPM 已经生成了存储密钥时，可以加载并使用该存储密钥作为保护密钥。

2) 数据存储

加密与解密是可信计算技术提供的最基本的数据存储保护功能，主要是指利用可信芯片中的上述不同类型的密钥对数据进行对称或非对称加/解密。除了数据加/解密，可信芯片还提供数据封装机制，这是一种将机密数据锁定于某种平台配置的特殊加密机制，即在数据加密时，将平台运行状态作为解密的必要条件，只有平台运行环境与加密时运行环境一致，才能解密数据。这样，被封装的数据不但在存储过程中可保持机密性，而且只有在使用数据的平台处于特定配置时才能够解除封装。可以说，封装机制是完整性、可信性在数据保护层面的体现方式，也是可信计算技术体系中最具特色的功能，它对于构建可信计算环境具有重要意义。

与封装机制类似，还存在另一种将数据解密与平台配置绑定的机制——密钥配置绑定，即在生成所需要的密钥时，可以指定使用该密钥时平台必须满足的运行配置情况。使用一个绑定环境配置的密钥加密数据后，该数据也只能够在特定的平台配置下才能使用。可以说，密钥配置绑定是一种"隐式封装"。

2. 可信度量技术

可信平台的可信度量是指获取与完整性相关的平台特性序列，在可信平台上的操作必须经度量来完成授权和认证，从而限制非法用户的操作。在度量日志中保存所有的度量值序列，并在平台配置寄存器中保存该序列的摘要。

TCG 的完整性度量指的是采用杂凑算法对系统中的固件、硬件驱动、系统软件、应用软件和相应的配置进行杂凑运算。平台内部度量是指按照系统的启动顺序，采用逐级度量的方式对后续部件进行度量，再将控制权转交给后续部件，将信任扩展到整个平台。每个部件的度量结果都保存在平台配置寄存器(Platform Configuration Register，PCR)和存储度量日志(Storage Measurement Log，SML)中以供后续的验证使用。PCR 是可信芯片内部的一种特殊寄存器，在每次平台重新启动时被初始化，并且相应部件被度量之后进行迭代更新，用于保存平台配置信息的杂凑链。由于 PCR 不能记录度量的中间步骤，因此引入 SML 记录每个中间步骤的度量值和度量事件。

3. 可信报告技术

可信报告是确认平台状态信息正确性的过程。TCG 的可信报告包括 3 个层次：TPM 可信性证明(Attestation by the TPM)、平台身份证明(Attestation to the Platform)、平台可信状态证明(Authentication on of the Platform)。TPM 可信性证明提供的是 TPM 数据的校验操作，通过使用身份认证密钥(Attestation Identity Key，AIK)对 TPM 内部某个 PCR 值的数字签名来完成，AIK 是通过唯一背书密钥(Endorsement Key，EK)获得的，可以唯一地确认身份。平台身份证明通过使用与平台相关的证书或其子集来提供证据，证明平台可以被信任。平台可信状态证明通过在 TPM 中使用 AIK 对表示平台状态的 PCR 值进行签名实现。

基于上述关键技术构建的可信计算平台是一种概念模型，在工程应用中可具体化为可信芯片、可信服务器、可信计算机、可信移动终端、可信网络以及可信云平台等。上述关键技术与这些功能之间的关系见表 7-2。

表 7-2　可信功能与可信关键技术

序号	主要功能	关键技术	技术分解
1	可信平台模块	可信存储、可信度量、可信报告	硬件结构，物理安全，嵌入式软件，公钥密码，对称密码，Hash 函数，随机数生成
2	信任链	可信度量	信任度量、存储和报告，信任根、信任链，信任链延伸
3	可信软件	可信度量	可信操作系统，可信编译，可信数据库，可信应用系统
4	可信网络	可信度量、可信报告	可信网络结构，可信网络协议，可信网络设备，可信网络

7.4.3　可信平台模块

国际可信计算组织(TCG)从 2001 年起，陆续发布了一系列可信计算相关规范，特别是以 PC 和服务器为主要应用环境的可信平台模块(TPM)1.1 版(2001 年)和 1.2 版(2003 年)规范，详细规定了硬件"安全模块"的功能、软硬件接口、安全特性和实现方式。可信平台模块(TPM)是一个含有密码运算部件和存储部件的小型片上系统，既是密钥生成器，又是密钥管理器件，还提供了统一的编程接口。TPM 通过提供密钥管理和配置管理等，与配套的应用软件一起，主要用于完成计算平台的可靠性认证、用户身份认证和数字签名等。

1. 可信平台模块的组成结构

TPM 的逻辑功能构成见图 7-11。以 TPM 规范为依据，可以将 TPM 的功能大致分为以下几类。

(1)密码学系统：实现数据加密、数字签名、密码杂凑和随机数生成等各类密码算法的逻辑计算引擎，是一个不对外提供接口的内部功能模块，大部分 TPM 功能都以密码学系统为基础。

(2)平台数据保护：对外提供密钥管理和各类数据机密性、完整性保护功能，是直接体现密码学系统的功能类别，计算平台可依赖该功能构建安全的密钥管理和密码学计算器，这是 TPM 最基本的应用方式。

(3)身份标识：对外提供身份标识密钥的申请与管理功能，是远程证明(即对远程验证方报告本机完整性)的基础。

(4)完整性存储与报告：对外提供完整性值存储和签署(报告)功能，计算平台可依赖该功能构建平台内部的信任链，还可以在内部信任链的基础上向外部实体进行远程证明，这是 TPM 的主要应用方式。

(5)资源保护：保护 TPM 内部资源的各类访问控制机制。

(6)辅助：为 TPM 正常运转提供支持。

图 7-11　TPM 的逻辑功能构成

计算平台可利用这些功能设定 TPM 的启动和工作方式，提高工作便捷性，还可以利用这些功能保护应用程序和 TPM 之间的通信信道、获取可信的时戳和计数器服务等。

TPM 的硬件构成见图 7-12。

(1)标志位管理器：存储与维护对于 TPM 正常与安全工作至关重要的内部标志位(包括使能标志位、激活标志位和属主标志位)。

(2)RSA 算法引擎：依据 PKCS#1 标准，提供 RSA 算法，支持 2048bit(推荐)、1024bit 和 512bit 三种安全等级。

(3)对称加密算法引擎：采用对称加密算法以及相关的密钥生成算法，可用于实现 AES 算法。

(4)随机数生成器：依据 IEEE P1363 规范，生成协议中的随机数以及对称加密算法使用的密钥。

(5)密码杂凑引擎：依据 FIPS 180-1 标准，采用 SHA1 算法计算密码杂凑值。

(6)非易失性存储器：存储 TPM 的长期密钥(背书密钥和存储根密钥)、完整性信息、所有者授权信息及少量重要应用数据。

(7)易失性存储器：存储计算中产生的临时数据。

(8)电源管理：负责常规的电源管理和物理现场信号的检测，后者对动态度量信任根等依赖物理信号的技术至关重要。

(9)I/O 子系统：负责 TPM 与外界之间、TPM 内部各物理模块之间的通信，具体包括消息的编解码、转发以及模块访问控制。

(10)消息校验码引擎：生成各类数据的完整性校验码。

(11)时钟/计数器：作用与传统 CPU 中的时钟的作用一样，用来管理各类处理器和引擎的时钟频率。

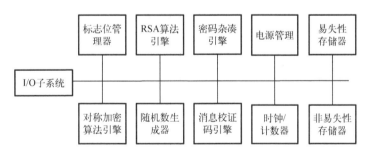

图 7-12　TPM 的硬件构成

2. 可信平台模块的功能原理

1)密钥管理与数据保护

TPM 的主要作用是利用安全的、经过验证的加密密钥来提高设备的安全性。实现 TPM 作用的一个关键密钥是背书密钥(EK)(也是核心)，也称为签注密钥，这是在设备生产过程中内置到 TPM 硬件的加密密钥。这个背书密钥的私钥部分绝不会出现在 TPM 外部或暴露给其他组件、软件、程序或个人。另一个关键密钥是存储根密钥(SRK)，该密钥也存储在 TPM 内，用来保护其他应用程序创建的 TPM 密钥，使这些密钥只能由 TPM 通过称为绑定的过程来解密，TPM 也通过该过程将数据锁定到设备。与背书密钥不同，当 TPM 设备第一次被初始化或新用户获得所有权时，存储根密钥才会被创建。由于 TPM 使用其内部固件和逻辑电路来处理加/解密，所以能够抵抗针对操作系统的软件攻击。

2) PCR 存储保护

除了安全生成和存储加密密钥外，TPM 还可以通过平台配置寄存器记录系统的状态。只有系统状态与存储的 PCR 值匹配，数据加密密钥才会被启封和使用。只有在满足特定硬件和软件条件时，才能够访问系统。

3) 完整性度量

TPM 机制运行时，首先，要对当前底层固件的完整性进行验证，若验证通过，则完成系统的正常初始化；随后，由底层固件依次验证 BIOS 等和操作系统的完整性，若验证通过，则正常运行操作系统，否则停止运行；再利用 TPM 芯片内置的加密模块生成系统所需的各种密钥，并用模块进行加/解密，向上提供安全通信接口，以保证上层应用模块的安全。需要指出的是上层应用模块并不能直接访问 TPM，需要调用 TCG 软件栈(TCG Software Stack，TSS)接口来使用 TPM 提供的安全功能。

7.4.4 信任根和信任链

可信计算的核心思想是首先建立一个信任根，再建立一条信任链，逐级测量认证建立信任关系，并将该信任关系扩大到整个计算系统，以实现系统可信。因此，信任根和信任链是可信计算理论中的基本概念。

1. 信任根

在可信计算体系中，建立可信首先需要拥有信任根，信任根是无条件被信任的，这是计算系统的可信性质的假定，可信计算的可信机制都建于该假定性质基础之上。

一般地，可信计算平台有如下三种信任根(图 7-13)：可信存储根(Root of Trust for Storage，RTS)、可信报告根(Root of Trust for Report，RTR)和可信度量根(Root of Trust for Measurement，RTM)。

可信计算体系信任根(Root of Trust)	
可信存储根(RTS)	平台配置寄存器(PCR) 存储根密钥(SRK)
可信报告根(RTR)	平台配置寄存器(PCR) 背书密钥(EK)
可信度量根(RTM)	可信度量根核(CRTM)

图 7-13　可信计算体系的信任根组成结构

1) 可信存储根

TCG 规范定义 RTS 是安全芯片中维护完整性度量值和度量值顺序的计算引擎，通常由 TPM 的平台配置寄存器(PCR)和存储根密钥(SRK)组成。它负责将度量数据保存在日志中，将其散列值保存在 PCR 中。除此之外，RTS 还需要保护委托给安全芯片的密钥和数据，下面主要介绍安全芯片这方面的功能。

由于安全芯片造价等原因，RTS 只有少量易失性内存(Volatile Memory)。但在实际使用中，安全芯片需要保护大量密钥和被委托的安全数据。为了保证安全芯片的正常使用，RTS 设计了一种特殊的存储架构，在外部存储器和安全芯片内部的 RTS 之间设计了一个密钥缓存管理(Key Cache Management，KCM)模块，此模块负责安全芯片内部与外部密钥的转移：将那些当前不需要使用或没有被激活的密钥加密之后迁出安全芯片，将那些将要被使用的密钥迁入安全芯片。这种设计不但减少了安全芯片需要的存储资源，而且保证了 RTS 的正常使用。

2) 可信报告根

可信报告根是安全芯片中用于保障完整性报告功能的计算引擎，通常由 TPM 的平台配置寄存器(PCR)和背书密钥(EK)组成。可信报告根有两个功能：首先，显示受安全芯片保护的完整性度量值；其次，在平台身份证明的基础上向远程平台证明其状态的完整性。完整性报告功能是指利用 AIK 对 PCR 值进行签名，然后将其交给远程方进行验证。一般的平台完整性报告协议采取如下的流程：挑战者向验证者请求平台配置，并附带一个随机数防止重放攻击，验证者收到请求后向安全芯片索取 PCR 值，安全芯片利用平台身份密钥对 PCR 值和随机数进行签名并将其发送给验证者，验证者将此签名转发给挑战者，挑战者利用平台身份密钥验证此签名和随机数，判定验证者的平台完整性状态。

3) 可信度量根

可信度量根是负责完成完整性度量的引擎，通常是一个软件模块。在可信计算技术发展过程中，先后出现了两种可信度量根。首先是静态可信度量根(Static RTM，SRTM)，它在硬件平台加电时最先运行，能够建立从底层硬件到操作系统甚至应用程序的信任链系统，此种信任链称为静态信任链系统。最近又出现了在系统运行时就能建立信任链系统的动态可信度量根(Dynamic RTM，DRTM)，它能够在系统运行的任意时刻通过 CPU 特定指令建立依据少量硬件和软件的信任链系统，利用此技术建立的系统称为动态信任链系统。

(1)静态可信度量根。

SRTM 用于建立从平台硬件到最上层应用程序的信任链系统，是最先获取平台控制权的组件，在信任链中起信任锚点的作用。由于其需要最先执行这种特性，在目前的计算机体系结构上，SRTM 被实现为 BIOS 上最先开始运行的一段代码或整个 BIOS，又称为可信度量根核(Core Root of Trust for Measurement，CRTM)。目前的 PC 架构中存在两种 CRTM。

①CRTM 是 BIOS 最开始运行的一段代码。这种架构的 BIOS 由 BIOS 引导块(BIOS Boot Block)和 POST BIOS 组成，两者相互独立，BIOS 引导块作为 CRTM。

②CRTM 是整个 BIOS。这种架构的 BIOS 是单独的一个整体，整体作为 CRTM。

CRTM 在平台加电后最先执行，负责度量平台接下来要运行的代码。如果 CRTM 是 BIOS 引导块，则 CRTM 首先度量平台主板上的所有固件，然后将控制权交给 POST BIOS，POST BIOS 负责引导接下来的组件；如果 CRTM 是整个 BIOS，则 CRTM 负责度量接下来运行的组件，如操作系统引导加载器(BootLoader)，然后将控制权交给 BootLoader，BootLoader 负责接下来信任链的建立。

(2)动态可信度量根。

针对 SRTM 触发时机缺乏动态性和可信计算基(TCB)庞大等问题，可信计算技术领域推出了 DRTM 技术，目前已经被 TPM1.2 规范支持。DRTM 是新型 CPU 的特殊安全指令，可以在平台启动后的任意时刻触发，其触发后能够基于少量硬件和程序代码建立一个隔离的安全可执行环境。当今两大处理器公司 AMD 和 Intel 先后推出了支持 DRTM 的 CPU 架构：安全虚拟机（Secure Virtual Machine，SVM）架构和 TXT（Trusted Executing Technology）架构。

2. 信任链

1）基本原理

信任链的主要作用是将信任关系扩展到整个计算机平台，它建立在信任根的基础上。信任链主要通过可信度量机制获取各种可能影响平台可信性的数据，并通过将这些数据与预期数据进行对比，以判定平台的可信性。

TCG 将可信实体对另一个实体的度量过程称为度量事件。度量事件涉及两类数据：①被度量数据，即被度量代码或数据的表述；②度量摘要，即被度量数据的 Hash 值。负责度量的实体通过对被度量数据进行 Hash 操作得到度量摘要，度量摘要相当于被度量数据的快照，是被度量数据的完整性标记。信任链构建过程中完整性度量与存储机制原理见图 7-14。

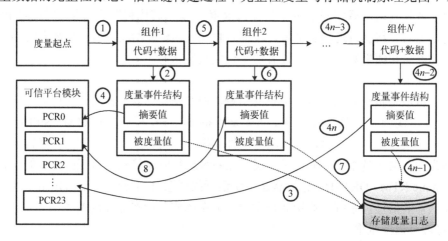

图 7-14　信任链构建过程中完整性度量与存储机制原理

度量摘要标记被度量数据的完整性信息，完整性报告也需要用到度量摘要，因此度量摘要需要被保护，一般由安全芯片的 RTS 保护。被度量数据不需要被可信芯片保护，但是在完整性验证过程中需要对其重新进行度量，因此计算平台需要保存这些数据。

信任链构建主要遵循以下 3 条规则。

（1）所有模块或组件，除了 CRTM（信任链构建的起点，第一阶段运行的用于可信度量的代码），在没有经过度量之前均认为是不可信的。只有通过度量且与预期数据相符的模块或组件才可纳入可信边界内。

（2）可信边界内的模块或组件，可作为验证代理，对尚未完成验证的模块或组件进行完整性验证。

（3）只有可信边界内的模块或组件才可获得相关 TPM 的控制权。

目前，TCG 规范中要求使用存储度量日志（SML）来保存静态信任链建立过程中的软件列表，SML 中主要包括被度量数据整体的 Hash 值，后续被度量的软件在以前 SML 的基础之上继续按照上面进行扩展。目前还没有标准规定 SML 内容的编码，一般采用 XML 格式进行编码。

可信芯片中的 PCR 用于存储度量摘要。可信芯片提供了扩展 PCR 的 Extend 操作，具体操作如下：$PCR[n] = SHA-1(PCR[n] \| 被度量数据)$。Extend 操作产生一个 160bit 的 Hash 值作为软件的度量摘要，后续的被度量数据在原 PCR 数据扩展之后进行 SHA-256 操作（新的 TPM 规范中要求 SHA 操作长度至少为 256 位），产生新的度量摘要。通过这种方式，PCR 记录了被扩展的数据列表。例如，PCR[i] 被扩展了 $m_1, \cdots, m_i$ 个数据，最后 $PCR[i] = SHA256(\cdots SHA256(0 \| m_1) \| m_2) \cdots \| m_i)$，PCR[i] 的最终值表示 $m_1, \cdots, m_i$ 的执行序列。

2）信任传递

信任传递遵循如下的思想：先度量，再验证，最后跳转。从信任根开始，每个当前运行的组件首先度量接下来要运行的下一层组件，根据度量值验证其安全性，如果其完整性满足要求，则本层组件运行完之后可以跳转到下层组件运行；否则说明下层组件不是预期的，中止信任链的建立。基于此，可以将信任从信任根传递到最上层的应用程序。系统从静态可信度量根到上层应用程序的信任关系传递过程见图 7-15。

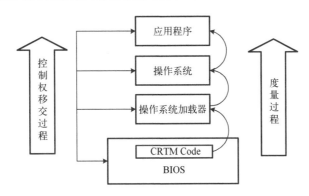

图 7-15　基于信任链的信任传递过程

3）静态信任链

传统的计算机系统主要由硬件设备、BootLoader、操作系统和上层的应用程序组成，一般按照如下的过程启动：系统加电后，首先 BIOS 开机自检（Power on Self Test，POST），之后调用 INT 19H 中断按照 BIOS 设置的顺序启动后续程序（一般是运行硬盘中的 MBR 程序，在 MBR 中一般安装的是 BootLoader），BootLoader 负责引导操作系统，应用程序在操作系统上运行。

根据信任传递的思想，TCG 定义了将信任链传递到 BootLoader 的流程。

（1）系统加电后，CRTM 将自己、POST BIOS（如果有）以及平台主板提供的固件扩展至 PCR[0]。

（2）BIOS 获得控制权后，按照下面 PCR 的使用方式扩展 PCR：①将平台主板的配置以及硬件组件的配置度量至 PCR[1]；②将 BIOS 控制的可选 ROM 扩展至 PCR[2]；③将可选 ROM 的配置和相关数据扩展至 PCR[3]；④将 IPL（负责读 MBR 代码，并从 MBR 代码中找到加载镜像）代码扩展至 PCR[4]；⑤将 IPL 的配置以及其他 IPL 使用的数据扩展至 PCR[5]。

(3)调用 INT 19H 将控制权交给 MBR 处的代码，一般为 BootLoader。至此，信任链已经扩展至 BootLoader。

信任链传递到 BootLoader 之后，BootLoader 以及上层的操作系统如果想继续扩展信任链，也必须按照先度量验证后跳转的思想进行信任链的扩展。

4) 动态信任链

前面介绍的静态信任链以 SRTM 为信任根，只能在系统启动时建立，这种特性给用户的使用造成了不便。针对此问题，AMD 和 Intel 的新型 CPU 中提供了能够作为动态可信度量根的指令，将这些指令与 TPM1.2 规范相结合，就能够为平台构建基于 DRTM 的动态信任链。动态信任链基于 CPU 的安全特殊指令，可以在任意时刻建立，同时，动态信任链不再基于整个平台系统，大大精简了 TCB。

目前动态信任链不仅能够像静态信任链一样，为普通计算平台和虚拟平台提供系统可信引导、构建可信执行环境，还能够在系统运行时为任意代码建立信任链。

尽管使用场景多种多样，但是动态信任链的建立方式是相同的。AMD 和 Intel 提供的 DRTM 技术除了在细节上略有不同之外，其原理基本一致。下面以使用 Hypervisor 的虚拟平台为例，描述如何为一段代码(SVM 架构中称其为 SL，TXT 中称为 MLE)建立动态信任链。详细过程见图 7-16。

(1)平台将 Hypervisor 以及检查代码(如 TXT 中的 AC 模块)加载入内存。

(2)启动安全指令，安全指令完成如下的工作。

①初始化平台上的所有处理器。

②禁止中断。

③实施对 Hypervisor 代码的 DMA 保护。

④重置 PCR[17]～PCR[20]。

(3)主处理器加载检查代码并认证其合法性(检查其数字签名)，将其扩展至 PCR[17]。

(4)检查代码执行以保证平台硬件满足安全性要求，度量 Hypervisor 并将其扩展到 TPM PCR[18]。

(5)Hypervisor 在此隔离的可信执行环境中执行，其可以根据自己的需求唤醒其他的处理器加入此隔离运行环境中。

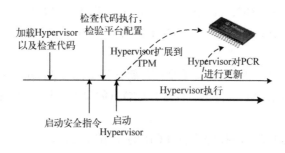

图 7-16　动态信任链建立流程

值得注意的是，安全指令启动后，PCR[17]～PCR[20]等被重置，重置值与系统重启时的初始值不同。这种不同使得远程证明中的远程挑战得以相信系统确实进入了隔离的可信执行环境。

信任链从信任根出发，旨在建立隔离的可信执行环境。表 7-3 从多个方面比较了静态信任链和动态信任链。

表 7-3　静态信任链和动态信任链比较

特性/类型	静态信任链	动态信任链
硬件要求	配备安全芯片的普通计算机体系结构	安全芯片，CPU 需支持安全指令
建立时机	只能在系统启动时建立	任意时刻
TCB	整个计算机系统	少量硬件和软件
硬件保护	无硬件保护	对隔离运行环境的 DMA 保护
开发难度	无须特殊编程，较容易	程序需自包含，难度大
用户体验	对用户的影响较小	只能运行隔离代码，用户体验差
目前已有攻击	TPM 重启攻击、BIOS 替换、TCB 代码 Bug 攻击	无

7.5　可信网络连接

可信网络连接(Trusted Network Connection，TNC)是可信计算技术在网络接入控制(Network Access Control，NAC)框架中的应用，用以增强网络环境的可信度，是一种开放的网络接入控制方案。TCG 将 TNC 设计为与其他网络接入控制方案兼容，并推出了包括体系结构、组件接口和支撑技术在内的标准体系。

7.5.1　总体架构

TNC 总体架构是一个三方参与实体、三个逻辑层次的体系结构(图 7-17)。TNC 三个主要参与实体为访问请求者(AR)、策略实施点(PEP)和策略决策点(PDP)。访问请求者是请求接入网络的终端，策略实施点负责具体实施网络接入，策略决策点认证接入终端并给出接入策略。TNC 按照不同部分在网络接入控制中的作用分为三个逻辑层次：完整性度量层、完整性评估层和网络访问层。由于参与实体之间、逻辑层次之间存在互操作性，TNC 在总体架构的基础上还定义了在同一层次内的组件之间(如完整性度量收集器(Integrity Measurement Collector，IMC)和完整性度量验证器(Integrity Measurement Verifier，IMV)之间)的接口规范，定义了同一实体内的组件之间(如 IMC 和 TNC 客户端之间)的接口关系。

1. 主要参与实体

TNC 主要参与实体：访问请求者(Access Requestor，AR)、策略实施点(Policy Enforcement Point，PEP)和策略决策点(Policy Decision Point，PDP)。AR 接入目标网络的终端，通过收集平台完整性信息主动向 PDP 发出接入请求；PDP 的作用是检查 AR 平台状态的安全性，根据接入策略判定 AR 的接入请求；PEP 负责实施 PDP 给出的接入判定，TNC 将网络接入策略的判定和实施相分离，这增加了体系结构的弹性和灵活性。

AR 包含网络访问请求者(Network Access Requestor，NAR)、TNC 客户端(TNC Client，TNCC)、完整性度量收集器三个组件。网络访问请求者负责发出接入请求，申请建立网络连接；TNC 客户端负责调用完整性度量收集器，收集平台各部分的完整性度量信息，同时度量和报告 IMC 自身的完整性信息。完整性度量收集器负责度量 AR 中各个组件的完整性,同一个 AR 上可以部署多个不同的 IMC 分别完成平台各组件的完整性数据收集。

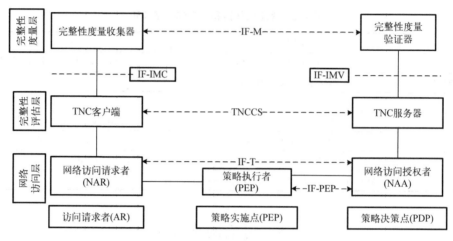

图 7-17　TNC 总体架构

PDP 包含三个组件:网络访问授权者(Network Access Authorizer,NAA)、TNC 服务器(Trusted Network Connection Server,TNCS)、完整性度量验证器。NAA 负责根据 TNCS 的验证结果给出对 AR 的接入请求的判定结果。上层的 TNC 服务器则负责验证 AR 的完整性状态是否与 PDP 的安全策略一致,并将结果返回给网络访问授权者。除此之外,TNC 服务器还负责收集来自完整性度量验证器的验证结果,形成一个全局的网络接入判定决策。完整性度量验证器负责具体验证 AR 各个部件的完整性度量信息。

PEP 控制网络的接入,根据 PDP 的判定结果允许、禁止、隔离接入请求的网络终端。例如,在 802.1x 技术中,PEP 是认证者,即负责接入的交换机或无线 AP 等。

2. 逻辑层次

TNC 总体架构分为三个层次:完整性度量层、完整性评估层和网络访问层。完整性度量层处理的是原始的、与具体接入策略无关的完整性度量数据,在该层次,AR 需要收集平台完整性数据,而对应的 PDP 则需要验证完整性数据的正确性;完整性评估层进行的是网络接入策略和完整性验证结果的评估,在该层次,AR 解析网络接入策略以指导完成完整性数据的收集,而 PDP 则需要根据接入策略进行接入判定;网络访问层处理的是底层网络通信数据,在该层次,AR 和 PDP 分别需要建立可靠的数据传输通道,而 PEP 则根据 PDP 的判定结果执行允许、禁止和隔离等网络接入操作。

3. 互操作接口

TNC 体系结构各组件之间需要定义标准的互操作接口,以便协同完成 TNC 的总体功能。一方面,为了增强体系结构的弹性和灵活性,同一实体内不同层次的功能被划分为不同组件,它们之间协同工作需要规范的交互接口,如 TNC 定义的 IF-IMC 和 IF-IMV 等接口规范;另一方面,不同实体中处于同一层次的组件也需要逻辑交互,它们之间同样需要规范的交互接口,如 TNC 定义的 IF-M、IF-TNCCS 和 IF-T 等接口规范。

4. 扩展 PTS 架构

TNC 体系结构是一种通用的网络接入控制体系结构,相关组件的实现不一定采用可信计算技术。但是基于安全芯片的信任链、远程证明机制可以有效增强 TNC 接入终端的网络完整性验证和认证,因此 TCG 研制了用于可信网络连接的平台信任服务(Platform Trust Service,PTS)规范,该规范详细论述了 TNC 和 TPM 的完整性度量、远程证明的结合方式,为实现基于 TPM 的可信网络接入控制提供了技术指导。

PTS 扩展后的 TNC 架构见图 7-18,扩展后的架构主要两方面的变化:①访问请求者(AR)上部署有 TPM 安全芯片及可信软件栈(TSS),AR 内其他组件可以调用平台信任服务;②在原有的完整性度量层,IF-M 接口之上专门定义了 PTS 完整性收集和验证的 PTS 协议,规范了使用可信计算平台信任服务的完整性收集器和验证器的交互方式。

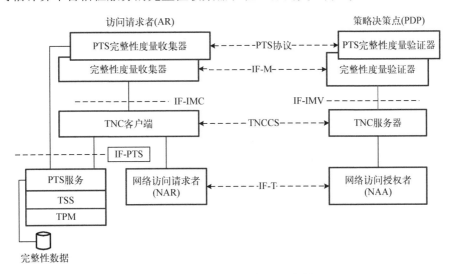

图 7-18　PTS 扩展后的 TNC 架构

5. 网络支撑技术

TNC 作为一个开放的通用可信网络接入规范,仅仅规定了系统的总体架构、组件功能、各层接口以及基本的工作流程,并未对其实现技术做任何强制性限定。事实上,目前的 TNC 总体架构能够很好地融合现有的各类典型网络接入技术,基于这些网络接入技术也能够实现遵循 TNC 规范的可信的网络接入控制。

从 TNC 总体架构上可以看出,底层的网络访问层基本上沿用了现有的网络访问控制技术,这便于可信网络连接架构兼容现有的网络接入控制系统。为了更好地兼容现有其他网络技术,TCG 还研制了一系列可信网络接入的兼容性协议规范,例如,为兼容 802.1x 框架和虚拟专用网(VPN),TCG 在 IF-T 层制定了利用其交换 TNC 数据的协议、802.1x 框架下与 EAP 方法绑定的协议和与 TLS 绑定的协议等。这种兼容现有网络技术的规范大大地促进了 TNC 标准和技术的推广,目前已经有很多开源项目和网络产品开始支持 IF-T 等协议标准。

7.5.2　工作流程

TNC 控制架构通过若干步骤保证终端安全接入可信网络，TNC 工作流程见图 7-19，具体步骤如下。

(1) 在所有终端接入网络之前，TNCC 需要找到并载入平台上相关的 IMC，并初始化 IMC。与 TNCC 类似，TNCS 需要载入并初始化相应的 IMV。

(2) 当用户请求接入网络时，NAR 负责向 PEP 发送接入请求。

(3) 接收到 NAR 的接入请求后，PEP 向 NAA 发送一个网络访问决策请求。

(4) NAA 一般是现有的网络接入 3A 认证服务器，如 RADIUS 和 Diameter，认证服务器完成用户身份认证，然后 NAA 通知 TNCS 有一个新的接入请求需要处理。

(5) TNCS 和 TNCC 之间进行平台身份认证。

(6) 在平台身份认证成功之后，TNCS 通知 IMV 新的接入请求到达。与此类似，TNCC 通知 IMC 新的接入请求到达，IMC 返回给 TNCC 一些平台完整性信息。

(7) PDP 对 AR 进行完整性认证，分为三个子步骤。

① TNCC 和 TNCS 交换与完整性验证相关的信息，这些信息通过 NAR、PEP 和 NAA 转发，直到 TNCS 认为 TNCC 发送的完整性信息满足需求。

② TNCS 将每个 IMC 收集的完整性信息发送给相应的 IMV 进行验证。IMV 分析接收到的 IMC 消息，如果它认为还需要 TNCC 提供其他的信息，则通过 IF-IMV 接口给 TNCS 发送完整性请求；如果 IMV 给出了验证结果，则通过 IF-IMV 接口将其发送给 TNCS。

③ TNCC 将 TNCS 发送的完整性请求转发给相应的 IMC，并将 IMC 返回的完整性信息发给 TNCS。

(8) 当 TNCS 和 TNCC 之间完成完整性验证后，TNCS 将网络接入决策发送给 NAA。

(9) NAA 发送接入决策给 PEP，PEP 根据接入决策实施网络访问控制，并将接入结果返回给 AR。

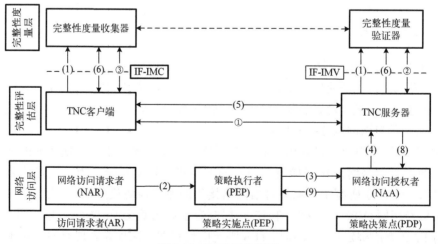

图 7-19　TNC 工作流程

如果 AR 的完整性验证没有通过，TNCS 可以将此 AR 隔离到修复网络，AR 在此隔离网络中经过完整性修复后可重新请求接入网络。

7.6　本 章 小 结

　　本章基于信息保障技术框架(IATF)，介绍了网络计算环境安全的基本概念以及其在网络防御过程中的作用，并根据计算环境安全所需要的保障机制，分别介绍了终端安全、操作系统安全、数据库安全和可信计算等关键技术，对每类技术的产生原因、原理及应用进行了阐述。网络实体是构筑牢固网络空间安全防御工事的基础，为确保网络实体可信，最可靠、最有效的方法就是利用密码技术对网络基础设施(即网络实体)实施全方位保护，而可信计算就是这样一种技术，其基于密码学原理，利用可信存储、可信度量和可信报告等关键技术，确保只有合法程序才能运行，在网络空间中的实体始终处于安全状态，且能够提供可信赖、可验证的安全服务。

习　　题

1．什么是计算机病毒？计算机病毒的类型有哪些？

2．隐蔽通道的工作方式是什么？如何进行隐蔽通道的分析？

3．简述 BLP 安全模型。

4．Biba 模型和 Clark-Wilson 模型的区别是什么？

5．安全操作系统的设计原则有哪些？

6．实现数据库安全控制的方法和技术有哪些？

7．SQL 中提供了哪些数据控制的语句？请举例说明。

8．SQL 注入攻击的方法有哪些？

9．如何理解可信计算的概念？可信计算和传统网络安全保护机制有何不同？

10．什么是可信计算中的信任根？简述其分类与作用。

11．简述静态信任链构建过程。

12．简要分析静态信任链与动态信任链的优缺点。

13．简述可信网络连接架构中三个实体完成的主要功能。

14．与常见的网络接入控制机制相比，可信网络连接的主要优势是什么？

第 8 章　网络边界防护

IATF，提出了网络应该划分区域，建立纵深防御、立体部署防御措施的思路，其核心思想就是"边界防御"，也称为"外部防御"，意思就是防御者与攻击者要分开，建立中间的过渡空间。网络边界内涵丰富，不仅包含传统的物理边界，还包括网络之间的逻辑边界。网络边界的复杂性与广泛性决定了其所受的安全威胁来源多样。因此，必须通过多种技术的组合，才能构建出高速、可靠、全方位的网络边界防护体系。网络边界的防护关键是能够对各种网络安全威胁进行快速有效的检测，对检测到的威胁进行及时隔离与处理，这样才能够确保网络安全。

8.1　基 本 概 念

物理空间中的边界，是指国家之间或地区之间的一条界线。在网络空间中，把不同安全需求的网络分开，实行"划地而治"，成为解决安全问题的通用办法。不同安全等级的网络相互连接，网络与网络之间的分界线称为边界。同样，在一个网络内部，根据信息和信息系统的重要程度或者根据不同的安全策略，可以划分不同的安全域，安全域之间的分界线也可以称为边界。计算机终端系统自身与外界的连接也可以称为边界。

边界防护是指被保护网络（通常是内网）的合法访问者可以通过边界访问被保护网络的合法资源，确保流经网络边界的必要信息的安全可靠，同时防止非法访问者对被保护网络的攻击、入侵和资源窃取等，其核心是要求把可信的内部网络和不可信的外部网络在逻辑上或物理上隔离，并对内部网络和外部网络之间的通信数据进行安全交换。

实现网络边界防护的技术主要分为包过滤技术、代理技术、隔离交换技术和网络地址转换技术等。包过滤技术是对单个数据包的网络层和传输层的信息进行提取，根据这些信息进行安全访问控制。代理技术是完全阻断客户端与服务器直接的 TCP 连接，分别代替一方与另一方建立 TCP 连接，应用数据经安全检查判定为合法后再进行转发。隔离交换技术实现通信链路的隔离，通过专用通信硬件和专有安全协议等机制，实现内、外网络的隔离和数据交换。

实现网络边界防护的系统主要有防火墙和网闸。防火墙通过软件、硬件或软硬件结合的方式，在不同网络安全区域之间通过设定安全策略控制出入网络的数据流。防火墙作为隔离控制技术，能有效监控内外网间的访问活动，保障内部网络的安全。网闸通过协议转换的方法，对不同安全域进行物理隔离，以信息摆渡的方式实现数据交换。

8.2　主要实现技术

8.2.1　包过滤技术

包过滤技术，通过控制进出网络的 IP 包实现网络的边界防护，根据对数据包的处理策略，包过滤技术可以分为简单包过滤技术和状态检测技术。

1) 简单包过滤技术

简单包过滤技术又称为静态包过滤技术，通过系统内置的访问控制表(Access Control List，ACL)，对数据包实施过滤。采用简单包过滤技术的边界防护系统，通过扫描报头中的报文类型、IP 地址、端口号等信息，并与 ACL 中的预设规则进行比对，来决定对于数据包的通过、转发或丢弃。基于 IP 地址的规则可以限定特定网络或主机的网络连接，基于端口的规则可以限定特定应用的网络连接。

简单包过滤技术实现简单，处理性能较高，但安全性有限，易受到 IP 欺骗攻击、拒绝服务攻击和分片攻击。IP 欺骗攻击和拒绝服务攻击在第 1 章已经介绍过，在此不再赘述。分片攻击的基本原理是：在 IP 数据包中，只有第一个数据包包含 TCP 端口号，如果包过滤技术只根据第一个包的端口号进行判断，则攻击者就可以先构造一个合法的 IP 数据包，骗过边界防护系统的检测后，再构造包含恶意数据的数据包，从而威胁网络安全。

2) 状态检测技术

针对简单包过滤技术的不足，出现了状态检测(State Inspection)技术。该技术采用基于连接状态的检测机制，将同一连接的所有数据包整体看待，构造连接状态表，通过相应规则检测各个连接状态。以一次 TCP 会话为例，状态检测技术根据会话的第一个报文中的 IP 地址、端口和 SYN 标志位等在规则表中查找与其匹配的访问规则，若通过检测，则将本次会话记录在连接状态表中，后续的数据包根据状态表中的记录检测是否属于同一会话，如果是，则通过，否则丢弃，从而提高检测的安全性。

8.2.2 代理技术

包过滤技术在网络层提高安全保护能力，代理技术则将安全保护能力提高到了应用层。根据提供代理的层次的不同，代理技术可分为应用层代理技术和传输层代理技术。

1) 应用层代理技术

应用层代理技术作用于网络的应用层，内部网络和外部网络需要通过客户端与服务器分别与代理进行通信。系统接收客户端的访问请求，通过代理与客户端进行应用层协议交互，并对数据进行安全检查和访问控制，若通过，代理与目标服务器建立连接，并通过应用层协议将客户端的请求数据转发给服务器，再将服务器的响应数据转发给客户端。

利用应用层代理技术，使防火墙的地址和端口不易暴露，避免自身受到攻击。但是应用层代理技术需要在内外网间建立两条连接，使系统的资源消耗增加，降低了数据处理效率，并且，应用层代理技术的扩展性不足，对于新的网络应用，往往无法立即对其进行支持。

2) 传输层代理技术

传输层代理技术与应用层代理技术的区别在于其对 TCP 连接提供代理，在收到连接方的应用数据后，通过调用应用层协议的解析、检测和过滤模块对应用数据进行安全检查与访问控制，若通过，则利用与另一方的连接进行数据转发。传输层代理技术减少了资源消耗，提高了数据处理效率。

8.2.3 隔离交换技术

隔离交换技术，顾名思义包括"隔离"和"交换"两方面，"隔离"即把可信的内部网络和不可信的外部网络在逻辑上或物理上隔离开，使之不能直接通信，"交换"是指通过第三方系统，为内外网之间提供安全的通信数据交换的能力。在实现原理上，通过具有控制功能的控制设备，切断网络间的网络协议连接；通过分解 TCP/IP 协议，将数据包进行重组，实现内外网的隔离，上层服务对重组后的数据进行安全监测，通过安全监测的数据才能进入内部网络；内部网络用户根据身份认证机制获取所需数据。防火墙和网闸都广泛应用了隔离交换技术，区别在于防火墙是逻辑隔离，网闸是物理隔离。

8.2.4　网络地址转换技术

网络地址转换（Network Address Translation，NAT）技术，是一种在 IP 数据包通过路由器或防火墙时重写来源 IP 地址或目的 IP 地址的技术。NAT 前的地址称为本地地址，又分为内部本地地址和外部本地地址。内部本地地址是指尝试连接到外网的内部主机地址，外部本地地址是要访问的外网目标主机的地址。NAT 后的地址称为全局地址，通常是公网的 IP 地址。常用 NAT 术语如表 8-1 所示。

表 8-1　NAT 术语

名字	含义
内部本地地址 (Inside Local Address)	分配给内部网络中一台主机的 IP 地址，可以是私有地址
内部全局地址 (Inside Global Address)	内部主机转换成的、可在外部网络全球路由的地址
外部本地地址 (Outside Local Address)	外部主机地址转换成的、可以在内部网络路由的地址
外部全局地址 (Outside Global Address)	外部网络的主机地址，全球唯一

下面通过例子说明 NAT 详细工作原理。如图 8-1 所示，内网主机 10.1.1.1 需要访问外网服务器，数据包首先到达边界路由器，此时数据包的源地址为 10.1.1.1。路由器识别出该数

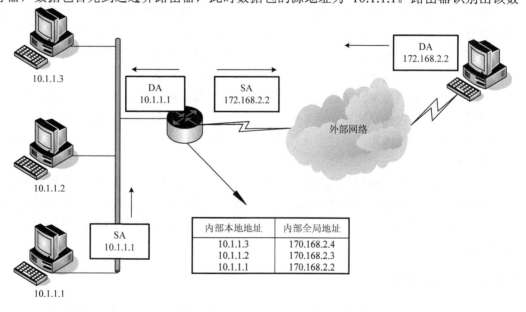

图 8-1　基本的 NAT 示例

据包中的源 IP 为内部本地地址，目标是外部网络，它便把内部本地地址转换为内部全局地址172.168.2.2，并记录到 NAT 表中。数据包使用内部全局地址被发送到路由器的外出接口，然后转发至服务器。外网服务器产生响应数据包并将其回送到路由器，路由器再使用 NAT 表，把内部全局地址转换为内部本地地址，并修改数据包的目的 IP，最后将其送回发出请求的内网主机 10.1.1.1。

8.3　防　火　墙

防火墙是建立在网络通信技术和信息安全技术之上的边界防护产品，是网络安全的第一道防线，通过安全控制策略进行网络数据的检测和过滤，构建不同信任级别的网络间的安全体系。本节将介绍防火墙的概念与功能、原理与分类和体系结构。

8.3.1　防火墙的概念与功能

防火墙(Firewall)这个术语来自建筑结构的安全技术。它指在楼宇里起分隔作用的墙，可以防止发生火灾的时候大火蔓延到其他房屋。在网络系统中，防火墙是指一种将内部网络和外部网络(如 Internet)分开的方法，它实际上是一种隔离控制技术，是内部网络与外部网络之间的一道防御屏障。防火墙在两个网络通信时执行同种访问控制策略，访问者必须首先穿越防火墙的安全防线，才能接触目标主机，网络防火墙见图 8-2。

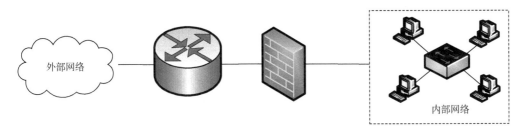

图 8-2　网络防火墙

防火墙由于处于网络边界的特殊位置，因而被设计集成了非常多的安全防护功能和网络连接管理功能，主要包括以下几点。

1) 访问控制

防火墙设备最基本的功能是访问控制，其作用就是对经过防火墙的所有通信进行连通或阻断的安全控制，以实现连接到防火墙上的各个网段的边界安全性。

防火墙可以在以下几个方面实施访问控制。

(1) 根据网络地址、网络协议以及 TCP、UDP 端口进行过滤。

(2) 过滤简单的内容，如电子邮件附件的文件类型等。

(3) 将 IP 与 MAC 地址进行绑定以防止盗用的现象发生。

(4) 对上网时间段进行控制，不同时段执行不同的安全策略。

(5) 对 VPN 通信的安全控制，可以有效地对用户进行带宽流量控制。

2) 防止外部攻击

通过防火墙的内置入侵检测与防范机制来防止黑客攻击。例如，通过检查 TCP 连接中的序号来保护网络免受 SYN 洪泛(SYN Flooding)拒绝服务、端口扫描等。

3)进行网络地址转换

防火墙拥有灵活的 NAT 能力。通过网络地址转换，能有效地隐藏内部网络的拓扑结构等信息。同时内网用户可通过共享转换地址访问外部网络，解决全局 IP 地址不足的问题。

4)提供日志与报警

防火墙具有实时在线监视内外网间 TCP 连接的各种状态以及 UDP 协议包的能力，以此掌握网络中发生的各种情况。通过日志可以记录通信时间、源地址、目的地址、源端口、目的端口、字节数等。

5)对用户身份进行认证

防火墙可以根据用户认证的情况动态地调整安全策略，实现用户对网络的授权访问。

8.3.2 防火墙的原理与分类

从逻辑上看防火墙是一个分离器，也是一个限制器，还是一个分析器，它有效地监控了内部网络和外部网络之间的网络访问活动，保证了内部网络的安全。

防火墙可以工作在 TCP/IP 参考模型的大多数层面上。因此，从 TCP/IP 参考模型的网络结构来看，防火墙是建立在不同分层结构上的、具有一定安全等级和执行效率的安全通信技术。按照网络分层结构的实现思想，防火墙所采用的通信协议栈层次越低，所能检测到的通信资源越少，其安全等级也就越低，其执行效率越高。反之，如果防火墙所采用的通信协议栈层次越高，则所能检测到的通信资源就会越多，其安全等级也就越高，其执行效率越低。

依据网络的分层体系结构，在不同的分层结构上实现的防火墙不同，所采用的实现方法和安全性能也就不尽相同(表 8-2)。

表 8-2　TCP/IP 参考模型与防火墙

TCP/IP 参考模型	防火墙
应用层	应用级网关
传输层	状态包过滤
网络层	包过滤
网络接口层	无

防火墙既可以由一台路由器、一台 PC 或者一台主机构成，也可以是由多台主机构成的体系。一般将防火墙放置在网络的边界，而且本地网络与其他网络的所有连接点都应该装有防火墙。有时在网络边界内部也应该部署防火墙，以便为特定主机提供额外的、特殊的保护。

根据实现技术的不同，防火墙可分为包过滤型防火墙和应用代理型防火墙两大体系。两大体系性能的比较见表 8-3。

表 8-3　防火墙两大体系性能的比较

优缺点	包过滤型防火墙	应用代理型防火墙
优点	工作在 IP 层和 TCP 层，所以处理数据包的速度快，效率高	不允许数据包直接通过防火墙，避免了数据驱动式攻击的发生，安全性好
	提供透明的服务，用户不用改变客户端程序	能生成各项记录，能灵活、完全地控制进出的流量和内容，能过滤数据内容

续表

优缺点	包过滤型防火墙	应用代理型防火墙
缺点	定义复杂，容易出现因配置不当而带来的问题	对于每项服务代理可能要求不同的服务器
	允许数据包直接通过，容易造成数据驱动式攻击的潜在危险	速度较慢
	不能彻底防止地址欺骗	对用户不透明，用户需要改变客户端程序
	数据包中只有其来自哪台机器的信息，不包含其来自哪个用户的信息，不支持用户认证	不能保证免受所有协议弱点的限制
	不提供日志功能	不能改进底层协议的安全性

根据应用对象的不同，防火墙可分为企业级防火墙与个人防火墙。

根据实现形态上的不同，防火墙分为软件防火墙、硬件防火墙和芯片防火墙。

1)软件防火墙

软件防火墙需要用户预先安装在运行公共操作系统的特定计算机上，并做好相应的配置。一般来说安装有软件防火墙的计算机称为整个网络的网关。使用软件防火墙，需要网络管理人员对相应的操作系统平台比较熟悉。

2)硬件防火墙

硬件防火墙基于专用的硬件平台。此类防火墙依赖于操作系统内核，受操作系统本身安全性的影响，且处理速度较慢。

3)芯片防火墙

芯片防火墙基于特别优化设计的硬件芯片，使用专用的操作系统，所以该类防火墙相较于其他两类防火墙速度快、处理能力强、稳定性高。同时，由于使用专用操作系统，本身漏洞较少，易于配置和管理，其缺点是扩展能力有限，价格昂贵。

8.3.3 防火墙体系结构

目前，典型的防火墙体系结构有以下 4 种：包过滤路由器体系结构、双宿主主机体系结构、屏蔽主机体系结构、屏蔽子网体系结构。

1. 相关术语

在介绍防火墙体系结构之前，先对防火墙体系结构中常用的相关术语进行介绍。

1)堡垒主机

"堡垒"一词来源于中世纪，得名于古代战争中用于防守的坚固堡垒，用于发现和抵御攻击者的进攻。在网络中，堡垒主机(Bastion Host)是经过加固，配置了安全防范措施，但没有 IP 转发功能的计算机，为网络之间的通信提供了一个阻塞点。在防火墙体系结构中，堡垒主机应该位于内部网络的边缘，且可暴露给外部网络用户。

建立堡垒主机的一般原则主要有以下 2 个方面。

(1)最简化原则。堡垒主机配置越简单，对它的保护就越方便。在堡垒主机上设置的服务必须最少，通常只提供一种服务，因为提供的服务越多，导致安全隐患的可能性也就越大。如果堡垒主机提供代理服务，应知道将要为哪些应用提供代理，同时监测享受代理服务的应用所采用的 TCP 或者 UDP 端口。一般堡垒主机提供的服务有匿名 FTP 服务、WWW 服务、DNS 服务和 SMTP 服务。

(2)预防原则。尽管用户已对堡垒主机进行了加固，但堡垒主机仍有可能被入侵者破坏，因此用户要预防最坏情况的发生，设计好应对措施。

堡垒主机目前一般有 3 种类型：无路由双宿主堡垒主机、牺牲堡垒主机和内部堡垒主机。

(1)无路由双宿主堡垒主机。无路由双宿主堡垒主机有多个网络接口，但这些接口间没有信息流，这种堡垒主机本身就可以作为一个防火墙，也可以作为一个更复杂的防火墙的一部分。无路由双宿主堡垒主机的大部分配置类同于其他堡垒主机，但是用户必须确保它没有路由。

(2)牺牲堡垒主机。有些用户可能想使用一些无论如何都难以保障安全的网络服务。针对这种情况，就可以使用牺牲堡垒主机。牺牲堡垒主机上面没有任何需要保护的信息，也不与任何入侵者想要利用的主机相连。用户只有在使用某种特殊服务时才需要使用它。牺牲堡垒主机的主要特点是易于管理，即使被入侵也不会对内部网络的安全性造成威胁。

(3)内部堡垒主机。在大多数配置中，堡垒主机可与某些内部堡垒主机有特殊的交互。例如，堡垒主机可传送电子邮件给内部堡垒主机的邮件服务器、与内部域名服务器协同工作等。这些内部堡垒主机其实是有效的次级堡垒主机，可以在它的上面多放一些服务，但对它们的配置必须满足与堡垒主机一样的要求。

2)非军事区

为了配置和管理方便，通常将内部网络中需要向外部提供服务的服务器设置在单独的网段，这个网段称为非军事区(Demilitarized Zone，DMZ)，也称为停火区或隔离区。它是为了解决安装防火墙后外部网络不能访问内部网络服务器的问题而设立的一个非安全系统与安全系统之间的缓冲区。这个缓冲区位于受保护内部网络和外部网络之间的网络区域内，在这个网络区域内可以放置一些必须公开的服务器，如 Web 服务器、FTP 服务器等。另外，通过设置 DMZ，可以更加有效地保护内部网络，因为这种网络部署比起一般的防火墙方案，对攻击者来说又多了一道关卡。

创建 DMZ 的方法有很多，怎样创建有赖于网络的安全需求，创建 DMZ 的常用方法有 4 种。

(1)使用防火墙创建 DMZ。

这种方法使用一个有 3 个接口的防火墙去创建隔离区，3 个接口分别与内部网络、外部网络和 DMZ 相连，防火墙提供区与区之间的隔离(图 8-3)。

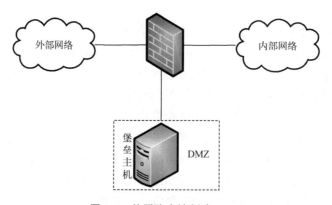

图 8-3　使用防火墙创建 DMZ

（2）在防火墙之外的公共网络和防火墙之间创建 DMZ。

在这种方法中，DMZ 暴露在防火墙的公共面一侧。通过防火墙的流量，首先要通过 DMZ。一般情况下不推荐使用这种方法，因为 DMZ 中能够用来控制设备安全的配置非常少。这些设备实际上是公共区域的一部分，它们自身并没有受到真正的保护（图 8-4）。

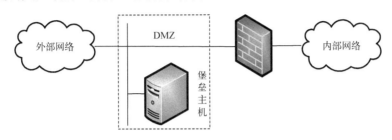

图 8-4　在防火墙之外的公共网络和防火墙之间创建 DMZ

（3）在防火墙之外且不在公共网络和防火墙之间创建 DMZ。

这种方法同第（2）种方法类似（图 8-5），仅有的区别是：这里的 DMZ 不是位于防火墙和公共网络之间，而是位于连接防火墙同公共网络的边界路由器的一个隔离接口。这种方法中的边界路由器能够用于拒绝所有从 DMZ 子网到防火墙所在子网的访问，并且通过设置 VLAN 能够使防火墙所在的子网和 DMZ 子网间拥有第二层的隔离。在位于 DMZ 子网的主机受到危害，并且攻击者开始使用这台主机对防火墙和网络发动更进一步攻击的情形下，这种方法是有用的。

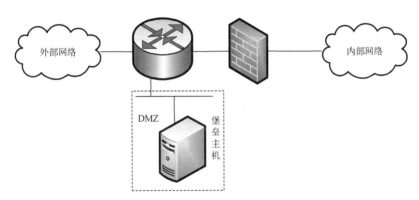

图 8-5　在防火墙之外且不在公共网络和防火墙之间创建 DMZ

（4）在层叠防火墙之间创建 DMZ。

在这种方法中（图 8-6），两个防火墙层叠放置，访问专用网络时，所有的流量必须经过两个层叠防火墙，两个防火墙之间的网络用作 DMZ。DMZ 前面设置的防火墙过滤了一定的

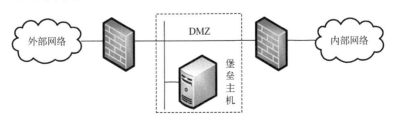

图 8-6　在层叠防火墙之间创建 DMZ

攻击流量，从而增加了 DMZ 的安全性。但是该类机制使得专用网络到公共网络的数据必须经过 DMZ，一旦 DMZ 被攻陷，就使攻击者能够以不同的方式产生攻击流量。可以在防火墙之间设置专用 VLAN 减少这种风险。

2. 包过滤路由器体系结构

包过滤路由器(Packet Filtering Router)又称为屏蔽路由器(Screening Router)，是最简单、最常见的防火墙。

包过滤路由器作为内、外连接的唯一通道，要求所有的数据包都必须在此通过检查。路由器上安装包过滤软件，对所接收的每个数据包做允许/拒绝的决定，实现包过滤功能。包过滤路由器防火墙一般作用在网络层，故也称为网络层防火墙或 IP 过滤器，包过滤路由器防火墙见图 8-7。

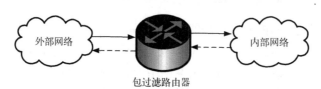

图 8-7　包过滤路由器防火墙

包过滤路由器体系结构最大的优点是架构简单且硬件成本较低，由于路由器提供的服务非常有限，所以保护路由器比主机较易实现。其优点还包括以下几点。

(1)处理数据包的速度比较快(与代理服务器相比)。

(2)实现包过滤几乎不再需要费用。

(3)包过滤路由器对用户和应用来讲是透明的。

但其也存在明显的不足。

(1)包过滤路由器仅依靠包过滤规则过滤数据包，一旦有任何错误的配置，将会导致不期望的流量通过或者拒绝一些可接收的流量。

(2)一些包过滤路由器不支持有效的用户认证，会造成任何直接经过路由器的数据包都有被用作数据驱动式攻击的潜在危险。

(3)因为 IP 地址是可以伪造的，因此如果没有基于用户的认证，仅通过 IP 地址来进行判断是不安全的。

(4)不能提供有用的监视和日志，或根本不提供日志。

(5)随着过滤器数目的增加，路由器的吞吐量会下降。

(6)包过滤器可能无法对网络上流动的信息进行全面的控制。

(7)包过滤路由器不能隐藏内部网络的配置，任何能访问屏蔽路由器的人都能轻松地看到内部网络的布局和结构。

3. 双宿主主机体系结构

双宿主主机(Dual Homed Host)体系结构是围绕双宿主的堡垒主机构筑的，其双宿主主机至少有两个或多个网络接口，可以连接内外网，实现内外网之间的访问控制。内外网之间的通信必须经过堡垒主机(图 8-8)。

图 8-8　双宿主主机体系结构

堡垒主机上运行防火墙软件,可以充当与这些接口相连的网络之间的路由器,能够转发 IP 数据包。但是,在这种体系结构中必须禁用路由选择功能。外部网络与内部网络之间的通信必须经过双宿主堡垒主机的过滤和控制。

双宿主堡垒主机取代路由器执行数据包的安全控制,实现内外网之间的寻址。当攻击者想要访问内部网络时,必须先要攻破双宿主堡垒主机,这会让防御者有足够的时间阻止这种安全侵入和做出反应。这种防火墙体系结构的优点如下。

(1)网络结构简单,内外网之间没有直接的数据通信,且可以将被保护的网络内部结构屏蔽起来,增强网络的安全性。

(2)可用于进行较强的数据流监控、过滤、记录和报告等。

(3)采用应用层代理机制,可以实现应用层的数据过滤。

其不足体现在以下几个方面。

(1)一旦入侵者侵入堡垒主机并使其具有路由功能,则会导致内部网络处于不安全的状态。

(2)双宿主堡垒主机只有用代理服务的方式或者让用户直接注册到双宿主堡垒主机上才能提供安全控制服务,但在堡垒主机上设置用户账户会产生很大的安全问题。

4. 屏蔽主机体系结构

屏蔽主机(Screened Host)体系结构也称作堡垒主机过滤体系结构,由一个屏蔽路由器和内部网络上的堡垒主机共同构筑防火墙,其有两道防线,一道是屏蔽路由器,另一道是堡垒主机,通过把所有外部到内部的连接都路由到堡垒主机上,强迫所有的外部主机与堡垒主机相连,而不让它们直接与内部主机相连(图 8-9)。

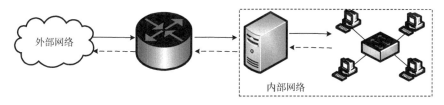

图 8-9　屏蔽主机体系结构

屏蔽路由器位于网络边缘,负责与外网连接,并通过路由表使得所有的外部连接被路由到堡垒主机。因此,屏蔽路由器的路由表应当受到严格的保护,否则当路由表遭到破坏时,数据包就不会被路由到堡垒主机上,使堡垒主机被绕过。堡垒主机位于内部网络,其上安装代理软件,从而能够在应用层对数据包进行检测,并依据检测结果做出允许或禁止的判决。

与包过滤路由器体系结构和双宿主主机体系结构相比,屏蔽主机体系结构有以下优点。

(1)具有更高的安全性。由于堡垒主机的前面是屏蔽路由器,屏蔽路由器执行包过滤功能，堡垒主机相比双宿主堡垒主机受到更多的保护；同时，它实现了网络层安全(包过滤)和应用层安全(代理服务)。

(2)可以通过修改屏蔽路由器和堡垒主机的安全策略灵活管理内部网络用户对外部网络的访问。

(3)由于屏蔽路由器和堡垒主机同时存在，堡垒主机可以从一些安全事务中解脱出来，以更高的效率提供数据包过滤和应用代理服务。

其不足体现在以下几个方面。

(1)外部用户在被允许的情况下可以访问内部网络资源，存在一定的安全隐患。

(2)屏蔽路由器和堡垒主机的过滤规则较为复杂，配置容易出错。

(3)一旦入侵者侵入堡垒主机，将导致内部网络处于不安全的状态。

5. 屏蔽子网体系结构

屏蔽子网(Screened Subnet)体系结构也称为子网过滤体系结构，是在屏蔽主机体系结构的基础上再加一个路由器，两个屏蔽路由器分别放在子网的两端，形成一个称为周边网络或非军事区(DMZ)的子网(图8-10)。内部网络和外部网络均可访问屏蔽子网，但禁止它们穿过屏蔽子网直接通信。有的屏蔽子网中还设有堡垒主机作为唯一可访问点，支持终端交互或作为应用网关代理。

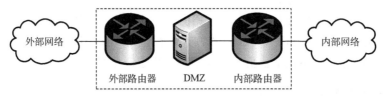

图8-10　最简单的屏蔽子网体系结构

屏蔽子网通过内部和外部两个路由器实现了内网和外网的逻辑隔离。这样，即便攻击者入侵了堡垒主机，也只能监听到经由堡垒主机转发的外部网络和内部网络主机之间的通信，而监听不到内部网络主机之间的通信，从而提升内部网络的安全性。

相比于双宿主主机体系结构和屏蔽主机体系结构，屏蔽子网体系结构具有以下优点。

(1)由内、外两个路由器组成两道隔离屏障，入侵者难以攻破。

(2)外部用户访问服务资源时，不必进入内部网络，提高了内部网络的安全性。

(3)堡垒主机由外部路由器和其自身的安全机制来共同保护，用户只能访问它提供的服务。

(4)即使入侵者攻破了堡垒主机，也无法监听到内部用户之间的通信。

其不足主要有以下几个方面。

(5)不能防御内部攻击者，来自内部的攻击者是从网络内部发起攻击的，他们的所有攻击行为都不通过防火墙。

(6)屏蔽子网体系结构比较复杂，构建成本高，且容易配置出错。

8.4　网　　闸

网闸的思想来源于著名的黑盒定理：如果想保证一个计算机系统的绝对安全，就将它锁进一个黑盒。计算机系统与外界的连接越多,它所面对的安全危险就越大。调节安全性和互连性这一对不可调和的矛盾,使计算机系统在隔离的情况下能够提供服务,便成了网闸技术研究的出发点。

网闸是位于两个不同安全域之间,对不同的安全域进行物理隔离的安全部件。网闸通过协议转换的手段,以信息摆渡的方式实现不同安全等级网络之间的数据交换,阻断网络间的直接连接,杜绝由操作系统和网络协议自身漏洞带来的安全风险。

8.4.1　实现原理

互联网是基于 TCP/IP 来实现的,而所有的攻击都可以归纳为对 TCP/IP 的数据通信模型的某一层或多层的攻击,因此,阻止攻击最直接的方法就是断开 TCP/IP 的通信模型的所有层,消除所有协议漏洞,也就没有漏洞可以被利用,就可以消除目前 TCP/IP 网络存在的攻击。这就是物理隔离的技术原理。

1) 物理层的断开

物理层的连接本身很难定义,物体相连并不代表物理层的连接,物体不相连也不代表物理层就是断开的。因此,一般情况下认为如果不能基于物理层的连接建立数据链路,那么物理层的连接是断开的。

2) 数据链路层的断开

数据链路层的断开要求断开所有的数据链路,消除建立链路时使用的控制信号,截断利用会话产生的信息交互。也就是说,没有了数据链路层的连接,就失去了对数据传输的保障,使得数据的传输结构并不可靠。由于没有了协议的保障,也就不会存在利用协议漏洞进行的攻击。

3) 网络层的断开

网络层的断开需要剥离所有的 IP 协议,不使用 IP 协议的格式与规则,也就不会因为 IP 协议中漏洞的暴露而造成对网络的攻击,IP 地址就不会被伪造,IP 数据包就不会被非法构建,也就彻底消除了所有基于 IP 协议的攻击。

4) 传输层的断开

传输层的断开就是去除掉所有的 TCP 协议或者 UDP 协议,攻击者无法利用这两个协议中的漏洞对安全网络进行攻击。

5) 应用层的断开

应用层的断开就是禁止所有应用层协议,从而消除利用应用层协议漏洞实施的网络攻击。

8.4.2　TCP/IP 协议断开的实现

根据物理隔离的思想和技术原理,实现 TCP/IP 协议每一层的断开都可以实现物理隔离,从而实现网闸的功能和安全需求。下面介绍如何实现 TCP/IP 协议的每一层断开。

1) 物理层的断开

物理网闸是基于摆渡技术设计的隔离产品,就像需要摆渡船连接河流的两岸一样。

网闸系统通常采用“2+1”架构,即在整个网闸中包括一台作为外网处理单元的计算机、一台作为内网处理单元的计算机和一个独立的固态存储介质,外网处理单元与固态存储介质、内网处理单元与固态存储介质进行数据交换时相连,但不能同时相连。因此,需要在外网处理单元与固态存储介质之间、内网处理单元与固态存储介质之间设置调度控制电路作为开关。这个调度控制电路必须保证这两处开关不会同时闭合，也就保证了外部网络和内部网络的断开，从而实现了物理层的断开。网闸系统"2+1"架构的结构见图8-11。

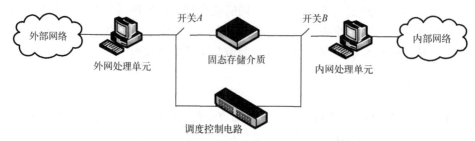

图 8-11　网闸系统"2+1"架构的结构图

网闸工作时，首先利用调度控制电路保证开关 A、B 都保持打开的状态，此时，内网处理单元和网络隔离单元、外网处理单元和网络隔离单元都不相连，内外部网络完全断开。当有数据从外部网络发送到内部网络时，先闭合开关 A，保持开关 B 仍处于打开状态，将数据从外部网络经由外网处理单元发送到网络隔离单元的固态存储介质中，此时，数据在固态存储介质中进行缓存，一旦数据全部写入固态存储介质，网络隔离单元就返回一个信号通知调度控制电路，将开关 A 切换到打开的状态，再将开关 B 闭合，之后就可以将缓存在固态存储介质中的数据经内网处理单元发送至内部网络的目的计算机，一旦数据全部进入了内部网络，调度控制电路就控制开关 B 打开，开关 A 仍保持打开状态，恢复到最初网络断开的状态。

如果这时有数据从内部网络发送到外部网络，则先闭合开关 B，保持开关 A 打开，然后将数据由从内向外的方向写入固态存储介质进行缓存，再打开开关 B，闭合开关 A，将缓存的数据经由外网处理单元发向外部网络，最后恢复两开关至初始状态。

2) 数据链路层的断开

要实现数据链路层的断开，就必须消除所有的通信链路协议。因此，如何在没有通信协议的情况下进行数据交换，就成了关键问题。

可采用基于总线的读写技术实现网闸在数据链路层上的断开，这样物理网闸系统连接的两个可路由的网络就可以通过简单的读写这种非通信协议的方法进行数据交换。利用双端口静态存储器来替代前面提到的固态存储介质，利用 FPGA 或者 CPLD 来控制和调度电路，可实现两个开关的控制逻辑。

3) 网络层、传输层的断开

断开网络层和传输层，就必须剥离 TCP/IP 中相应的协议，也就是直接去除掉 IP 首部和 TCP(或者 UDP)首部，在经过网闸系统之后，再重建恢复网络层协议和传输层协议，利用正常的网络过程重建 IP 首部和 TCP(或者 UDP)首部。在进行设计时可以参照断开 TCP/IP 连接的 NAT 技术，把一个 TCP/IP 连接断开为两个 TCP/IP 连接。然而需要注意的是，不能像 NAT 技术那样使得断开的两个连接仍然处于一台主机上。也就是说，外部网络中的主机与网闸系统之间是一个独立的 TCP/IP 连接，内部网络的主机与网闸系统之间也是一个独立的 TCP/IP 连接，两个 TCP/IP 连接之间是隔离的。

当数据包从外部网络发向内部网络时，外网处理单元强行捕获该数据包，并将该数据包的 TCP/IP 协议头剥离，让数据包不带有任何 TCP/IP 协议的属性，断开整个的 TCP/IP 连接，然后将剥离了 TCP/IP 协议头的数据包通过读写操作发送到内网处理单元,在内网处理单元重新建立与最终目的计算机的 TCP/IP 连接,将其发送进内部网络。数据包从内部网络发向外部网络时也经过了类似的剥离、断开、重组的过程,只是方向相反。

如图 8-12 所示,假设一个外部网络主机 A 要向内部网络的主机 B 发送一个数据包,因此,主机 A 最终形成的流入数据包以主机 B 的地址 b 为目的地址,以主机 A 的地址 a 为源地址。由于进入内部网络只有网闸系统这一个入口,所以数据包先到达作为外网处理单元的主机。由于数据包的目的地址是主机 B 的地址 b,而并非外网处理单元的地址 c,所以正常情况下,数据包在经过外网处理单元时并不做停留,但是由于需要对数据包进行一定的处理,当数据包经过外网处理单元时,外网处理单元利用处于混杂模式下的网卡强行将数据包捕捉来进行处理。此时的数据包仍旧以主机 B 的地址 b 为目的地址,以主机 A 的地址 a 为源地址。

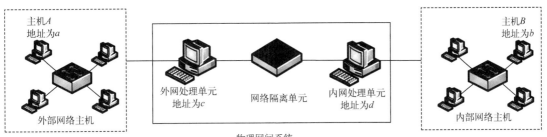

图 8-12　物理网闸系统方案使用

为了剥离网络层、传输层以及应用层的协议,断开网络传输连接,外网处理单元将数据包上的网络层、传输层、应用层的首部删去,并将删去的部分暂时存储以便重建时使用,此时,数据包没有目的地址和源地址,只剩了原始数据,剥离了所有的协议。然后利用物理传输将数据包通过网络隔离单元发向内网处理单元来进行协议重建,这就需要将刚才所存储的被删去的数据包首部随原始数据一并发向内部网络。于是在原始数据的前面自定义一个协议首部,构成一个自定义数据包,在这个首部中就包括重建协议需要的所有信息,由于这里自定义的协议并不属于 TCP/IP 协议族,协议的格式也是自己商定的,并且是经过物理设备的读写传输发送进内网的,所以不存在漏洞被利用、数据被截等隐患。接着将自定义的数据写入网络隔离单元,经过开关控制及缓存将数据摆渡进内网处理单元。内网处理单元从网络隔离单元中读出自定义数据包进行处理,先提取出自定义首部中为了重建 TCP/IP 协议所储存的信息,再将自定义首部删掉,只剩原始数据。此时利用存储下来的信息和主机 B 重新建立网络层、传输层和应用层的连接,数据包的目的地址仍为主机 B 的地址 b,但是源地址变为了内网处理单元的地址 d,由于这个连接是新建立的,和之前外部网络主机建立的连接毫无关系,就完成了协议的断开。如果主机 B 要向主机 A 发送数据,也是类似的过程,只是方向相反。这样就完成了在物理隔离系统存在的情况下的数据交换。

4) 应用层的断开

应用层的断开利用的原理和网络层以及传输层断开是相同的,必须消除或者剥离应用层协议,只剩下原始数据,在经过数据摆渡之后,再还原应用层协议。这样将一个应用层协议的连接改为两个应用层协议的连接,这两个连接的应用会话是完全独立的,外部网络和网闸系统之间存在一个应用连接,网闸系统和内部网络之间存在一个应用连接。

8.5　本章小结

边界防护在网络安全中一直扮演着重要的角色,它既是进入内网的第一道也是最后一道防线。传统的安全部署方式,是根据每个计算环境的边界去划分安全域,其边界十分清晰。然而,云计算与虚拟化的兴起,使得一个物理服务器中可能有几个不同租户的虚拟机,而同一个租户的虚拟机又有可能分布在不同的物理服务器中,这就造成了无法用传统的安全区域划分方法来定义边界。然而,可以通过实现虚拟机微隔离和虚拟化防火墙的功能,将用户业务范围内的虚拟机组成一个个安全域,在安全域的边界设立安全网关,或将每个虚拟机作为最小安全域,为每个虚拟机提供单独的防护,这都与传统安全理念中安全域的概念非常类似。

习　　题

1. 简述 NAT 的安全功能。

2. 路由器和防火墙有什么区别?

3. 防火墙的体系结构有哪些?原理分别是什么?

4. 双宿主主机体系结构的弱点是什么?

5. 屏蔽子网体系结构通过建立一个什么样的网络将内部网络和外部网络分开?

6. 查找资料,叙述防火墙测试的内容和方法。

7. 简述攻击防火墙的主要手段。

8. 网闸的特征是什么?网闸阻断了所有的连接,怎么交换信息?应用代理阻断了直接连接,是网闸吗?

9. 收集国内外有关网络隔离交换技术的最新动态。

第 9 章　网络安全监测

监测是指在网络、计算环境、服务及应用等多个层面布设探针，对被监测网络的网络资产、拓扑结构、运行状态和异常事件等要素进行不间断的监控和分析。本章重点关注网络安全监测，主要涉及网络资产探测、网络入侵检测、内部威胁检测、网络安全态势感知等内容。

网络资产是构成网络的物理基础，对主机、数据库、服务器、中间件、操作系统及应用服务等网络资产进行状态探测，能够帮助用户快速掌握网络状况，也是及时发现异常或攻击事件，并进而形成网络安全态势的基础与前提；入侵检测是指利用入侵检测系统，动态检测正在发生的网络攻击行为或各类异常现象，是网络安全监测的关键；抽象和呈现网络与系统中的各类异常，挖掘安全数据背后蕴含的知识信息，把握网络安全事件发展趋势，全方位感知网络安全态势是网络安全监测的核心；调查研究表明，相比于外部网络攻击，组织内部人员造成的威胁往往危害更大，及时高效地检测内部人员恶意行为，控制内部威胁造成的损害，是组织网络信息安全的重要保障。

9.1　网络资产探测

ISO/IEC TR 13335《IT 安全管理指南》中将"任何对组织有价值的东西"定义为资产，资产作为 IT 安全管理的对象，包括信息(或数据)、硬件、软件、资金、服务、人员等。本节主要探讨上述资产中具有网络连接的终端、设备、服务等网络资产。网络资产探测是指追踪、掌握网络资产情况的过程，通常包括网络拓扑发现、主机发现、操作系统识别、服务识别等，其主要目的是"摸清家底"，无论对于网络安全监管部门快速掌握内网资产及其漏洞分布情况，还是对于用户常态化地建立更新网络暴露面资产数据库来讲，都十分重要。

9.1.1　发展概况

时至今日，国内外出现了很多功能强大的网络探测器，其中最著名的是 Flody 在 1997年发布的 Nmap。现在 Nmap 的版本已经更新至 7.93，它能够进行主机发现，完成对 TCP 端口和 UDP 端口的探测，而且里面包含了服务指纹，通过对目标主机的不同端口发送特定的数据包，获取返回的 Banner 信息，能够进行服务和版本识别。不仅如此，它通过利用 TCP/IP协议栈指纹在设计上的差异，能够进行操作系统的识别。其本身还有强大的 NSE 脚本库，利用该脚本库能够对某些特定漏洞进行检测。近几年，国内外出现的几款全球服务器资源搜索引擎都引起各界的广泛关注，其中，以 Shodan 和 ZoomEye 最为典型，这两款资源搜索引擎获取资源都是通过 Nmap 来实现的，足以见其功能强大。尽管 Nmap 有着强大的功能，但是也存在着缺陷，由于需要对探测数据包进行跟踪，因此在 TCP/IP 协议栈中保存了探测数据包的连接状态，占用了内存和 CPU 资源，从而延缓了网络探测的速度。

在 2012 年，密歇根大学的科研人员 Durumeric 和其同事开发了 ZMap，ZMap 的问世使得快速探测互联网成为可能，它在 1Gbit/s 的网速下只需花费 44min 便能够完成对 IPv4 地址空间的探测。之所以能够如此快速完成对网络的探测，是因为 ZMap 并不保存每个探测数据包的连接状态，而是采用随机探索、广泛散发的方法，即按照随机的顺序对全网目的地址空间进行探测，同时 ZMap 可以跳过 TCP/IP 协议栈直接生成数据链路层的帧，从而使其扫描的速度能够接近网络带宽，提高探测的效率。而且 ZMap 在设计过程中采用了模块化设计，可以根据自己不同的需求，自己编写探测模块，完成对目标网络的特定探测。该工具的产生，大大缩短了对目标网络探测的时间。

9.1.2　网络资产探测方法

1）人工统计方法

人工统计是最原始的资产探测方法，通过人工统计定期地组织资产普查，并利用一些软件（如 Excel、Spiceworks 等）进行辅助记录。对于一些小型单位而言，由于人工统计方法低技术门槛的特性，其不失为一种经济、便捷而有效的方法，但需要耗费大量的人力资源和时间，时效性差，对于一些恶意接入的网络资产无法及时地发现。

2）主机发现方法

主机发现的目的是探测出网络空间中的存活主机，也是进行网络资产探测的第一步。

目前主机发现方法有很多，主流的主机发现方法有 ICMP ECHO、ICMP SWEEP 和广播 ICMP 以及 Non-ECHO ICMP。其中 ICMP ECHO 就是采用 ping 的方式进行探测；而 ICMP SWEEP 是使用 ICMP ECHO 方法对多台主机进行轮询；广播 ICMP 是通过发送 ICMP 请求报文到一个广播地址，然后接收在线主机发送的 ICMP 应答报文进行探测；Non-ECHO ICMP 则是利用 ICMP 协议中的其他类型，根据 ICMP 请求报文的类型不同，返回相应的 ICMP 应答报文，判断主机是否在线，同时该方法还可以对路由等网络设备进行探测。

然而，在主机发现过程中，由于 ICMP 报文会被一些设备的防火墙过滤，这样就会导致所探测出的在线主机的数量小于实际的主机数量。

3）端口探测方法

端口是网络空间的重要信息，通常是黑客入侵系统的入口。因此对网络端口进行探测，能够找出容易被黑客利用的端口，从而有助于及时关闭不常用或危险的端口，防止网络空间中的主机遭到侵害。

目前，端口探测根据协议划分可以分为 TCP 端口探测和 UDP 端口探测。

（1）TCP 端口探测。

在 TCP 的头部中含有 6 个标志位，分别为 URG、ACK、PSH、RST、SYN、FIN，该 6 个标志位中每一位都有不同的含义。在 RFC 793 中，通过设置不同的 TCP 数据包的标志位，产生 TCP 端口的探测方式。

TCP Connect 探测方式需要完成 TCP 的三次握手，如果握手成功，则端口是开放的，否则端口是关闭的，但是由于需要完成整个连接的建立过程，消耗了大量的时间，而且该探测方式不安全，容易被察觉。

TCP SYN 是最常用的端口探测方式，该方式在探测过程中并不完成 TCP 建立连接的三次握手过程。首先发送 SYN 包给目标主机，若收到 SYN+ACK 包，则端口是开放的，发送 RST 包关闭连接；若收到 RST 包，表明端口是关闭的。该方式由于未完成连接的建立，因此速度是比较快的，而且也不易被发现，但是每次探测需要构造数据包。

在探测过程中为了使得探测更加隐蔽，衍生了秘密探测的方式，该探测方式并不采用 TCP 连接的三次握手，无法被记录下来，因此更加隐蔽，目前秘密探测方式有以下几种：TCP FIN 探测、TCP ACK 探测、TCP NULL 探测和 TCP Xmas 探测。这四种方式都是向目标主机的端口发送 TCP FIN 包/ACK 包/Xmas tree 包/Null 包，如果收到对方 RST 回复包，那么说明该端口是关闭的；没有收到 RST 包说明端口可能是开放的或被屏蔽的。

(2) UDP 端口探测。

发送 UDP 数据包到目的端口，如果目标接收到不可达的 ICMP 数据包，则该端口是关闭的，否则端口可能是开放的。由于 UDP 协议是无连接的、不可靠的，所以 UDP 端口探测也是不可靠的。

4) 无状态探测方法

之前介绍过的端口探测方法，当发送探测数据包之后，TCP/IP 协议栈需要维护每个探测数据包的连接状态，根据这些状态去判别已经扫描了哪些主机，这就需要建立完整的 TCP 会话并完成三次握手过程。由于记录了大量的状态，就占用了内存和 CPU 的资源，而且由于保留了状态信息，当检测到数据包状态超时时，会重新发送该探测数据包，这样很大程度上就延缓了扫描的速度。

无状态探测方法中每个探测数据包的连接状态不需要 TCP/IP 协议栈去维护。该方法指的是在网络探测过程中，当发送完探测数据包之后，就忘记该请求，通过特定的算法随机化地址，使得不用记录哪些 IP 地址被扫描过，而且通过数据包中的特定字段，对自己发送的数据包进行区分和校验。ZMap 就是采用该种方法实现的，通过循环模的方式产生随机地址作为目标地址来避免存储已扫描或需要扫描的地址空间，通过利用 TCP 头部中的源端口和目的端口字段以及 ICMP 头部中的序列号和 ICMP 标识码识别响应数据包。由于未跟踪探测数据包的连接状态，因此，没有重传和超时处理机制，能够最大限度利用网络带宽。

此外，ZMap 中发送模块和接收模块异步运行，发送模块负责将探测数据包发送出去，而接收模块负责完成数据包的接收和校验，这种异步运行的方式，缩短了网络探测的时间。此外，在扫描地址生成方面，高速网络扫描工具使用了基于素数域原根或加密算法的地址生成策略，增加了相邻扫描地址的随机性，减少了扫描对同一 IP 地址段内目标网络的压力，不仅实现了高效的资源(带宽、计算)利用，而且对扫描行为也起到了一定的隐蔽作用。这样，ZMap 就能在 45min 内完成整个 IPv4 地址空间的扫描，比传统 Nmap 最激进的默认条件设置都快 1300 倍。类似的工具 Masscan 使用双端口 10Gbit 级的网卡，仅用 3min 就能完成全网扫描。

5) 基于网络管理协议的探测方法

网络资产的探测还可以采用多种网络管理协议，常用的有 DNS、ARP、SNMP 等，它们各具特点，其中以 SNMP 最有效。

DNS 提供主机名和 IP 地址间映射的分布式数据库。大多数域名服务器通过 zone transfer 命令返回该域内名字的列表，通常它与 ping 或 Tracerouter 工具结合使用。这种协议快速、准确、开销小，但是资产探测并不完全准确，因为用 DHCP 获取 IP 地址的主机并没有 DNS 服务，而且一些网络管理员会因为安全原因关闭 DNS 域名转换服务。

ARP 属于网络层，它将上层的 IP 地址与底层的物理地址进行绑定。ARP 协议维护管理了一张地址映射表，表中的网络设备地址都是最近活动过的有效 IP，而且几乎没有冗余信息，所以此协议的探测效率很高，但是如果网络过大，ARP 表中的记录可能无法包含网络中实际存在的所有网络设备，并且它要求网络设备必须支持 ARP 协议。

SNMP 是 TCP/IP 网络中应用最广泛的网络管理协议。它的基本思想是所有的网络设备维护一个 MIB（管理信息库）以保存其所有运行进程的相关信息，并对管理工作站的查询进行响应。SNMP 有两个主要的组成部分：SNMP 代理和 SNMP 管理者。想要监视的每个网络设备（节点）都要运行 SNMP 代理。管理终端与代理进程之间进行通信，通过 SNMP 定义的 GetRequest、GetNextRequest、SetRequest、GetResponse、Trap 五种操作对设备进行信息查询和参数设置。在资产探测和拓扑发现中主要用到前面两个操作。目前主要的网络设备都提供对 SNMP 协议的支持，因此基于 SNMP 协议的网络资产探测方法被广泛采用。

6）操作系统探测方法

操作系统是维护网络安全的基础，所有的应用程序都需要依赖操作系统才能够运行，而绝大部分安全漏洞都与操作系统相关，因此探测出对方操作系统的类型甚至版本显得尤为重要，有助于及时修补系统漏洞，防止系统遭受攻击。

操作系统识别是基于 TCP/IP 协议栈指纹实现的，因为 TCP/IP 协议栈在设计上是存在差异的，通过利用这些差异的特征可以对操作系统进行识别，一般分为主动探测和被动探测两种方式。

主动探测方式主要包含以下几类：FIN 探测、TCP 可选字段探测、TCP 窗口大小探测、BOGUS 标记探测、TCP ISN 采样探测、ACK 值探测、ICMP 探测（包含 ICMP 错误消息终止、ICMP 错误消息引用和 ICMP 错误消息回射完整性）、Type of Service 探测以及 DF 探测等。

被动探测与主动探测相似，但是它是通过捕获数据包的方式来分析和识别操作系统的。其原理是操作系统厂商（如微软和 RedHat 等）在编写自己的 TCP/IP 协议栈时，会做出不同的解释，通过这些解释的细微差别，可以准确定位操作系统的版本。在该过程中主要根据数据包中的 TTL 跳数、TCP 的窗口大小、DF 标志位和 TOS 位来识别操作系统。

7）服务和版本探测方法

服务和版本探测主要用于获取目标主机运行的服务和版本信息，服务和版本信息的获取能够让用户及时关闭不常用的服务，对旧版本的服务进行更新，修补主机漏洞。

对于网络空间中的服务，有多种识别的方式，可以利用开放的端口，进行粗略的服务识别，例如，80 端口上运行着 HTTP 服务，21 端口上运行着 FTP 服务等，仅依靠上面的判断是不准确的，因为用户在进行软件服务安装的时候可以对该服务端口进行修改，所以即使是同样的端口，其上所运行的服务也是不一样的，而且上述的探测，并不能得到该服务和软件的版本信息。

目前针对服务和版本探测，应用最广泛的是利用服务 Banner 信息进行服务的识别，当客户端与服务器进行连接之后，服务器会将一些信息反馈给用户，而所需的服务和版本信息可能就包含在这些信息之中。Apache 的 Banner 信息见图 9-1。从图中可知所用的服务是 HTTP 服务，所用的 Web 服务器为 Apache，版本为 Apache/2.4.9。

8）拓扑探测方法

拓扑探测是对网络结构进行探测，通过对探测到的数据和节点进行分析，掌握网络的基本拓扑结构。目前的网络拓扑探测研究有很多，主流的一般是采用 traceroute 的方式进行探测。

```
HTTP/1.1 200 OK
Date: Mon, 28 Nov 2016 15: 29: 47 GMT
Server: Apache/2.4.9(Win32) PHP/5.5.12
Last-Modified: Thu, 25 Aug 2016 14: 03: 25 GMT
ETag: "452f-53ae5dc911296"
Accept-Ranges: bytes
Content-Length: 17711
Keep-Alive: timeout=5, max=100
Connection: Keep-Alive
Content-Type: text/html
```

图 9-1　Apache 的 Banner 信息

　　traceroute 的实现方式目前最常见的有两种，一种是基于 UDP 的方式，另一种是基于 ICMP 的方式。基于 UDP 的方式是探测主机发送一个端口不可达的 UDP 数据报文，首先会将 IP 头部中的 TTL 的值设置为 1，发送出去，当经过路径中的第一个路由时 TTL 的值将减 1，此时 TTL=0，这时候会返回一个超时 ICMP 数据报文给探测主机，记下该跳的 IP 地址，之后将 TTL 的值设置为 2，依次进行，直到收到了端口不可达的 ICMP 数据包为止，最终得到探测主机到目标主机的一条路径；基于 ICMP 的方式，则是发送 ICMP ECHO REQUEST 报文给目标主机，中间过程和 UDP 的方式是相同的，但是当其收到 ICMP ECHO REPLY 报文时，表明请求报文已经到达目标主机。

9.2　网络入侵检测

　　20 世纪 80 年代初期，Anderson 首次提出了入侵检测的概念，他将入侵定义为：未经授权蓄意尝试访问信息、篡改信息，使系统不可靠或不能使用。美国国际计算机安全协会(ICSA)把入侵检测定义为：从计算机网络或计算机系统中的若干关键点收集信息并对其进行分析，从中发现网络或系统中是否有违反安全策略的行为和遭到袭击的迹象的一种安全技术。

　　入侵检测具有监视分析用户和系统的行为、审计系统配置及漏洞、评估敏感系统和数据的完整性、识别攻击行为、对异常行为进行统计、自动地收集与系统相关的补丁、审计追踪识别违反安全法规的行为、使用诱骗服务器记录黑客行为等功能。入侵检测系统(Intrusion Detection System，IDS)就是完成入侵检测功能的软件、硬件组合的系统，能够对系统资源的非授权使用做出及时的判断、记录和报警。IDS 用来识别针对计算机系统和网络系统或者更广泛意义上的信息系统的非法攻击，包括检测外界非法入侵者的恶意攻击或试探，以及内部用户的越权非法行动。入侵检测系统是对防火墙的合理补充，是一个实时的网络违规识别和响应系统，是继防火墙之后的又一道防线，可以弥补防火墙的不足。

9.2.1　入侵检测模型

　　最早的入侵检测模型是由 Denning 给出的。该模型主要根据主机系统审计记录数据，生成有关系统的若干轮廓，并监测轮廓的变化差异以发现系统的入侵行为(图 9-2)。随着入侵行为的种类不断增多，涉及的范围不断扩大，而且许多攻击是经过长时期准备，通过网上协作进行的。面对这种情况，入侵检测系统的不同功能组件之间、不同 IDS 之间共享这类攻击信息是十分重要的。为此研究员 Chen 提出一种通用的入侵检测框架(Common Intrusion Detection Framework，CIDF)模型。

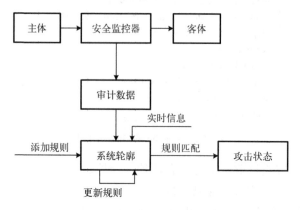

图 9-2　入侵检测模型

　　该模型认为入侵检测系统由事件产生器(Event Generators)、事件分析器(Event Analyzers)、响应单元(Response Units)和事件数据库(Event Databases)组成(图 9-3)。事件产生器的目的是从整个计算环境中获得事件，并向系统的其他部分提供此事件。事件分析器分析得到的数据，并产生分析结果。响应单元则是对分析结果做出反应的功能单元，它可以做出切断连接、改变文件属性等强烈反应，也可以只做出简单的报警。事件数据库是存放各种中间和最终数据的地方的统称，它可以是复杂的数据库，也可以是简单的文本文件。

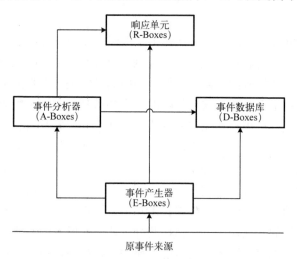

图 9-3　CIDF 模型组件关系图

9.2.2　入侵检测系统工作模式

　　无论对于什么类型的入侵检测系统，其工作模式都可以体现为以下四个步骤。

　　1)信息收集

　　入侵检测的第一步就是信息收集，从系统的不同环节收集信息。收集的内容包括任何可能包含入侵行为线索的系统数据，如系统和网络状态以及用户行为。信息收集的范围越广，入侵检测系统的检测范围就越大。此外，从一个信息源收集到的信息有可能看不出疑点，需要通过若干信息源之间信息的不一致性发现和识别可疑行为。当然，入侵检测的效果很大程度上依赖于收集到的信息的可靠性和正确性，因此需要保证用来检测网络系统的软件的完整性，特别是入侵检测系统软件本身应具有相当强的坚固性，防止被篡改而收集到错误的信息。

信息收集的来源包括系统或网络的日志文件、网络流量、系统目录和文件的异常变化、程序执行中的异常行为等。

攻击者常在系统或网络的日志文件中留下他们的踪迹，因此，充分利用系统或网络日志文件信息是检测入侵的必要条件。日志文件中记录了各种行为类型，每种类型又包含不同的信息，例如，记录用户活动类型的日志，就包含登录、用户 ID 改变、用户对文件的访问、授权和认证信息等内容。显然，对用户活动来讲，不正常的或不期望的行为就是重复登录失败、登录到不期望的位置以及企图非授权地访问重要文件等。

网络环境中的文件系统包含很多软件和数据文件，包含重要信息的文件和私有数据文件经常是黑客修改或破坏的目标。目录和文件中的不期望的改变(包括修改、创建和删除)，特别是针对限制访问的目录和文件的改变，很可能就是一种入侵产生的指示和信号。入侵者经常替换、修改和破坏他们获得访问权限的系统上的文件，同时为了隐藏系统中他们的表现及活动痕迹，都会尽力去替换系统程序或修改系统日志文件。

2) 信息分析

信息分析是指对收集到的信息进行分析，寻找入侵活动的特征。入侵检测系统从信息源收集到的信息量是非常庞大的，在这些海量的信息中，绝大部分信息都是正常信息，而只有很少的信息才可能表征着入侵行为的发生。那么怎样才能够从大量的信息中找到异常信息呢？这就需要对这些信息进行分析。可见，信息分析是入侵检测过程中的核心环节，没有信息分析环节，入侵检测就无从谈起。入侵检测分析方法很多，如模式匹配、统计分析、完整性分析等。

模式匹配就是将收集到的信息与已知的网络入侵和系统误用模式数据库进行比较，从而发现违背安全策略的行为。一般来讲，一种攻击模式可以用一个过程(如执行一条指令)或一个输出(如获得权限)来表示。该过程可以很简单(例如，通过字符串匹配来寻找一个简单的条目或指令)，也可以很复杂(例如，利用正规的数学表达式来表示安全状态的变化)。

统计分析是指首先给系统对象(如用户、文件、目录和设备等)创建一个统计描述，统计正常使用时的一些测量属性(如访问次数、操作失败次数和延时等)，然后将测量属性的平均值与网络、系统的行为的观测值进行比较，当观测值在正常值范围之外时，就认为有入侵发生。

完整性分析主要关注某个文件或对象是否被更改，包括文件和目录的内容及属性等，在发现被更改的、被安装木马的应用程序方面特别有效。

3) 告警与响应

当一个攻击企图或事件被检测到以后，入侵检测系统就应该根据攻击或事件的类型，做出相应的告警与响应，即通知管理员系统正在受到不良行为的入侵，或者采取一定的措施阻止入侵行为的继续。常见的告警与响应方式如自动终止攻击、终止用户连接、禁止用户账户、重新配置防火墙阻塞攻击的源地址、向管理控制台发出警告指出事件的发生等。

4) 记录并报告检测过程和结果

主要以日志方式记录入侵事件，记录内容主要包括入侵发生的日期、时间、源/目的地址、描述，以及与事件相关的原始数据等。

9.2.3　入侵检测系统分类

随着入侵检测技术的发展,现已出现了很多入侵检测系统,根据标准和因素的不同,入侵检测系统可以分为不同类型,考虑的因素包括数据源、分析方法、系统各模块的运行方式、时效性等。

根据数据源的不同,可以将入侵检测系统分为三类。

(1)基于主机:获取的数据的来源是系统运行所在的主机,保护的目标也是系统运行所在的主机。基于主机的入侵检测系统(HIDS)出现在 20 世纪 80 年代初期,主要通过对攻击的事后分析防止今后的攻击。现在的基于主机的入侵检测系统保留了一种有力的工具,以理解以前的攻击形式,并选择合适的方法去抵御未来的攻击。通常,基于主机的 IDS 可监测系统、事件和 Windows 系统下的安全记录以及 UNIX 环境下的系统记录。当有文件发生变化时,IDS 将新的记录条目与攻击标记相比较,看它们是否匹配。如果匹配,系统就会向管理员报警并向别的目标报告,以采取措施。

基于主机的 IDS 在发展过程中也融入了其他技术。例如,许多基于主机的 IDS 也能够监听网络端口的活动,这就将基于网络的入侵检测的方法融入了基于主机的检查环境中。

基于主机的 IDS 的优点:①能够监视特定的系统活动,可以精确地根据自己的需要定制规则;②不需要额外的硬件,HIDS 驻留在现有的网络基础设施上,其包括文件服务器、Web服务器和其他的共享资源等,减少了以后维护和管理硬件设备的负担;③适用于被加密的和交换的环境,可以克服 NIDS 在交换和加密环境中所面临的一些困难。

基于主机的 IDS 的缺点:①依赖于特定的操作系统平台,对于不同的平台系统而言,它是无法移植的,因此必须针对各种不同的主机安装各种 HIDS;②在宿主主机上运行,将影响到宿主主机的运行性能,特别是当宿主主机为服务器时;③通常无法对网络环境下发生的大量攻击行为,做出及时的反应。

(2)基于网络:获取的数据的来源是网络传输的数据包,保护的目标是网络的运行。基于网络的 NIDS 通常利用一个运行在混杂模式下的网络适配器来实时监测并分析通过网络的所有通信业务。它的攻击辨识模块通常使用四种技术来识别攻击标志。四种技术分别是模式、表达式或字节匹配,频率或穿越阈值,次要事件的相关性和统计学意义上的非常规现象检测。

基于网络的 IDS 的优点:①成本较低,NIDS 并不需要在各种各样的主机上进行安装,大大降低了安全和管理的复杂性;②实时检测和响应,一旦发生恶意访问或攻击,NIDS 检测可以随时发现它们,因此能够很快地做出反应;③可监测到未成功或恶意的入侵攻击,一个放在防火墙外面的 NIDS 可以检测到旨在利用防火墙后面的资源进行的攻击;④与操作系统无关,并不依赖主机的操作系统作为检测资源,而 HIDS 需要特定的操作系统才能发挥作用。

基于网络的 IDS 的缺点:①要采集大型网络上的流量并加以分析,往往需要处理速度更快的 CPU,以及更大的内存空间;②只检查与它直接相连的网段的通信,不能检测其他网段的通信;③处理加密的会话较困难,目前通过加密通道进行的攻击尚不多,但随着 IPv6 的普及,这个问题会越来越突出。

(3)混合型:综合了基于网络和基于主机两种结构特点的入侵检测系统。

根据分析方法不同,可以将入侵检测系统分为两类。

　　(1)异常检测(Anomaly Detection)模型：异常检测，需要预先定义什么是"正常"。首先总结正常操作应该具有的特征(用户轮廓)，如登录时间、登录地点、按键频次等，然后可以采用统计、神经网络等方法构造用户正常行为，当用户活动与正常行为有重大偏离时即被认为是入侵。异常检测可以检测提升权限攻击。另外，异常检测能够检测未知入侵。异常检测要解决的问题就是构造正常活动集，并从中发现入侵性活动子集。

　　(2)误用检测模型：误用检测的技术基础是分析各种类型的攻击手段，并找出可能的"攻击特征"库，当监测的用户或系统行为与库中的记录相匹配时，系统就认为这种行为是入侵。这种检测技术只能检测到大部分或所有已知的攻击模式，对未知的攻击模式几乎没有作用。误用检测的关键问题是如何从已知入侵中提取和编写特征，使得其能够覆盖该入侵的所有可能的变种，而同时不会匹配到非入侵活动。

　　误用检测比异常检测具备更好的确定解释能力，即能够明确指示当前发生的攻击类型；误用检测具备较高的检测率和较低的虚警率(误报率)；开发规则库和特征集相对于建立系统正常模型而言，也更方便、更容易。但是，模式库需要不断地更新才能检测到新的攻击模式。

　　按照系统各模块的运行方式不同，入侵检测系统可分为集中式和分布式两种。

　　(1)集中式：可能有多个分布于不同主机上的审计程序，但只有一个中央入侵检测服务器，审计程序把本地收集到的数据踪迹发送给中央入侵检测服务器进行分析处理。

　　(2)分布式：将中央入侵检测服务器的任务分配给多个基于主机的 IDS，这些 IDS 不分等级，各司其职，负责监控本地主机的某些活动。

　　按照时效性不同，入侵检测系统可以分为以下几种。

　　(1)脱机分析：在攻击行为发生之后，对产生的数据进行分析。

　　(2)联机分析：在数据产生或发生改变的同时进行分析，以及时发现攻击行为。

9.2.4　入侵检测系统测评

　　目前，市场上存在各种各样的入侵检测系统，而且各个系统的性能和价格都不尽相同，具体实现方式也存在差异，如何才能找到性价比高、适合自己的入侵检测系统成为各个机构所关心的问题。对入侵检测系统和技术进行测试评估，是解决这个问题的最可靠的途径。而且经常性地进行测试评估有利于及时了解技术发展现状和存在的不足。

　　1.　确定重要评价指标

　　测评入侵检测系统的指标主要有及时性、准确性、完备性、健壮性、处理性能、易用性。

　　1)及时性

　　及时性要求入侵检测系统必须尽快地分析数据并把分析结果传播出去，以使系统安全管理者能够在入侵攻击尚未造成更大的危害之前做出反应，阻止入侵者进行进一步的破坏活动。要注意的是它不仅要求入侵检测系统的处理速度要尽可能快，而且要求传播、反应检测结果信息的时间要尽可能短。

　　测试时可以应用以下场景：

　　(1)查看测试产品最新的 3 个升级包，记录升级时间间隔；

　　(2)观察在入侵检测系统不暂停工作的情况下是否可以完成升级；

　　(3)测试入侵检测系统在升级过程中是否仍能检测到攻击事件。

2)准确性

准确性指入侵检测系统从各种行为中正确地识别入侵的能力，可以从漏报率和误报率两个方面来体现。误报率是指系统在检测时把正常的网络活动视为攻击的概率。漏报率是指漏掉真正的攻击而不报警的概率。

实际上，入侵检测系统的实现总是在漏报率和误报率上追求平衡，要使两者都为零，几乎是不可能的。误报率为零则表明很可能存在某些攻击行为没有被检测出来；漏报率为零则表明可能存在各种各样的误报。

ROC 曲线以图形的方式来表示正确率和误报率的关系。这样的图称为诺模图（Nomogram），它在数学领域用于表示数字化的关系。选好一个截止点（Cutoff Point）之后，就可以从图中确定入侵检测系统的正确率和误报率。曲线的形状直接反映了入侵检测系统的准确性和总体品质。如果 ROC 曲线上方区域越大，入侵检测系统的误报率越高，它将毫无用处；相反，ROC 曲线下方的区域越大，入侵检测系统的正确率越高。入侵检测系统 B 的准确性高于入侵检测系统 C，类似地，入侵检测系统 A 在所有的入侵检测系统中具有最高的准确性（图 9-4）。

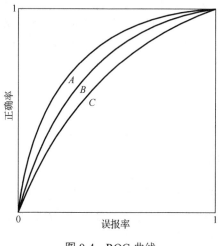

图 9-4 ROC 曲线

可以通过一些测试工具模拟各种攻击，来测评入侵检测系统的准确性，如 IDS Informer、IDS Wakeup、Sneeze 等工具。

3)完备性

完备性是指入侵检测系统能够检测出所有攻击行为的能力。100%正确率实际上是一个无法达到的目标。如何测评入侵检测系统的完备性呢？

（1）可以通过查看帮助文件中厂商声称可检测的攻击列表来做大致的了解，可以查看可检测的各种攻击都属于哪些协议、总共支持多少种应用层协议，以及该协议下检测攻击种类的数量。

（2）可以查看近一年内新增加的检测规则数占总规则数的比例，结果越大越好。

（3）可以挑选一些近期流行的攻击行为，进行模拟测试。

4)健壮性

健壮性即自身安全性，毫无疑问，入侵检测系统本身的安全性也是衡量其好坏的一个重要指标。由于入侵检测系统是检测入侵的重要手段，所以它也就成为很多入侵者攻击的首选目标。和其他系统一样，入侵检测系统本身也往往存在安全漏洞。若对入侵检测系统攻击成功，将直接导致入侵行为无法被检测。因此入侵检测系统自身必须能够抵御攻击，特别是DoS 攻击。

入侵检测系统的安全性，一般可以通过以下几个方面来衡量：

(1) 所有重要数据的存储和传输过程是否都经过加密处理；

(2) 在网络中的隐蔽性，即对于外界设备是否是透明的；

(3) 不同级别的操作人员是否有不同的使用权限，以及这些权限分配是否合理。

5) 处理性能

处理性能主要从系统处理数据的能力以及对资源消耗的程度等方面体现。

(1) 处理速度：入侵检测系统处理数据源数据的速度。

(2) 延迟时间：在入侵发生至入侵检测系统检测到入侵之间的延迟时间。

(3) 资源的占用情况：系统在达到某种检测能力要求时，对资源的需求情况。

(4) 负荷能力：入侵检测系统有其设计的负荷能力，在超出负荷能力的情况下，性能会出现不同程度的下降。

6) 易用性

易用性是指和系统使用有关的指标，主要是指系统安装、配置、管理、使用的方便程度，系统界面的友好程度和攻击规则库维护的简易程度等方面。

这些指标比较偏向于主观判断。但是也有一些客观指标，例如：

(1) 是否有较多内容通过图形表格方式描述；

(2) 帮助信息内容是否丰富并且可用；

(3) 是否有配置导航的功能；

(4) 是否有保存系统配置的功能；

(5) 是否有足够多的提示信息；

(6) 操作使用日志记录是否完善。

2. 执行测试

在测试评估入侵检测系统的时候，很少会把入侵检测系统放在实际网络环境中，因为实际网络环境是不可控的，并且网络环境的专用性太强，所以要构建专用的测试环境。入侵检测系统测试组网示意图见图 9-5。其中背景流量发生器用来生成网络通信，攻击机用来模拟入侵者发起攻击，IDS 网络传感器为待测试入侵检测系统，目标机模拟网络中被攻击的机器。

测试内容可结合实际的网络特征及需求而定，例如，测试入侵检测系统管理功能、检测能力、安全测试和性能测试及其他等(图 9-6)。管理功能主要测试点包括配置界面、策略配置、升级方式、日志功能、报表输出和接口功能等；检测能力主要测试点包括检测功能、告警功能、流量关联分析、协议支持和流量监控等；安全测试主要测试点包括账户口令管理、权限管理、用户认证和事件审计功能等；性能测试主要测试点包括性能容量、漏报率、误报率、稳定性和扩展性等。

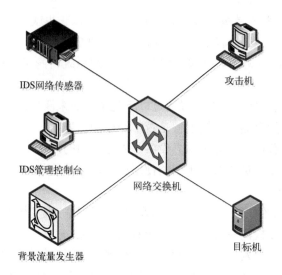

图 9-5　入侵检测系统测试组网示意图

图 9-6　入侵检测系统测试内容

9.2.5　入侵检测的典型系统

"爱因斯坦"计划是美国联邦政府主导的一个网络入侵自动检测项目，由国土安全部（DHS）下属的计算机应急响应小组（CERT）开发，用于监测针对政府网络的入侵行为，保护政府网络系统安全。从 2009 年开始，美国政府启动了全面国家网络空间安全综合计划（CNCI），"爱因斯坦"计划并入 CNCI，并改名为 NCPS（National Cybersecurity Protection System，国家网络空间安全保护系统），但是依然称为"爱因斯坦"计划。目前，NCPS 已经在美国政府机构中除国防部及其相关部门之外的其余 23 个机构部署运行。

"爱因斯坦"计划分为三个阶段（表 9-1）。

表 9-1　"爱因斯坦"计划

代号	部署时间/年	能力	描述
EINSTEIN 1	2003	入侵检测	通过在政府机构的互联网出口部署传感器，形成一套自动化采集、关联和分析传感器抓取的网络流量信息的流程
EINSTEIN 2	2009	入侵检测	对联邦政府机构互联网连接进行监测，将监测数据与预置的已知恶意行为签名进行匹配，一般匹配上就向 CERT 发出告警
E3A	2013	入侵检测 入侵防御	自动地对进出联邦政府机构的恶意流量进行阻断。这是依靠 ISP 来实现的。ISP 部署了入侵防御和基于威胁的决策判定机制，并使用 DHS 开发的恶意网络行为指示器（Indicator）来进行恶意网络行为识别

EINSTEIN 1 始于 2003 年，本质上是入侵检测系统，主要任务是监听、分析、共享安全信息，特点是信息采集。EINSTEIN 2 自 2008 年起实施，于 2009 年部署，该系统在原来对

异常行为分析的基础上，增加了对恶意行为的分析能力，本质上依然是入侵检测系统，特点是被动响应。在 2012 年，DHS 转而使用一种新的方法，在这种方法中互联网服务提供商(ISPs)使用商业技术为联邦政府机构提供入侵防御安全服务，这称为 EINSTEIN 3 Accelerated (E3A)，E3A 是入侵防御系统。

EINSTEIN 1 的技术本质是基于动态流检测技术来进行异常行为的检测与总体趋势分析，具体地说就是基于*Flow 数据的 DFI。这里的*Flow 最典型的一种就是 NetFlow，此外还有 sFlow、jFlow、IPFIX 等。CERT 通过采集各个联邦政府机构的这些*Flow 数据，进行分析，获悉网络态势。

EINSTEIN 2 计划的技术本质仍是入侵检测技术，它通过对 TCP/IP 通信的数据包进行 DPI 分析，来发现恶意行为(攻击和入侵)。EINSTEIN-2 的入侵检测技术中既有基于特征库 (Signature，也叫指纹库、指纹信息、签名库)的检测，也有基于异常的检测，二者互为补充。

在 E3A 计划中，将综合运用商业技术和 NSA 的技术对政府机构的互联网出口的进出双向的流量进行实时的全包检测(Full Packet Inspection，FPI)，以及基于威胁的决策分析。特别是，借助在电信运营商处(ITCAP)部署的传感器，能够在攻击进入政府网络之前就进行分析和阻断。其总体目标是识别并标记恶意网络传输(尤其是恶意邮件)，以增强网络空间的安全分析、态势感知和安全响应能力。系统将能够自动地检测网络威胁并在危害发生之前做出适当的响应，也就是具备 IPS 的动态防御能力。E3A 计划主要解决的问题是网络威胁(Cyber Threat)，至少包括钓鱼、IP 欺骗、僵尸网络、DoS、DDoS、中间人攻击，以及其他恶意代码插入。其关键创新之处在于部署方式(ITCAP 的加入使得传感器部署在 ITCAP 端，并采用重定向技术)和运作流程。在分析端，其亮点在于加入了 IPS 的技术(主动响应技术)，还有实时 FPI 分析的技术。

9.3　内部威胁检测

9.3.1　内部威胁概述

2013 年 6 月，轰动全球的斯诺登"棱镜门"(PRISM)事件将内部威胁带入了大众视野。作为参与安全工作的一名承包商雇员，斯诺登利用职务便利从美国国家安全局复制了数十万份机密文件，结果揭露了美国国家安全局与美国联邦调查局于 2007 年启动的美国有史以来最大规模的秘密监控项目。该案例为世界各国敲响了内部威胁的警钟。

内部威胁的实施者通常是企业或政府的雇员(在职或离职)、承包商、商业合作方以及第三方服务提供方等。内部威胁可以对个人造成伤害，对组织造成经济损失、业务运行中断、声誉受损，严重时甚至会危害国家安全。内部威胁并不属于新型攻击，2006 年美国计算机安全协会就发布报告称由恶意滥用权限造成的内部威胁已经超过了传统的病毒/木马攻击，成为组织面临的主要威胁。2012 年的全球欺诈调查显示 60%的欺诈案件由内部人员发起。2014 年内部威胁对许多知名企业造成了难以置信的破坏。例如，韩国信用局因为其计算机承包商滥用访问权限造成 2700 万条信用卡信息被盗；美国石油天然气公司 Ener Vest 则因为被其解雇的员工报复，所有网络服务器都被恢复成出厂设置，导致企业 30 天的全面通信与业务操作中断以及数十万美元的恢复费用等。

内部威胁不同于外部威胁，其攻击者主要来自安全边界内部，一般具有以下特征。

(1)透明性：内部威胁一般不会经过防火墙等设备，因此可以在一定程度上躲避传统外部安全设备的检测，即内部威胁对于外部安全设备具有一定的透明性。

(2)隐蔽性：内部威胁往往发生在工作时间，导致恶意行为嵌入在大量正常数据中，提高了数据挖掘分析的难度；同时，内部攻击者具有组织安全防御机制的相关知识，因此可以采取措施规避安全检测，即内部威胁对于内部安全检测具有一定的隐蔽性。

(3)高危性：内部威胁危害较外部威胁更大，因为攻击者具有组织知识，可以接触核心资产(如知识产权等)，从而对组织经济资产、业务运行及组织信誉进行破坏以造成巨大损失。

(4)多元性：组织核心资产与业务的信息化导致内部威胁门槛降低，攻击元素日趋多元化：①攻击主体多元化，由最初的计算机登录用户，扩展到当前的雇员、承包商、合作方以及服务提供方等；②攻击手段多元化，既可以埋放逻辑炸弹以瘫痪组织系统，也可以利用权限窃取知识产权信息，还可以利用职务便利篡改信息以进行电子欺诈。攻击元素多元化急剧增加了检测复杂度，为应对内部威胁提出了更严峻的挑战。

9.3.2　内部威胁的概念

通常情况下，人们会把"内部威胁"一词与有意进行数据窃取、系统破坏等操作给企业、组织造成损失的恶意员工联系到一起。事实上，员工的疏忽或承包商的失误，同样导致了很多安全漏洞和意外的数据泄露，给企业和组织造成了不可挽回的损失。

2012 年 CERT 内部威胁研究团队发布的针对内部威胁的一份指导文档中，将"内部人员"定义为企业或组织的员工(在职或离职)、承包商以及商业伙伴等，具有系统、网络以及数据的访问权限；将"内部威胁"定义为内部人员利用合法获得的访问权限对信息系统中信息的机密性、完整性以及可用性造成负面影响。

从以上定义中可以看出，"内部"是一个广义的范围，只要人员对组织资源有一定的访问权限或者拥有一定的组织内部知识，即便他不是组织的内部员工，也可以被认定为内部人员。

9.3.3　内部威胁检测的方法

业务活动是组织机构在日常运营过程中的主要活动，用户在组织内的活动行为与各类业务活动密切相关。在某个具体的业务活动中，用户的行为应符合一定的规范。一旦用户想要实施内部攻击，则会与规范行为发生偏离，且可能对业务活动的执行过程造成影响。

用户在执行业务活动时，所表现出的行为习惯、行为偏好等能够被信息系统审计日志记录和表现的内容，称为用户的行为特征。通过对内部人员的操作行为和操作对象进行分析建模，可以建立内部人员的正常行为模式和操作对象的正常状态，以此来检测异常的人员行为或对象状态。根据现有研究中用户行为特征表现形式的不同，可以从系统调用、日志记录、生物特征三个角度进行分析。

1)系统调用

在类 UNIX 系统中，用户主要通过命令的形式与系统进行交互。安全人员以用户命令为研究对象，对异常行为进行研究。通过分析员工在类 UNIX 系统中的命令序列，对历史序列中相邻的命令组合同时出现的概率进行建模。将新来的命令与历史模型进行对比，判断当前命令的异常概率。

　　在 Windows 操作系统中，用户主要通过窗口界面与系统进行交互，对命令序列的研究方法无法适应该系统。Goldring T 等充分利用 Windows 操作系统的特点，对用户打开的窗口的标题、窗口的主题信息、窗口的关联进程等内容进行了关联分析，以系统窗口信息为突破口对用户的行为进行了描述。Shavlik J 等通过提取 1500 多个 Windows 系统属性特征，对员工的系统使用行为进行了建模。

　　2）日志记录

　　企业和组织为了对内部员工的行为进行监控，绝大多数情况下会部署日志审计系统。用户的文件访问、网页浏览、登录或退出系统等行为都会被审计系统记录在审计日志中。分析审计日志中的用户行为记录，可以为用户正常行为建立模型。

　　Nurse J R 等对以往发生的案例进行了综合分析，从内部人员主观原因和客观要素两方面提出了内部威胁检测概念模型，该模型偏重从概念角度对内部威胁各项特性进行描述，在实践中应用难度较大。Agrafiotis I 等总结员工的工作流模式，设计了活动树模型，通过比较当前活动在树模型中的分支长度与其对应节点的相似度，判定该活动与正常工作流模式的差异性。Legg P A 等对组织审计日志进行了分析，从设备、行为、属性三个方面对员工和角色的行为进行了建模，方便对当前行为与历史行为进行对比。

　　3）生物特征

　　基于行为的生物特征，主要是指用户在使用鼠标、键盘等外部设备与系统进行交互时，表现出的使用习惯和行为偏好，如鼠标移动轨迹、移动速度，键盘按键频率、按键错误改正频率等。

　　在对鼠标使用模式的研究中，Eldardiry H 等对员工使用浏览器过程中的鼠标行为进行了建模，建模使用的数据包括鼠标的指针位置、活动距离、移动频率等。Zhang R 等对员工使用鼠标过程中鼠标的运动方向、运动速度、轨迹曲率、轨迹长度、按键频率等特征进行提取，设计并实现了基于支持向量机的异常行为检测模型。在对键盘使用模式的研究中，Camina B 等对大量的员工键盘输入记录进行了分析，提取了多种代表输入模式的特征，对员工键盘使用模式进行了建模，并将该模型用于检测员工口令输入模式异常。Camina B 还对不同员工编写邮件时的键盘使用记录进行了分析，通过提取按键时间分布特征，对不同员工的键盘使用习惯进行建模，对异常的用户键盘使用行为进行了检测。

9.4　网络安全态势感知

9.4.1　态势感知的基本概念

　　态势感知（Situation Awareness，SA）的概念源于军事需求，早在《孙子兵法》中就有论述，即"知彼知己者，百战不殆；不知彼而知己，一胜一负；不知彼，不知己，每战必殆"。西方科技强国则在近几十年将大量的资源投入到太空和军事领域的态势感知研究与开发中，主要是以光电监测为主的战术信息系统、预警系统（反导态势感知系统）和太空飞行物监测系统等。

　　2013 年 6 月被美国空军司令部正式任命为美国空军首席科学家的 Mica R. Endsley，就是以研究态势感知而著名的女科学家。针对指挥控制系统的核心环节，Mica R.Endsley 在 1988

年国际人因工程(Human Factor)年会上提出了有关态势感知的一个共知概念就是通过在一定的时间和空间内对环境中的各组成成分的感知、理解，进而预测其变化状况。具体信息见图 9-7。

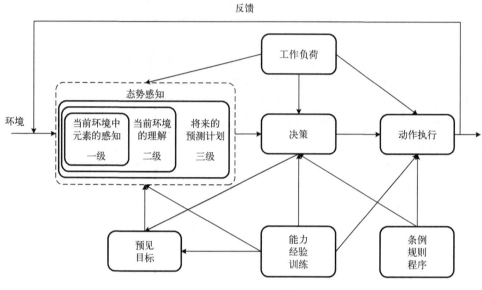

图 9-7　态势感知模型

从图 9-7 中可以看出，态势感知通过态势要素采集获取必要数据，然后通过数据分析进行态势理解，进而实现对未来短期内的态势预测。注意，态势感知系统最终实现的目标是实现对未来的短期预测，它是一个动态、准实时系统。该模型分成三级，每一级都是先于下一级(必要但不充分)，模型沿着一个信息处理链，从感知到预测，从低级到高级，具体为：第一级是对当前环境中元素的感知(信息输入)，第二级是对当前环境的理解(信息处理)，第三级是对环境将来的预测规划(信息输出)。

9.4.2 · 网络安全态势感知定义

20 世纪 90 年代，态势感知才被引入到信息技术安全领域，并首先用于对下一代入侵检测系统的研究。

Tim Bass 于 1999 年首次提出网络态势感知(Cyber Situation Awareness，CSA)的概念。网络态势是指由各种网络设备运行状况、网络行为以及用户行为等因素所构成的整个网络的当前状态和变化趋势。值得注意的是，态势强调环境、动态性以及实体间的关系，是一种状态和趋势、整体和宏观的概念，任何单一的情况或状态都不能称为态势。

目前，对于网络安全态势感知尚无统一定义，以下给出几个描述性定义。

定义1(美国国家科技委员会，2006)：网络安全态势感知是一种能力，用以实现四个目标：①理解并可视化展现 IT 基础设施的当前状态，以及 IT 环境的防御姿态；②识别出对于完成关键功能最重要的基础设施组件；③了解对手可能采取的破坏关键 IT 基础设施组件的行动；④判定从哪里观察恶意行为的关键征兆。网络安全态势感知包括了对离散的传感器数据的归一化、一致化和关联，以及分析数据和展示分析结果的能力。态势感知是信息保障的内在组成部分。

定义 2（Springer，2010）：网络安全态势感知涵盖态势识别、态势理解和态势预测三个阶段，并至少包括 7 个方面的内容：态势认知（Situation Perception）、攻击影响评估（Impact Assessment）、态势跟踪（Situation Tracking）、对手趋势和意图分析、态势因果关系与取证分析、态势信息质量评估、态势预测。

定义 3（Gartner，2011）：网络安全态势感知是对威胁情报及资产漏洞信息的集成和分析，目标是形成业务系统安全状态的准实时视图。网络安全态势感知包括四方面的能力：①资产状态信息的收集——包括资产的配置状态、漏洞状态、连接情况和关键度；②威胁行为信息的收集——包括外部威胁行为、用户行为、对手的信息，以及目标参数的风险级别；③分析——支持风险估计、响应优先级划分、调查与即席查询；④汇报——包括长期存储，以及预置和即席报表生成。

上面的这些定义都比较学术化和晦涩。安管专家叶蓬曾经提出过通俗地理解态势感知的四句话。

(1) 感：就好比人的形声闻味触，通过多种途径采集多种安全信息的过程，传感之意。

(2) 知：对采集到安全要素信息进行理解、认知、研判，将信息变成知识和智慧的过程。

(3) 态：目标系统当前的安全状态。

(4) 势：目标系统的安全运行规律、动向，未来的安全走势。

9.4.3　网络安全态势感知功能模型

说到态势感知，就必须提到数据融合（Data Fusion）。数据融合是指将来自多个信息源的数据收集起来，进行关联、组合，提升数据的有效性和精确度。可以看出，数据融合的研究与态势感知在很多方面都是相似的。目前，大部分安全态势感知的模型都是基于美国国防部数据融合联合指挥实验室 JDL（Joint Directors of Laboratories）给出的数据融合模型衍生出来的。图 9-8 展示出了一个典型的网络安全态势感知功能模型。

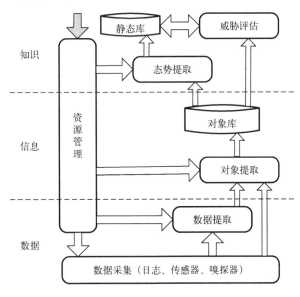

图 9-8　网络安全态势感知功能模型

在这个基于人机交互的模型中，态势感知的实现分为了不同的级别(阶段)，首先是对 IT 资源进行要素信息采集，然后经过不同级别的处理及不断反馈，最终通过态势可视化实现人机交互。整个模型包括以下几个主要部分。

(1)要素信息采集：一般来讲，要素信息至少应该包括 IT 资产信息，拓扑信息，弱点信息，IT 资源性能和运行状态信息,各种告警、警报、事件、日志等。

(2)事件归一化及预处理：对采集的各种要素信息进行事件标准化、归一化，并对原始事件的属性进行扩展，如增加地理位置信息、CIA 安全属性、分类属性等。在事件归一化过程中，最重要的就是统一事件的严重等级和事件的意图及结果。事件归一化为后续的事件分析提供了准备。一方面，事件会进入实时事件库，供态势评估使用；另一方面，事件会同时进入历史事件数据库，进行持久化存储，为历史数据挖掘、追踪及分析服务。此外，归一化后的事件可以直接可视化展示在用户界面上。

(3)态势评估：包括关联分析(Correlation Analysis)、态势分析(Situation Analysis)、态势评价(Situation Evaluation)，核心是关联分析。关联分析就是使用数据融合技术对多源异构数据从时间、空间、协议等多个方面进行关联和识别。态势评估的结果是形成态势评价报告和网络综合态势图，借助态势可视化为管理员提供辅助决策信息，同时为更高阶段的业务评估提供输入。

(4)业务评估：包括业务风险评估(Business Risk Assessment)和业务影响评估(Business Impact Assessment)，以及业务合规审计(Business Compliance Audit)。业务风险评估主要采用面向业务的风险评估方法，通过业务的价值、弱点和威胁情况得到量化的业务风险数值；业务影响评估主要分析业务的实际流程，获知业务中断带来的实际影响，从而找到业务对风险的承受程度。业务合规审计主要对业务操作和业务流程的合理性与符合性进行分析，发现违背业务流程的异常操作，从而避免内部威胁的发生。

(5)预警与响应：态势评估和业务评估的结果都可以送入预警与响应模块，一方面，借助态势可视化进行预警展示；另一方面，送入流程处理模块进行流程化响应与安全风险运维。

(6)流程处理：按照运维流程进行风险管理的过程。

(7)用户接口(态势可视化)：实现安全态势的可视化、交互分析、追踪、下钻、统计、分布、趋势等。

(8)历史数据分析：实际上不属于态势感知的范畴，因为态势感知是一个动态准实时系统，它偏重对信息的实时分析和预测。

9.4.4　网络安全态势感知可视化

网络安全可视化(Network security Visualization)是利用人类视觉对模型和结构的获取能力，将抽象的网络和系统数据以图形图像的方式展现出来，帮助分析人员分析网络状况，识别网络异常、入侵，预测网络安全事件发展趋势。采用网络安全可视化的方式，可使态势监控人员关注感知网络数据信息，摆脱使用传统监控方式在面对海量信息时面临的认知负担过重、缺乏对网络安全全局的认识的问题；采用图形化的方式，使态势监控人员能观察到网络安全数据中隐含的模式，快速识别数据模式、数据差异和数据异常，为揭示规律和发现潜在的安全威胁提供支持；此外，还可识别聚类，便于对网络入侵事件进行分类。

为了全方位了解网络运行态势，把握安全数据背后的规律，挖掘出数据蕴含的知识信息，从而快速发现潜在的网络威胁，需要通过多个指标维度联动交互，涵盖网络安全监控的重点环节，既包括整个受监控系统的运行状态，如环境、资产、服务器主机及应用、运行状态、IT 架构等，也包括协议流量、攻击病毒、资源能耗、漏洞违规等。同时，网络运行安全状态的实时数据都可以呈现，需要保证数据的真实性和时效性，以真实地反映网络运行的状况。依据不同业务数据的特点和决策关注焦点，以恰当、直观的图表，将数据指标形象化、直观化、具体化地呈现，为管理决策提供有力的依据。

一般而言，网络安全态势感知系统需要以可视化的方式呈现以下内容。

(1)基于支持二维、三维地理空间分布，对全网主机及关键节点的综合安全信息进行网络安全态势监控。

(2)支持逻辑拓扑层级结构，从全网的整体安全态势，到信息资产以及安全数据的监测，进行全方位态势监控。

(3)支持全网各节点的信息查询，实时反映节点信息的状态，对节点信息安全进行全面监测。

(4)支持全面的网络威胁入侵检测分析功能，深入分析网络流量信息，并支持多种图表的威胁告警方式，同时支持自定义告警策略、设置告警范围和阈值等策略。

(5)基于 APT 攻击检测系统，对攻击源、攻击目的、攻击路径进行溯源分析，同时根据安全威胁事件的来源信息和目标信息，结合 GIS 技术将虚拟的网络威胁和现实世界生动地结合起来，实现网络安全态势的可视化。

9.4.5　网络安全态势感知发展

当前网络与信息安全领域日新月异，正面临着全新的挑战。一方面，大数据、云计算等颠覆性的技术引入使得安全问题更加凸显，安全的攻击面更大，安全的重要性越发重要。另一方面，国家、企业和组织需要应对的网络空间安全攻击和威胁变得日益复杂与严峻，具有隐蔽性强、潜伏期长、持续性强的特点。现在，人们普遍形成了一个共识，就是：必须假定网络已经遭受入侵。必须在这个假定前提上来构建全新的安全防护体系。安全防护体系的构建思想已经从过去的被动/消极防御逐步迈向主动/积极防护和智能/自适应防护，从单纯防御走向积极对抗，从独立防护走向协同防护。

在这种新形势下，态势感知的发展主要包括以下三个方面。

(1)全天候全方位态势感知。

这里，"全天候"是指 7×24h 持续不间断地对受保护网络进行监测和感知，包括了平时和战时，包括了日常安全运维和重大活动保障，包括了生产环境和办公环境；"全方位"是指要从资产感知、运行感知、漏洞感知、威胁感知、攻击感知和风险感知 6 个维度去全面感知网络安全态势。

①资产感知是态势感知的基础，它首先界定了受保护网络的范围和内容，同时也为其他几个维度的感知提供了依据。要感知资产信息，就要知道受保护网络中都有哪些设备，责任人是谁，用了什么操作系统，安装了哪些软件和应用，什么版本，用到了哪些组件，打了哪些补丁，等等。

②运行感知是指全面掌握受保护网络的运行状况，包括机房的运行状况、网络的运行状况、主机和设备的运行状况、应用和业务的运行状况、数据的存储和流转状况。这里的运行

状况不仅包括可用性和性能、业务连续性，还包括运行的规律，如某个业务系统被访问的时间分布、协议分布、访问来源分布、访问量分布等。

③漏洞感知顾名思义就是要掌握受保护网络的漏洞情况，并维护所有资产漏洞的生命周期信息。通过漏洞感知，评估当前网络的暴露面，并结合现有防护措施，分析可能的攻击面和攻击路径，协助管理者提前进行安全布防，及时修补安全漏洞，从而控制安全风险。

④威胁感知是从攻击者的视角来分析当前受保护网络可能遭受的潜在危害，例如，可能有哪些组织，利用什么僵尸网络和肉机，对组织的哪些资产，利用什么安全漏洞或者攻击手段，进行什么样的攻击和入侵，可能会留下什么痕迹，造成多么严重的后果。

⑤攻击感知则是持续不断地收集当前网络中的攻防对抗数据，一方面，实时展现当前网络中的攻防对抗实况；另一方面，借助历史攻击信息分析潜藏的高危攻击行为和威胁信息，并协助安全分析师抽取高价值的威胁情报。

⑥风险感知从层次的角度看在前面五种感知之上。风险感知要综合前面五种感知的信息，进一步进行数据融合，从抽象的高度来评估当前网络的整体安全风险，例如，建立全网的安全风险指标体系。

上述 6 个维度的态势感知是相互依托、互为补充的。只有将这 6 个维度统一起来，才能构建真正的全方位态势感知。

(2)完整的态势感知系统应该是"平台+传感器+团队"三位一体的。

态势感知系统不仅仅是一个技术实现，也不仅仅是软件和硬件，它还是一个系统工程，体现了各类安全设备和系统之间的机机协同，还包括人机协同。在这里，态势感知平台是整个系统运转的大脑，是数据融合中心、数据分析中心、决策指挥中心；态势感知传感器是获取全面安全要素信息的抓手和神经节点；态势感知支撑团队则是系统发挥实效的指挥官、决策者和关键保障。三者相互支撑、缺一不可。

(3)态势感知是一个生态体系。

态势感知是一个复杂的系统工程，需要将各种安全技术、产品和能力连接到一起，形成一个生态系统。

态势感知系统必须是一个开放的系统：传感器要开放，系统要能支持各种类型、各种厂商的传感器；平台要开放，对下要能接入各种传感器信息，对上能够面向所有厂商提供各种分析和展示的接口，能够集成各种第三方的分析算法和展示界面；支撑团队要开放，SOP 和规范化的交互式分析流程，使得各种符合标准规约的分析与运维团队都能参与到态势感知系统的运营中。

9.5　本　章　小　结

在 PDR 模型中，网络安全监测是将安全防御体系从静态防护转化为动态防护的关键，是动态响应的依据。网络安全监测技术通过监视网络及信息系统的资产、发生的各类事件以及用户的行为等，发现危及信息机密性、完整性、可用性或绕过安全机制的攻击行为，全方位了解网络运行的安全态势，进而发现潜在的网络威胁，或发现异常的内部人员行为或对象状态。

习　　题

1. 简述产生入侵检测系统的原因。
2. 入侵检测的定义是什么？
3. 入侵检测系统按功能可分为哪几类？简述其作用及相互关系。
4. 试分析异常检测与误用检测这两种检测技术的优缺点。
5. 简述网络入侵检测系统与防火墙的区别。
6. 简述 HIDS 和 NIDS 的区别。
7. 入侵检测主要有哪些性能指标？说明每个指标的含义。

第 10 章　业务连续性管理

信息系统的使用提高了组织信息处理和业务运行的效率，由于企业对信息系统依赖度的逐步上升，特别是在金融、电力、交通等行业中，信息系统的使用已经到了关系企业存亡的程度，这些信息系统一旦发生故障使得业务中断，其所造成的损失是难以估量的。

英国标准协会（British Standards Institution，BSI）在信息安全管理标准 BS7799 中，建立了信息安全管理体系的模型，其中业务连续性管理（Business Continuity Management，BCM）作为一个重要部分包括在模型中。对于那些需要不间断地提供各种公共服务的企业来说，业务连续性管理已经成为信息安全管理体系中一个极为关键的内容。

业务连续性管理（BCM）是一项综合管理流程，它使企业认识到潜在的危机和相关影响，制定的恢复计划，其主要目标是将网络安全连续性纳入组织的业务连续性管理之中，防止安全活动中断，确保在发生重大故障和灾难的情况下，组织的网络安全连续性达到所要求的级别。为实现该目标，应首先确定可能引起网络安全中断的事件，如设备故障、人为错误、盗窃、水灾、火灾、恐怖事件等。然后进行风险评估，确定中断可能造成的影响，如破坏程度和恢复时间。完成风险评估后，应根据风险评估结果，确定业务连续性在网络安全方面的总体规划。

为确保组织网络安全的连续性，相关信息处理设施应具有足够的冗余，可使用冗余组件或架构。设计冗余时应考虑到冗余可能给信息和信息系统完整性或保密性带来的风险。

10.1　风险评估

任何信息系统都会有安全风险，信息安全管理体系的建立要基于系统、全面、科学的安全风险管理和评估，以使残余风险降低到可接受的范围内。安全风险评估就是从风险管理的角度，运用科学的方法和手段，系统地分析信息系统所面临的威胁及其存在的脆弱性，评估安全事件一旦发生可能造成的危害程度，提出有针对性的、抵御威胁的防护对策和整改措施，为防范和化解网络安全风险，将风险控制在可接受的水平，为最大限度地保障网络安全提供科学依据。

10.1.1　风险管理概述

信息安全风险是由人为或自然威胁利用系统存在的脆弱性引发的，并由于重要信息资产的受损而对机构造成影响。风险管理就是通过风险分析等手段，防止所有对系统安全构成威胁的事件发生。

风险管理活动应贯穿于系统的整个生命周期，这类管理活动本身也是周而复始的。可能由于防范措施的进步，而需要采取新的风险管理行动，也可能要求在系统设计和实现时就完成风险管理，以确保设计和实现的安全具有最高的性价比。当然，如果系统有重大的改动，就必须启动新一轮的风险管理。不管采用什么样的风险管理方法和技术，重要的是要在实现防范措施所需的时间、资源消耗与保证整个系统得到合适的保护之间保持平衡。风险管理也是一个通过比较不同防范措施的成本而做出选择的过程，防范措施的选择直接关系到风险和潜在的后果，因此必须考虑可接受的残留风险的程度。需要指出的是，防范措施本身可能存有某种安全漏洞，从而导致新的风险。因此，既要关注所采取的防范措施能否降低原有的安全风险，同时又要避免引进新的风险。

1. 安全元素

风险管理中的一个重要概念是安全元素，包括以下内容。

1) 资产

完好的资产管理对任何部门来说都是极其重要的因素，资产包括 5 个方面的内容：

(1) 物理资产(如计算机硬件、通信设施和建筑物等)；

(2) 信息/数据(如文件和数据库软件)；

(3) 生产某种产品和提供服务的能力；

(4) 人员；

(5) 无形的信誉、形象与资产。

这些资产对任何一个组织和部门都是有价值的，如果不加保护，会使组织和部门受到损失。

2) 威胁

威胁是针对上述资产的，使其不能发挥原来的效能。威胁包括人为的威胁和自然环境的威胁。人为的威胁又分无意的操作错误和故意的破坏或窃取等，自然环境的威胁如地震、水灾和火灾等。只有查明来自各方面的威胁，才能正确地实施对资产的保护。这里关心的是威胁的来源、动机、发生的频次及威胁的严重性。

3) 安全漏洞

安全漏洞是资产的某种弱点。那些人为故意的威胁只有利用这些弱点才能达到对资产进行攻击的目的。对资产进行安全漏洞分析有利于评估威胁的严重性。

4) 后果

后果是指由无意的或者故意的威胁造成的不希望的结果，致使某些资产受到损害，如硬件损坏，信息的保密性、完整性被破坏，或者组织的形象受到损害，也可能引起一些间接的后果。后果的严重程度可以用多种方法来度量，如经费损失数额。

5) 风险

风险是威胁发生的可能性和后果严重程度的一种组合特征。通常，风险是不可能完全消除的，只能降低或减轻。安全管理的目的，就是将系统的安全风险降低到可接受的范围。

6) 防范措施

防范措施是防止威胁、减少安全漏洞、限制后果、检测意外事故和便于恢复的程序与机制。例如，具体的防范措施可能有：

(1) 网络防火墙；

(2) 网络监控与分析；

(3) 加密；

(4) 数字签名；

(5) 访问控制机制；

(6) 防病毒软件；

(7) 数据备份；

(8) 双重电源。

7) 残留风险

任何防范措施只能部分地降低风险，风险降得越多，花费也就越大。因此，判断防范措施是否适当就是看残留的风险能否接受。

8) 制约

制约因素通常由组织的管理部门制定和确认并受组织运行环境的影响。制约因素包括财政、环境、人员、时间、法规和技术等。当选择和实现防范措施时，这些制约因素必须都要考虑，必须定期地考察现存的和新出现的制约因素。

2. 风险分析与评估

风险分析就是确定需要控制和接受的风险，信息系统的风险分析将涉及资产价值威胁和安全漏洞的分析。

信息安全风险评估则是指依据风险评估有关管理要求和技术标准，对信息系统及由其存储、处理和传输的信息的保密性、完整性和可用性等安全属性进行科学、公正的综合评价的过程。通过对信息和信息系统的重要性、面临的威胁、其自身的脆弱性及已采取的安全措施有效性的分析，判断脆弱性被威胁利用后可能发生的安全事件，以及其所造成的负面影响程度，来识别信息安全的安全风险。

信息安全风险评估是建立信息安全保障机制的一种科学方法。对于信息系统而言，存在风险并不意味着不安全，只要风险控制在可接受的范围内，就可以达到系统稳定运行的目的。风险评估的结果为保障信息系统的安全建设、稳定运行提供了技术参考。

(1) 在规划与设计阶段，风险评估的结果是安全需求的来源，为信息系统的安全建设提供依据。

(2) 在系统运行维护阶段，由于信息系统的动态性，需要定期地进行风险评估，以了解、掌握系统安全状态，风险评估是保证系统安全的动态措施。

(3) 风险评估是信息系统安全等级确定及建设过程中一种不可或缺的技术手段。

10.1.2 风险分析原理

风险分析是风险评估的核心部分，是定量或定性计算安全风险的过程。风险分析原理如图 10-1 所示。

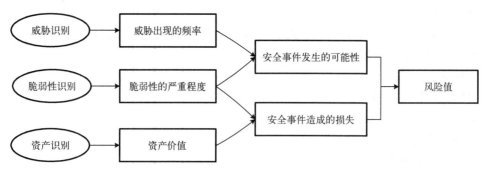

图 10-1 风险分析原理

风险分析中主要涉及资产、脆弱性、威胁三个基本要素。每个要素有各自的属性，资产的属性是资产价值；脆弱性的属性是资产脆弱性的严重程度，威胁的属性可以是威胁主体、影响对象、出现频率、动机等，风险分析的主要内容为：

(1)对资产进行识别，并对资产的价值进行赋值；

(2)对脆弱性进行识别，并对具体资产的脆弱性的严重程度赋值；

(3)对威胁进行识别，描述威胁的属性，并对威胁出现的频率赋值；

(4)根据威胁出现的频率及脆弱性的严重程度，判定安全事件发生的可能性；

(5)根据脆弱性的严重程度及安全事件所作用的资产的价值，计算安全事件造成的损失；

(6)根据安全事件发生的可能性及安全事件造成的损失，计算安全事件一旦发生对组织的影响，即风险值。

10.1.3 风险评估实施流程

风险评估的实施流程如图 10-2 所示。该图提出了实施风险评估的主要步骤，包括资产识别、威胁识别、脆弱性识别、风险计算、风险处理。

1. 资产识别

保密性、完整性和可用性是评价资产的三个安全属性。风险评估中资产的价值不是以资产的经济价值来衡量的，而是由资产在这三个安全属性上的达成程度或者其安全属性未达成时所造成的影响程度来决定的。安全属性达成程度的不同将使资产具有不同的价值，而资产

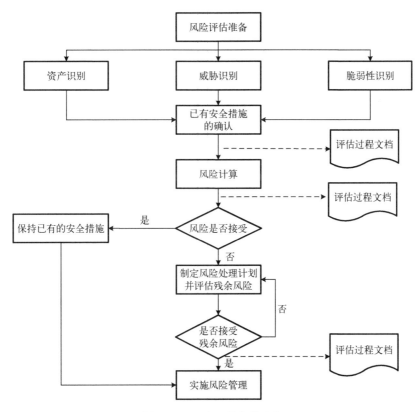

图 10-2 风险评估实施流程

面临的威胁、存在的脆弱性，以及已采用的安全措施都将对资产安全属性的达成程度产生影响。为此，应对组织中的资产进行识别。资产识别首先的工作是对资产进行分类，然后需要对每项资产的保密性、完整性和可用性进行赋值，在此基础上评价资产的重要性。

1) 资产分类

在一个组织中，资产有多种表现形式。同样的两个资产也可能因属于不同的信息系统从而有不同的重要性。而且对于提供多种业务的组织，其支持业务持续运行的系统数量可能更多。这时首先需要将信息系统及相关的资产进行恰当分类，以此为基础进行下一步的风险评估。在实际工作中，具体的资产分类方法可以根据具体的评估对象和要求，由评估者灵活把握。根据资产的表现形式，可将资产分为数据、软件、硬件、服务、人员等类型。

2) 资产赋值

根据资产在保密性上的不同要求，可将其分为 5 个不同的等级，分别对应资产在保密性上应达成的不同程度或者保密性缺失时对整个组织的影响。表 10-1 提供了一种保密性赋值的参考。

表 10-1　资产保密性赋值表

赋值等级	标识	定义
5	很高	包含组织最重要的秘密，关系组织未来发展的前途命运，对组织根本利益有着决定性的影响，如果泄露，会造成灾难性的损害
4	高	包含组织的重要秘密，其泄露会使组织的安全和利益遭受严重损害
3	中等	组织的一般性秘密，其泄露会使组织的安全和利益受到损害
2	低	仅能在组织内部或在组织某一部门内部公开的信息，向外扩散有可能对组织的利益造成轻微损害
1	很低	可对社会公开的信息，公用的信息处理设备和系统资源等

根据资产在完整性上的不同要求，可将其分为 5 个不同的等级，分别对应资产在完整性上缺失时对整个组织的影响。表 10-2 提供了一种完整性赋值的参考。

表 10-2　资产完整性赋值表

赋值等级	标识	定义
5	很高	完整性价值非常高，未经授权的修改或破坏会对组织造成重大的或无法接受的影响，对业务冲击重大，并可能造成严重的业务中断，难以弥补
4	高	完整性价值较高，未经授权的修改或破坏会对组织造成重大影响，对业务的冲击严重，较难弥补
3	中等	完整性价值中等，未经授权的修改或破坏会对组织造成影响，对业务的冲击明显，但可以弥补
2	低	完整性价值较低，未经授权的修改或破坏会对组织造成轻微影响，对业务的冲击轻微，容易弥补
1	很低	完整性价值非常低，未经授权的修改或破坏对组织造成的影响可以忽略，对业务的冲击可以忽略

根据资产在可用性上的不同要求，可将其分为 5 个不同的等级，分别对应资产在可用性上应达成的不同程度。表 10-3 提供了一种可用性赋值的参考。

表 10-3　资产可用性赋值表

赋值等级	标识	定义
5	很高	可用性价值常高,合法使用者对信息系统的可用度达到年度 99.9%及以上,或系统不允许中断
4	高	可用性价值较高,合法使用者对信息及信息系统的可用度达到每天 90%及以上,或系统允许中断时间小于 10min
3	中等	可用性价值中等,合法使用者对信息及信息系统的可用度在正常工作时间达到 70%及以上,或系统允许中断时间小于 30min
2	低	可用性价值较低,合法使用者对信息及信息系统的可用度在正常工作时间达到 25%及以上,或系统允许中断时间小于 60min
1	很低	可用性价值可以忽略,合法使用者对信息及信息系统的可用度在正常作时间低于 25%

3)资产重要性等级评定

资产价值应依据资产在保密性、完整性和可用性上的赋值等级,经过综合评定得出。综合评定方法可以根据自身的特点,选择将资产保密性、完整性和可用性中最为重要的一个属性的赋值等级作为资产的最终赋值结果;也可以根据资产保密性、完整性和可用性的不同等级对其赋值进行加权计算,得到资产的最终赋值结果。加权方法可根据组织的业务特点确定。

在国家标准中,为与上述安全属性的赋值等级相对应,根据最终赋值,将资产划分为 5 级,级别越高,表示资产越重要,也可以根据组织的实际情况确定资产识别中的赋值依据和等级。表 10-4 中的资产等级划分表明了不同等级的重要性的定义。评估者可根据资产赋值结果,确定重要资产的范围,并主要围绕重要资产进行下一步的风险评估。

表 10-4　资产等级及资产重要性赋值表

赋值等级	标识	定义
5	很高	非常重要,其安全属性破坏后可能对组织造成非常严重的损失
4	高	重要,其安全属性破坏后可能对组织造成比较严重的损失
3	中等	比较重要,其安全属性破坏后可能对组织造成中等程度的损失
2	低	不太重要,其安全属性破坏后可能对组织造成较低的损失
1	很低	不重要,其安全属性破坏后对组织造成很小的损失,甚至可忽略不计

2. 威胁识别

威胁识别是一个具有多种属性的网络安全要素,如威胁主体、资源、动机、途径等属性。对其各个属性的了解,有助于提高对抗威胁的针对性,如消除威胁的动机、增大威胁的资源消耗、切断威胁的途径(如外部联网)等。因此,在识别威胁的过程中,重要步骤是对威胁进行分类。此外,为了计算最终的风险值,还应对威胁赋值,描述威胁的严重性。

1)威胁分类

造成威胁的因素可分为人为因素和环境因素。根据威胁的动机,人为因素又可分为恶意和非恶意两种。环境因素包括自然界不可抗的因素和其他物理因素。威胁作用形式可以是对信息系统直接或间接的攻击,在保密性、完整性和可用性等方面造成损害,也可以是偶发的或蓄意的事件。

2)威胁赋值

判断威胁出现的频率是威胁赋值的基本内容,评估者应根据经验和有关的统计数据来进行判断。在评估中，需要综合考虑以下三个方面：以往安全事件报告中出现过的威胁及其频率的统计；实际环境中通过检测工具及各种日志发现的威胁及其频率的统计；近两年来国际组织发布的对于整个社会或特定行业的威胁及其频率的统计，以及发布的威胁预警。

可以对威胁出现的频率进行等级化处理，不同等级分别代表威胁出现的频率的高低。等级数值越大，威胁出现的频率越高。

3. 脆弱性识别

脆弱性的一个重要特点是，它是资产本身存在的，如果没有被相应的威胁利用，单纯的脆弱性本身不会对资产造成损害。而且如果系统足够强健，严重的威胁也不会导致安全事件的发生，并造成损失，即威胁总是要利用资产的脆弱性才可能造成危害。

脆弱性识别是风险评估中最重要的一个环节。脆弱性识别可以以资产为核心，针对每一项需要保护的资产，识别可能被威胁利用的脆弱性，并对脆弱性的严重程度进行评估；也可以从物理、网络、系统、应用等层次进行识别，然后与资产、威胁对应起来。脆弱性识别的依据可以是国际或国家安全标准，也可以是行业规范、应用流程的安全要求。对于应用在不同环境中的相同的脆弱性，其严重程度是不同的，评估者应从组织安全策略的角度考虑、判断资产的脆弱性及其严重程度。信息系统所采用的协议、应用流程的完备与否、与其他网络的互联等也应考虑在内。

资产的脆弱性具有隐蔽性，有些脆弱性只有在一定条件和环境下才能显现，这是脆弱性识别中最为困难的部分。不正确的、起不到应有作用的或没有正确实施的安全措施本身就可能是一个脆弱性。

1) 脆弱性识别的内容

脆弱性识别时需要掌握的数据来自资产的所有者、使用者，以及相关业务领域和软件、硬件方面的专业人员等。脆弱性识别所采用的方法主要有问卷调查、工具检测、人工核查、文档查阅、渗透性测试等。

脆弱性识别主要从技术和管理两方面进行，技术脆弱性涉及物理层、网络层、系统层、应用层等各个层面的安全问题。管理脆弱性又可分为技术管理脆弱性和组织管理脆弱性两方面，前者与具体技术活动相关，后者与管理环境相关。

2) 脆弱性严重程度赋值

可以根据脆弱性对资产的暴露程度、技术实现的难易程度、流行程度等，采用等级方式对已识别的脆弱性的严重程度进行赋值。由于很多脆弱性反映的是同一方面的问题，或可能造成相似的后果，赋值时应综合考虑这些脆弱性，以确定这一方面脆弱性的严重程度。

4. 风险计算

风险计算是根据资产识别、威胁识别和脆弱性识别的结果，计算实际的风险值。在风险计算工作中，还要对现有安全措施进行评价，在此基础上提出对风险进行处置的具体建议。严格而言，风险处置的具体行为并不是风险评估的组成部分，但它们共同组成了风险管理活动。

1) 风险计算原理

在计算风险时，需要综合安全事件所作用的资产的价值及脆弱性的严重程度，判断安全事件对组织的影响。以下面的范式形式化说明风险计算原理，即

$$风险值 = R(A,T,V) = R(L(T,V),F(I_a,V_a))$$

式中，R 表示安全风险计算函数；A 表示资产；T 表示威胁出现的频率；V 表示脆弱性；I_a 表示安全事件所作用的资产价值；V_a 表示脆弱性严重程度；L 表示威胁利用资产的脆弱性导致安全事件发生的可能性；F 表示安全事件发生后造成的损失，这个公式有以下三个关键计算环节。

(1)计算安全事件发生的可能性。

根据威胁出现频率及脆弱性的状况，计算威胁利用脆弱性导致安全事件发生的可能性，即
$$安全事件发生的可能性 = L(威胁出现频率，脆弱性) = L(T,V)$$

在具体评估中，应综合攻击者的技术能力(如专业技术程度、攻击设备等)、脆弱性被利用的难易程度(如可访问时间、设计和操作知识的公开程度等)、资产吸引力等因素来判断安全事件发生的可能性。

(2)计算安全事件造成的损失。

根据资产价值及脆弱性严重程度，计算安全事件一旦发生后造成的损失，即
$$安全事件造成的损失 = F(资产价值，脆弱性严重程度) = F(I_a,V_a)$$

部分安全事件的发生造成的损失不仅仅针对该资产本身，还可能影响业务的连续性；不同安全事件的发生对组织的影响也是不一样的，在计算某个安全事件造成的损失时，还应参照安全事件发生可能性的结果，对于发生可能性极小的安全事件，如处于非地震带的地震威胁、在采取完备供电措施状况下的电力故障威胁等，可以不计算其损失。

(3)计算风险值。

评估者根据自身情况选择相应的风险计算函数计算风险值，如矩阵法或相乘法。矩阵法通过构造一个二维矩阵，形成安全事件发生的可能性与安全事件造成的损失之间的二维关系；相乘法通过构造经验函数，将安全事件发生的可能性与安全事件造成的损失进行运算，得到风险值。

2)风险结果判定

评估者应根据所采用的风险计算方法，计算每种资产面临的风险值，根据风险值的分布状况，为每个等级设定风险范围，并对所有风险计算结果进行等级化处理，每个等级代表了相应风险的严重程度。

5. 风险处理

风险处理的目的是在风险管理过程中对不同风险实现直观比较，以确定组织的安全策略。组织应当综合考虑风险控制成本与风险造成的影响，提出一个可接受的风险范围。对于某些资产的风险，如果风险评估值在可接受的范围内，则该风险是可接受的，应保持已有的安全措施；如果风险评估值在可接受的范围外，即风险高于可接受范围的上限值，则该风险是不可接受的，需要采取安全措施以降低、控制风险。另一种确定不可接受的风险的办法是根据等级化处理的结果，不设定可接受风险的基准，对达到相应等级的风险都进行处理。

对于不可接受的风险，应根据导致该风险的脆弱性制定风险处理计划。风险处理计划中应明确弥补脆弱性的安全措施、预期效果、实施条件、进度安排、责任部门等。安全措施的选择应从管理与技术两个方面考虑。安全措施的选择与实施应参照网络安全的相关标准进

行。在处理不可接受的风险时，还可采取风险规避和风险转移措施。

在对不可接受的风险选择适当的安全措施后，为确保安全措施的有效性，可进行再评估，以判断实施安全措施后的残余风险是否已经降低到可接受的水平。残余风险的评估可以依据常规的风险评估流程进行，也可做适当裁减。一般来说，安全措施的实施是以减少脆弱性或降低安全事件发生可能性为目标的，因此，残余风险的评估可以从脆弱性评估开始，在对照安全措施实施前后的脆弱性状况后，再次计算风险值。这也说明，风险评估是个不断循环往复的过程，且风险应该处在不断监视之中。

10.2　应　急　响　应

信息系统自身存在的缺陷、脆弱性以及面临的威胁，使信息系统容易受到各种已知和未知的威胁，进而导致有害程序事件、网络攻击事件、信息破坏事件、信息内容安全事件、设备设施故障和灾害性事件等信息安全事件的发生。虽然很多信息安全事件可以通过技术的、管理的、操作的方法予以消减，但没有任何一种信息安全策略或防护措施能够对信息系统提供绝对的保护。即使采取了防护措施，也可能存在残留的弱点，使得信息安全防护被攻破，从而导致业务中断、系统宕机、网络瘫痪等突发/重大信息安全事件发生，并对组织和业务运行产生直接或间接的负面影响。

应急响应(Emergency Response)是指组织为了应对突发/重大信息安全事件的发生所做的准备以及在事件发生后所采取的措施。安全事件则是指影响一个系统正常工作的情况。这里的系统包括主机范畴内的问题，也包括网络范畴内的问题，如黑客入侵、拒绝服务攻击、网络流量异常等。

应急响应体系(Emergency Response System)是指在突发/重大信息安全事件发生后对包括计算机运行在内的业务运行进行维持或恢复的各种技术与管理策略以及规程。

应急响应计划(Emergency Response Plan)是指组织为了应对突发/重大信息安全事件而编制的，对包括信息系统运行在内的业务运行进行维持、恢复的策略和规程。

应急响应计划与应急响应是相互补充与促进的关系。首先，应急响应计划为信息安全事件发生后的应急响应提供指导策略和规程，否则，应急响应将陷入混乱，而毫无章法的应急响应有可能造成比信息安全事件本身更大的损失。其次，应急响应可能发现事前应急响应计划的不足，从而吸取教训，进而进一步完善应急响应计划。也就是说，制定应急响应计划与应急响应是一个循环反复的过程。

10.2.1　网络安全应急响应标准及内容

中华人民共和国国家质量监督检验检疫总局和中国国家标准化管理委员会于2009年发布的《信息安全技术　信息安全应急响应计划规范》(GB/T 24363—2009)，由前引部分、正文部分和补充部分三部分组成。其中前引部分概括了标准的有关情况；正文部分是标准的核心部分，包括应急响应计划的编制准备、编制应急响应计划文档，以及应急响应计划的测试、培训、演练和维护三部分内容，其制定过程如图10-3所示；补充部分是对标准正文部分内容所做的进一步补充，为标准的理解和实施提供了相关信息。

从图10-3可以看出，信息安全应急响应计划的制定是一个周而复始、持续改进的过程。

1）应急响应计划的编制准备

应急响应计划的编制准备是编制应急响应计划文档的前期工作，由风险评估、业务影响分析和制定应急响应策略三个方面组成。

风险评估的目的是标识信息系统的资产价值，识别信息系统面临的自然的和人为的威胁，识别信息系统的脆弱性，分析各种威胁发生的可能性。风险评估是业务影响分析的基础。

业务影响分析（Business Impact Analysis，BIA）是在风险评估的基础上分析各种信息安全事件发生时可能对业务功能产生的影响，进而确定应急响应的恢复目标，因此它是应急响应计划编制前期的一项重要任务。BIA 的目的是将特定的系统组件与其提供的关键服务联系起来，并基于这些信息了解系统部件中断所产生的影响的特点，通过 BIA 估计业务停顿随时间而造成的损失，进而确定对于企业而言比较合适的恢复时间目标。

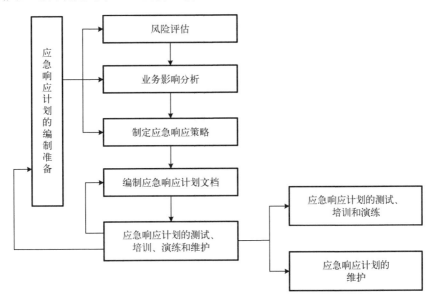

图 10-3　信息安全应急响应计划的制定过程

应急响应策略提供了在业务中断、系统宕机、网络瘫痪等突发/ 重大信息安全事件发生后快速有效地恢复信息系统运行的方法。这些策略应涉及在 BIA 中确定的应急响应的恢复目标。制定应急响应策略主要需要考虑"系统恢复能力等级划分"、"系统恢复资源的要求"和"费用"三个因素。组织应进行成本效益分析，以确定最佳应急响应策略。

2）编制应急响应计划文档

编制应急响应计划文档是应急响应规划过程中的关键一步，也是应急响应国家标准草案的核心内容。

应急响应计划文档应包含总则、角色及职责、预防和预警机制、应急响应流程、应急响应保障措施、附件六个基本要素。

总则部分提供了重要的背景或相关信息，使应急响应计划更容易理解、实施和维护。通常这部分包括编制目的、编制依据、适用范围、工作原则等。

组织应结合本单位的日常机构建立信息安全应急响应的工作机构，并明确其职责。应急响应的工作机构由管理、业务、技术和行政后勤等人员组成，一般来说，按角色可划分为五个功能

网络空间安全保密技术与实践

小组：应急响应领导小组、应急响应技术保障小组、应急响应专家小组、应急响应实施小组和应急响应日常运行小组等。实际中，可以不必专门成立对应的功能小组，可以根据组织自身情况，由其具体的某个或某几个部门，或者由部门中的某几个人担当其中的一个或几个角色。

预防和预警机制是一种防御性的方法，在可行和比较划算的情况下，防御性方法要比在信息安全事件发生后进行应急响应更好。有很多防御性方法可供选择，它依赖于信息系统的类型和配置。

应急响应流程描述并规定了信息安全事件发生后应采取的工作流程和相应条款，目的是保证应急响应能够有组织地执行，从而最大限度保证应急响应的有效性。图 10-4 描述了整个应急响应流程。

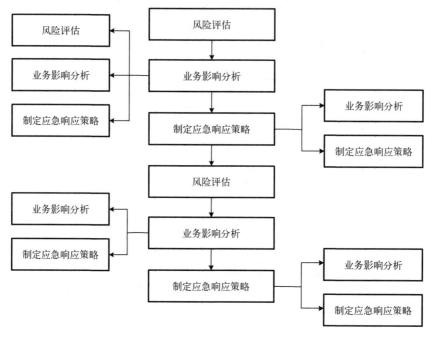

图 10-4　应急响应流程

应急响应保障措施是应急响应计划的重要组成部分，是保证信息安全事件发生后能够快速有效地实施应急响应计划的关键要素。考虑到各个组织的性质和需求可能存在很大的差异，标准中描述的具体内容是可选择的，也可以做适当调整，但人力保障、物质保障和技术保障这三大方面是必要的。

附件主要是对不适宜在正文中详细介绍的机制、流程和措施进行的详细描述和介绍。

应急响应计划需要在详细程度和灵活程度之间取得平衡，通常是计划越详细，其方法就越缺乏弹性和通用性。因此，应急响应计划编制者应根据实际情况对其内容进行适当的调整、充实和本地化，以更好地满足组织特定的系统、操作和机构需求。应急响应计划应能为信息安全事件中不熟悉计划的人员或要求进行恢复操作的系统提供快速明确的指导，因此计划应明确、简洁，易于在紧急情况下执行，并尽量使用检查列表和详细规程。

3) 应急响应计划的测试、培训、演练和维护

为了检验应急响应计划的有效性，同时使相关人员了解应急响应计划的目标和流程，熟悉

应急响应的操作规程，组织还应按照一定的要求对急响应计划进行测试、培训、演练和维护。

对计划进行测试是有效的应急响应计划的关键要素。测试能确定和解决计划存在的问题，还能协助评估和应急人员快速有效实施应急响应计划。每一个应急响应计划要素都应该得到测试，以确保各个恢复规程的正确性和计划整体的有效性。

对计划进行培训是对测试的补充。和应急响应计划相关的人员所接受的培训最终应使得他们能够无需实际文档的协助就能够执行相应的恢复规程。这在信息安全事件发生的最初几个小时，特别是在无法及时获得书面或电子版的应急响应计划的情况下显得尤为重要。

计划的演练对小组成员来说是有益的，应定期组织应急演练，测试并完善应急预案，总结经验、教训。

组织通过对应急响应计划的测试和演练，能够发现应急响应计划的缺陷，从而返回到第二阶段，重新修订和完善应急响应计划文档，同时由于业务流程的变化、信息系统的变更以及技术的更新，可能需要返回到第一阶段，对应急响应需求进行重新分析，并确定新的应急响应策略，从而不断修订和完善应急响应计划文档。

10.2.2　网络安全应急预案体系

应急预案是指针对可能发生的事故，为迅速、有序地开展应急行动而预先制定的行动方案。网络安全应急预案应形成体系，针对各级各类可能发生的网络安全事件和所有风险源制定专项应急预案与处置方案，并明确事前、事发、事中、事后的各个过程中相关部门和有关人员的职责。

应急预案体系一般包括总体应急预案、综合应急预案、专项应急预案。

总体应急预案是应急预案体系的总纲，明确了网络安全事件的分级分类和预案框架体系，规定了应对网络安全事件的组织体系、工作机制等内容，是指导预防和处置各类网络安全事件的规范性文件。2017 年 6 月 27 日，中共中央网络安全与信息化委员会办公室印发了《国家网络安全事件应急预案》，包括勒索病毒在内的有害程序事件被明确为网络安全事件的种类之一，该文件针对事件的监测预警、应急处置、调查评估均设置了具体机制，是全国网络安全事件应急预案体系的总纲。

综合应急预案从总体上阐述处理网络安全事件的应急方针、政策，应急组织结构及相关应急职责，应急行动、措施和保障等基本要求与程序，是应对各类网络安全事件的综合性文件。

专项应急预案是针对具体的网络安全事件而制定的计划或方案，按照综合应急预案的程序和要求组织制定。专项应急预案应制定明确的应急流程和具体的应急处置措施。

1. 网络安全应急演练实施

应急演练是为检验应急计划及应急预案的有效性、应急准备的完善性、应急响应能力的适应性和应急人员的协同性而进行的一种模拟应急响应的实践活动，是提高网络安全应急响应能力的重要环节。通过开展应急演练，可以有效推进应急机制的建设和应急预案的完善，能在网络安全突发事件发生时有效减少损失，迅速从各种灾难中恢复正常状态。

应急演练按组织形式可以分为桌面推演、实战演练；按内容可以分为专项演练、综合演练；按目的和作用可以分为检验性演练、示范性演练、研究型演练；按组织范围可以分为机构内部演练、行业内部演练、跨行业演练、地域性演练、跨地域演练。不同类型的演练相互组合，可以形成专项桌面演练、综合性桌面演练、专项实战演练、综合性实战演练、专项示范性演练、综合性示范演练等。

应急演练工作分为演练准备、演练实施、演练总结和演练成果运用四个阶段。

（1）演练准备阶段是确保演练成功的关键，包括制定计划、设计方案、方案评审、动员培训、演练保障等几个方面。

（2）演练实施阶段是演练的实际操作阶段，包括系统准备、演练启动、演练执行、演练解说、演练记录、演练宣传、演练结束和系统恢复等几个方面。

（3）演练总结阶段是对演练进行全面回顾，归纳问题和经验，包括演练评估、演练总结、文件归档和备案、考核与奖惩等几个方面。

（4）演练成果运用是在演练总结的基础上，对问题和经验的运用，包括完善预案、实施整改、教育培训等几个方面。

2. 网络安全应急响应方法学

应急响应一般需要多组织、多机构间的相互协作才能有效完成。很多情况下，应急响应的完成需要充分的准备和较高的效率。另外，随着应急响应的进行，事件涉及的数据量也不断增长，因此数据管理也是应急响应需要处理的问题之一。事件应急响应除了需要技术技能，还需要统筹能力、与组员和谐相处的能力、关于技术的文档写作能力、法律知识，甚至还需要了解入侵者的心理活动。有效的应急响应不仅靠简单的技术诊断和操作技巧来解决某些问题，它还需要具有不同技能的人员共同协作来完成。此外，应急响应还需要响应人员具有丰富的响应经验，对常见事件有比较深的认识并对应急响应过程驾轻就熟，这样他才能在应急响应过程中使用合适的响应措施并与其他工作人员紧密合作。虽然不存在两个完全相同的安全事件，并且不可能用完全一致的方式来响应任何两个事件，但事件应急响应还是有相对标准化的响应方法学。安全事件发生之后，其突然性可能导致响应人员措手不及，合理高效的应急响应方法有助于快速地控制和根除混乱。从这个意义上讲，一个好的应急响应方法能够指导响应人员高效、有序地处理安全事件。响应人员可以依照应急响应方法学，系统地执行应急响应所涉及的全部必要步骤，以减少甚至消除该事件对被保护对象的不良影响。规范化的响应方法还可以供组织内部和组与组之间的人员共享，尽快提升安全人员的应急响应能力。目前国际公认的应急响应六个阶段包括准备（Preparation）、检测（Detection）、抑制（Containment）、根除（Eradication）、恢复（Recovery）、跟踪（Follow-Up），简写为 PDCERF。

在 PDCERF 六个阶段中，抑制、根除和恢复是三个主要的响应阶段。其中，抑制是一种暂时性的措施，它并不能彻底解决问题，实质性的响应阶段是根除、恢复。响应人员需要通过分析找出导致事件发生的系统漏洞，进而根除事件的源头，彻底防止类似事件的发生。在事件恢复阶段，响应人员要依据事件产生的影响，对被保护对象遭受破坏的严重程度进行区分，从而将系统恢复到正常工作状态。此外，响应人员对攻击技术进行分类也有利于在实际响应操作中采取更适当的抑制方法。为了更好地完成响应过程根除阶段的任务，响应人员应当仔细分析导致事件发生的安全漏洞。值得一提的是，应急响应方法学中的六个阶段是循环的，每一个阶段都在为接下来的阶段做准备。图 10-5 所示为应急响应的六个阶段。

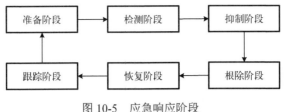

图 10-5　应急响应阶段

下面简要介绍 PDCERF 每个阶段应该完成的工作和注意事项。

1) 准备阶段

良好的准备工作能够让响应人员较早地得知入侵或者入侵尝试。这对阻止事件攻击和系统恢复来说都是及时的。在事件应急响应的过程中，假如欠缺准备工作或者没有做准备工作，往往就会有许多意想不到的事情发生。例如，如果缺少必要的入侵检测系统，就无法准确及时地发现入侵事件；如果没有与当前系统运行状态进行比较的历史数据，攻击可能就无法被识别；如果响应人员并不理解自己在响应过程中的角色和任务，就不能有效地进行应急响应。

进行事件应急响应工作之前应当：制定应急响应的相关策略；制定安全事件检测的方法；确定响应人员的任务和职责；对响应实施合法的评估；对用户进行培训；保证策略、方法和培训符合当前应急响应要求等。

2) 检测阶段

检测是响应过程中不可或缺的阶段，响应操作的每个动作都要依赖于它。响应人员需要通过检测掌握系统是否已经受到侵害。同样地，响应人员要确定哪些数据、系统和网络遭受入侵，破坏了信息的哪些安全属性，破坏的严重程度是什么，也必须建立在对攻击的分析和评估之上，这都离不开检测。最后，响应人员要确定是否完全抑制或根除了破坏造成的影响，也需要通过检测获得相关信息。

3) 抑制阶段

响应人员可以暂时采取抑制措施来限制攻击的范围，以阻止受侵害的系统被继续攻击，从而降低入侵影响程度，避免造成更大的危害。但是必须在确认事件的确已经发生后，才可以采取抑制措施。在响应工作中要特别侧重抑制措施，因为数量众多的安全事件往往会使响应过程变得格外混乱。例如，在蠕虫病毒爆发时，迅速采取抑制措施将受影响的范围控制在某个区域是非常有必要的。在没有足够的信息以采取进一步行动的时候，抑制是一种相对合理的、有效的、安全的措施。例如，检测到某个账户多次试图登录系统，那么屏蔽该账户可视为合理的抑制措施，进一步讲，如果攻击者得到了多台主机的超级用户的访问权限，那么要采取更严厉的抑制措施。采取抑制措施的关键问题是决策，即采取哪些措施才能最大限度地减少损失。常见的抑制措施有临时关闭受入侵的系统，断开受入侵统的网络连接，禁用被侵害系统的访问权限、服务，重新设置防火墙和路由器的过滤规则，设置诱饵服务器当作陷阱。

4) 根除阶段

根除阶段的目标是完全清除事件的发生根源。彻底清除入侵根源是应急响应的长远目标，只有通过不断地完善安全措施才能够实现。如果没有必要的根除措施，系统则无法正常工作，而且会使之前应急响应所做的工作劳而无功。在根除阶段中，在不确定执行步骤是否正确的情况下，应尽量不做处理。因为这种情况下通常会忽略事件的一些重要细节，而对细节的错误处理极可能会导致其他事件的发生。在实际的响应过程中，根除的方法有根除病毒及木马、更改账户密码、重装受害主机系统、删除入侵者访问权限或途径、改进被管系统的保护机制、改进检测方法等。

5) 恢复阶段

在消除事件的发生根源之后,恢复阶段则要把在事件中所有被入侵的网络和系统设备完全地还原到它们正常的工作状态。响应人员在恢复系统时,需要依据不同的网络和系统环境来做具体分析并采取不同的恢复手段,还要遵守必要的技术规章。另外,由于系统备份的完备性以及在系统恢复过程中涉及变动配置,直接进行系统恢复未必总是可行的,应当依据实际情况在恢复时进行适当的调整。常用的恢复方法有恢复系统的数据、保证系统的正常可用、保证系统服务安全可用。

6) 跟踪阶段

在应急响应工作结束的时候,需要对整个响应过程所涉及的操作以及操作产生的数据进行整理总结。因为相似的事件还可能再次发生,或者在其他网络中出现,所以对事件的总结工作也十分重要。总结经验能够让响应人员对类似事件的发生进行更快更好的响应,因为他们会从总结中吸取教训并学习新的响应知识;工作总结同样可以用来培训新加入响应组的人员;总结获取的信息还有益于组织的法律行动。

跟踪阶段要求每个响应人员对自己在这个过程中的工作进行总结。相关人员要列出在哪个阶段做了什么事情,还有就是在事件处理过程中,相关人员的事件参与程度如何,为保证高效响应人员至少需要哪些数据,他们怎样尽快得到这些数据,以及下次事件中响应人员的任务会有哪些不同。跟踪方法有事后举行分析会议、撰写应急响应报告文档、完善安全响应文档等。

安全事件的应急响应同组织的安全宗旨是相同的,组织为应急响应而建设的基础保障和特定的流程也反映了其安全方针。应急响应的六个阶段虽然相对不可变动,但是针对组织不同的应用需求,应急响应工作的每个阶段包括的内容和方法不会完全一致。

10.3　系统备份和灾难恢复

对于构建信息安全保障体系来说,系统备份和灾难恢复是一个核心环节。具备完善的系统备份和灾难恢复机制,是保障网络空间安全的必然要求。本节将结合技术发展和应用趋势,重点介绍系统备份和灾难恢复等内容。

10.3.1　概述

1. 系统备份和灾难恢复的关系

从信息安全保障的角度来讲,为了保证日常业务的正常运行,要求采取各种保护措施来保障信息系统的安全,但无论安全保护措施如何完善,信息系统在运行过程中都有可能遇到一些不安全事件(如人为错误、硬件老化或损毁、网络病毒、恶意攻击以及自然灾难等),这些事件会导致系统无法正常运行,甚至会导致整个系统瘫痪。随着网络空间控制权成为攻防对抗双方争夺的重要目标,存储在互联网中的数据作为其核心资源也面临着更严重的安全威胁。各种因素导致的信息系统灾难会对其所承载的业务带来巨大的损失甚至毁灭性的打击。因此,需要对系统进行必要、充分的备份和应急准备工作,以保证系统安全(特别是数据安全），并当出现灾难时，在备份的基础上进行恢复。

存储系统是整个信息系统的基石，是信息技术得以存在和发挥效能的基础平台。从某种意义上来说，系统备份和灾难恢复其实就是备份和恢复存储系统。系统备份包括关键设备的整机备份、主要配件备份、电源备份、重要业务信息备份、软件系统备份及数据备份等。一旦出现系统故障，应采用备份措施，使信息系统尽快恢复正常工作，尽量减少不必要的损失。灾难恢复是指为了将信息系统从灾难造成的故障或瘫痪状态恢复到可正常运行状态，并将其支持的业务功能从灾难造成的不正常状态恢复到可接受状态而设计的活动和流程。

2. 主要评估指标

容灾备份与恢复平台要保证灾难发生时，业务系统恢复最快和数据损失最小。在此过程中，恢复时间目标（Recovery Time Objective，RTO）和恢复点目标（Recovery Point Objective，RPO）是衡量容灾备份与恢复能力的两个重要指标。

1）RTO

恢复时间目标（RTO）指灾难发生后，业务功能或信息系统从停顿到恢复之间的时间要求，即从发生灾难导致系统、业务停顿开始，到系统恢复、业务接口可正常运行之间的时间间隔。在此过程中，通常包括人员集中、事件判断、管理决策、技术性操作等工作。RTO可简单地描述为企业能容忍的恢复时间。RTO关注的是信息系统可以中断或关闭多长时间而不会对业务造成重大损害。

2）RPO

恢复点目标（RPO）可简单地描述为企业能容忍的最大数据丢失量，该目标表示为从丢失事件到最近一次备份的时间度量，简单说就是，灾难发生后，最多可允许丢失多长时间的数据。

结合典型的灾难恢复场景，备份与灾难恢复过程以及 RTO 与 RPO 的模型如图 10-6 所示。

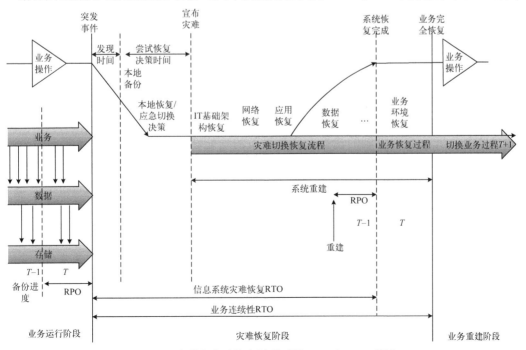

图 10-6 备份与灾难恢复过程以及 RTO 与 RPO 模型

根据图 10-6，可以看出容灾恢复阶段，其核心考量点是 IT 基础架构恢复、网络恢复、应用恢复、数据恢复等过程。IT 基础架构恢复网络恢复主要考虑支持业务的基础架构需要包括哪些设备，在系统规模庞大的情况下，需要考虑共享支撑性的设备内容是否需要全部在容灾端恢复。应用恢复主要考虑业务是否需要跨越多个应用组件、应用模块间的逻辑转换情况、应用逻辑的恢复顺序要求等。数据恢复要考虑的是当前的系统中有哪些数据是关键的数据，包括动态数据及静态数据，需要明确哪些数据需要纳入数据恢复范围。

如何配置最佳的备份和恢复方案？当然 RTO 及 RPO 皆为零是最完美的，此时系统立即恢复，数据也完全没有丢失，但造价过于昂贵，而且也没这个必要。因此，最佳备份和恢复方案应该是结合当前业务系统的实际情况，从 RTO、RPO、系统维护成本等多方面考虑，一般建议容灾备份的投入成本应该小于对应灾难造成的业务损失。

10.3.2　系统备份

系统备份是灾难恢复的前提。系统备份的最终目的是系统和信息数据的重新利用，其核心目标是从灾难中恢复。系统备份中，数据备份的地位尤为重要。

1. 备份分类

系统备份可以分为数据备份和应用备份。

(1) 数据备份。

数据备份是指针对业务数据安全的备份，其目的是保护系统正常运行，不受数据灾难的影响，对数据进行复制并将复制的数据存放在不同于原来数据的位置，在发生数据丢失时确保成功恢复数据。具体进行数据备份时需要考虑数据备份的范围、时间间隔、实现技术与介质，还要考虑数据备份线路的速度以及相关通信设备的规格和要求。

数据备份主要涉及三大技术领域：一是备份硬件，包括系统、适配器、存储技术以及网络等；二是存储载体，通常指磁盘、磁盘阵列、磁带以及磁带库等；三是备份管理软件。

(2) 应用备份。

应用备份是针对信息系统服务连续性的安全设计的，目的是在灾难中提供不间断的应用服务，保证信息系统提供的服务完整、可靠、一致。具体进行应用备份时需要考虑连续性保证方式(设备冗余、系统级冗余直至远程集群支持)及其实现细节，包括相关基础设施的支持、冗余集群机制的选择、硬件设备的功能性能指标以及软硬件的部署形式与参数配置等。

数据备份是容灾系统的基础，也是容灾系统能够正常工作的保障；应用备份则是容灾系统的建设目标，必须建立在可靠的数据备份的基础上，通过应用系统、网络系统等资源之间的良好协调来实现。

2. 备份策略

对于数据备份来说，备份策略至关重要。通常来讲，备份策略应该指明需要备份的内容、备份时间、备份方式，以确保在遇到意外删除、错误信息覆盖或其他形式的灾难时仍可恢复数据。各信息系统都要根据自身的实际情况来制定不同的备份策略。大部分服务器应有默认的备份策略，而某些关键业务应用或数据则需要专门的备份策略。

目前，最常用的备份策略主要有完全备份（Full Backup）、增量备份（Incremental Backup）和差异备份（Differential Backup）三种。

1）完全备份

完全备份就是利用备份载体对整个系统进行全部备份，包括其中的应用系统和所有数据，因此在开始建立备份策略时需要进行一次完全备份。如果发生数据丢失事件，执行完全备份的时间间隔越小，就越容易进行数据恢复。

完全备份的优点是简单直观，易于理解和操作。如果出现数据丢失的灾难性事件，只需要用最近一次的备份载体就可以恢复数据，从而加快了系统或者数据的恢复。其不足之处在于：每次备份均为完全备份，因此在备份载体中存在大量的重复数据，不仅占据了大量的备份载体空间，还增加了备份载体的成本；一次完全备份的数据量比较大，因此需要较长的备份时间。对于业务繁忙、备份窗口时间受限的信息系统来说，这种策略并不适用。

2）增量备份

与完全备份不同，增量备份仅对上次备份（包含完全增量备份、差异备份）以后发生变化的所有数据（包括新增加或者被修改的数据）进行备份。在进行增量备份时，只对有标记的选中的文件和文件夹进行备份，一旦完成备份，就清除存档属性，也就是文件完成备份后标记为已备份文件，下次进行增量备份时，若文件无变动，将不再对其进行备份。

显然，增量备份策略的优点非常突出：很多数据无须重复备份，因此需要备份的数据量不大，这样不仅缩短了备份时间，还节省了备份存储空间。

不过，增量备份的缺点也非常明显：一旦遭遇数据损坏，数据恢复比较烦琐。要想完成完全恢复，必须具备上一次的完全备份和所有增量备份载体，然后依照增量备份的时间顺序逐个反推恢复，这样会极大延长恢复的时间，增大恢复操作的复杂程度。更严重的是，如果中间的备份载体丢失或者损坏，则无法实现完全恢复。

3）差异备份

差异备份（也称为差分备份）就是每次对上一次完全备份之后新增加和修改过的数据进行备份。在进行差异备份时，仅备份带有标记的那些选中的文件和文件夹。备份完成后并不清除标记（即不清除存档属性），也就是备份后不将被备份的文件标记为已备份文件。

差异备份的优点是不需每次都对系统进行完全备份，因此缩短了备份时间，同时节省了备份载体空间。再者，差异备份的数据恢复也比较方便。在进行恢复时，只需要对第一次完全备份和最后一次差异备份进行恢复即可实现完全恢复。不难看出，差异备份在避免了前面两种备份策略缺点的同时，又具备了它们各自的优点。

在实际制定备份策略时，通常会将以上 3 种备份策略结合起来使用。例如，可在每周一至周六进行一次增量备份或差异备份，每周日、每月月底和每年年底分别进行一次完全备份。

10.3.3　灾难恢复

灾难恢复，是指在灾难发生后指定的时间内恢复既定的关键数据、关键数据处理系统和关键业务的过程。灾难恢复技术能够为重要的信息系统提供在断电、火灾和受到攻击等各种意外事故发生，甚至在如洪水、地震等严重自然灾害发生的情况下保持持续运转的能力，因而对组织和社会关系重大的信息系统都应当采用灾难恢复技术予以保护。

本节以国家标准《信息安全技术 信息系统灾难恢复规范》(CB/T 20988—2007)的内容为基础，介绍信息系统灾难恢复的基础知识，包括灾难恢复能力的工作范围、灾难恢复需求的确定、灾难恢复策略的制定、灾难恢复策略的实现，以及灾难恢复预案的制定、落实和管理。

1. 灾难恢复能力的工作范围

信息系统的灾难恢复工作，包括灾难恢复规划和灾难备份中心的日常运行、关键业务功能在灾难备份中心的恢复和持续运行，以及主系统的灾后重建和回退工作，还涉及突发事件发生后的应急响应。

其中，灾难恢复规划是一个周而复始、持续改进的过程，包含以下几个阶段：

(1) 灾难恢复需求的确定；

(2) 灾难恢复策略的制定；

(3) 灾难恢复策略的实现；

(4) 灾难恢复预案的制定、落实和管理。

2. 灾难恢复需求的确定

1) 风险分析

在确定灾难恢复需求时，应首先进行风险分析，即标识信息系统的资产价值，识别信息系统面临的自然的和人为的威胁、信息系统的脆弱性，分析各种威胁发生的可能性，并定量或定性描述可能造成的损失，继而通过技术和管理手段，防范或控制信息系统的风险。要依据防范或控制风险的可行性和残余风险的可接受程度，确定风险的防范和控制措施。

2) 业务影响分析

(1) 分析业务功能和相关资源配置需求。

对各项业务功能及各项业务功能之间的相关性进行分析，确定支持各种业务功能的相应信息系统资源及其他资源的配置需求，明确相关信息的保密性、完整性和可用性要求。

(2) 评估中断影响。

采用如下的定量分析和/或定性分析的方法，对各种业务功能的中断造成的影响进行评估。

①定量分析：以量化方法，评估业务功能的中断可能给组织带来的直接经济损失和间接经济损失。

②定性分析：运用归纳与演绎、分析及抽象与概括等方法，评估业务功能的中断可能给组织带来的非经济损失，包括组织的声誉、客户的忠诚度、员工的信心、社会和政治影响等。

3) 确定灾难恢复目标

根据国际标准 SHARE 78 的定义，灾难恢复解决方案可分为 7 级，即从低到高有 7 种不同层次。

(1) 层次 0——本地数据的备份与恢复。

(2) 层次 1——批量存取访问方式。

(3) 层次 2——批量存取访问方式+热备份地点。

(4) 层次 3——电子链接。

(5) 层次 4——工作状态的备份地点。

(6) 层次 5——双重在线存储。

(7) 层次 6——零数据丢失。

用户可根据数据的重要性以及需要恢复的速度和程度，来选择并实现灾难恢复计划。灾难恢复计划的主要内容包括：

(1) 备份/恢复的范围；

(2) 灾难恢复计划的状态；

(3) 应用地点与备份地点之间的距离；

(4) 应用地点与备份地点之间如何相互连接；

(5) 数据如何在两个地点之间传送；

(6) 允许有多少数据被丢失；

(7) 怎样保证备份地点的数据的更新；

(8) 备份地点可以开始备份工作的能力。

根据风险分析和业务影响分析的结果，确定灾难恢复目标，包括关键业务功能及恢复的优先顺序、灾难恢复时间范围。

3. 灾难恢复策略的制定

1) 制定灾难恢复策略的过程

在制定灾难恢复策略时，要着眼于灾难恢复所需的下列资源要素。

(1) 数据备份系统：一般包括数据备份的硬件、软件和数据备份介质(以下简称介质)，如果是依靠电子传输的数据备份系统，还包括数据备份线路和相应的通信设备。

(2) 备用数据处理系统：备用的计算机、外围设备和软件。

(3) 备用网络系统：最终用户用来访问备用数据处理系统的网络，包括备用网络通信设多剂备用数据通信线路。

(4) 备用基础设施：灾难恢复所需的、支持灾难备份系统运行的建筑、设备和组织，包括介质的场外存放场所、备用的机房及灾难恢复工作辅助设施，以及容许灾难恢复人员连续工作的生活设施。

(5) 专业技术支持能力：对灾难恢复系统的运转提供支撑和综合保障，以实现灾备系统的预期目标，包括对硬件、系统软件和应用软件的问题分析与处理能力、网络系统安全运行管理能力、通信协调能力等。

(6) 运行维护管理能力：包括运行环境管理能力、系统管理能力、安全管理能力和变更管理能力等。

(7) 灾难恢复预案：根据灾难恢复目标，按照在灾难恢复资源的成本与风险可能造成的损失之间取得平衡的原则(即成本风险平衡原则)，确定每项关键业务功能的灾难恢复策略。不同的业务功能可采用不同的灾难恢复策略。

灾难恢复策略包括：

(1) 灾难恢复资源的获取方式；

(2) 灾难恢复等级或灾难恢复资源各要素的具体要求。

2) 灾难恢复资源的获取方式

(1) 数据备份系统。数据备份系统可自行建设，也可通过租用其他机构的系统而获取。

(2) 备用数据处理系统。可选用以下三种方式之一来获取备用数据处理系统：

①先与厂商签订紧急供货协议；

②事先购买并存放在灾难备份中心或安全的设备仓库中；

③利用商业化灾难备份中心或签署互惠协议的机构已有的兼容设备。

（3）备用网络系统。备用网络通信设备可通过与获取备用数据处理系统相同的方式来获取；备用数据通信线路可使用自有数据通信线路或租用公用数据通信线路。

（4）备用基础设施。可选用以下方式获取备用基础设施：

①由组织自建并运营；

②多方共建或通过互惠协议获取；

③租用商业化灾难备份中心的基础设施。

（5）专业技术支持能力。可选用以下方式获取专业技术支持能力：

①灾难备份中心设置专职技术支持人员；

②与厂商签订技术支持或服务合同；

③由主中心技术支持人员兼任，但对于 RTO 值较小的关键业务功能，应考虑到灾难发生时交通和通信的不正常，造成技术支持人员无法提供有效支持的情况。

（6）运行维护管理能力。可选用以下对灾难备份中心的运行维护管理模式：

①自行运行和维护；

②委托其他机构运行和维护。

（7）灾难恢复预案。可选用以下方式，完成灾难恢复预案的制定、落实和管理：

①组织独立完成；

②聘请具有相应资质的外部专家指导完成；

③请具有相应资质的外部机构完成。

3）灾难恢复资源的要求

（1）数据备份系统。

信息系统运营者应根据灾难恢复目标，按照成本风险平衡原则，确定：

①数据备份的范围；

②数据备份的时间间隔；

③数据备份的技术介质；

④数据备份线路的速率及相关通信设备的规格和要求。

（2）备用数据处理系统。

信息系统运营者应根据关键业务功能的灾难恢复对备用数据处理系统的要求和未来发展的需要，按照成本风险平衡原则，确定备用数据处理系统的：

①数据处理能力；

②与主系统的兼容性要求；

③状态，包括平时处于就绪还是运行状态。

（3）备用网络系统。

信息系统运营者应根据相关业务功能的灾难恢复对网络容量及切换时间的要求和未来发展的需要，按照成本风险平衡原则，选择备用数据通信的技术和线路带宽，确定网络通信设备的功能和容量，保证灾难恢复时，最终用户能以一定速率连接到备用数据处理系统。

(4) 备用基础设施。

信息系统运营者应根据灾难恢复目标，按照成本风险平衡原则，确定对备用基础设施的要求，包括：

①主中心的距离要求；

②场地和环境(如面积、温度、湿度、防火、电力和工作时间等)的要求；

③维护和管理要求。

(5) 专业技术支持能力。

信息系统运营者应根据灾难恢复目标，按照成本风险平衡原则，确定灾难备份中心在软件、硬件和网络等方面的技术支持要求，包括技术支持的组织架构、各类技术支持人员的数量和素质等要求。

(6) 运行维护管理能力。

信息系统运营者应根据灾难恢复目标，按照成本风险平衡原则，确定灾难备份中心运行维护管理要求，包括运行维护管理组织架构、人员的数量和素质、运行维护管理制度等要求。

(7) 灾难恢复预案。

信息系统运营者应根据需求分析的结果，按照成本风险平衡原则，明确灾难恢复预案的：

①整体要求；

②制定过程的要求；

③教育、培训和演练要求；

④管理要求。

4. 灾难恢复策略的实现

1) 灾难备份系统技术方案的实现

(1) 灾难备份系统技术方案的设计。

根据灾难恢复策略制定相应的灾难备份系统技术方案，包含数据备份系统、备用数据处理系统和备用网络系统。技术方案中所设计的系统应：

①获得同主系统相当的安全保护；

②有可扩展性；

③考虑其对主系统可用性和性能的影响。

(2) 灾难备份系统技术方案的验证、确认和系统开发。

为确保灾难备份系统技术方案满足灾难恢复策略的要求，应由相关部门对技术方案进行验证和确认，并记录和保存验证及确认的结果。

按照确认的灾难备份系统技术方案进行开发，实现所要求的数据备份系统、备用数据处理系统和备用网络系统。

(3) 系统安装和测试。

按照经过确认的灾难备份系统技术方案，灾难恢复规划实施组织应制定各阶段的系统安装及测试计划，以及支持不同关键业务功能的系统安装及测试计划，并组织最终用户共同进行测试，确认以下各项功能可正确实现：

①数据备份及数据恢复功能；

②在限定的时间内，利用备份数据正确恢复系统、应用软件及各类数据，并可正确恢复各项关键业务功能；

③客户端可与备用数据处理系统正常通信。

2) 灾难备份中心的选择和建设

(1) 选址原则。

选择或建设灾难备份中心时，应根据风险分析的结果，避免灾难备份中心与主中心同时遭受同类风险。灾难备份中心包括同城和异地两种类型，以规避不同影响范围的灾难。

灾难备份中心应具有备份和灾难恢复所需的通信、电力等资源，以方便灾难恢复，灾难备份中心应根据统筹规划、资源共享、平战结合的原则，合理布局人员和设备到达的交通条件。

(2) 基础设施的要求。

新建或选用灾难备份中心的基础设施时：

①计算机机房应符合有关国家标准的要求；

②工作辅助设施和生活设施应符合灾难恢复目标的要求。

3) 专业技术支持能力的实现

组织应根据灾难恢复策略的要求，获取对灾难备份系统的专业技术支持能力。灾难备份中心建立相应的技术支持机构，定期对技术支持人员进行技能培训。

灾难恢复的基本技术要求如下。

(1) 备份软件。

①保证备份数据的完整性，并具有对备份介质的管理能力；

②支持多种备份方式，可以定时自动备份；

③具有相应的功能或工具进行设备管理和介质管理；

④支持多种校验手段，以确保备份的正确性；

⑤提供联机数据备份功能。

(2) 恢复的选择和实施。

数据备份只是系统成功恢复的前提之一。恢复数据还需要备份软件提供各种灵活的恢复选择，如按介质、目录树或查询子集等不同方式做数据恢复。此外，还要认真完成一些管理工作，例如，定期检查，确保备份的正确性；将备份介质异地存放；按照数据的增加和更新速度选择恰当的备份周期等。

①自启动恢复。系统灾难通常会造成数据丢失或者无法使用数据。利用备份软件可以恢复丢失的数据，但是重新使用数据并非易事。很显然，要想重新使用数据并恢复整个系统，首先必须将服务器恢复到正常运行状态。为了提高恢复效率，减少服务停止时间，应当使用自启动恢复软件。通过执行一些必要的恢复功能，系统可以自动确定服务器所需要的配置和驱动，无须人工重新安装和配置操作系统，也不需要重新安装和配置恢复软件及应用程序。此外，自启动恢复软件还可以生成备用服务器的数据集和配置信息，以简化备用服务器的维护。

②安全防护。如果系统中潜伏安全隐患，如病毒，那么即使数据和系统配置没有丢失，服务器中的数据也可能随时丢失或被破坏。因此，安全防护也是灾难恢复的重要内容。在数据和程序进入网络之前，要进行安全检测。更为重要的是，要加强对整个网络的自动监控，

防止安全事件的出现和传播。安全防护应该与其他防灾方案密切配合，同时互相透明。总而言之，一个完整的灾难恢复方案必须包括很强的安全防护策略和手段。

　　5.　灾难恢复预案的制定、落实和管理

　　1) 灾难恢复预案的制定
　　(1) 制定准则。
　　灾难恢复预案的制定准则如下。
　　①完整性：灾难恢复预案(以下简称预案)应包含灾难恢复的整个过程，以及灾难恢复所需的尽可能全面的数据和资料。
　　②易用性：预案应运用易于理解的语言和图表，并适合在紧急情况下使用。
　　③明确性：预案应采用清晰的结构，对资源进行清楚的描述，工作内容和步骤应具体，每项工作应有明确的责任。
　　④有效性：预案应尽可能满足灾难发生时进行恢复的实际需要，并保持与实际系统和人员组织的同步更新。
　　⑤兼容性：灾难恢复预案应与其他应急预案体系有机结合。
　　(2) 制定过程。
　　在灾难恢复预案制定原则的指导下，其制定过程如下。
　　①起草：按照风险分析和业务影响分析所确定的灾难恢复内容，根据灾难恢复等级的要求，结合组织其他相关的应急预案，写出灾难恢复预案的初稿。
　　②评审：组织应对灾难恢复预案初稿的完整性、易用性、明确性、有效性和兼容性进行严格的评审，评审应有相应的流程保证。
　　③测试：应预先制定测试计划，在计划中说明测试的案例，测试应包含基本单元测试、关联测试和整体测试，测试的整个过程应有详细的记录，并形成测试报告。
　　④完善：根据评审和测试结果，纠正初稿评审和测试中发现的问题与缺陷，形成审批稿。
　　⑤审核和批准：由灾难恢复领导小组对审批稿进行审核，批准后确定为预案的执行稿。
　　2) 灾难恢复预案的教育、培训和演练
　　为了使相关人员了解信息系统灾难恢复的目标和流程，熟悉灾难恢复的操作规程，应按以下要求组织灾难恢复预案的教育、培训和演练：
　　(1) 灾难恢复规划的初期就应开始灾难恢复观念的宣传教育工作；
　　(2) 先对培训需求进行评估，包括培训的频次和范围，开发和落实相应的培训教育制度，保证课程内容与预案的要求相一致，事后保留培训的记录；
　　(3) 预先制定演练计划，在计划中说明演练的场景；
　　(4) 演练的整个过程应有详细的记录，并形成报告；
　　(5) 每年应至少完成一次有最终用户参与的完整演练。
　　3) 灾难恢复预案的管理
　　(1) 保存与分发。
　　经过审核和批准的灾难恢复预案，应：
　　①由专人负责保存与分发；
　　②具有多份复制的文件，在不同的地点保存；

③分发给参与灾难恢复工作的所有人员；

④在每次修订后，对所有复制的文件进行统一更新，并保留一套，以备查阅；

⑤旧版本应按有关规定销毁。

(2) 维护和变更管理。

为了保证灾难恢复预案的有效性，应从以下方面对灾难恢复预案进行严格的维护和变更：

①业务流程的变化、信息系统的变更、人员的变更都应在灾难恢复预案中及时反映；

②预案在测试、演练和灾难发生后实际执行时，其过程均应有详细的记录，并应对测试、演练和执行的效果进行评估，同时对预案进行相应的修订；

③定期对灾难恢复预案进行评审和修订，至少每年一次。

10.4　本 章 小 结

本章阐述了业务连续性的基本概念，以及其在网络防御中的作用，并根据确保业务连续性的技术需求，分别介绍了风险评估、应急响应、备份与灾难恢复的基本概念和功能，简要分析不同的业务连续性保障技术原理、方法与应用。

习　　题

1．请列举安全风险评估的要素，并说明要素之间的关系。

2．简述风险评估的流程。

3．如何计算安全风险？

4．简述 PDCERF 模型。

5．简述衡量容灾备份与恢复能力的两个指标。

6．数据备份的策略有哪些？它们的优缺点分别是什么？

第 11 章 安全审计与责任认定

斯诺登"棱镜门"事件后，信息化应用单位和个人的风险意识明显加强，对信息产品的可信度需求明显提升。因此，需要为信息系统提供基于第三方的安全、可靠、有效的客观检查与评价，这就是安全审计。安全审计是信息系统安全保障工作的重要一环，是评价一个信息系统是否真正安全的重要标准之一。通过对网络访问行为的监测、系统日志的记录关联分析等方法，及时发现各种形态的漏洞、安全隐患，并在发现风险后，采取应急响应措施对风险进行持续的追踪定位与取证，从而确保整个安全体系的完备性。

11.1 安 全 审 计

11.1.1 安全审计的功能及作用

"审计"一词最初出现在企事业单位的金融和会计活动中，作为一种良好的监督机制保证经济系统合理安全运作。然而在当今信息社会中，安全审计是由多种学科交叉发展起来的技术，和传统审计不同，它应用于计算机网络安全领域，对信息系统进行安全控制和审查评价。

安全审计(Security Audit)是指对系统中与安全有关的活动的相关信息进行识别、记录、存储和分析。安全审计的记录用于检查网络上发生了哪些与安全有关的活动，以及谁对这个活动负责。安全审计为安全管理人员提供大量用于分析的管理数据，根据这些数据可以发现违反安全规则的行为并对违规行为进行取证。利用安全审计的结果还能调整安全策略，及时修补系统安全漏洞，通过可视化的方式描述信息系统的安全状况，对安全事件进行有效监控、协调并迅速做出反应，提高信息系统的可用性。安全审计的主要功能如下。

(1)安全审计数据生成：对与安全事件相关的事件进行记录，确定需要被审计的事件类型，以及可审计事件对应的审计层次。同时，还需要规定审计记录所包含的信息，如事件发生的时间、事件类型、事件标识等。

(2)安全审计事件选择：管理员可以选择接受审计的事件。由于海量的审计事件的存在，系统要做到实时有效的安全审计，就必须对审计事件进行筛选，根据不同场合和不同需求选择感兴趣的安全属性，这样可以减少系统开销，提高审计的效率。

(3)安全审计事件存储：对审计记录的存储、维护，以及保证审计记录的有效性并防止审计数据丢失。审计事件记录是整个审计系统最关键的数据，审计系统需要对其进行加密处理，以及访问控制，防止数据被篡改，除此之外，还要考虑在极端情况下审计数据的有效性，以及数据备份与恢复。

(4)安全审计分析：对系统活动和审计数据的自动分析能力。安全审计分析能力是关系到整个审计系统能力的关键因素，目前，入侵检测技术是实施安全审计分析的基础。当一个审计事件出现或者累计出现一定次数时，可以确定违规行为的发生，并进行审计分析。

(5)安全审计自动响应：当审计系统检测出违反安全规则的事件时所采取的响应方式。

常见的响应方式有两种，即安全报警与强制阻断。安全报警方式是指用户可以根据需要制定出不同的报警等级和方式，如短信、邮件等。强制阻断方式能够迅速阻止威胁，一般需要和其他安全防护系统联动。

(6)安全审计浏览：经过授权的管理员对审计记录的访问和浏览。安全审计浏览需要对浏览人员的权限进行控制，审计记录只能被授权人员浏览。同时，还应该提供审计浏览工具用于数据解释和条件查询等，方便管理员浏览审计记录。

安全审计对网络安全的价值主要体现在以下几方面。

(1)监视网络违规行为。由于网络中，许多文件不能随意查看、删除、篡改或者复制，因此可以通过审计系统，对访问活动进行监控，并形成访问日志。

(2)保障操作系统及应用系统可靠性。审计平台可以收集操作系统或者应用系统产生的系统日志、报警消息、操作记录等，通过这些信息发现系统性能上的不足和功能上的漏洞，从而优化系统。

(3)提供有效的追查证据，威慑网络犯罪人员。尽管审计平台对于网络攻击、窃密等行为无法进行有效阻止，但是审计平台能有效记录用户的活动，对于突发事件还能进行报警和响应。通过审计平台可以有效地记录系统事件，为事后的分析和举证提供有效的证据。

11.1.2　安全审计的分类

1)按响应方式分类

安全审计按响应方式分为主动式和被动式。主动式审计是指对违规的结果进行主动的响应，包括强制违规用户退出系统、关闭相关服务等。被动式审计是指只对审计出的异常进行报警。

2)按部署方式分类

安全审计按部署方式分为集中式和分布式。集中式审计是指采用集中的方法，收集、分析数据源，并对审计数据进行集中处理。分布式审计是指审计任务由分布于网络各处的审计单元协作完成。

3)按审计对象分类

安全审计按审计对象分为系统级审计、应用级审计和用户级审计。系统级审计是操作系统的审计、设备的审计与网络应用的审计的总称，主要是利用计算机操作系统和网络操作系统的审计功能，记录主机和网络上发生的所有事件。但是操作系统的审计无法审计到用户在有些数据库系统和一些专用办公系统内的行为，这就需要依靠专门的审计软件进行应用级审计。例如，对于数据库系统，审计的主要任务是对应用程序或用户使用资源的情况进行记录和审查，以保证数据的安全。用户级审计的内容通常包括用户直接启动的所有命令、用户所有的鉴别和认证尝试、用户所访问的文件和资源等方面。

4)按审计数据源分类

(1)主机审计。通过在服务器、用户计算机或其他审计对象中安装客户端的方式来进行审计，可达到审计安全漏洞、审计合法和非法或入侵操作、监控上网行为和内容以及向外复制文件行为、监控用户非工作行为等目的。

(2)网络审计。一个网络要保护起来分 3 个阶段：事前、事中和事后。事前就是发现网络已经潜在的安全问题、隐患并进行处理，常用的产品是扫描系统。事中是防止正在运行的系统遭受黑客攻击，最普遍和成熟的产品就是防火墙与入侵检测系统。而事后的取证，就必须用到审计系统。网络审计通过旁路和串接的方式实现对网络数据包的捕获,并进行协议分析和还原,有助于对网络进行动态实时监控,监控上网行为和内容,可通过寻找入侵和违规行为,记录网络上发生的一切,为用户提供取证手段。

(3)数据库审计。数据库审计技术用于监视并记录对数据库服务器的各类操作行为,通过对网络数据的分析,实时、智能地解析对数据库服务器的各种操作,并将其记入审计数据库中以便日后进行查询、分析、过滤,实现对目标数据库系统用户操作的监控和审计。数据库审计技术可以监控和审计用户对数据库中的数据库表、视图、序列、包、存储过程、函数、库、索引、同义词、快照、触发器等的创建、修改与删除等,分析的内容可以精确到 SQL 操作语句一级;还可以根据设置的规则,智能地判断出违规操作数据库的行为,并对违规行为进行记录、报警。数据库审计的类型主要包括以下几方面。

①语句审计(Statement Auditing)。对某种类型的 SQL 语句进行审计,不指定结构和对象,只关心执行的语句。

②权限审计(Privilege Auditing)。例如,audit create table,该语句表示对 create table 权限的操作进行审计。

③对象审计(Object Auditing)。对一个特殊模式对象上的 DML 语句进行审计,记录作用在指定对象上的操作。例如,audit select on scott.dept 语句,表示对 scott 用户的 dept 表的 select 操作进行审计。

(4)日志审计。主要通过对网络设备、安全设备、主机和应用系统的运行状态和日志,以及用户访问记录等信息进行采集,并经过规范化、过滤、归并和告警分析等处理后,以统一的日志形式进行集中存储和管理,结合日志统计汇总及关联分析,实现对信息系统的全面审计,及时发现各种安全威胁、异常行为,为管理人员提供全局的安全视角。

日志审计在实现方式上一般采用旁路模式部署,由设备发送日志到审计设备,或在服务器中安装代理,由代理发送日志到审计设备。

(5)运维审计。它是指在特定的网络环境下,为了保障网络和数据不受来自内部合法用户的违规操作带来的系统损坏和数据泄露等问题的影响,而运用各种手段实时收集和监控网络环境中每一个组成部分的系统状态、安全事件、网络活动,以便集中报警、记录、分析、处理的一种技术手段,主要针对运维人员维护过程的全面跟踪、控制、记录、回放,以帮助内控工作事前规划预防、事中实时监控、违规行为响应,事后合规报告、事故追踪回放。

运维审计在实现方式上一般采用堡垒机的方式,并使用防火墙对服务器访问权限进行限制。所有对网络设备、服务器和数据库等的操作必须通过堡垒机。

11.1.3　安全审计相关标准

安全审计虽然在分类和实现方式上多种多样,但是为了保证审计结果的可信性,需要在构建安全审计系统时遵循相应的安全审计标准。相比国外信息安全标准发展历史,国内标准化历程相对比较晚,从 20 世纪末开始,国内开始制定相应的信息安全标准。目前,国内外与安全审计相关的标准主要包括以下几方面。

1)TCSEC

《可信计算机系统评估准则》(Trusted Computer System Evaluation Criteria,TCSEC),俗称"橘皮书",是计算机系统安全评估的第一个正式标准,由美国国家计算机安全中心(NCSC)于 1985

年发布，最初用于评测飞机的安全性和可靠程度，后来广泛应用于计算机安全评估中。TCSEC将计算机系统安全分为了四类七个级别，分别为 D、C1、C2、B1、B2、B3 和 A，A 级别最高。TCSEC 规定在 C2～A 级别的计算机系统必须具备安全审计机制，并明确指出：系统应该有选择地保留和保护与安全相关的安全审计信息，使审计的开销降到最小，便于进行有效分析。

2) CC

《信息技术安全性评估通用准则》（Common Criteria for Information Technology Security Evaluation，CC，ISO/IEC 15408），是国际标准化组织(ISO)和国际电工委员会(IEC)于 1993 年提出的。CC 是在先前的评估准则的基础上加上具体实践得到的，它具有结构开放、表达方式通用的特点。CC 将信息产品的安全要求分为安全功能要求和安全保证要求。安全功能要求用以规范产品和系统的安全行为，安全保证要求解决如何正确有效地使用这些功能的问题。安全功能要求一共分为 11 大类，安全审计就是其中的一类。它对安全审计定义了一套完整的功能要求，包括安全审计自动响应、安全审计事件生成、安全审计分析、安全审计浏览、安全审计存储以及安全审计事件选择等。

3) 国标 GB/T 18794.7—2003

2003 年颁布的《信息技术 开放系统互连 开放系统安全框架 第 7 部分：安全审计和报警框架》（GB/T 18794.7—2003)对安全审计和报警的基本概念进行了定义，同时提供了安全审计和报警的通用模型，并描述了安全审计和报警与其他安全服务的关系。该标准将安全审计与报警划分为检测阶段、辨别阶段、报警处理阶段、分析阶段、聚集阶段、报告生成阶段、归档阶段共 7 个阶段。

依据上述阶段的划分，该标准给出了安全审计与报警的通用模型(图 11-1)。安全审计系统在检测到一个事件后，首先决定该事件是否是安全相关事件。事件辨别器评估该事件以确定是否需要产生安全审计消息和(或)安全报警消息。若产生安全报警消息，则将其发送给报警处理器并在评估后采取下一步行动。若无法产生安全报警消息，则将安全审计消息送到审计记录器。审计记录器一方面将安全审计消息格式化成审计记录后存储在安全审计追踪数据

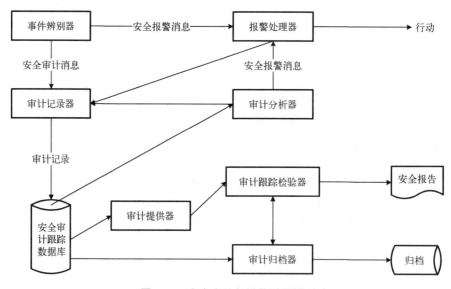

图 11-1　安全审计与报警通用模型

库，另一方面将安全审计消息发送给审计分析器，审计分析器结合安全审计追踪数据库中的审计记录确定是否产生安全报警消息。审计提供器将安全审计追踪数据库中的审计记录提供给审计追踪检验器。审计追踪检验器将审计记录中的陈旧部分交由审计归档器进行归档，并按照规定的准则生成安全报告。

4) 国标 GB/T 20270—2006

2006 年，中华人民共和国国家质量监督检验检疫总局和中国国家标准化管理委员会颁布了《信息安全技术　网络基础安全技术要求》(GB/T 20270—2006)，该标准用以指导设计者如何设计和实现具有所需要的安全保护等级的网络系统，主要说明为满足《计算机信息系统　安全保护等级划分准则》(GB 17859—1999)中每一个保护等级的安全要求，网络系统应采取的安全技术措施，以及各安全要求在不同安全保护等级中的具体差异。GB/T 20270—2006 标准提出了关于网络安全技术的 11 项基本要求，其中第五项中明确说明了安全审计响应、安全审计数据产生、安全审计分析、安全审计查询、安全审计事件选择以及安全审计事件存储所必须具有的功能。

5) 国标 GB/T 20945—2013

中华人民共和国国家质量监督检验检疫总局和中国国家标准化管理委员会于 2013 年颁布了修订后的《信息安全技术　信息系统安全审计产品技术要求和测试评价方法》(GB/T 20945—2013，旧版本为 GB/T 20945—2007)。该标准规定了安全审计产品的基本技术要求和扩展技术要求，提出了该类产品应实现的安全目标，并给出了该类产品的基本功能、增强功能和安全保证要求。同时，该标准还规定了安全审计产品的测评方法，包括安全审计产品测评的内容和测评功能目标，给出了产品基本功能、增强功能和安全保证要求必须实现的具体目标，详见表 11-1。

表 11-1　安全功能要求等级划分(一)

安全功能要求			基本级	增强级
数据采集	采集策略		*	*
	原始数据保留		—	*
审计分析	事件审计	主机审计	*	*
		网络审计	*	**
		数据库审计	*	**
		应用系统审计	*	*
	统计分析	事件统计	*	**
		关联分析	—	*
		潜在危害分析	—	*
		异常事件分析	—	*
		扩展分析接口	—	*
审计结果	审计记录		*	*
	统计报表		*	*
	审计查阅	常规查阅	*	*
		有限查阅	*	*
		可选查阅	*	*
管理控制	图形界面		*	*
	事件分级		*	*
	事件告警		—	*

注：“*”表示具有该要求，“**”表示要求有所增强，“—”表示不适用。

(1)安全审计的技术要求。

在技术要求方面,该标准将审计的数据源分为了主机审计、网络审计、数据库审计和应用系统审计。在具体的审计事件上,主机审计包含主机启动和关闭、操作系统日志、网络连接、软硬件配置变更、外围设备使用和文件使用等的审计;网络审计包括网络协议和网络流量的审计;数据库审计包括数据库用户操作(用户登录鉴别、切换用户、用户授权等)、数据库数据操作(数据的查询、增加、删除、修改等)和数据库结构操作(新建、删除数据库或数据表等)的审计;应用系统审计包括用户登录和注销,用户访问应用系统提供的服务,用户管理应用系统,应用系统出现系统资源超负荷或服务瘫痪等异常,应用系统遭到 DoS、端口扫描或其他攻击等的审计。增强级的技术要求与基本级的技术要求的区别如下。

①在网络审计方面增加了网络应用和网络攻击的审计;在数据库审计方面增加了数据库操作结果(数据库返回内容、操作成功或失败)的审计。

②在要求支持的审计内容的类别上,增强级较基本级更多。

③增强级的审计技术要求具有关联分析、潜在危害分析、异常事件分析和扩展分析接口的功能。

④增强级的审计技术要求具有自身的安全保护能力,如身份认证与授权、数据存储和传输的完整性与保密性、自身安全状态的监控。

(2)安全审计产品的测试评价方法。

安全审计产品的测试主要是通过执行一系列操作,检测系统是否能够审计这些事件,并验证审计结果的正确性。主机审计的测试包括执行启动和关闭目标主机,在目标主机操作系统上做操作并留下操作系统日志,在目标主机上做网络外联操作,更改主机的软硬件配置,使用主机的外围设备,在目标主机做文件的添加、修改、删除等操作;网络审计的测试包括在目标主机上登录 FTP 服务器并做操作,在目标主机上访问 HTTP 网页,在目标主机上通过SMTP/POP3 发收邮件,在目标主机上登录 Telnet 服务器并做操作,在目标网络或主机上生成 TCP、UPD 和应用流量;数据库审计的测试包括在目标数据库服务器上做用户登录鉴别、切换用户、用户授权等数据库用户操作,在目标数据库服务器上做数据的查询、增加、删除、修改等数据库数据操作,在目标数据库服务器上做新建、删除数据库或数据表等数据库结构操作;应用系统审计的测试包括登录、注销目标应用系统,访问目标应用系统提供的服务,管理目标应用系统,在目标应用系统上模拟系统资源超负荷或服务瘫痪等异常,采用 DoS 或端口扫描等手段攻击目标应用系统。此外,还要针对上述测试内容,对事件日志信息的完整性和统计类别进行测试。增强级的测试与基本级的测试的区别如下。

①在网络审计测试中增加在目标主机上登录 IM 软件并进行通信、通过下载软件下载文件、登录网络游戏、通过 DoS 工具攻击目标主机、通过端口扫描工具攻击目标主机;在数据库审计测试中增加检测是否能够审计数据库操作的返回内容和操作结果;在关联分析测试中模拟相互关联的事件,检测是否能对相互关联的事件进行综合分析和判断;在潜在危害分析中定义某一事件为潜在危害事件,并设置此事件发生的阈值,模拟此事件发生,重复次数达到阈值,检测是否能够分析此潜在危害;在异常事件分析测试中,在目标主机、应用系统或数据库上模拟用户异常活动、系统资源滥用或耗尽、网络应用服务超负荷、网络通信连接数剧增等事件,检测是否能够分析这些异常事件。

②在测试中能够满足要求的测试项的数量上，增强级较基本级更多。

③增加了前面提到的自身安全性的测试。

6）国标 GB/T 31495.1—2015

2015 年发布的《信息安全技术　信息安全保障指标体系及评价方法　第 1 部分：概念和模型》（GB/T 31495.1—2015）标准，共分为三个部分：概念和模型、指标体系与实施指南。该标准将信息安全保障的指标分为建设情况指标、运行能力指标和安全态势指标（图 11-2）。

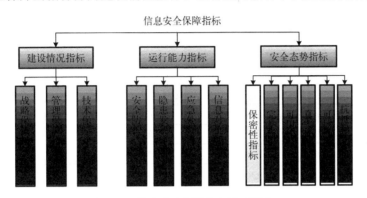

图 11-2　信息安全保障指标体系框架

建设情况指标主要评价信息系统安全战略和规划的制定情况、法规标准体系建设情况、组织机构建设情况、人才队伍保障情况、安全意识保障情况、资金投入保证情况等非技术因素，以及为了保证信息安全所提供的技术基础设施、技术平台和工具等技术保障手段的建设情况。

运行能力指标主要评价信息安全保障体系在运行中对信息窃取、信息篡改、系统攻击等破坏行为的防护能力，检测危险、事故、侵害的能力，对信息安全事件的预警和响应能力，在出现危险、事故、侵害后的恢复能力，应对网络战等大规模攻击的综合能力。

安全态势指标主要评估信息安全保障体系对于信息安全的保密性、完整性、可用性、真实性、可控性和抗抵赖性的保证能力。

该标准中将信息安全保障指标体系分为三个层级，其中一级指标和二级指标构成指标体系框架，三级指标为底层指标。当指标需要调整时，一级指标和二级指标相对固定，三级指标相对灵活。这些指标为安全审计系统建立审计模型提供了很好的借鉴，同时表明一个完整的审计模型不仅要包括技术指标，还要将一些非技术因素考虑进去，进一步提高审计结果的可信性。

7）国标 GB/T 37941—2019

《信息安全技术　工业控制系统网络审计产品安全技术要求》（GB/T 37941—2019）将工业控制系统网络审计产品安全技术要求分为安全功能要求、安全保障要求两个大类。

安全功能要求是对工业控制系统网络审计产品应具备的安全功能提出的具体要求，包括审计数据采集、审计数据还原、审计数据生成、审计数据外发、审计记录、审计识别和分析、事件响应和报警、审计查阅和报表、审计记录存储、时间同步、标识和鉴别、安全管理、审计日志，详见表 11-2。

表 11-2　安全功能要求等级划分(二)

安全功能要求			基本级	增强级
审计数据采集		采集策略	*	**
		网络流量监测	*	**
审计数据还原		网络层通信协议还原	*	**
		工业控制协议还原	*	**
		事件辨别扩展接口	—	*
审计数据生成			*	*
审计数据外发			—	*
审计记录		记录内容	*	**
		数据库支持	*	*
审计识别和分析	基于白名单规则进行分析	白名单规则定义	*	*
		白名单方式识别	*	*
	异常事件	异常事件识别	*	**
		自定义识别规则	*	*
		基于白名单规则自动生成	—	*
		事件分类分级	*	*
	基于统计的分析		—	*
	关联分析		—	*
事件响应和报警		事件响应	—	*
		事件告警	*	*
		告警方式	*	**
审计查阅和报表		常规查阅	*	*
		有限查阅	*	*
		可选查阅	*	*
		审计报表	*	*
审计记录存储		存储安全	*	*
		存储空间耗尽处理	*	**
时间同步			*	*
标识和鉴别		唯一性标识	*	*
		管理员属性定义	*	*
		管理员角色	—	*
		基本鉴别	*	**
		多鉴别	*	*
		超时锁定或注销	—	*
		鉴别失败处理	*	*
		鉴别数据保护	*	*
安全管理		接口及安全管理	*	*
		管理信息传输安全	—	*
		安全状态监测	*	**
		分布式部署	—	*

安全功能要求		基本级	增强级
审计日志	审计日志生成	*	**
	审计日志内容	*	*
	审计日志存储	*	*

注："*"表示具有该要求，"***"表示要求有所增强，"—"表示不适用。

安全保障要求是针对工业控制系统网络审计产品的开发和使用文档的内容提出的具体要求，如开发、指导性文档、生命周期支持、测试、脆弱性评定等，详见表 11-3。

表 11-3　安全保障要求等级划分

安全保障要求		基本级	增强级
开发	安全架构	*	*
	功能规范	*	**
	实现表示	—	*
	产品设计	*	**
指导性文档	操作用户指南	*	*
	准备程序	*	*
生命周期支持	配置管理能力	*	**
	配置管理范围	*	**
	交付程序	*	*
	开发安全	—	*
	生命周期定义	—	*
	工具和技术	—	*
测试	测试覆盖	*	**
	测试深度	—	*
	功能测试	*	*
	独立测试	*	*
脆弱性评定		*	**

注："*"表示具有该要求，"***"表示要求有所增强，"—"表示不适用。

11.1.4　安全审计系统模型

1. 传统安全审计系统模型

依据国标 GB/T 20945—2013，传统的安全审计系统模型(图 11-3)，主要由审计数据采集、审计分析、审计数据存储(审计事件库、审计报告库、审计规则库)、审计响应等四个部件组成。

1)审计数据采集

审计数据采集负责从网络环境中捕获所有的网络数据包，并将这些数据包作为源数据，根据不同的审计需求进行数据包过滤，同时还需要将原始数据包进行统一格式化，这样就形成了最初的安全审计事件。因此，审计数据采集具有安全审计数据生成与安全审计事件选择功能，数据采集的效率、数据过滤规则的准确性以及安全事件归一化程度将是影响该部件高效性与准确性的关键因素。

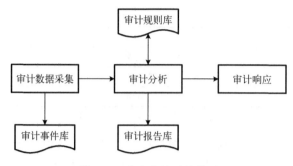

图 11-3　安全审计系统模型

2) 审计分析

审计分析是整个安全审计系统模型中最重要的部分，审计分析根据具体的审计规则，对采集的审计数据进行异常行为鉴别，审计分析的准确程度将直接影响安全审计系统的审计效果。早期的审计分析主要借鉴入侵检测的思想，由安全专家预先定义出一系列特征模式，通过特征检测的方法来识别入侵，从而达到高效审计分析的目的。然而这种方法存在特征库不能及时更新和检测速度过慢的问题，为了获得更好的效果和较快的检测速度，国内外研究人员将多种数据分析方法应用到审计领域，目前主要的审计分析方法有基于专家系统的分析方法、数理统计分析方法以及数据挖掘分析方法。

3) 审计数据存储

审计数据存储负责安全审计系统所有数据的存取工作，这些数据包括采集生成的安全审计事件、审计分析后生成的安全审计报告，以及系统生成的审计日志等。由于安全审计事件的数据量比较大，如果采用一般的数据存储策略，容易造成数据处理瓶颈，导致网络数据包因为没有得到及时处理而丢失的情况。针对该类问题，安全审计系统模型中采用缓冲技术，防止数据包的丢失。安全审计事件以及报告一般都存放在相应的数据库中，审计分析主要进行查询操作，因此，需要对数据库建立索引，加快查询速度，提高分析处理能力。除此之外，审计数据存储还需要考虑审计数据的安全性，对数据库进行加密，以及采用访问控制策略对用户读取数据进行控制。

4) 审计响应

审计响应是安全审计系统不可缺少的一部分，它将审计分析的结果以一种用户易于理解的形式通过前台展现给用户，便于管理员做出进一步严格的处理与控制，主要通过告警窗口、邮件、弹出事件窗口等方式完成响应动作。审计分析对安全事件行为进行危险级别判断，通常可以将其分为安全、低危险、中等危险和高危险四个级别。相应的安全响应方式也分为四类：对于安全事件，不进行安全响应；低危险级别事件被记录到审计数据库；对于中等危险级别事件，不仅需要将其记录到审计数据库中，还需要给出事件行为信息对话框，由管理员进行识别与处理；对于高危险级别事件，直接发出高危险通知信息，将相关的简要信息发送到管理员专用邮箱，同时将事件记录到审计数据库中。

2. 分布式安全审计系统模型

随着网络攻击手段的日趋复杂，攻击模型分布式、协同化趋势的日益突显，以及海量存储和高带宽传输技术的快速发展，集中式安全审计系统已无法承担高速、大型分布式网络环境下的安全审计任务。在这种情况下，动态、分布式的安全审计系统成为安全审计系统发展的新方向。根据分布式安全审计系统是否配有控制中心，可将它分为两类：具有控制中心的分布式安全审计系统和无控制中心的分布式安全审计系统。

1）具有控制中心的分布式安全审计系统

具有控制中心的分布式安全审计系统的主要特点是：分布式的数据采集与集中式的数据分析相结合。它通常由基于 Agent 机制的数据采集代理、集中式的数据存储中心、集中式的数据分析中心和用户管理界面构成，其模型结构见图 11-4。数据采集代理是独立运行的软件实体，它负责审计数据的采集，并将审计数据发送到数据存储中心。数据存储中心负责审计数据的存储与维护，并在必要时向数据分析中心提供审计数据。数据分析中心负责对采集到的原始审计数据进行综合分析，通过分析来发现可疑的操作。用户管理界面为用户提供配置系统参数和查看分析平台的结果。

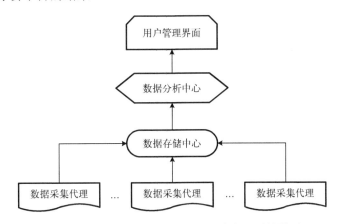

图 11-4　具有控制中心的分布式安全审计系统模型

这种模型结构的优点是：

（1）数据采集代理引擎所承担的负载大大降低；

（2）单独的数据采集代理引擎的失效不会造成整个审计系统功能的失效，而仅仅会影响单个节点审计数据的采集；

（3）将采集到的审计数据集中存储，防止入侵者在成功入侵单个节点后删除或者篡改该节点的审计数据，保证审计数据的安全；

（4）取自多源的审计数据可以相互补充和进行关联，帮助用户从多角度来分析审计数据。

这种模型结构的缺点是：

（1）该模型并没有彻底摆脱集中式安全审计系统模型的瓶颈问题，在高速、大规模的网络环境下，集中式的数据分析机制无法满足对海量数据的处理要求；

（2）数据存储中心和数据分析中心很可能成为入侵者的攻击重点，只要这两个节点中的任意一个节点被入侵者控制或破坏，都会导致整个审计系统的瘫痪；

（3）该模型虽然能在内部网络中很好地工作，但不适于在跨自治域的动态网络环境下部署。

2）无控制中心的分布式安全审计系统

无控制中心的分布式安全审计系统的主要特点是：分布式的数据采集，相互协作分析复杂的审计数据。它通常是由安全审计代理引擎和通信代理引擎组成的，系统模型见图 11-5。

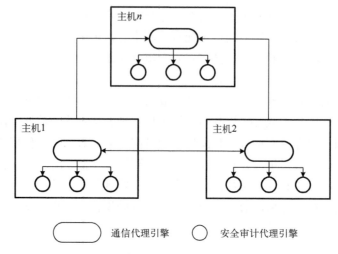

图 11-5　无控制中心的分布式安全审计系统模型

安全审计代理引擎是基本的审计单元,承担主要的审计任务。它有独立的数据源,分布在网络的关键节点上。通信代理引擎负责为安全审计代理提供安全的通信通道。安全审计代理与本地通信代理组成一个工作单元。安全审计代理利用通信代理与其他工作单元的安全审计代理进行通信,协同完成对入侵行为的审计分析。

该系统模型的优点是:

(1)具有较好的可靠性,不存在单点失效问题;

(2)具有可扩展性,能满足网络动态变化的要求;

(3)具有较高的工作效率,各个审计代理均衡分担数据的审计任务,避免了集中分析的瓶颈;

(4)具有抗毁可生存性。

虽然这种系统模型有诸多优点,但是仍然有它自身的隐患:

(1)协同分析可能造成个人隐私信息的泄露;

(2)如果系统的某个节点被入侵者所控制,入侵者就有可能获取其他节点上的审计数据;

(3)这种协作分析的工作模式需要代理之间维持频繁的网络信息交互,这就要求系统必须设计高效的通信机制,否则可能造成巨大的网络负载。

11.1.5　安全审计技术

1)基于专家系统的审计技术

专家系统是较早应用到审计系统的检测技术,基于专家系统的审计技术中入侵行为被编码成专家系统的规则集,其中的规则用于识别单个或者一组安全审计事件。专家系统内部的推理过程对用户是透明的,因此用户只需将专家系统嵌入到审计系统中。但是,基于专家系统的审计技术只能够对已有的违规行为做出准确的判断。

2)基于数理统计的审计技术

数理统计方法就是给对象创建一个统计量的描述,统计出正常情况下的特征量的数值,然后将其和实际网络进行对比,当发现实际值远离正常数值的时候,认定发生攻击。基于数理统计的审计技术就是利用数理统计方法对审计数据进行分析来发现安全事件、风险隐患。数理统计的问题在于如何设定统计量的"阈值",这个"阈值"主要取决于管理员的经验,因此不可避免地造成误报和漏报。

3) 基于神经网络的审计技术

基于神经网络的审计技术是一种非参量化的数据分析技术，使用自适应的学习方法来提取异常行为，通过训练得出正常的行为模式。神经网络具有自适应、自组织和自学习的能力，因此可以在一些复杂信息环境、背景知识不清楚的情况下，从正常的网络访问或审计日志中提取正常行为的模式特征，然后建立用户行为的兴趣轮廓，当用户行为偏离这些轮廓时被判定为异常行为。但是，基于神经网络的审计技术要求训练数据集纯净，可移植性差，而且，系统无法判断哪方面出问题，不能够对异常行为进行取证。

4) 基于免疫的审计技术

免疫系统不仅能够记忆曾经感染过的病原体特性，而且还能够检测未知病原体。因此，基于免疫的审计技术可以实现对网络中未知异常的检测，但是无法检测出条件竞争、身份伪装等攻击行为。

5) 基于数据挖掘的审计技术

数据挖掘是一个从海量数据中提取感兴趣的信息的过程，利用数据挖掘算法可以尽量减少手工和经验的成分。基于数据挖掘的审计技术可以利用关联分析、序列模式分析等提取出用户的特征行为。根据这些特征行为描述模型，能够对当前网络中的用户行为做出较合理的推理与判断，实现对系统的智能管理。

6) 基于 Agent 的审计技术

Agent 最早起源于人工智能，可以将其看作在网络上执行某项特定任务的软件。Agent 具有自主性、智能性和通信性等特点，将它运用到审计系统中可以解决审计数据单一、智能性不高的问题，同时，多 Agent 审计系统采用分布式的结构解决了集中式系统的瓶颈问题。

11.2　审　计　追　踪

审计追踪是系统活动的流水记录。该记录按事件从始至终的途径，顺序检查、审查和检验每个事件的环境及活动。借助适当的工具和规则，审计追踪可以发现违反安全策略的活动、影响运行效率的问题以及程序中的错误。审计追踪是一种安全策略，用于帮助系统管理员确保系统及其资源免遭黑客、内部使用者或技术故障的伤害。

11.2.1　审计追踪的目标

审计追踪提供了实现多种安全相关目标的不同方法，这些目标包括个人职能、事件重建、入侵探测和故障分析。

1) 个人职能

审计追踪是管理人员用来维护个人职能(Individual Accountability)的技术手段。例如，在访问控制中，审计追踪可以用于鉴别对数据的不恰当修改。这可以帮助管理层确定错误到底是由用户、操作系统、应用软件还是其他因素造成的。

2) 事件重建

在故障发生后，审计追踪可以用于重建事件(Reconstruction of Events)。通过审查系统活动的审计追踪，可以比较容易地评估故障损失，确定故障发生的时间、原因和过程。例如，当系统运行失败或文件的完整性受到质疑时，通过对审计追踪的分析就可以重建系统、用户或应用程序的完整的操作步骤。在对如系统崩溃这样的故障的发生条件有清晰认识的前提下，就能够避免未来发生此类系统故障的情况。而且，在发生技术故障(如数据文件损坏)时，审计追踪可以通过更改记录重建文件。

3)入侵检测

审计追踪也可以用来协助入侵检测(Intrusion Detection)工作。在审计记录产生时，通过使用某种警告或提示进行检查，就可以进行实时的入侵检测，不过事后定时检查审计记录也是可行的。实时入侵检测主要用于检测外部对系统的非法访问，也可以用于检测系统性能指标的变化以发现病毒或蠕虫攻击，但是实时入侵检测可能会降低系统性能。事后审计可以标示出非法访问的企图(或事实)，这样就可以提醒人们对损失进行评估或重新检查受攻击的控制方式。

4)故障分析(Problem Analysis)

可以使用实时审计对操作系统或应用系统进行监控，当出现故障时可以通过审计日志进行故障的定位和分析。

11.2.2　审计追踪的格式标准

1)Bishop 标准审计追踪格式

Bishop 标准的审计追踪格式中每个日志记录包含一些域，域之间由域分隔符"#"分开，由启动和终止符号"S"和"E"来定界。域的数目是不固定的，以满足扩展性的需要。全部的数值都是 ASCII 代码串，这就避免了字节排序和浮点格式的问题。然而，这一格式没有对审计追踪记录的域进行标准化。

2)归一化的审计数据格式

归一化的审计数据格式(NADF)审计追踪的是有序的 NADF 记录文件，任何审计追踪都能转化成 NADF。在转换时，本地审计追踪的审计记录被抽象成为一系列审计追踪数据值。每个审计追踪数据值存放在一个独立的 NADF 记录中，每条记录包括 3 个域。

(1)识别符：审计追踪数据值的类型。

(2)长度：审计追踪数据值的长度。

(3)值：审计追踪数据值。

3)SVR4++通用审计追踪格式

SVR4++是一个专为 UNIX 系统设计的标准。每条审计追踪记录就是一个属性组，包括时间、事件类型、进程识别符、结果、用户和用户组信息、会话识别符和进程的标号信息等。这些属性组均以 ASCII 代码的形式表示。该标准的特点是可移植性强，但缺少可扩展性。

11.2.3　审计追踪的审查和分析方法

审计追踪的审查和分析可以分为事后检查、定期检查和实时检查。可以通过用户识别码、终端识别码、应用程序名、日期时间或其他参数组来检索审计追踪记录并生成所需的报告。

1)事后检查

当系统或应用软件发生了故障、用户违反了操作规范、发现了系统或用户的异常问题时，应用或数据的拥有者在检查审计追踪数据后会生成一个独立的报告以评估他们的资源是否遭受损失。

2) 定期检查

应用的拥有者、数据的拥有者、系统管理员、数据处理管理员和计算机安全管理员应该根据非法活动的严重程度确定检查审计追踪的频率。

3) 实时检查

通常，审计追踪分析是在批处理模式下定时执行的。审计记录会定时归档用于以后的分析。审计追踪分析工具可用于实时和准实时模式下。由于数据量过大，在大型多用户系统中使用人工方式对审计数据进行实时检查是不切实际的。但是，对特定用户和应用的审计记录进行实时检查还是可能的。

11.2.4　审计追踪工具

在大系统中，审计追踪系统产生的数据文件非常庞大，用人工方式进行分析非常困难。利用自动化工具可以剔除无用的审计信息。

1) 审计精选工具

审计精选工具(Audit Reduction Tools)用于从大量的数据中精选出有用的信息以协助人工检查。在进行安全检查前，此类工具可以剔除大量对安全影响不大的信息。

2) 趋势/差别检测工具

趋势/差别检测工具(Trends/Variance Detection Tools)用于发现系统或用户的异常活动。可以建立较复杂的处理机制以监控系统使用趋势和检测各种异常活动。例如，如果用户通常在上午 9:00 登录系统，但却有一天在凌晨 4:30 登录，这可能是一件值得调查的安全事件。

3) 攻击特征检测工具

攻击特征检测工具(Attack Signature Detection Tools)用于查找攻击特征,通常一系列特定的事件表明有可能发生了非法访问尝试。一个简单的例子是反复进行失败的登录尝试。

11.3　审计分析可视化

数据可视化技术借助图形化的手段，可以清晰有效地传达与沟通信息，帮助审计人员从大数据中快速发现问题。通过数据可视化，可以提高审计效率，使被审计的大数据更有意义。因此，在大数据时代，如何让审计人员能够"洞察"被审计单位的大数据，数据可视化成为必需的手段。

数据可视化技术的基本思想是将数据库中的每一个数据项作为单个图元元素进行表示，大量的数据集构成数据图像，同时将数据的各个属性值以多维数据的形式进行表示，可以从不同的维度观察数据，从而对数据进行更深入的观察和分析。

数据可视化的起源很早，在刚刚有计算机的时候，便有计算机图形学。在大数据的推动下，数据可视化的内涵和外延都有了明显的变化，逐渐由单纯的展现演变为报表、分析和展现的综合体。目前，数据可视化工具主要包括：开源的可编程的工具，如 R 语言、D3.js、Processing.js、ECharts 等；商业化产品，如 Tableau、Olikview、SAS、SAP Business Object 水晶易表、lBM Cognos 等。

一般来说，采用可视化手段进行审计数据分析的流程为：通过某种可视化软件将被审计数据转化为审计人员可以分析观察的图形和图像。然后，审计人员结合自己的审计背景知识，发挥人类视觉系统高通量的特性，通过视觉系统对可视化结果的图形和图像进行分析、观察与认知，从而从总体上系统地理解和分析被审计数据的内涵与特征。另外，审计人员通过交互地改变可视化软件的设置，改变输出的可视化图形和图像，能够从不同的方面获得对被审计数据的理解，从而全面地分析被审计数据。审计分析可视化的原理见图 11-6。

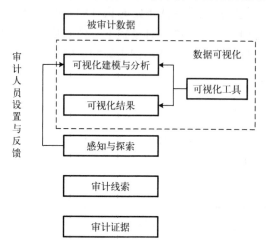

图 11-6　审计分析可视化的原理

对于安全审计可视化的展示方式设计要结合使用对象的角色和安全需求，不同数据类型的安全审计可视化方式见表 11-4。

表 11-4　安全审计可视化方式

数据类型	可视化效果	安全审计方式	可视化内容
网络攻击	攻击路径图	网络流量获取	攻击源、攻击对象、攻击方式、攻击次数
系统漏洞	漏洞分布图	漏洞扫描	漏洞名称、漏洞设备、漏洞危害、漏洞修复
访问记录	访问列表	访问日志	访问用户、访问源、访问资源、访问次数、操作记录
木马病毒	木马病毒分布图	防病毒系统	木马病毒名称、感染设备、杀毒方法
安全风险	风险指标图	风险指标体系	风险值、风险等级、风险评估方式

一般情况下，安全审计系统需提供如下的可视化展现方式。

1）全局监视仪表板

通过全局监视仪表板可以在一个屏幕中看到不同设备类型、不同安全区域的实时安全状态曲线、统计图，以及网络整体运行态势、待处理告警信息等。通过自定义仪表板，按需设计仪表板显示的内容和布局，可以为不同角色的使用者建立不同维度的仪表板。

2）实时审计视图

安全审计人员根据内置或者自定义的实时监视策略，从被审计信息的任意维度实时观测安全事件的走向，并可以进行事件调查、钻取，事件行为分析和来源定位。审计人员可以实时监视防火墙、入侵检测、防病毒、网络设备、主机和应用的高危安全事件；实时监视各个部门、各个安全域、各个业务系统的重点安全事件；实时监视全网的违规登录事件、配置变更事件、针对关键服务器的入侵攻击事件等。

3)审计信息统计视图

安全审计人员根据内置或者自定义的统计策略，从多个维度实时进行安全事件统计分析，并以柱图、饼图、堆积图、雷达图等形式进行可视化的展示。

11.4　责　任　认　定

11.4.1　责任认定体系

安全审计系统运行的前提就是假设一切操作行为都是不可信的，这就要求对操作者的行为进行责任认定。责任认定体系的建立和执行是保障系统安全运行的重要环节。

1. 责任认定体系的分类

责任认定体系主要分两个方面：对合法操作行为的责任认定和对非法操作行为的责任认定。

1)对合法操作行为的责任认定

对于在信任网络中对合法操作的责任认定，传统的手段是查阅应用程序的操作日志，通过审计系统反映操作行为的合法性。这部分的责任认定是整个责任认定体系中的一部分，但它不能解决所有的责任认定问题。相反，由于各系统、设备缺乏有效的协调性，记录的信息无法互通，操作是否合法难以界定，所以在一定程度上，这部分的责任认定一直是整个信息安全保障建设中的一个软肋。

2)对非法操作行为的责任认定

对于网络中非法操作的责任认定，现有的手段是通过审计监控技术来实现。由于这部分的责任认定针对性强，目的明确，又有实时响应、警告及时等特点，所以在审计系统中越来越被重视。

2. 责任认定体系的构建

将合法和非法操作的审计都纳入审计系统的责任认定中，通过对服务器、网络、数据库、主机、应用程序、安全产品等中所有资源的审计构建一个完整的体系。审计系统的责任认定体系主要包括以下几方面。

1)服务器、主机操作行为责任认定系统

该类责任认定系统包括对网站访问、端口地址修改、进程启用、邮件操作、重要文件使用、移动存储设备使用、光盘使用、1394 口和串并行口等端口使用的责任认定；对系统日志的责任认定；对系统资源使用的责任认定；对服务器操作的责任认定等。

2)网络行为责任认定系统

一是对网络入侵行为进行责任认定，有效跟踪入侵行为；二是对以修改 IP 地址等方式进行非授权的访问进行责任认定，确保网络用户的合法性；三是对网络信息流量进行统一控制和管理，确保网络畅通和正常运行；四是对非法计算机接入进行责任认定。

3)数据库操作行为责任认定系统

数据库是信息系统的核心，是网络安全的重中之重，针对重要数据库部署数据库审计引擎，加强对数据库操作的责任认定，是确保网络安全的一个重要环节。对数据库的审计包括对数据库以及重要表和字段的访问行为等进行有效的审计追踪，对针对数据库发生的安全事件进行责任认定。

4）网络安全设备责任认定系统

审计系统对网内部署的所有安全设备（包括防火墙、入侵检测、漏洞扫描的日志）进行综合分析和处理，产生相应的分析报表，实时监测网络安全设备的运行情况，以确保发挥安全设备的作用。

5）应用系统操作行为责任认定系统

审计系统对网内运行的各种应用程序进行审计，对其非法操作行为进行责任认定，实时跟踪应用软件，以确保内部数据的完整性、有效性和安全性。

11.4.2　数字取证

通过审计系统发现攻击行为后，需要对攻击行为进行责任认定。如何保证责任认定的准确性和抗抵赖性？这就需要将攻击过程产生的痕迹作为证据进行收集和保存，并形成相应的报告，显然这些犯罪的证据都以数字形式通过计算机或网络进行存储和传输，从而出现了电子证据。电子证据是指以电子的、数字的、电磁的、光学的或类似性能的相关技术形式保存记录于计算机、磁性物、光学设备或类似设备及介质中，或通过以上设备生成、发送、接收，能够证明事（案）件情况的一切数据或信息。数字取证主要是对电子证据进行识别、保存、收集、分析和提交，从而揭示与数字产品相关的犯罪行为或过失。

1. 数字取证过程

数字取证的过程一般可划分为四个阶段：电子证据的确定和收集阶段、电子证据的保护阶段、电子证据的分析阶段、展示阶段。

1）电子证据的确定和收集阶段

实施数字取证要保存计算机系统的状态，避免无意识破坏现场，同时不给犯罪者破坏证据提供机会，并支持后续的证据分析。电子证据的确定和收集阶段包括封存目标计算机系统并避免发生任何数据破坏或病毒感染；绘制计算机犯罪现场图、网络拓扑图等；在移动或拆卸任何设备之前都要拍照存档，为今后模拟和还原犯罪现场提供直接依据。获取证据从本质上说就是从众多未知和不确定的东西中找到确定的东西。

2）电子证据的保护阶段

电子证据的保护阶段将使用原始数据的精确副本，应保证能显示存在于镜像中的所有数据，而且证据必须是安全的，有非常严格的访问控制。

3）电子证据的分析阶段

电子证据的分析阶段具体包括文件属性分析、文件数字摘要分析、日志分析、密码破译分析等。

4）展示阶段

展示阶段给出调查所得的结论及相应的证据，还要解释是如何处理和分析证据的，以便说明监管链和方法的彻底性。

2. 数字取证技术

1)静态取证技术

目前普遍采用的数字取证技术是一种静态方法，即在事件发生后对数据进行提取、分析，抽取出有效的电子证据，其过程见图 11-7。相比较而言，静态取证技术发展得比较成熟，特别是在事发现场证据的提取、分析、鉴定、提交以及合法性的把握等方面，都有不少成熟的方法和技术方案。例如，磁盘映像复制技术、数据恢复技术、信息搜索与过滤技术等静态取证技术在取证过程中已经发挥了重要的作用。

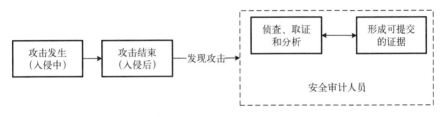

图 11-7　静态取证过程

2)动态取证技术

随着计算机犯罪技术的不断提高，如数据擦除技术、数据隐藏技术、数据加密技术等反取证技术的出现，单纯的静态取证技术效果大大降低。入侵者攻击目标系统的完整过程分为 3 个阶段：入侵前、入侵中和入侵后。如果在入侵前、入侵中的两个阶段，入侵者所留下的入侵证据被恶意破坏，那么在第三阶段(即入侵后)的任何取证工作都将变得非常困难。因此，只有尽可能地在入侵前和入侵中进行犯罪证据的获取或转移，才能避免证据被破坏。这就是动态取证技术，其过程见图 11-8。动态取证技术有入侵检测取证技术、网络追踪技术、信息搜索与过滤技术、陷阱网络取证技术、动态获取内存信息技术、人工智能和数据挖掘技术、IP 地址获取技术等。

3. 数字取证相关技术

计算机犯罪复杂多样，从电子证据获取的过程来看，数字取证所涉及的相关技术如下。

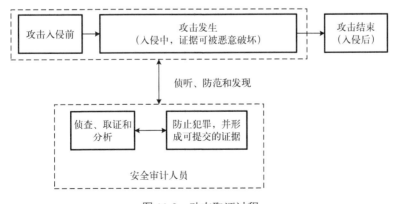

图 11-8　动态取证过程

1）电子证据监测技术

电子证据监测技术就是监测各类系统设备及其存储介质中的电子数据，分析是否存在可作为证据的电子数据，其涉及的技术大体有事件监测、犯罪监测、异常监测、审计日志分析等。

2）物理证据获取技术

依据电子证据监测技术，当电子证据取证系统监测到有入侵时，应当立即获取物理证据，它是全部取证工作的基础。常用的物理证据获取技术包括：对计算机系统和文件的安全获取技术，用以避免对原始介质进行任何破坏和干扰；对数据和软件的安全搜集技术；对磁盘或其他存储介质的安全无损伤备份技术；对已删除文件的恢复、重建技术；对磁盘空间、未分配空间和自由空间中包含的信息的发掘技术；对交换文件、缓存文件、临时文件中包含的信息的复原技术；对计算机在某一特定时刻活动内存中的数据的搜集技术；对网络数据流的获取技术等。

3）电子证据收集技术和保全技术

电子证据收集技术是指遵照授权的方法，使用授权的软硬件设备，将已收集的数据进行保存，并对数据进行一些预处理，然后完整安全地将数据从目标机器转移到取证设备上。保全技术则是指对电子证据及整套的取证机制进行保护。这需要安全的传输技术、无遗失的压缩技术、数据裁减和恢复技术、数据加密技术、数字摘要技术、数字签名技术和数字证书等。

4. 反取证技术

反取证技术就是删除或隐藏证据，使取证调查无效。现在的反取证技术主要包括数据擦除技术、数据隐藏技术、数据加密技术以及网络反取证技术等。

1）数据擦除技术

数据擦除技术是最有效的反取证技术。它是指清除所有可能的证据，包括索引节点目录文件和数据块中的原始数据。例如，反取证工具包 TDT（the Defiler Toolkit）中专门设计了两款用于数据擦除的工具软件 Necrofile 和 Kilsmafile。Necrofile 用于擦除文件的信息和数据，它把所有 TCT（the Coronor's Toolkit）取证软件可以找到的索引节点的内容用特定的数据覆盖，同时它还会用随机数重写相应的数据块；Kilsmafile 用于擦除目录中的残存信息，它从目录文件的入口开始寻找所有被删除的目录项，然后用零来覆盖满足特定条件的目录项内容。

2）数据隐藏技术

计算机犯罪者会把暂时还不能被删除的文件伪装成其他类型，如库文件，可能把它们隐藏在图形或音乐文件中。也可以把数据文件放在磁盘上的隐藏空间中，以逃避取证，例如，反取证工具软件 Runefs 就利用 TCT 工具包不检查磁盘坏块的特点，把存放敏感文件的数据块标记为坏块来逃避取证。

3）数据加密技术

数据加密包括对数据文件的加密和对可执行文件的加密。对可执行文件进行加密是因为在被入侵的主机上执行的黑客程序无法被隐藏，而黑客又不想让取证人员反向分析出这些程序的作用。其基本思想是：运行时，先执行文本解密程序来解密被加密的代码，而被解密的代码可能是黑客程序，也可能是另一个解密程序。

4) 网络反取证技术

目前有许多基于网络的取证技术可以追溯计算机犯罪者的来源，但事实上通过网络查询出犯罪者的位置还是比较困难的。例如，为了防止 IP 地址被查获，入侵者可以使用代理，尤其是使用国外代理，这会使侦查工作陷入绝境。另外，大部分黑客攻击其他机器时，都会通过控制别人的机器(俗称"肉鸡")间接进行攻击，而且这种情况下，入侵者会连续跳转多次。例如，黑客成功入侵了系统 A，取得了系统 A 中的用户权限，他就可以 Telnet 到 A，攻击网络上的其他系统，而其他系统会认为攻击者是系统 A。

5. 数字取证原则

根据电子证据易破坏性的特点，确保电子证据可信、准确、完整并符合相关的法律法规，无论静态取证过程，还是动态取证过程，都有一些共同遵守的原则，若违背这些原则，无论哪一种取证方式，其取证效果都将受到极大的影响。

1) 及时性原则

及时性原则要求尽早收集电子数据，并确保其没有受到任何破坏，以保证电子证据的时效性。

2) 证据保全原则

必须确保"证据链"的完整性，也称为证据保全，即在证据被正式提交给法庭时，必须能够说明证据从最初的获取状态到在法庭上的出现状态之间的任何变化。

3) 合法性原则

合法性原则要求电子证据取证必须符合法定程序，公开、公正地进行，所得到的证据信息是真实的、客观的和可靠的。同时，合法性原则还要求取证过程中，所有用于取证的工具软件也是符合法律规定的。

4) 多备份原则

多备份原则要求含有电子证据的数字信息至少应制作两个副本，其原始数字信息应存放在专门的合法位置，并由合法的专人保管，副本可以供电子证据取证人员用于证据的提取和分析。

5) 环境安全原则

电子证据应妥善保存，以备随时重组、实验或者展示。具体说来，环境安全原则要求存储电子证据的媒体或介质应远离高磁场、高温、灰尘、挤压、潮湿、腐蚀性等环境；在包装计算机设备和元器件时，尽量使用纸袋等不易产生静电的材料，以防止静电消磁。环境安全原则还要求防止人为地损毁数据(包括恶意的故意行为或者误操作行为)。

6) 过程管理原则

过程管理原则要求含有计算机证据的媒体移交、保管、开封、拆卸的过程必须由侦查人员和保管人员共同完成，每一个环节都必须检查真实性和完整性，拍照和制作详细的笔录，由行为人共同签名，并且整个检查、取证过程必须是受到监督的。监督的人员由计算机方面的专家、法律专家等组成。

11.5 本 章 小 结

安全审计作为潜在安全威胁分析的主要手段，对系统不同层面的运行状态进行详细的记录和合理的分析，通过实时、定期和事后的方式对大量的审计数据进行追踪分析，并通过可视化的方式进行结果的展示，发现安全风险和攻击行为，而对于攻击行为的责任认定则离不开数据取证技术，通过提交的审计证据进行法律层面的问责。

习　　题

1. 有了入侵检测之后为什么还需要安全审计？
2. 简述安全审计与入侵检测技术之间的关系。
3. 简述安全审计的作用。
4. 安全审计常用的数据分析方法是什么？
5. 审计追踪的常见格式标准有哪些？
6. 责任认定体系的主要类型有哪些？
7. 请简述数字取证的过程。

第 12 章　网络信息内容安全

当前网络已经成为传播力强大、影响十分广泛的大众传媒，各种信息通过文字、图片、音频、视频等在网络上传播，极大地满足了公众的信息需求。但随着信息技术的发展，网络空间面临的信息内容安全威胁日益突出，黑客攻击、网络诈骗等不法行为泛滥成灾，反动、色情、暴力等不良信息大肆传播。这对社会稳定、经济发展和国家安全构成了严重威胁。因此，网络信息内容安全已成为网络防御体系的重要组成部分。

12.1　网络信息内容安全概述

网络信息内容安全，是研究如何在包含海量信息且变化迅速的互联网中，利用计算机对与特定主题相关的数据和信息进行自动采集、分析鉴别及响应控制的技术。网络信息内容安全是对网络信息传播进行管控的重要手段，其主要领域涉及信息内容安全威胁、信息内容获取、信息内容分析识别和信息内容管控等；涉及的技术主要包括内容获取技术、内容过滤技术和内容管理技术等。本节主要介绍信息内容安全面临的主要威胁以及威胁呈现的新特点，其余内容将在 12.2～12.5 节中介绍。

12.1.1　信息内容安全面临的主要威胁

1）病毒、木马及网络攻击

不法分子将病毒、蠕虫、网络木马等在网络中进行恶意传播，对网络安全构成巨大威胁，严重影响网络的正常使用。此外，DDoS、僵尸网络等网络攻击手段层出不穷，不法分子利用网络攻击武器有组织地进行网络攻击，攻击行为呈现分布化、远程化和虚拟化等新趋势，对网络安全构成极大威胁，如 2017 年全球爆发的永恒之蓝、勒索病毒攻击，伊朗核电站受到的"震网"病毒攻击等。

2）信息泄露

随着网络在日常生活中的广泛使用，越来越多的个人信息被公开在网络中，如某人的姓名、家庭住址和手机号码等，这些信息长期暴露在网络中，存在信息泄露的风险。由于信息获取成本低，这些信息很可能被滥用，导致信息泄露者长期遭受电信诈骗信息、广告信息的骚扰，以及承受因银行、网络支付等账户信息被盗用而遭受经济损失的风险。此外，一些个人和组织缺乏安全保密意识，在网上肆意讨论、散播政治军事等敏感信息，一旦这些信息被敌特分子处理利用，对国家、军队和社会都将造成不可估量的后果。

3）网络不良信息泛滥

网络的开放性和自主性导致大量不良信息在网络中呈迅速蔓延和扩散之势，如血腥、凶杀等暴力事件，色情图片和不雅音视频等低俗信息，恐怖主义、邪教、网络赌博等非法信息。

网络中这些不良信息的泛滥，不仅严重污染网络环境，而且对国家安全和社会公共安全构成了严重威胁。

4) 虚假、反动信息滋长

当前，微信、微博和自媒体等发布信息自由、无限制，导致网络信息来源复杂，内容不易监管，一些虚假、反动信息的传播不能被及时有效地阻断。这些自媒体对各类突发事件的传播往往比主流媒体迅速、随意，已经成为散布谣言，扩散虚假、反动信息的新源头，非常容易引起公众的非理性判断和盲目跟从，从而扰乱社会正常秩序。另外，信息在传播过程中也可能被篡改，篡改信息的目的可能是消除信息的来源信息，使之无法被跟踪；也可能是伪造信息的内容。此外，信息篡改后还可能携带病毒或者木马，这将严重危害计算机信息系统的安全。

5) 知识产权侵权

网络信息开放性强，获取成本低，不少具有知识产权的音乐、电影和图书被广泛传播和下载，严重侵犯了其所有者的知识产权。此外，网络信息资料、软件、山寨 APP 等也成为新的侵权纠纷问题。

12.1.2　信息内容安全威胁的特点

1) 信息构成越来越复杂

在当前的网络环境下，信息发布和获得越来越方便与快捷，并呈现个性化、反主流化等趋势，尤其是网络色情、反动和暴力的信息肆意传播与扩散，严重破坏了社会风气。网络中这些色情、暴力、反动、反党等言论的存在，对于青少年的健康成长和社会稳定，是一个极大的隐患。同时，由于网络信息发布自由度大，难以溯源，当前网络中的海量信息庞杂无章、增长迅猛、真假难辨，导致网络信息内容安全问题日益突出。

2) 传播渠道越来越多样

随着互联网应用技术的推广和普及，互联网已经成为人们发布和获取信息不可或缺的场所。一方面，5G 网络、物联网等新型网络形式以及云计算等服务模式蓬勃发展；另一方面，智能移动终端等入网越来越方便，公众发布和获取信息越来越简便和快捷，信息传播速度更快，内容更新速度更快，覆盖面更全，导致信息内容安全面临的风险陡然增加。

3) 信息监管越来越困难

网络行为往往跨国界、跨地域，信息发布难溯源，给网络信息监管工作带来了诸多困难。例如，某些境外反动分子将网络作为政治宣传的重要平台，利用 Facebook、ins 等社交平台发布反党反政信息，公开诋毁我国国家机关，向我国民众兜售西方价值观念。同时，日益增多的网红和网络水军通过微博等平台传播违法与不良言论，造成许多网民盲目跟风，严重扰乱了正常的社会秩序。由于网络自由度高，信息发布和获取门槛低，网络信息监管变得越来越困难，导致网络信息内容安全监测越来越迫切。

12.1.3　信息内容安全技术体系

信息内容安全旨在分析和识别信息内容的基础上，进行信息内容利用方面的安全防护，保障对信息内容传播的过滤和监测能力。

信息内容安全涉及计算机网络、数据挖掘、机器学习、中文信息分析、信息论和统计学等多门学科的交叉，其技术体系包括"获取、识别分析、过滤、监测"一体化的信息内容安全策略，如图 12-1 所示。该体系由信息内容获取、信息内容识别与分析、信息内容过滤和监测等模块构成。下面将分别从这三个方面对信息内容安全所涉及的内容进行阐述。

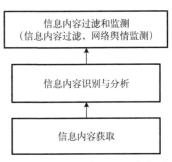

图 12-1　信息内容安全技术体系

12.2　信息内容获取方法

信息内容获取就是收集数据的过程，而从网络中有效获取信息内容是后续信息内容分析处理与监管的基础。以互联网为例，其中的信息包含新闻网站、社交媒体、博客、多媒体(音/视频、图片)以及电子商务(网上购物)等多种形态。按照网络发布信息的类型来分，信息大体可分为文本信息、图像信息、视频信息和音频信息四种类型。其中，文本信息始终是网络媒体信息中占比最大的信息类型。本节重点介绍利用搜索引擎从网页上获取信息内容的技术原理，即搜索引擎体系结构中的信息搜索器，又称为网络爬虫(Web Crawler)。

实际上，网络爬虫是一个基于 HTTP 协议的网络程序，它的工作流程如图 12-2 所示，其主要工作原理是将初始的 URL 集合放入一个待爬行的 URL 队列中，然后下载 URL 对应的网页并分析页面内容，提取页面中所有的 URL 链接，对于提取到的每个 URL 链接，判断其是否已经在已获取的 URL 集合中，对于已在 URL 集合中的 URL 链接不予处理，而对于新的 URL 链接则将其加入到待爬行的 URL 队列中，重复该过程，获取更多的页面，直到待爬行的队列为空。具体来说，网络爬虫主要包括初始 URL 搜索、信息获取、信息解析和信息判重四个部分。

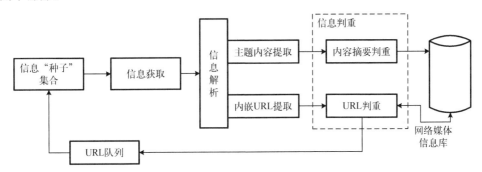

图 12-2　网络爬虫工作流程

12.2.1　初始 URL 搜集

初始 URL 搜集最初是由搜索引擎研究人员提出的，它通过跟随网页内嵌链接逐级递归遍历互联网络。网络爬虫收集网页的过程如下：从初始 URL 集合获得目标网页地址，通过网络连接接收网页数据，将获得的网页数据添加到网页库中并且分析该网页中的其他 URL

链接，然后将其放入未访问 URL 集合用于网页收集。网页收集的过程如同图的遍历，其中网页就作为图中的节点，而网页中的超链接则作为图中的边，通过某网页的超链接得到其他网页的地址，进而达到网页收集的目的。图的遍历分为深度优先和广度优先两种算法，因此可将图论中的深度优先算法和广度优先算法应用到网络爬虫中，即网络爬虫的深度优先搜索策略和广度优先搜索策略。深度优先搜索策略是从选定页面中未处理的某个 URL 链接出发，按照一条线路，一条链接接着一条链接地搜索下去，直到搜索完整条线路，之后才从另一个 URL 链接开始重复该搜索过程，直到所有的初始页面的所有链接都被处理完。深度优先搜索容易导致爬虫的陷入问题，即进入之后，无法出来。广度优先搜索策略是将新的 URL 链接放到待抓取队列的队尾，优先抓取某网页中链接的所有网页，然后选择其中的一个链接网页，继续抓取在此网页中的所有链接。目前，网络爬虫大都采用广度优先搜索策略。

12.2.2　信息获取

以文本信息获取为例，HTTP 文本信息获取的流程如图 12-3 所示。

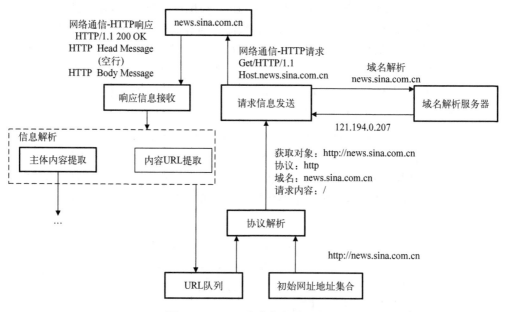

图 12-3　HTTP 文本信息获取流程

网络爬虫通过网页的链接地址来寻找网页，从一个或若干初始网页的 URL 链接开始(通常是某网站首页)，遍历 Web 空间，对 HTML 文件进行协议解析，读取网页的内容；同时取出其页面中的子链接，将其加入到网页数据库中，不断从当前页面上提取新的 URL 链接放入 URL 队列，这样一直循环下去，直到把这个网站所有的网页都抓取完，将其传递给后续的信息解析模块，最终获取所有网页内容信息。

12.2.3　信息解析

信息解析是信息获取的一个关键环节。它是指去除网页中的格式标签，提取正文内容或目标内容。目前工程上大多采用基于 DOM 的网页信息解析技术。首先，提取信息的主体内容及关键字段；然后，存储维护网页内容的关键字段；再将内容传送到信息判重模块，并将关键字段存入信息库。基于 DOM 的网页解析器如图 12-4 所示。DOM 是 Document Object Model 的缩写，即文档对象模型。基于 DOM 的网页解析器将一个网页文档转换成一个对象模型的集合(通常称 DOM 树)，通过对这个对象模型的操作，可以实现对网页文档数据的操作。

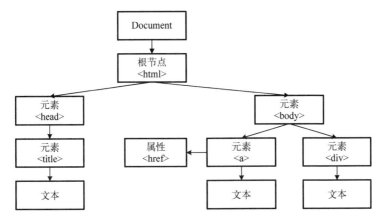

图 12-4　基于 DOM 的网页解析器

DOM 以树型的层次节点来存储网页中的所有数据，可以使用 DOM 节点树来访问任何形式的网页文档，并且可以使用 DOM 提供的编程接口来显示和操作网页文档中的任何组件，包括元素、属性、处理指令、注释和实体等。

12.2.4　信息判重

对于经过信息解析的网页内容，需要判定其是否已经存储于数据库中，即要进行信息判重。信息判重主要基于 URL 与内容摘要两大元素。URL 判重在信息采集之前进行，判断信息是否已经采集过以及是否已经过期，即信息判重首先判断是否获取内嵌 URL 包含的信息内容，若是，则注明信息失效时间及最近修改时间，否则执行完整的信息采集操作。内容摘要判重，是在采集信息存储时进行的，可以利用 MD5 校验判别内容重复与否。

12.3　信息内容识别与分析

在获取网络信息内容的基础上，需要对信息内容进行识别与分析，判断信息内容的合法性。根据信息的类型，本节主要以文本信息为例，介绍信息内容的识别与分析技术，为后续对信息内容进行监管奠定基础。

当前，信息内容大都表现为半结构化或非结构化的电子文本形式，如网页、邮件、新闻、论坛等。文本信息处理主要包括预处理、语义特征提取、特征子集选择、特征重构及向量生成和文本内容分析五大模块。

12.3.1　预处理

通过信息获取技术得到的原始文本主要用于信息处理，必须通过文本预处理技术实现文本数据到文本信息的转换，将面向人的文本数据转换为面向机器可识别的信息。一般文本预处理包括文本分词、去停用词、文本表示和特征提取四个步骤。通过文本预处理，可以去除或减弱文本信息噪声和变形对后续文本处理的影响。

文本分词是预处理的一个重要环节，因为中文是以字为基本书写单位的，但单个字往往不足以表达一个意思，通常认为词是表达语义的最小元素，所以，需要对中文字符串进行合理的切分。目前，常用的中文分词方法包括基于字符串匹配的分词方法、基于统计的分词方法和基于理解的分词方法。

1) 基于字符串匹配的分词方法

基于字符串匹配的分词方法的基本思想是建立一个字符串词典，然后按照一定的匹配规则将子串与词典中的字符串进行匹配。若成功，则该子串是词，继续分割剩余的部分，直到剩余部分为空；否则，该子串不是词，再取其他子串进行匹配。

基于字符串匹配的分词方法优点是：分词过程是跟词典做比较，不需要大量的语料库、规则库，其算法简单，复杂度小，对算法做一定的预处理后分词速度较快。缺点是：不能消除歧义、识别未登录词，对词典的依赖性比较大，若词典足够大，其效果会更加明显。

2) 基于统计的分词方法

基于统计的分词方法主要考虑到词是稳定的字的组合，故可以统计文本中相邻的各个字同时出现的频率，并计算它们的互信息，以此判断它们组合成一个词的可信度。在文本上下文中，相邻字之间同时出现的频率越高，就越可能组成一个词，即字与字之间互信息直接反映了这些字之间的紧密程度。当紧密程度高于某一阈值时，则可认为该字组可能构成一个词。

基于统计的分词方法的优点是：由于是基于统计规律的，对未登录词的识别表现出了一定的优越性，不需要预设词典。缺点是：需要一个足够大的语料库来进行统计训练，其正确性很大程度上依赖于训练语料库的质量，算法较为复杂，计算量大，周期长，处理速度一般。

3) 基于理解的分词方法

基于理解的分词方法的基本思想是在分词中考虑语义和句法信息，利用语义信息和句法信息来消除歧义，也即这种分词方法是指通过计算机模拟人对句子的理解来实现中文分词过程。

基于理解的分词方法的优点是：由于能理解字符串含义，对未登录词具有很强的识别能力，能很好地解决歧义问题，不需要词典及大量语料库训练。缺点是：需要一个准确、完备的规则库，依赖性较大，效果往往取决于规则库的完整性，算法比较复杂，实现技术难度较大，处理速度比较慢。

然而，由于中文语言的复杂性和笼统性，计算机无法将各种语言组织成计算机能够理解的形式。因此，该方法目前并没有得到广泛的应用。

12.3.2　语义特征提取

上述过程得到的文本原始特征可能处于一个高维空间中，这将耗费较多的系统存储处理时间，容易导致"维数灾难"问题。因此，从原始特征中提取有效的文本语义特征作为新的特征集，是解决"维数灾难"问题的有效途径。文本语义特征具有能准确标识文本内容，将目标文本与其他文本进行有效区分的能力。根据语义级别由低到高来分，文本语义特征可分为亚词级别、词级别、多词级别、语义级别和语用级别。其中，应用最为广泛的是词级别。具体而言，文本的语义特征提取是指从文本信息中抽取能够代表该类文本信息的语义内容的过程。通过文本语义特征提取，可以降低文本空间的维度和稀疏度，提高文本内容分析和识别的性能。文本语义特征提取能够利用较少的特征反映文本主题，从而去除有干扰的文本噪声特征，增强文本语义相似度分析的准确性。

12.3.3　特征子集选择

文本语义特征提取之后，需要进一步从原始语义特征集中选择使某种评估标准最优的特征子集，即特征选择。特征选择也称为特征子集选择，或属性选择，是指从特征全集中选择一个特征子集，使构造出来的模型更好。对于原始的语义特征集，特征数量往往较多，其中可能存在不相关的特征，特征之间也可能存在相互依赖，容易导致如下的后果：

特征数量较多，分析特征、训练模型所需的时间就较长；

特征数量越多，越容易引起"维数灾难"，模型也越复杂，其推广能力会下降。

特征选择能够剔除不相关或冗余的特征，从而达到减少特征数量、提高模型精度、减少运行时间的目的。另外，经过特征子集选择，模型得到简化，使得更易于理解数据产生的过程。

特征选择的一般过程如图 12-5 所示。首先从特征全集中产生特征子集，然后用评价函数对该特征子集进行评价，评价的结果与停止准则进行比较，若评价结果比停止准则好，就停止特征子集选择，否则就继续产生下一组特征子集，继续进行特征选择，选出来的特征子集一般还要验证其有效性。

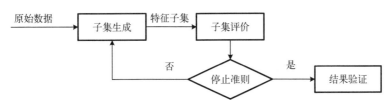

图 12-5　特征选择的一般过程

机器学习领域存在多种特征选择方法，目前常用的有 3 种：基于过滤（Filter）的特征选择法、基于组合（Wrapper）的特征选择法和基于嵌入（Embedded）的特征选择法。

基于过滤的特征选择方法的基本思路是对每一维的特征进行打分，即给每一维的特征赋予权重，这样的权重就代表该特征的重要性，然后依据权重进行排序。相关系数、卡方检验、信息增益以及互信息都属于基于过滤的特征选择方法。

基于组合的特征选择方法的基本思路是将特征子集的选择看作一个搜索寻优的问题，生成不同的组合，对组合进行评价，再与其他的组合进行比较。完全搜索、启发式搜索和随机搜索都属于基于组合的特征选择方法。

基于嵌入的特征选择方法的基本思路是在模型既定的情况下学习出对提高模型准确性最好的属性，即在确定模型的过程中，挑选出那些对模型有重要意义的属性。正则化和决策树属于基于嵌入的特征选择方法。

12.3.4　特征重构及向量生成

特征重构以特征集为输入，利用对特征的组合或转换生成新的特征集作为输出。一般地，输出的特征数量要远远少于输入的特征数量，同时尽可能地保留原有类别区分能力。常用的特征重构方法有：基于语义的方法，如词干与知识库方法；基于统计的数学方法，如潜在语义索引。

词干(Stemming)方法在英文文本处理中应用较为广泛。它的目的在于将变化的形式与其原形式合并为单个特征，同时有效降低特征维数。常用的词干方法大多仅保留词前面的主体部分(去除后缀)，采用 n 元模型作为特征时，应在构建 n 元模型前进行处理。

潜在语义索引(LSI)方法的目的则在于以大规模的语料为基础，通过使用线性代数中对矩阵进行奇异值分解的方法，实现词与词之间潜在语义的表示。LSI 方法有着良好的降维性能，对特征之间的潜在关系有着优秀的表达能力，但存在转换结果不直观、矩阵分解运算量大、动态更新需重新运算等问题。

向量生成主要解决如何对表示文本的特征集赋予合适的权重的问题。一个样本中某特征的权重由局部系数、全局系数和正规化系数 3 部分组成。局部系数(Local Coefficients)，表示特征 t 对当前样本 d 的直接影响，一般认为在样本 d 中一个特征 t 出现的次数越多，t 对 d 的影响越大。全局系数(Global Coefficients)考虑特征 t 在整个训练样本中的重要性，包含特征 t 的文档数较少时，特征 t 类别区分能力更强，应给予较大权重。正规化系数用于调节权重的取值范围，一种常见的方式是将所有的权重向量的取值范围映射到[0,1]。

12.3.5　文本内容分析

文本内容分析包括词义消歧、信息抽取和情感倾向性分析等部分。词义消歧是指根据上下文给出多义词所对应的语义编码，该编码可以是词典释义文本中该词所对应的某个义项号，也可以是义类词典中相应的义类编码。信息抽取的研究内容包括命名实体识别、术语自动识别和关系抽取。命名实体识别包括姓名、地名、组织机构、英译名的自动辨识。情感倾向性分析是指对文本内容进行情感色彩判断，具体来说，就是对说话人的态度(或称观点、情感)进行分析，即对文本中的主观性信息进行分析。情感倾向性分析可分为词语情感倾向性分析、句子情感倾向性分析和篇章情感倾向性分析。词语情感倾向性分析是文本情感倾向性分析的前提。具有情感倾向的词语以名词、动词、形容词和副词为主，也包括人名、机构名、产品名、事件名等命名实体。句子情感倾向性分析是对句子中的各种主观性信息进行分析和提取，包括对句子情感倾向性的判断，以及从中提取出与情感倾向性论述相关联的各个要素。篇章情感倾向性分析是指通过设定一定的阈值，并将含有情感的句子倾向性值相加，得出篇章的情感色彩，完成文本情感倾向性分析。根据得出的网页文本情感值与设定的阈值相比较的结果，将网页分为四级：恶性网页、消极网页、中性网页和积极网页。

12.4　信息内容过滤

12.4.1　信息内容过滤概述

随着互联网和通信技术的快速发展，人类社会已经进入到"以数据为中心"的大数据时代。大数据时代的信息感知无处不在，使得网络信息量呈爆炸式增长。但是，在海量的信息中，一方面，数据价值密度较低，人们很难从浩如烟海的信息库中去伪存真找出对自己有价值的信息；另一方面，网络信息中鱼龙混杂，充斥着色情、暴力、恐怖、反动等不健康信息，为了保护人们(特别是青少年)的身心健康,需要对网络信息内容进行过滤,从而删去不健康的网络信息内容。

对网络信息内容进行有效过滤,具有以下的意义:

(1)可以使得用户高效地得到有价值的网络信息,提高用户的使用体验;

(2)网络公司或企业可以利用信息内容过滤技术为用户提供更好的服务;

(3)通过使用信息内容过滤技术,可以尽量过滤掉网络中的不良信息,营造安全监控的网络环境,对于网络空间安全和国家安全稳定也具有重要的作用。

信息内容过滤是根据用户对于信息的需求,运用一定的标准、算法和工具,从大量的动态网络信息流中选取相关的信息或剔除不相关的信息的一种信息检索过程。由信息内容过滤的定义可见,相比于信息检索技术,信息内容过滤技术是一种更系统化的方法。由于信息内容过滤技术要求能为用户提供及时有效的个性化服务,因此对于其智能化和自动化的程度要求较高,所以需要结合信息检索、机器学习、数据挖掘等多种技术。

网络信息内容过滤的方法很多,从过滤的手段来看,可以分为基于内容的过滤、基于网址的过滤和混合过滤 3 种。基于内容的过滤是通过文本分析、图像识别等方法过滤不适当的信息;基于网址的过滤是对认为有问题的网址进行控制,不允许用户访问其信息;混合过滤是将基于内容的过滤和基于网址的过滤结合起来,控制不适当信息的传播。从是否对网络信息进行预处理来看,信息内容过滤可分为主动过滤和被动过滤两种。主动过滤是预先对网络信息进行处理,如对网页或网站预先分级、建立允许或禁止访问的地址列表等,在过滤时可以根据分级或地址列表决定能否访问。被动过滤是不对网络信息进行预处理,需要过滤时才分析地址、文本或图像等信息,决定是否过滤。

12.4.2　信息内容过滤的流程

信息内容过滤的处理流程如图 12-6 所示,信息提供者通过计算机等多媒体设备产生信息以后对动态信息流不做任何预处理,只有当信息流经过系统时才运用一定的算法把信息揭示

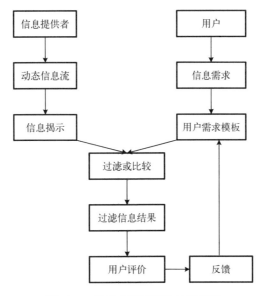

图 12-6　信息内容过滤的处理流程

出来；另外，用户根据其对信息的需求将需求模板以计算机可识别的形式表示出来。通过对比过滤动态信息流中的特征与用户需求模板中的特征，最终得到过滤的信息结果。进一步，通过反馈信息作用于用户和用户需求模板，使用户逐渐清晰自己的信息需求。

12.4.3　信息内容过滤的关键技术

当前信息内容过滤研究的主要是文本过滤。从信息内容过滤的处理流程看，文本表示、特征选择以及分类算法是信息内容过滤的关键技术。

1) 文本表示

信息内容过滤的主要任务是比较用户请求信息和要过滤的信息的匹配程度，为此，需要能够有效地表示信息空间，一般采用模型化的方法表示信息空间。目前常用的文本表示模型有布尔逻辑模型、向量空间模型、概率推理模型以及潜在语义索引模型。

布尔逻辑模型是一种相对比较简单的模型。它的工作原理是从文档中抽出一系列的二值逻辑的特征变量来描述文档的特征。在进行信息内容过滤时，用户向系统提交关键词，系统以检测文本段落中是否包含关键词作为信息取舍的标准，使用交集运算判断是否对该页面进行过滤，当待测文本段落中出现的关键词超过一定限度时，则判断该文本段落需要过滤。

在向量空间模型构造的信息内容过滤系统中，一般使用字项来标识文档。例如，一个包含不健康信息的文档 D 可以用一维向量来表示 $D=(w_1,w_2,\cdots,w_m)$，其中 m 是能够用来表示文档内容的字项的总数，$w_i(i=1,2,3,\cdots,m)$ 表示第 i 个字项的权值，w_i 给每一个字项赋予一个权值用来表明它的重要程度。在实际的过滤应用中，首先要对待匹配的字段进行处理，将其转化成具有 m 个字项的向量 $P=(p_1,p_2,\cdots,p_m)$，然后将 P 与 D 进行相似度比较。通常采用余弦相似度比较两个向量的相似程度，即

$$\cos(P,D)=\frac{\sum_{i=1}^{m}w_ip_i}{\sqrt{\sum_{i=1}^{m}w_i^2\sum_{i=1}^{m}p_i^2}}$$

余弦相似度越接近 1，表明两个向量越相似。

潜在语义分析模型或者潜在语义索引模型是一种新的信息检索代数模型，是用于知识获取和展示的计算理论与方法。它使用统计计算的方法对大量的文本集进行分析，从而提取出词与词之间潜在的语义结构，并利用这种潜在的语义结构来表示词和文本，从而达到消除词之间的相关性和简化文本向量实现降维的目的。其基本思想是把高维的向量空间模型表示中的文档映射到低维的潜在语义空间中。它最大的特点是忽略了单个文档对词的不同使用风格，不仅能够利用关键字的匹配来挖掘文档中隐含的潜在语义，而且还能对字项文档矩阵进行奇异值分解并将较小的奇异值剔除掉，最终达到过滤信息的目的。

2) 特征选择

上面讨论的文本表示模型，一直假定特征向量每一维的特征都是确定的。事实上，这些特征是从文本中选择出来的，它对文本表示的准确程度有很大的影响，影响到后面的过滤器的设计及其性能。特征选择主要包括分词与选择两部分。

分词和特征选择算法在 12.3.1 节和 12.3.2 节中已经介绍过，在此不再赘述。

3)分类算法

分类算法的目的是利用机器学习算法找到特征空间与类别之间的映射关系。常见方法包括 Racchio 方法、k 近邻(KNN)方法以及 Naïve Bayesian 方法等。

Racchio 方法根据算术平均为每类文本集生成一个代表该类的中心向量,然后在新文本来到时,确定新文本向量,计算该向量与每类中心向量间的距离(相似度),从而判定文本所属的分类。

k 近邻(KNN)方法是给出一个测试文档后,从训练文档中找出与该文档最近的 k 个文档,用这 k 个文档所属的类别作为测试文档的候选类别。

Naïve Bayesian 方法是一种概率方法,它利用先验概率的联合概率计算出后验概率,根据测试样本的后验概率对测试样本进行分类。

4)信息内容过滤系统的评估指标

目前,对于信息内容过滤系统的性能,尚未有统一的评估标准。这是因为对于过滤系统而言,不仅要考虑信息内容,还要考虑用户兴趣、用户理解等不同的因素,从而造成对过滤结果评价的不同。

常用的评估指标包括查准率和查全率。其中,查准率是指所有过滤出的信息中,与实际过滤判断的结果一致的信息所占的比例;查全率是指将应该过滤出来的所有信息均识别出来的比例。具体地,查准率和查全率可分别计算如下。

(1)查准率(Precision):

$$p = \frac{已通过过滤中相关信息集合大小}{已通过过滤集合大小}$$

(2)查全率(Recall):

$$r = \frac{已通过过滤中相关信息集合大小}{信息源中实际相关的信息集合大小}$$

12.5　网络舆情监测

12.5.1　网络舆情监测概述

如今,随着互联网技术的飞速发展和网民数量的急剧增加,网络舆情成为当前的一个热点问题。网络舆情是指在互联网上流行的对社会问题有不同看法的网络舆论,它以网络为载体,以事件为核心,是广大网民情感、态度、意见和观点的表达、传播与互动,以及后续影响力的集合。网络舆情带有广大网民的主观性,未经验证与包装,直接通过微博、公众号等多种形式发布于互联网上。网络舆情是公众意愿在网络上的延伸,迫切需要在网络舆情研判与突发事件应急舆论引导之间建立无缝、灵敏、高效的切换和对接机制,改进工作方法。高度重视提升网络舆情引导能力建设,对于保持社会稳定和国家的长治久安具有重要的意义。

网络舆情具有以下几个方面的特点。

(1)直接性:针对网络舆情只要网民随意转发信息、就会促使其传播,因此网络舆情的传播潜能巨大,传播速度呈现几何数级的传播态势。

(2)随意性和多元化：网络空间中，用户可以完全匿名随意发表观点和意见，较难追究其法律责任，因此网络舆情在观点发表、利益诉求和价值传递等方面具有随意性与多元化的特点。

(3)突发性：网络本身的传播特性使得焦点事件能够突破使用界限而在网络中迅速传播，突发的焦点事件能够迅速成为舆论热点。

(4)隐蔽性：在网络空间的虚拟世界中，用户可以匿名隐蔽其身份发表意见，目前缺乏有限的监管和惩罚措施，使得网络成为恶意用户发泄不良情绪的空间。

(5)偏差性：网络空间中舆情是现实民意最为活跃和尖锐的表达，但是网络用户容易相信片面的意见而盲从，网络舆情易于受到恶意的引导，网络舆情有时不能等同于全民的立场和意见。

网络舆情监测分析是指利用系统科学的方法对所搜集到的网络舆情信息进行处理、分析和归纳，从而能够从中去伪存真，提炼整理出具有指导意义的重要预警信息的过程。网络舆情监测分析处于舆情监测搜集和舆情的应对引导之间，具有承上启下的重要作用。网络舆情监测分析就是要从监测与搜集到的大量信息中提取代表舆情趋势和规律的内容，找到影响舆情发展的关键节点。

12.5.2　网络舆情监测关键技术

网络舆情监测的流程包括网页信息提取、信息预处理、舆情自动分类、自然语言智能处理、舆情智能监测等步骤。以下将对上述步骤中的关键技术进行介绍。

网页信息提取是从采集到的网页中提取相关数据信息的过程，通过构造提取规则，寻求最为高效和准确的提取方法，提取网页中的信息，以供网络舆情分析使用。网页信息的提取流程如图 12-7 所示。

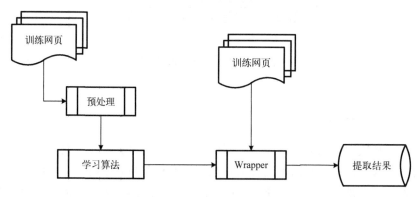

图 12-7　网页信息提取流程

目前，网页信息提取技术有以下几个。

(1)基于 HTML 文档的提取：主要根据抓取的 HTML 文档的结构特点，制定一套正则表达式，过滤出需要的数据信息。也可采用 HTML 解析工具，如 HTML Parser 解析器，通过匹配 HTML 标签，提取出网页中所需的信息。该类提取技术的优点是技术简单，提取正确率高；缺点是通用性差，需要针对各类待提取网页的特征单独制定提取模板。

(2)基于统计特征的提取：基于网页的义本信息与标签信息的比例关系(如网页中某块中

文与 HTML 代码的比例、正文信息与周围超链接的比例)，以及逗号、句号使用频率等文本特征，判别出该信息是文本信息还是广告导航之类的信息，从而提取出需要的文本信息。该类提取技术的缺点是正确率不高。

(3) 基于 DOM 的提取：采用 DOM 文档对象模型，即将 HTML 或者 XML 这类文件理解或者解析成一种文档对象，把 XML 文档里的各个标签视为节点对象，即 DOM 树，再根据 XML 的节点信息，解析出所需的文本信息。

(4) 基于机器学习的提取：机器学习是采用某种学习算法(如 BP 神经网络和 SVM 等)进行数据模型训练学习，得到一种模型，再用此模型进行实际检测提取。其优点是自动化程度高，缺点是提取准确性较差。

对网页信息进行提取之后，需要对信息进行预处理，把 HTML 文档及 XML 文档进行格式统一化。此外，还要判断采集到的网页是否有冗余，这样能够提高网络舆情处理的效率与准确度。

舆情自动分类是将收集的舆情进行自动分类，主要运用自然语言处理中的文本分类和文本聚类等技术。文本自动分类方法大致可以分为基于规则的方法和基于统计的方法。基于规则的方法是先由专家为每个类别定义一些规则，然后自动把符合规则的文档划分到相应的类别中；基于统计的方法是在训练、学习的基础上形成分类模型。

自然语言智能处理技术包括以下几个。

(1) 自动分词技术：以词典为基础，规则与统计相结合的分词技术，有效解决切分歧义问题。

(2) 自动关键词和自动摘要技术：对采集到的网络信息，自动摘取相关关键字，并生成摘要。

(3) 全文检索技术：将传统技术与最新的 Web 搜索技术相结合，大大提升检索引擎的性能指标。

舆情智能监测技术包括以下几个。

(1) 自动分类技术：基于内容对经过双重过滤处理的重要舆情自动进行分类，无须人工干预。先设置分类关键词，每一个关键词都设置一个相应的优先级分值。对收集到的文章内容进行分析，分别对标题和内容进行匹配，统计匹配的次数，然后根据设定好的关键词匹配模型对每个关键词进行分值计算。最后按超过匹配阈值的关键词中分值最高的进行自动分类。

(2) 自动聚类技术：基于相似性算法，自动对海量的无规则文档进行归类，把内容相近的文档归为一类，并自动为其生成主题词，为确定类目名称提供方便。

(3) 相似性排重技术：根据文档内容的匹配程度确定其是否重复，比利用网页标题和大小等规则进行判断具有更高的准确性、实用性以及运行效率。

12.5.3　网络舆情监测系统框架

典型舆情监测系统流程如图 12-8 所示，总体包括三大模块，分别是舆情信息收集、舆情信息分析和舆情信息监测。

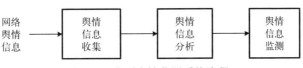

图 12-8　典型舆情监测系统流程

其中，舆情信息收集一般由自动采集子系统完成。总的来说，网络舆情监测系统包括三个层面，如图 12-9 所示。

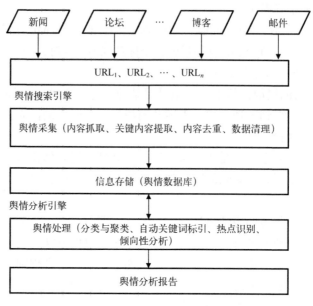

图 12-9　网络舆情监测系统框架

（1）采集层。

采集层主要包含了要素采集、关键词提取、自动去重和区分存储及数据库，可以实现微博、论坛、博客、贴吧、新闻及评论等网络数据源的信息采集。

（2）分析层。

分析层主要对采集的数据信息进行分类与聚类、自动关键词标引、热点识别、倾向性分析，保证舆情分析的全面性。

（3）呈现层。

呈现层主要将采集分析的数据通过专题跟踪、舆情简报、统计报表和图表统计等形式呈现给决策层。

舆情监测系统可实现热点识别、倾向性分析与统计、主题追踪、信息自动摘要、趋势分析、突发事件检测、威胁预警以及统计报告等功能，具体如下。

（1）热点识别：系统可以根据转载量、评论数量、回复量等参数，对给定时间段内的热门话题进行识别。

（2）倾向性分析与统计：对信息阐述的观点、主旨进行倾向性分析，为决策层提供参考分析依据。

（3）主题追踪：主要针对热点话题进行信息追踪，并对其倾向性与趋势进行分析。主题追踪应建立在倾向性与趋势分析的基础上。

（4）信息自动摘要：根据文档内容自动提取能够准确代表文章内容主题和中心思想的摘要信息，使得无须查看全部文章内容，通过该智能摘要即可快速了解文章大意与核心内容。

（5）趋势分析：通过图表展示敏感词汇监测和时间分布关系以及趋势分析结果。

（6）突发事件检测：网络舆情分析系统主要针对互联网信息进行突发事件监听与分析，

对热点信息的倾向性和趋势进行分析与检测，以监测信息的突发性。

(7) 威胁预警：报警系统主要针对舆情分析引擎系统的热点信息与突发事件进行分析监测，然后根据报警监控信息库进行威胁报警和处置。

(8) 统计报告：根据舆情分析引擎处理后的结果库生成舆情统计报告，为决策层提供支持。

12.6　本 章 小 结

本章主要介绍了信息内容安全的相关概念及关键技术：首先，介绍信息内容安全的相关概念、主要安全威胁及体系结构；然后，以信息内容安全架构为主线，重点介绍信息内容安全的关键技术，包括信息内容获取、信息内容识别与分析、信息内容过滤和网络舆情监测等技术。

习　　题

1. 信息内容安全面临的威胁有哪些？
2. 信息内容安全涉及哪些关键技术？
3. 常用的特征选择方法有哪些？它们的基本思想是什么？
4. 信息内容过滤的方法有哪些？
5. 网络舆情的主要特点是什么？

第13章 信息系统安全工程

系统安全工程(SSE)是系统工程的一个子集,遵从系统工程的思想,旨在了解企业现存的安全风险,根据已识别的安全风险建立一组平衡的安全需求,综合各种工程学科的努力,将安全需求转化为贯穿系统生命周期的工程实施指南。系统安全工程还需对安全机制的正确性和有效性做出诠释,证明通过正确有效的安全机制来保证的安全系统信任度能够达到组织的要求,确保系统遗留的安全脆弱性及残余风险在可容许的范围之内。系统安全工程涉及众多层面的安全问题,与其他工程密切相关,如软件工程等。

13.1 概 述

系统安全工程能力成熟度模型(Systems Security Engineering Capability Maturity Model,SSE-CMM)起源于美国国家安全局(NSA)于 1993 年 4 月提出的一个专门应用于系统安全工程的能力成熟度模型(CMM)的构思,其目的是建立和完善一个成熟的、可度量的安全工程过程。该模型定义了一个安全工程过程应有的特征,这些特征是完善的安全工程的根本保证。这个安全工程对于任何工程活动均是清晰定义的、可管理的、可测量的、可控制的。

根据统计过程控制理论,所有成功企业的共同特点是都具有一组定义严格、管理完善、可测、可控、高度有效的工作过程。CMM 认为,能力成熟度高的企业持续生产高质量产品的可能性很大,而工程风险则很小。CMM 抽取了这样一组"好的"工作过程并定义了过程的"能力"。为了将 CMM 引入到系统安全工程领域,有关国际组织共同制定了面向系统安全工程能力的成熟度模型。

通过 SSE-CMM 可以将复杂的信息系统安全工程的实施与管理定义成为严格的系统工程方法及可依赖的工程化体系。首先对安全需求进行分析,并对安全目标加以确定,然后设计并实现满足安全目标的具体方案。对于在方案中需要的安全产品(包括应用系统),应当有一定的措施以保证其可信度。可靠的工程过程和可信的产品是解决安全问题的必要条件,但不是充分条件。

13.2 安全工程过程

SSE-CMM 的基本思想是:通过对安全工程过程进行管理的途径,将系统安全工程转变为一个完好定义的、成熟的、可测量的过程,包括风险过程、工程过程、保障过程三个领域(图 13-1)。风险过程识别所开发的产品或系统的内在危险并且排列优先顺序。针对这些危险所呈现的问题,工程过程与其他工程学科一起确定和实现相应的解决方案。最后,保障过程确立解决方案的置信度并且把这样的置信度传递给客户。

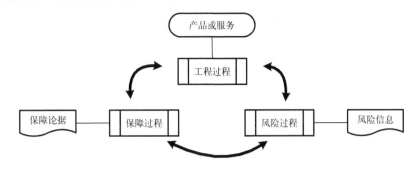

图 13-1　安全工程过程的主要领域

总而言之，这三个领域一起工作，它们的共同目标是确保安全工程过程的结果达到上述各个目的。

13.2.1　风险过程

安全工程的一个主要目标是减少风险。风险评估是识别那些尚未发生的问题的过程，通过检查威胁和脆弱性发生的可能性以及研究不希望事件的潜在影响来评估风险(图 13-2)。上述可能性存在一个不确定因素，它将随具体情况的变化而变化。这就是说，这种可能性只能在一定的限制范围内才能够预测到。此外，由于不希望事件可能不会如期发生，因此所评估的特定风险的影响也有相应的不确定性。因为相对于风险的预计准确性而言，可能存在大量的不确定因素，所以安全性的策划和判断可能是非常困难的。以一种经济的方式局部解决这个问题的一种方法就是实现相关的技术以检测不希望事件的发生。

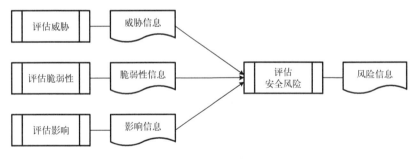

图 13-2　风险过程

一个不希望事件由三个部分构成：威胁、脆弱性和影响。脆弱性是可能被某个威胁利用的资产属性，包括各种弱点。如果既没有威胁，也没有脆弱性，就可以没有不希望事件，因此也就没有风险。风险管理是所有需要协调指引和控制一个组织风险管理工作的活动，它包括建立组织可接受的风险水平，并相应地识别、分析、评估和处置风险。

然而，处置所有风险或者完全缓解某特定风险是不可行的。这在很大程度上取决于风险处置成本以及相关的不确定性。SSE-CMM 过程域包括的活动有助于确保组织分析威胁、脆弱性、影响以及相关的风险。

13.2.2　工程过程

就像其他的工程学科一样，安全工程是一个由概念、设计、实施、测试、部署、运行维护和退役等阶段推进的过程。SSE-CMM 强调安全工程师是一个更大的团队的组成部分，需要与其他学科的工程师相互协调开展工作。这有助于确保安全成为整个过程的组成部分（图 13-3），而不是一个独立而又独特的活动。

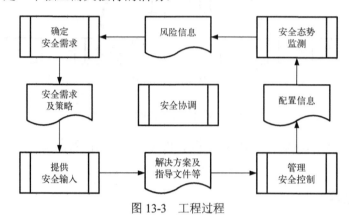

图 13-3　工程过程

根据上述风险过程的信息，以及其他有关系统的要求、相关法律和政策等信息，安全工程师需要和顾客一起确定安全需求。一旦确定了安全需求，安全工程师就要确定和跟踪具体的需求。

建立安全问题解决方案的过程首先是确定可行的候选方案，然后评估候选方案，以便决定哪一个是最可行的。安全与工程过程的其他活动相整合的困难在于不可能单独就安全事项选择解决方案，还需要考虑包括成本、性能、技术风险，以及使用的简便性等在内的其他事项。

在工程过程的后期，需要安全工程师确保按照已经觉察到的风险正确地配置产品和系统，确保新的风险不会使系统的运行不安全。

13.2.3　保障过程

SSE-CMM 的一个贡献是提出了安全工程过程结果的可重复性的置信度。这个置信度的基础是：一个成熟的组织比一个不成熟的组织更有可能重复这些结果。

保障过程就是利用已经实施的控制手段确保工程结果的可重复性，增加防护措施发挥预期作用的置信度（图 13-4）。这个置信度来源于正确性和有效性。正确性可看成防护措施按设计满足各项需求的性质。有效性可看成防护措施提供的安全服务满足顾客的安全需求的性质。安全机制的强度也是保障的一部分，但是受到所寻求的保障需求和保障级别的节制。

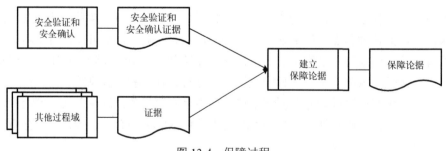

图 13-4　保障过程

保障往往以固定形式的论据来传达。这个论据包括一组有关系统属性的声明。这些声明有证据给予支持。通常这种证据的形式是安全工程活动正常推进期间产生的文档。例如，过程文件编制可以表明开发阶段是否遵循了妥善定义的、成熟的、得到持续改进的工程过程，而安全验证和确认则在建立产品或者系统的可信性的过程中扮演重要角色。

13.3　SSE-CMM 体系结构

SSE-CMM 体系结构设计的目标是清晰地从管理和制度化特征中分离出安全工程的基本特征，采用域(Domain)和能力(Capability)的两维结构。

SSE-CMM 在系统安全工程领域内抽取了一组"良好"工作实践，由此定义了 11 项"良好安全工程过程"，其中每一项代表的是完成一个子任务所需要实施的一组工程实践，也称作一个过程域(Process Area，PA)。这 11 个过程域可能出现在安全系统生命周期的各个阶段，故 SSE-CMM 并不规定它们之间的顺序。该模型为每个过程域定义了一组确定的基本实践(Basic Practice，BP)，并规定每一个这样的基本实践都是完成该子任务所不可缺少的。SSE-CMM 定义了 61 个基本实践，分布在 11 个安全工程过程域的过程中。此外，SSE-CMM 还定义了另外 68 个基本实践，分布在 11 个项目和组织类过程域中。这 129 个基本实践是根据广泛的现有资料、实践和专家意见综合得出的，代表了安全工程界的最佳现行实践，而不是没有测试过的实践。

一个组织每次执行相同过程时，其执行结果的质量可能是不同的，SSE-CMM 将这个变化范围定义为一个组织的过程能力。过程能力可帮助组织预见其实现过程目标的能力，如果一个组织某个过程的能力低，则意味着完成该过程投入的成本，实现的进度、功能和质量都是不稳定的，或者说过程能力越高，实现预定的成本、进度、功能和质量目标的把握就越大。

对于"成熟"的组织，每次执行同一任务的结果的质量变化范围比"不成熟"的组织要小。为了衡量一个组织的能力成熟度，其过程完成的质量必须是可度量的，为此，SSE-CMM 定义了 5 个过程能力级别，每个能力级别由一组能够反映过程能力变化的公共特征(Common Feature，CF)来定义，这些 CF 适用于所有 PA。

这里的组织(Organization)是指进行执行过程或接受过程能力评估的一个组织机构，一个组织可以是整个企业、企业的一个部门，或者一个项目组。

SSE-CMM 定义的 5 个过程能力级别如图 13-5 所示，具体如下。

(1)能力级别 1(非正式执行的过程)。能力级别 1 仅仅要求一个过程域的所有基本实践都被执行，而对执行的结果如何并无明确要求。

(2)能力级别 2(计划并跟踪的过程)。这一级强调过程执行前的计划和执行中的检查。这使得工程队伍可以基于最终结果的质量来管理其实践活动。

(3)能力级别 3(完好定义的过程)。过程域包括的所有基本实践均应依照一组完善定义的操作规范来进行。这组规范是工程队伍依据其长期工作经验制定出来的。其合理性是经过验证的。

(4)能力级别 4(定量控制的过程)。该级别能够对工程队伍的表现进行定量的度量和预测。过程管理成为客观的和准确的实践活动。

(5)能力级别 5(持续改进的过程)。该级别为过程行为的高效和实用建立了定量的目标，从而可以准确地度量过程的持续改善所收到的效益。

SSE-CMM 围绕这 5 个能力级别定义了 11 个公共特征。SSE-CMM 中的实践都归类到各个按能力级别排序的公共特征中。为了判定每个过程的能力级别，应该执行评估，不同的过程域可能会处于不同的能力级别。对公共特征的评估可以清楚地体现过程能力的成熟度是否发生了变化。

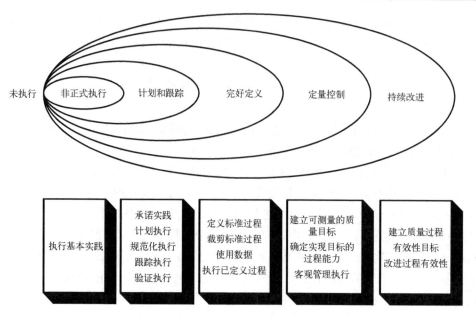

图 13-5　SSE-CMM 过程能力级别

图 13-6 在高度抽象层次上表示 SSE-CMM 的二维架构模型。横轴是过程域，纵轴是公共特征。每个过程域都是由若干基本实践组成的，每个公共特征由若干通用实践组成。每个组

公共特征		
5.2 改进过程有效性		
5.1 改进组织能力		
4.2 客观管理性能		
4.1 建立可度量的质量目标		
3.3 协调实践		
3.2 执行已定义过程		
3.1 定义标准过程		
2.4 跟踪执行		
2.3 验证执行		
2.2 规范地执行		
2.1 计划执行		

过程域

PA01 管理安全控制	PA02 评估影响	PA03 评估安全风险	PA04 评估威胁	PA05 评估脆弱性	PA06 建立保障论据	PA07 协调安全	PA08 监视安全态势	PA09 提供安全输入	PA10 确定安全需要	PA11 验证和确认安全	PA12 确保质量	PA13 管理配置	PA14 管理项目风险	PA15 监督和控制技术工作	PA16 策划技术工作	PA17 定义组织系统工程过程	PA18 改进组织系统工程过程	PA19 管理产品线演化	PA20 管理系统工程支持环境	PA021 提供持续发展的技能和知识	PA22 与供方协调

安全工程过程域											项目和组织类过程域										

图 13-6　过程域与公共特征关系汇总

织都可以选择适用的过程域的组合。如果给每个过程域赋予一个能力成熟级别的评分，就可形象地反映一个工程队伍整体上的系统安全工程能力成熟度，也可间接地反映这个工程队伍工作结果的质量及其工作结果在安全上的信任度。

13.4　SSE-CMM 的应用

系统安全工程能力成熟度模型，描述了一个组织的系统安全工程过程必须包含的基本特征，这些特征是完善的安全工程保证，也是系统安全工程实施的度量标准，同时还是一个易于理解的评估系统安全工程实施的框架。

系统安全过程能力成熟度模型的适用对象如下。

(1) 工程组织(Engineering Organization)：包括系统集成商、应用开发商、产品和服务提供商。工程组织利用其对自己的工程能力进行自我评估。

(2) 采购组织(Acquiring Organization)：包括采购系统、产品以及从外部/内部资源和最终用户处获取服务的组织。采购组织通过其来判别一个供应者组织的系统安全工程能力，识别该组织供应的产品和系统的可信性。

(3) 评估组织(Evaluation Organization)：包括认证组织、系统授权组织、系统和产品评估组织等。评估组织使用 SSE-CMM 作为工作基础，以便建立被评估组织整体能力的信任度，该信任度是系统和产品的安全保证要素。

运用 SSE-CMM 评估一个组织的过程能力可采用两种方法：自我评估和第三方评估。评估结果可作为提高其过程能力的理论依据和目标。

根据 SSE-CMM 的指导思想，可以制定出信息安全工程管理的一般过程。

(1) 在一个安全工程实施以前，应先使用这一模型评估实施队伍在一个或几个项目中的表现，从而得出实施队伍的能力评价。这一过程包括持续一周的与实施队伍直接接触的评估活动。评估活动本身并不复杂，一般只是确认 SSE-CMM 中定义的公共特征是否存在。例如，某个实施队伍在其实施的过程域上满足了 n 级的全部公共特征，但只满足 $n+1$ 级和 $n+2$ 级的部分公共特征，其过程能力应当为 n 级。这也符合安全的"木桶原理"。

(2) 在一个项目的初始阶段，首先应根据 SSE-CMM 要求对信息系统存在的脆弱性、可能出现的威胁以及信息系统受到破坏所产生的影响进行风险分析和评估。建议在进行风险分析和评估时增加一个对保护手段进行评估的过程域，因为 SSE-CMM 的风险分析中并未专门评估系统的保护手段，而保护手段在系统中存在的根本目的是将风险控制在可接受的程度内，故应强化对保护手段的评估，该评估过程域一般可从管理安全手段、设备安全手段、人员安全手段、环境安全手段和通信安全手段等几个方面加以考虑。

(3) 实施队伍依据风险分析的结果，并结合系统要求与用户一起定义系统的安全需求和安全方案。一般是由用户负责定义系统的安全需求，安全需求包括 2 个方面，一是详细说明系统的安全目标，二是提出对安全系统可靠性的要求。而实施队伍依据安全需求制定系统的安全方案，阐述安全系统功能及可信度并与用户的安全需求相对比，以证明该安全系统满足用户的需要。同时，安全方案还要综合考虑包括成本、性能以及使用难易程度等在内的各种因素并提供替代方案。安全方案完成后还需由可信的第三方进行全面的评估、认证和鉴定。

在整个工程实施阶段，应该产生一个可用于过程管理的安全基线，并尽量提高其描述精确度。

信息系统安全需要在安全成本与其所能够承受的安全风险之间进行平衡，而安全基线正是这个平衡的合理的分界线。如果不满足系统最基本的安全需求，也就无法承受由此带来的安全风险，而非基本安全需求的满足同样会带来超额安全成本。

可以在实施过程中创建一个安全基线库，通过基线库状态对系统进行不间断的监控，以保证实施过程中变更带来的新风险不至于增大到不能接受的程度。安全基线的实施也是模型中有关实施过程的工程化途径。在执行具体项目时，实施队伍可以根据工程项目的实际需求有选择地执行某些过程域而不是全部。同样，实施队伍也可能需要执行 11 个过程域之外的关键过程域，如取自系统工程能力成熟度模型(SE-CMM)的 11 个关键过程域。这 11 个关键过程域用于信息系统和实施队伍本身的管理，两者之间的配合与协调是通过在同一计划中明确规定接口、确认工程进度和确保信息共享等达到的。此外，在整个实施过程中，必须同时由第三方对实施进行检测和评定，以确认工程的安全可信度。

不同性质和安全需求的信息系统其安全基线是不同的。在 SSE-CMM 基础上，可给出制定安全基线的 6 条原则作为应用参考。

1)安全需求基线

安全需求基线的目标是明确指出与系统安全相关的需求，该需求基线是系统的安全基础，应同时满足所有合法的、政策的、组织的安全需求。它是根据系统安全背景、当前的系统环境和已定义的安全目标来制定的。

(1)收集所有必需的信息来理解用户的安全需求；

(2)收集影响系统安全的所有法律、政策和商业标准；

(3)定义一套说明，这些说明描述了系统中要实现的保护，确保每个安全需求与政策、法律、标准以及系统限制一致；

(4)使用户需求(包括非技术手段的需求)在安全方面形成一致。

2)安全输入基线

安全输入基线的目标是给实施者或用户提供所需要的安全信息，包括安全架构、设计或可选的实现方案以及安全指南。

(1)给实施者和用户提供所需要的安全信息，给其他相关工程提供安全工程的标准定义；

(2)针对安全限制和考虑，做出工程选择；

(3)确定相关工程问题的可能的解决方案；

(4)确定所选择的安全工序的优先次序；

(5)给其他相关工程提供相关安全指南，包括安全架构、保护原则、设计标准、编码标准；

(6)给系统用户和管理者提供相关安全指南，包括管理者手册、用户手册、安全描述、系统配置指导。

3)协同安全基线

协同安全基线的目标是保证安全工程是整个工程的一个完整部分，因为安全工程不可能在孤立的情况下取得成功。这种协同包括与所有相关工程的开放性交流。

(1)定义安全工作组与其他工作组之间的协同目标和关系，定义会议议程、目标、行动主题；

(2) 确认安全工程与其他相关工程的协同机制，以确保交流计划、会议报告、消息、备忘录、文本、决定和建议的形式标准化；

(3) 推动安全工程与其他相关工程协同实施，确定不同工程实体解决冲突的有效办法；

(4) 使用规范的确认机制来协同与安全相关的其他工程。

4) 安全管理基线

安全管理基线的目标是保证被整合在系统中的安全机制能够在系统的执行中有效地工作。

(1) 确定和文档化安全控制的责任并将其传达到相关的每一个人；

(2) 定义系统安全控制的有关软硬件配置管理；

(3) 对所有用户和管理人员进行培训、教育，以提高他们的安全意识；

(4) 对安全服务和控制机制进行定期维护与审核。

5) 安全保证参数基线

安全保证参数基线的目标是提供符合相关标准的参数以表明用户的安全需求已被满足。

(1) 确定安全保证目标；

(2) 定义安全保证策略，确定策略足以应付安全风险；

(3) 保存安全保证证据（如数据库、工程记录、测试结果、证据日志）；

(4) 安全保证证据的分析。

6) 监视安全态势基线

监视安全态势基线的目标是确保能够识别与报告潜在的导致对安全的破坏、破坏企图和过失。因此与系统的安全性相关的事件均要得到检测与跟踪，突发事件需得到响应。为了保证完成安全目标，需识别与处理系统运行中的安全态势的变化。

(1) 周期性监视内外部环境的变化；

(2) 定义、识别与安全相关的事件；

(3) 分析事件记录来决定事件的起因、事件的进展与未来可能发生的事件，以识别必要的安全变化；

(4) 周期性检查安全设备的性能与功能的有效性；

(5) 管理安全应急响应计划，包括应急响应的测试与维护；

(6) 确保与安全事件相关的所有记录得到适当的保存。

SSE-CMM 既可用于对一个组织的能力的评定，又可用于一个组织能力的自我提高，也可用于对一个安全系统或安全产品的信任度的测量和提高。需要指出的是，过程能力成熟度评定不能完全取代安全系统或产品的测试和认证，但通过对系统或产品的开发队伍的信任度的度量，可以大大简化繁复的安全产品认证实践。

13.5 本章小结

SSE-CMM 作为安全指导思想，通过对风险因素进行全过程、全方位的分析，能够有效解决信息系统安全的动态性和广泛性问题。SSE-CMM 属于理论指导模型，可以用在信息系统的效益分析、系统可靠性分析等方面，所以具有较大的推广价值，但是需要注意的是，在其实际应用中，还应该综合考虑不同性质的信息系统，采取不同的实施方案。

习　题

1．系统安全工程能力成熟度模型的基本思想是什么？

2．如何通过系统安全工程能力成熟度模型将复杂的信息系统安全工程的实施与管理定义成为严格的系统工程方法及可依赖的工程化体系？

第 14 章 网络安全等级保护

在传统的安全保障体系设计中，重点强调安全保障的深度及安全保障过程的完整性，而没有考虑到保护对象对安全措施的差异性需求，重要网络信息系统和一般网络信息系统在安全保障上一般无法区别实现。随着网络信息安全的建设发展、安全需求的不断变化和深入，保护对象的差异性需求日益突出。因此，将保护对象的重要程度纳入安全保障体系设计，通过定义网络信息系统的安全等级和相应安全措施的等级，构建等级化安全体系，成为完善网络防御体系设计的一种有效方法。

14.1 背景及起源

网络安全保护等级是网络信息系统的客观属性，不以已采取或将采取的安全保护措施为依据，也不以风险评估为依据，而是以网络信息系统及其相关服务遭到破坏后对国家安全、社会秩序、公共利益以及运营商权益的危害程度为依据，确定网络信息系统的安全等级。

网络安全等级保护的核心观念是保护重点、适度安全，即分级别、按需要重点保护重要的信息系统，综合平衡安全成本和风险，提高保护成效。网络安全等级保护是国际通行的做法，其思想源头可以追溯到美国的军事保密制度。自 20 世纪 60 年代以来，这一思想不断发展，日益完善。

2003 年 12 月，美国通过了《联邦信息和信息系统安全分类标准》(FIPS 199)，描述了如何确定一个信息系统的安全类别。这里的安全类别就是一个等级保护概念，其定义建立在事件的发生对机构产生的潜在影响的基础上，分为高、中、低 3 个影响等级，并按照系统所处理、传输和存储的信息的重要性确定系统的级别。为配合 FIPS 199 的实施，美国国家标准与技术研究院(NIST)于 2004 年 6 月推出了《将信息和信息系统的类型映射到安全类别的指南》(SP800-60)，其详细介绍了联邦信息系统中可能存在的所有信息类型，针对每一种信息类型，介绍了如何去选择其影响级别，并给出了推荐采用的级别。

信息系统的保护等级确定后，需要有一整套的标准和指南规定如何为其选择相应的安全措施。NIST 的《信息系统和组织的安全和隐私控制》(SP800-53)为不同级别的系统推荐了不同强度的安全控制集(包括管理、技术和运行类)。SP800-53 还提出了 3 类安全控制(包括管理、技术和运行)。

无论从思想上、架构上还是行文上，SP800 系列标准都对我国《信息安全技术 网络安全等级保护基本要求》(GB/T 22239—2019)标准有直接的影响。我国等级保护标准的名称之所以由原来的《信息安全技术 等级保护基本要求》改为《信息安全技术 网络安全等级保护基本要求》，主要是为适应网络安全法，配合落实网络安全等级保护制度，同时等级保护对象由原来的信息系统扩展到基础信息网络、信息系统(含采用移动互联技术的系统)、云计算平台/系统、大数据应用/平台/资源、物联网和工业控制系统等。

14.2　保护对象分级及要求

安全等级保护对象是指等级保护工作中的保护对象,主要包括网络基础设施、信息系统、大数据、云计算平台、物联网、工业控制系统等。安全等级保护对象根据其在国家安全、经济建设、社会生活中的重要程度,遭到破坏后对国家安全、社会秩序、公共利益以及公民、法人和其他组织的合法权益的损害程度等,由低到高划分为五级。

第一级,等级保护对象受到破坏后,会对公民、法人和其他组织的合法权益造成一般损害,但不损害国家安全、社会秩序和公共利益。

第二级,等级保护对象受到破坏后,会对公民、法人和其他组织的合法权益产生严重损害,或者对社会秩序和公共利益造成一般损害,但不损害国家安全。

第三级,等级保护对象受到破坏后,会对公民、法人和其他组织的合法权益产生特别严重的损害,或者对社会秩序和公共利益造成严重损害,或者对国家安全造成一般损害。

第四级,等级保护对象受到破坏后,会对社会秩序和公共利益造成特别严重的损害,或者对国家安全造成严重损害。

第五级,等级保护对象受到破坏后,会对国家安全造成特别严重的损害。

安全保护等级如表 14-1 所示。

表 14-1　安全保护等级

受损害的客体	对客体的损害程度		
	一般损害	严重损害	特别严重的损害
公民、法人和其他组织的合法权益	第一级	第二级	第三级
社会秩序、公共利益	第二级	第三级	第四级
国家安全	第三级	第四级	第五级

由于等级保护对象承载的业务不同,对其的安全关注点会有所不同,有的更关注业务信息的安全性,即更关注是否因搭线窃听、用户假冒等而导致信息泄露、非法篡改;有的更关注业务的连续性,即更关注保证系统连续正常地运行,免受因未授权的修改、破坏而导致系统不可用所引起的业务中断。因此,不同等级的保护对象,其对业务信息的安全性要求和系统服务的连续性要求是有差异的。即使相同等级的保护对象,其对业务信息的安全性要求和系统服务的连续性要求也有差异。

同时,不同等级保护对象由于采用的信息技术不同,所采用的保护措施也会不同。例如,传统的信息系统和云计算平台的保护措施有差异,云计算平台和工业控制系统的保护措施也有差异。为了体现不同对象的保护措施差异,GB/T 22239—2019 将安全要求划分为安全通用要求和安全扩展要求。

14.2.1　安全保护能力要求

根据 GB/T 22239—2019,不同等级的保护对象应具备的基本安全保护能力如下。

第一级安全保护能力:应能够防护免受来自个人的、拥有很少资源的威胁源发起的恶意攻击、一般的自然灾难,以及其他相当危害程度的威胁所造成的关键资源损害,在自身遭到损害后，能够恢复部分功能。

第二级安全保护能力：应能够防护免受来自外部小型组织的、拥有少量资源的威胁源发起的恶意攻击、一般的自然灾难，以及其他相当危害程度的威胁所造成的重要资源损害，能够发现重要的安全漏洞和安全事件，在自身遭到损害后，能够在一段时间内恢复部分功能。

第三级安全保护能力：应能够在统一安全策略下防护免受来自外部有组织的团体、拥有较为丰富资源的威胁源发起的恶意攻击、较为严重的自然灾难，以及其他相当危害程度的威胁所造成的主要资源损害，能够发现安全漏洞和安全事件，在自身遭到损害后，能够较快恢复绝大部分功能。

第四级安全保护能力：应能够在统一安全策略下防护免受来自国家级别的、敌对组织的、拥有丰富资源的威胁源发起的恶意攻击、严重的自然灾难，以及其他相当危害程度的威胁所造成的资源损害，能够发现安全漏洞和安全事件，在自身遭到损害后，能够迅速恢复所有功能。

第五级安全保护能力：（略）。

14.2.2 安全通用要求

安全通用要求针对共性化保护需求提出，无论等级保护对象以何种形式出现，都需要根据安全保护等级实现相应级别的安全通用要求。安全扩展要求针对个性化保护需求提出，等级保护对象需要根据安全保护等级、使用的特定技术或特定的应用场景实现安全扩展要求。等级保护对象的安全保护措施需要同时实现安全通用要求和安全扩展要求，从而更加有效地保护等级保护对象。例如，传统的信息系统可能只需要采用安全通用要求提出的保护措施即可，而云计算平台不仅需要采用安全通用要求提出的保护措施，还要针对云计算平台的技术特点采用云计算安全扩展要求提出的保护措施；工业控制系统不仅需要采用安全通用要求提出的保护措施，还要针对工业控制系统的技术特点采用工业控制系统安全扩展要求提出的保护措施。

安全通用要求细分为技术要求和管理要求。其中技术要求包括"安全物理环境"、"安全通信网络"、"安全区域边界"、"安全计算环境"和"安全管理中心"；管理要求包括"安全管理制度"、"安全管理机构"、"安全管理人员"、"安全建设管理"和"安全运维管理"。两者合计 10 大类，如图 14-1 所示。

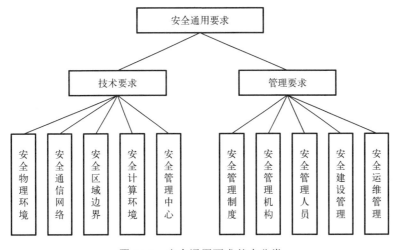

图 14-1 安全通用要求基本分类

其中，技术要求分类体现了从外部到内部的纵深防御思想。对等级保护对象的安全防护应考虑从通信网络到区域边界再到计算环境的从外到内的整体防护，同时考虑对其所处的物理环境的安全防护。对于级别较高的等级保护对象，还需要考虑对分布在整个系统中的安全功能或安全组件的集中技术管理手段。

(1)安全物理环境。

安全通用要求中的安全物理环境部分是针对物理机房提出的安全控制要求，主要对象为物理环境、物理设备和物理设施等；涉及的安全控制点包括物理位置的选择、物理访问控制、防盗窃和防破坏、防雷击、防火、防水和防潮、防静电、温湿度控制、电力供应和电磁防护。

承载高级别系统的机房相对承载低级别系统的机房强化了物理访问控制、电力供应和电磁防护等方面的要求。例如，四级相比三级增设了"重要区域应配置第二道电子门禁系统"、"应提供应急供电设施"和"应对关键区域实施电磁屏蔽"等要求。

(2)安全通信网络。

安全通用要求中的安全通信网络部分是针对通信网络提出的安全控制要求，主要对象为广域网、城域网和局域网等；涉及的安全控制点包括网络架构、通信传输和可信验证。

高级别系统的通信网络相对低级别系统的通信网络强化了优先带宽分配、设备接入认证、通信设备认证等方面的要求。例如，四级相比三级增设了"应按照业务服务的重要程度分配带宽，优先保障重要业务"、"应采用可信验证机制对接入网络的设备进行可信验证，保证接入网络的设备真实可信"和"应在通信前基于密码技术对通信双方进行验证或认证"等要求。

(3)安全区域边界。

安全通用要求中的安全区域边界部分是针对网络边界提出的安全控制要求，主要对象为系统边界和区域边界等；涉及的安全控制点包括边界防护、访问控制、入侵防范、恶意代码防范、安全审计和可信验证。

高级别系统的网络边界相对低级别系统的网络边界强化了高强度隔离和非法接入阻断等方面的要求。例如，四级相比三级增设了"应在网络边界通过通信协议转换或通信协议隔离等方式进行数据交换"和"应能够在发现非授权设备私自联到内部网络的行为或内部用户非授权联到外部网络的行为时，对其进行有效阻断"等要求。

(4)安全计算环境。

安全通用要求中的安全计算环境部分是针对边界内部提出的安全控制要求，主要对象为边界内部的所有对象，包括网络设备、安全设备、服务器设备、终端设备、应用系统、数据对象和其他设备等；涉及的安全控制点包括身份鉴别、访问控制、安全审计、入侵防范、恶意代码防范、可信验证、数据完整性、数据保密性、数据备份与恢复、剩余信息保护和个人信息保护。

高级别系统的计算环境相对低级别系统的计算环境强化了身份鉴别、访问控制和程序完整性等方面的要求。例如，四级相比三级增设了"应采用口令、密码技术、生物技术等两种或两种以上组合的鉴别技术对用户进行身份鉴别，且其中一种鉴别技术至少应使用密码技术来实现"、"应对主体、客体设置安全标记，并依据安全标记和强制访问控制规则确定主体对客体的访问"和"应采用主动免疫可信验证机制及时识别入侵和病毒行为，并将其有效阻断"等要求。

(5)安全管理中心。

安全通用要求中的安全管理中心部分是针对整个系统提出的安全管理方面的技术控制要求，通过技术手段实现集中管理，涉及的安全控制点包括系统管理、审计管理、安全管理和集中管控。

高级别系统的安全管理相对低级别系统的安全管理强化了采用技术手段进行集中管控等方面的要求。例如，三级相比二级增设了"应划分出特定的管理区域，对分布在网络中的安全设备或安全组件进行管控"、"应对网络链路、安全设备、网络设备和服务器等的运行状况进行集中监测"、"应对分散在各个设备上的审计数据进行收集汇总和集中分析，并保证审计记录的留存时间符合法律法规要求"和"应对安全策略、恶意代码、补丁升级等安全相关事项进行集中管理"等要求。

管理要求分类体现了从要素到活动的综合管理思想。安全管理需要的"制度"、"机构"和"人员"三要素缺一不可，同时还应对系统建设整改和运行维护过程中的重要活动进行控制与管理。对于级别较高的等级保护对象，需要构建完备的安全管理体系。

①安全管理制度。安全通用要求中的安全管理制度部分是针对整个管理制度体系提出的安全控制要求，涉及的安全控制点包括安全策略、管理制度、制定和发布以及评审和修订。

②安全管理机构。安全通用要求中的安全管理机构部分是针对整个管理组织架构提出的安全控制要求，涉及的安全控制点包括岗位设置、人员配备、授权和审批、沟通和合作以及审核和检查。

③安全管理人员。安全通用要求中的安全管理人员部分是针对人员管理模式提出的安全控制要求，涉及的安全控制点包括人员录用、人员离岗、安全意识教育和培训以及外部人员访问管理。

④安全建设管理。安全通用要求中的安全建设管理部分是针对安全建设过程提出的安全控制要求，涉及的安全控制点包括定级和备案、安全方案设计、安全产品采购和使用、自行软件开发、外包软件开发、工程实施、测试验收、系统交付、等级测评和服务供应商管理。

⑤安全运维管理。安全通用要求中的安全运维管理部分是针对安全运维过程提出的安全控制要求，涉及的安全控制点包括环境管理、资产管理、介质管理、设备维护管理、漏洞和风险管理、网络和系统安全管理、恶意代码防范管理、配置管理、密码管理、变更管理、备份与恢复管理、安全事件处置、应急预案管理和外包运维管理。

14.2.3　安全扩展要求

安全扩展要求是采用特定技术或特定应用场景下的等级保护对象需要增加实现的安全要求。GB/T 22239—2019 提出的安全扩展要求包括云计算安全扩展要求、移动互联安全扩展要求、物联网安全扩展要求和工业控制系统安全扩展要求。

1)云计算安全扩展要求

采用了云计算技术的信息系统通常称为云计算平台。云计算平台由设施、硬件、资源抽象控制层、虚拟化计算资源、软件平台和应用软件等组成。云计算平台中通常有云服务商和云服务客户/云租户两种角色。根据云服务商所提供服务的类型，云计算平台有软件即服务(SaaS)、平台即服务(PaaS)、基础设施即服务(IaaS) 3 种基本的云计算服务模式。在不同的服务模式中，云服务商和云服务客户/云租户对资源拥有不同的控制范围，控制范围决定了安全责任的边界。

云计算安全扩展要求是针对云计算平台提出的除安全通用要求之外需要实现的安全要求。云计算安全扩展要求涉及的控制点包括基础设施位置、网络架构、网络边界的访问控制、网络边界的入侵防范、网络边界的安全审计、集中管控、计算环境的身份鉴别、计算环境的访问控制、计算环境的入侵防范、镜像和快照保护、数据安全性、数据备份恢复、剩余信息保护、云服务商选择、供应链管理和云计算环境管理。

2) 移动互联安全扩展要求

采用移动互联技术的等级保护对象，其移动互联部分通常由移动终端、移动应用和无线网络3部分组成。移动终端通过无线通道连接无线接入设备接入有线网络；无线接入网关通过访问控制策略限制移动终端的访问行为；后台的移动终端管理系统(如果配置)负责对移动终端的管理，包括向客户端软件发送移动设备管理、移动应用管理和移动内容管理等策略。

移动互联安全扩展要求是针对移动终端、移动应用和无线网络提出的特殊安全要求，它们与安全通用要求一起构成针对采用移动互联技术的等级保护对象的完整安全要求。移动互联安全扩展要求涉及的控制点包括无线接入点的物理位置、无线和有线网络之间的边界防护、无线和有线网络之间的访问控制、无线和有线网络之间的入侵防范、移动终端管控、移动应用管控、移动应用软件采购、移动应用软件开发和配置管理。

3) 物联网安全扩展要求

物联网从架构上通常可分为3个逻辑层，即感知层、网络传输层和处理应用层。其中感知层包括传感器节点和传感网网关节点或RFID标签和RFID读写器，也包括感知设备与传感网网关之间、RFID标签与RFID读写器之间的短距离通信(通常为无线)部分；网络传输层包括将感知数据远距离传输到处理中心的网络，如互联网、移动网或几种不同网络的融合；处理应用层包括对感知数据进行存储与智能处理的平台，并对业务应用终端提供服务。对于大型物联网来说，处理应用层一般由云计算平台和业务应用终端构成。

对物联网的安全保护应包括感知层、网络传输层和处理应用层。由于网络传输层和处理应用层通常由计算机设备构成，因此这两部分按照安全通用要求提出的要求进行保护。物联网安全扩展要求是针对感知层提出的特殊安全要求，它们与安全通用要求一起构成针对物联网的完整安全要求。

物联网安全扩展要求涉及的控制点包括感知节点的物理防护、感知网的入侵防范、感知网的接入控制、感知节点设备安全、网关节点设备安全、抗数据重放、数据融合处理和感知节点的管理。

4) 工业控制系统安全扩展要求

工业控制系统通常是可用性要求较高的等级保护对象。工业控制系统是各种控制系统的总称，典型的工业控制系统如数据采集与监视控制(SCADA)系统、集散控制系统(DCS)等。工业控制系统通常用于电力、水和污水处理、石油和天然气、化工、交通运输、制药、纸浆和造纸、食品和饮料以及离散制造(如汽车、航空航天和耐用品)等行业。

工业控制系统从上到下一般分为5个层级，依次为企业资源层、生产管理层、过程监控层、现场控制层和现场设备层，不同层级的实时性要求有所不同，对工业控制系统的安全保护应包括各个层级。由于企业资源层、生产管理层和过程监控层通常由计算机设备构成，因此这些层级可以按照安全通用要求进行保护。

工业控制系统安全扩展要求是针对现场控制层和现场设备层提出的特殊安全要求，它们与安全通用要求一起构成针对工业控制系统的完整安全要求。工业控制系统安全扩展要求涉及的控制点包括室外控制设备防护、网络架构、通信传输、访问控制、拨号使用控制、无线使用控制、控制设备安全、产品采购和使用以及外包软件开发。

14.2.4　保护对象整体安全保护能力的要求

网络安全等级保护的核心是保证不同安全保护等级的对象具有相适应的安全保护能力。前面针对不同安全等级保护对象应该具有的安全保护能力提出了相应的安全要求，满足安全通用要求是保证保护对象具有相应等级的安全保护能力的前提。

依据上述内容分层面采取各种安全措施时，还应考虑以下总体要求，保证保护对象的整体安全保护能力。

1) 构建纵深的防御体系

在采取由点到面的各种安全措施时，在整体上还应保证各种安全措施的组合从外到内构成一个纵深的防御体系，保证保护对象的整体安全保护能力。应从通信网络、网络边界、局域网内部、各种业务应用平台等各个层面落实本部分中提到的各种安全措施，形成纵深防御体系。

2) 采取互补的安全措施

在将各种安全控制落实到特定保护对象中时，应考虑各个安全控制之间的互补性，关注各个安全控制在层面内、层面间和功能间产生的连接、交互、依赖、协调、协同等相互关联的关系，保证各个安全控制共同综合作用于保护对象上，使得保护对象的整体安全保护能力得以保证。

3) 保证一致的安全强度

在实现各个层面安全功能时，应保证各个层面安全功能实现强度的一致性，应防止某个层面安全功能的减弱导致整体安全保护能力在这个安全功能上削弱。若要实现双因子身份鉴别，则应在各个层面的身份鉴别上均实现双因子身份鉴别；若要实现基于标记的访问控制，则应保证在各个层面均实现基于标记的访问控制，并保证标记数据在整个保护对象内部流动时的标记唯一性等。

4) 建立统一的支撑平台

多数安全功能为了获得更高的强度，均要基于密码技术或可信技术，所以为了保证保护对象的整体安全保护能力，应建立基于密码技术的统一支撑平台，支持高强度身份鉴别、访问控制、数据完整性、数据保密性等安全功能的实现。

5) 进行集中的安全管理

为了保证分散于各个层面的安全功能在统一策略的指导下实现，各个安全控制在可控情况下发挥各自的作用，应建立集中的管控中心，集中管理保护对象中的各个安全控制组件，支持统一安全管理。

14.3　等级保护安全框架和关键技术

在开展网络安全等级保护工作时应首先明确等级保护对象，等级保护对象包括网络基础设施、信息系统、大数据、物联网、云计算平台、工业控制系统、移动互联网、智能设备等。

确定了等级保护对象的安全保护等级后，应根据不同对象的安全保护等级完成安全建设或整改工作；应针对计算环境、区域边界和通信网络，形成统一的安全管理中心；应针对等级保护对象特点建立风险管理体系、安全管理体系、安全技术体系、网络信任体系，构建具备相应等级安全保护能力的网络安全综合防御体系；应依据国家网络安全等级保护政策和标准制定总体安全策略，开展定级备案、安全建设、等级测评、安全整改、监督检查、组织管理、机制建设、安全规划、安全监测、通报预警、应急处置、态势感知、能力建设、技术检测、安全可控、队伍建设、教育培训和经费保障等工作，如图14-2所示。

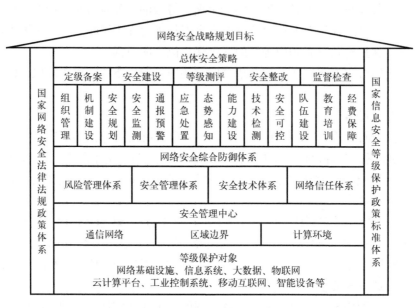

图14-2　等级保护安全框架

等级保护的关键技术主要包括以下几个。

1) 可信计算技术

应针对计算资源构建保护环境，以可信计算基（TCB）为基础，实现软硬件计算资源可信；针对信息资源构建业务流程控制链，以访问控制为核心，实行主体按策略规则访问客体，实现数据信息访问可控；强调最小权限管理，尤其是对高等级保护对象实行三权分立管理体制，构建以可信技术为基础的等级保护核心技术体系。

2) 强制访问控制

应确保在高等级保护对象中使用强制访问控制机制，强制访问控制机制需要总体设计、全局考虑，在通信网络、操作系统、应用系统各个方面实现访问控制标记和策略，进行统一的主客体安全标记，安全标记随数据全程流动，并在不同访问控制点之间实现访问控制策略的关联，构建各个层面强度一致的访问控制体系。

3) 审计追查技术

应立足于现有的大量事件采集、数据挖掘、智能事件关联和基于业务的运维监控技术，解决海量数据处理瓶颈，通过对审计数据进行快速提取来满足信息处理中对于检索速度和准确性的需求。同时，还应建立事件分析模型，发现高级安全威胁，并追查威胁路径和定位威胁源头，实现对攻击行为的有效防范和追查。

4) 结构化保护技术

应通过良好的模块结构与层次设计等方法来保证等级保护对象具有一定的抗渗透能力，为安全功能的正常执行提供保障。高等级保护对象应确保安全功能可以形式化表达、不可被篡改、不可被绕转，隐蔽信道不可被利用，通过保障安全功能的正常执行，使系统具备源于自身结构的、主动性的防御能力。

5) 多级互联技术

应在保证各等级保护对象自治和安全的前提下，有效控制异构等级保护对象间的安全互操作，从而实现分布式资源的共享和交互。随着对结构网络化和业务应用分布化的动态性要求越来越高，多级互联技术应在不破坏原有等级保护对象正常运行和安全的前提下，实现不同级别之间的多级安全互联、互通和数据交换。

14.4　网络等级保护安全技术设计

网络等级保护安全技术设计包括各级系统安全保护环境的设计及其安全互联的设计，如图 14-3 所示。各级系统安全保护环境由相应级别的安全计算环境、安全区域边界、安全通信网络和(或)安全管理中心组成。定级系统互联由安全互联部件和跨定级系统安全管理中心组成。

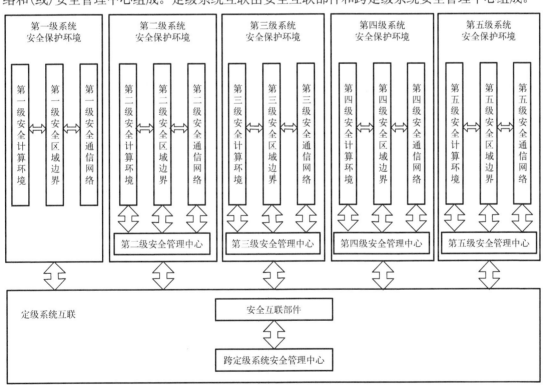

图 14-3　网络等级保护安全技术设计框架

在对定级系统进行等级保护安全保护环境设计时，可以结合系统自身业务需求，将定级系统进一步细化成不同的子系统，然后在风险评估的基础上，确定每个子系统的等级，进而依据后面介绍的各级系统安全保护环境的设计目标和设计策略，对子系统进行安全保护环境的设计。

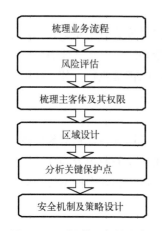

图 14-4　网络等级保护安全
技术设计过程

网络等级保护安全技术设计应遵循如图 14-4 所示过程。

(1)梳理业务流程:通过业务流程的梳理,了解系统的现状、特点及特殊安全需求,为后续量身定制安全设计方案奠定基础。

(2)风险评估:基于业务流程对定级系统进行安全评估,识别资产、威胁和脆弱性,对风险进行评价,结合等级保护相应标准,提出定级系统的安全防护需求。

(3)梳理主客体及其权限:梳理定级系统涉及的主体、客体,以及明确主体对客体的最小访问权限。

(4)区域设计:依据本标准提出的等级保护安全技术设计框架,进行区域划分,明确计算环境、区域边界、通信网络以及安全管理中心的位置。

(5)分析关键保护点:从操作系统、数据库、应用系统、网络等层面分析定级系统安全保护环境的关键保护点,为安全机制及策略的设计奠定基础。

(6)安全机制及策略设计:依据《信息安全技术 网络安全等级保护安全设计技术要求》(GB/T 25070—2019)标准提出的安全保护环境设计要求,在关键保护点上进行安全机制及策略的设计。

《信息安全技术 网络安全等级保护安全设计技术要求》(GB/T 25070—2019)按照应用的领域划分通用设计要求和具体领域的安全要求。限于篇幅,本节仅简要介绍通用设计要求中各级的设计目标和设计策略。

1)第一级系统安全保护环境设计

第一级系统安全保护环境的设计目标是:按照对第一级系统的安全保护要求,实现定级系统的自主访问控制,使系统用户对其所属客体具有自我保护的能力。

第一级系统安全保护环境的设计策略是:遵循相关要求,以身份鉴别为基础,提供用户和(或)用户组对文件及数据库表的自主访问控制,以实现用户与数据的隔离,使用户具备自主安全保护的能力;以包过滤手段提供区域边界保护;以数据校验与恶意代码防范等手段提供数据和系统的完整性保护。

第一级系统安全保护环境的设计通过第一级的安全计算环境、安全区域边界以及安全通信网络的设计加以实现。

2)第二级系统安全保护环境设计

第二级系统安全保护环境的设计目标是:按照对第二级系统的安全保护要求,在第一级系统安全保护环境的基础上,增加系统安全审计、客体重用等安全功能,并实施以用户为基本粒度的自主访问控制,使系统具有更强的自主安全保护能力。

第二级系统安全保护环境的设计策略是:遵循相关要求,以身份鉴别为基础,提供单个用户和(或)用户组对共享文件、数据库表等的自主访问控制;以包过滤手段提供区域边界保护;以数据校验和恶意代码防范等手段,同时通过增加系统安全审计、客体安全重用等功能,使用户对自己的行为负责,提供用户数据机密性和完整性保护,以增强系统的安全保护能力。

第二级系统安全保护环境的设计通过第二级的安全计算环境、安全区域边界、安全通信网络以及安全管理中心的设计加以实现。

3) 第三级系统安全保护环境设计

第三级系统安全保护环境的设计目标是：按照对第三级系统的安全保护要求，在第二级系统安全保护环境的基础上，通过实现基于安全策略模型和标记的强制访问控制以及增强系统的审计机制，使系统具有在统一安全策略管控下保护敏感资源的能力。

第三级系统安全保护环境的设计策略是：在第二级系统安全保护环境的基础上，遵循相关要求，构造非形式化的安全策略模型，对主客体进行安全标记，表明主客体的级别分类和非级别分类的组合，以此为基础，按照强制访问控制规则实现对主体及其客体的访问控制。

第三级系统安全保护环境的设计通过第三级的安全计算环境、安全区域边界、安全通信网络以及安全管理中心的设计加以实现。

4) 第四级系统安全保护环境设计

第四级系统安全保护环境的设计目标是：按照对第四级系统的安全保护要求，建立一个明确定义的形式化安全策略模型，将自主和强制访问控制扩展到所有主体与客体，相应增强其他安全功能强度；将系统安全保护环境结构化为关键保护部件和非关键保护部件，以使系统具有抗渗透的能力。

第四级系统安全保护环境的设计策略是：在第三级系统安全保护环境的基础上，遵循相关要求，通过安全管理中心明确定义和维护形式化的安全策略模型。依据该模型，采用对系统内的所有主客体进行标记的手段，实现所有主体与客体的强制访问控制。同时，相应增强身份鉴别、审计、安全管理等功能，实现系统安全保护环境关键保护部件和非关键保护部件的区分，并进行测试和审核，保障安全功能的有效性。

第四级系统安全保护环境的设计通过第四级的安全计算环境、安全区域边界、安全通信网络以及安全管理中心的设计加以实现。

5) 第五级系统安全保护环境设计

第五级系统安全保护环境的设计目标是：按照对第五级系统的安全保护要求，在第四级系统安全保护环境的基础上，实现访问监控器，仲裁主体对客体的访问，并支持安全管理职能。审计机制可根据审计记录及时分析发现安全事件并进行报警，提供系统恢复机制，以使系统具有更强的抗渗透能力。

第五级系统安全保护环境的设计策略是：遵循"访问监控器本身是抗篡改的；必须足够小，能够进行分析和测试"的要求。在设计和实现访问监控器时，应尽力降低其复杂性；提供系统恢复机制；使系统具有更强的抗渗透能力；所设计的访问监控器能进行必要的分析与测试，具有抗篡改能力。

第五级系统安全保护环境的设计通过第五级的安全计算环境、安全区域边界、安全通信网络以及安全管理中心的设计加以实现。

6) 定级系统互联设计

定级系统互联的设计目标是：对相同或不同等级的定级系统之间的互联、互通、互操作进行安全保护，确保用户身份的真实性、操作的安全性以及抗抵赖性，并按安全策略对信息流向进行严格控制，确保进出安全计算环境、安全区域边界以及安全通信网络的数据安全。

定级系统互联的设计策略是：遵循对各级系统的安全保护要求，在各定级系统的计算环境安全、区域边界安全和通信网络安全的基础上，通过安全管理中心增加相应的安全互联策略，保持用户身份、主体和客体标记、访问控制策略等安全要素的一致性，对互联系统之间的互操作和数据交换进行安全保护。

14.5　网络安全等级保护安全管理中心技术要求

安全管理中心是对信息系统的安全策略及安全计算环境、安全区域边界和安全通信网络上的安全机制进行统一管理的平台，是信息系统安全防御体系的重要组成部分，涉及系统管理、安全管理、审计管理等方面，实现统一管理、统一监控、统一审计、综合分析和协同防护。

GB/T 25070—2019 中将安全管理中心技术要求分为功能要求、接口要求和自身安全性要求三个大类，如图 14-5 所示。其中，功能要求从安全管理、系统管理和审计管理三个方面提出具体要求；接口要求对安全管理中心涉及的接口协议和接口安全做出规定；自身安全性要求对安全管理中心自身安全提出具体要求。

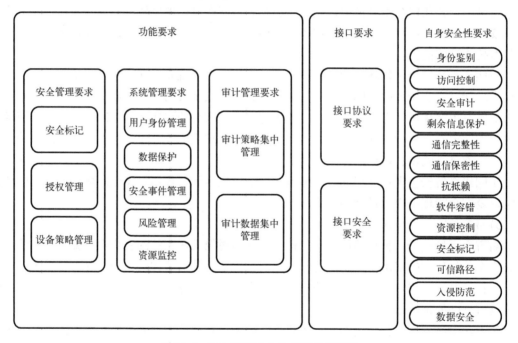

图 14-5　安全管理中心技术要求框架图

14.5.1　功能描述

统一管理是指对被保护系统及安全管理中心的主体与客体进行统一标记和基于标记授权管理，对安全管理中心涉及的相关软硬件产品在统一的管理界面进行策略配置，确保组织的安全管理策略得到贯彻和下发。

统一监控是指对被保护系统和安全管理中心自身的运行状态进行监控，对于运行过程中的异常情况及时提供告警，并通过安全事件管理等模块协助实施应急响应机制。

统一审计是指对被保护系统和安全管理中心的相关重要安全事件与用户操作行为进行

审计，确保用户行为的可追溯性，提供自动化的审计分析手段，及时发现异常的安全行为，同时为综合分析提供数据支撑。

综合分析是指通过智能分析模块，针对监控数据和审计数据进行关联分析，把握被保护系统的安全运维态势，对可能出现的安全事件进行预警，对组织的安全策略的制定和配置管理策略的统一调整提供指导意见。

协同防护是指针对统一监控、统一审计和综合分析结果，由管理员及时对相关的安全策略配置进行调整，实现对信息系统安全的动态防护。

14.5.2　安全管理中心技术要求

根据《信息安全技术　网络安全等级保护安全管理中心技术要求》(GB/T 36958—2018)，安全管理中心共分两个等级(基本级、增强级)，其等级与信息系统等级的对应关系如表14-2所示。

表 14-2　安全管理中心等级与信息系统等级对应表

安全管理中心等级	信息系统等级
基本级	二级、三级
增强级	四级

GB/T 36958—2018 中，分两个等级对安全管理中心的功能、接口和自身安全性提出详细要求，所涉及的项如表14-3所示。

表 14-3　安全管理中心技术要求所涉及的项

		用户身份管理	
功能要求	系统管理要求	数据保护	数据保密性
			数据完整性
			数据备份与恢复
			可信路径
			剩余信息保护
		安全事件管理	安全事件采集
			告警及响应
			统计分析
			办公协同
			事件关联分析
		风险管理	资产管理
			资产业务价值评估
			威胁管理
			脆弱性(安全漏洞)管理
			风险分析
		资源监控	可用性监测
			网络拓扑监测

续表

功能要求	安全管理要求	安全标记	
		授权管理	
		设备策略管理	设备管理
			入侵防御
			恶意代码防范
	审计管理要求	审计策略集中管理	
		审计数据集中管理	审计数据采集
			审计数据采集对象
			审计数据采集方式
			数据采集组件要求
			审计数据关联分析
接口要求	接口协议要求		
	接口安全要求		
自身安全性要求	身份鉴别		
	安全标记		
	访问控制		
	可信路径		
	安全审计		
	剩余信息保护		
	通信完整性		
	通信保密性		
	抗抵赖		
	软件容错		
	资源控制		
	入侵防范		
	数据安全		

14.6　本　章　小　结

构建网络安全等级保护体系，并确保网络安全标准具有一定的适用性和可操作性，能够有效地避免网络安全漏洞，提高国家信息安全保护质量。本章从网络安全等级保护的发展历程、安全保护能力和要求、安全保护的关键技术、等级保护的设计与管理等方面，系统介绍了等级保护的相关内容。

习　　题

1. 等级保护的对象分为几个级别?
2. 等级保护的通用要求包括哪些?
3. 网络等级保护安全技术设计的过程包括哪些?
4. 等级保护中针对云计算和物联网有哪些扩展要求?

第 15 章　信息系统密码应用设计

密码技术是实现网络空间安全的核心和基础，贯穿硬件(芯片)平台、操作系统、应用服务器(中间件平台)、业务应用系统各个层次。密码技术应用需从系统规划设计开始，尽量满足各层次的密码安全设计要求。本章将详细介绍信息系统密码应用在规划、建设过程中，在物理和环境安全、网络和通信安全、设备和计算安全、应用和数据安全、密钥管理、管理制度、人员管理、建设运行、应急处置等方面应该遵循的基本要求，以及如何进行密码应用解决方案的设计。

15.1　信息系统密码应用基本要求

从商用密码应用技术框架看，信息系统密码应用主要包括资源、支撑、服务、应用四个层次，以及提供管理服务的密码管理基础设施，如图 15-1 所示。

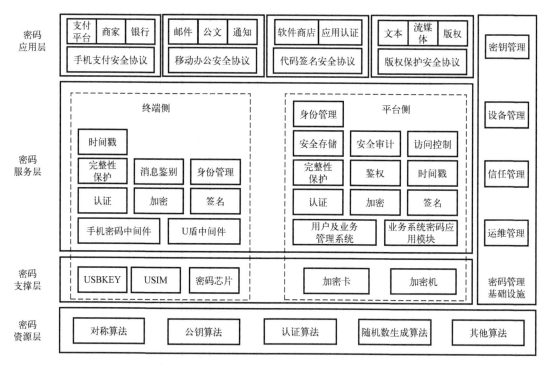

图 15-1　密码应用技术框架

(1)密码资源层提供底层的密码算法及封装密码算法的算法软件等。

(2)密码支撑层提供密码资源调用，包括密码模块、密码卡、密码机、VPN 网关、身份认证系统等密码产品。

(3)密码服务层提供密码应用的接口，为上层应用提供与底层密码算法、密码协议、密码设备无关的密码服务支撑，包括数据机密性保护等对称密码服务以及身份认证、数据完整性保护等公钥密码服务。应统筹规划，整合资源，建立统一管理调度的密码服务体系。

(4)密码应用层利用下层的密码服务构建安全的电子商务、电子政务应用平台。

(5)密码管理基础设施相对独立，为上述四层提供密钥管理、设备管理、信任管理、运维管理等服务，该部分应当符合国家有关管理规定予以重点保障。其中密钥管理包括两个部分：一是电子认证基础设施的密钥管理；二是密码应用的密钥管理，可根据政务部门职能的分工分别进行建设和管理。

2021 年 10 月 1 日起实施的《信息安全技术 信息系统密码应用基本要求》(GB/T 39786—2021)(以下简称《基本要求》)是商用密码应用的重要里程碑，是网络运营者、系统承建者在信息系统规划、建设、运行阶段设计密码应用方案的重要依据，同时也是密码测评机构开展密码应用安全性评估的顶层准则，对有效规范商用密码应用，促进我国密码事业发展，切实保障网络空间安全，具有不可替代的重要作用。因此，在具体实践过程中，信息系统的规划和建设单位一定要以《基本要求》为标准，开展信息系统密码应用解决方案的设计和建设。

《基本要求》由 10 个正文章节和 2 个资料性附录组成，规定了信息系统第一～四级的密码应用的基本要求[①]，从信息系统的物理和环境安全、网络和通信安全、设备和计算安全、应用和数据安全四个技术层面提出了第一～四级密码应用技术要求，并从管理制度、人员管理、建设运行和应急处置四个方面提出了第一～四级密码应用管理要求，如图 15-2 所示。

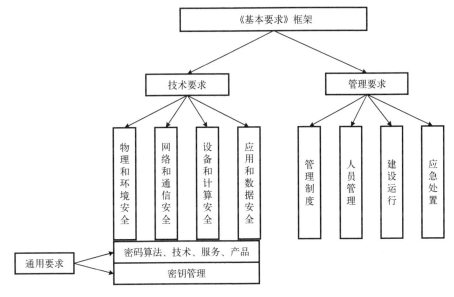

图 15-2 《基本要求》框架

之所以从上述几个层面对信息系统密码应用提出相关要求，是因为主要是从密码应用技术在机密性、完整性、真实性和不可否认性四个维度的基本考虑。

(1)机密性：主要考虑利用加/解密功能实现身份鉴别信息、密钥数据、传输和存储的重要数据的安全。

---

① 《基本要求》仅对第五级密码应用的通用要求进行了描述，没有对具体的技术要求和管理要求进行描述。

(2)完整性：主要考虑使用基于对称密钥算法或密码杂凑算法的消息鉴别码机制、基于公钥密码算法的数字签名机制等密码技术实现对于身份鉴别与访问控制信息、密钥数据、传输和存储的重要数据、日志数据、重要信息资源的安全标记、重要可执行程序、电子门禁和音视频监控记录的完整性。

(3)真实性：主要考虑使用动态口令机制、基于对称密钥算法或密码杂凑算法的消息鉴别码机制、基于公钥密码算法的数字签名机制等密码技术实现对于进入重要物理区域的人员，通信双方，网络设备接入时，登录操作系统、数据库系统、应用系统用户的身份鉴别，以及重要可执行程序的来源真实性保证。

(4)不可否认性：主要考虑使用基于公钥密码算法的数字签名机制实现对于数据原发行为和接收行为的确认。

下面仅以第四级为对象，介绍相应的技术要求和管理要求，第一～三级对相应要求的满足性见表 15-1～表 15-9。

1. 总体要求

总体上，项目建设单位需从物理和环境安全、网络和通信安全、设备和计算安全、应用和数据安全四个层面采用密码技术措施，建立安全的密钥管理方案，并采取有效的安全管理措施，对信息系统进行保护。信息系统需使用经检测认证合格的商用密码服务或产品，使用的商用密码算法、技术应遵循与密码相关的国家标准和行业标准，没有标准可遵循时可提请国家密码管理部门组织对相关算法、技术、产品和服务进行安全性审查。

2. 物理和环境安全

物理和环境安全是信息系统安全的基础层面。如果信息系统的物理和环境安全得不到保障，则设备、数据、应用等都将直接暴露在威胁之下，信息系统的安全就无从谈起。物理和环境安全是对信息系统所在机房等重要区域及其电子门禁系统和视频监控系统的安全防护，要求采用密码技术进行物理访问身份鉴别，保证重要区域进入人员身份的真实性，同时采用密码技术保证电子门禁系统进出记录数据、视频监控系统音像记录数据的完整性。为实现上述功能，可选用以下密码应用措施。

(1)部署基于密码技术的电子门禁系统(参考《信息安全技术 射频识别系统密码应用技术要求》(GB/T 37033—2018)和《采用非接触卡的门禁系统密码应用指南》(GM/T 0036—2014)等标准)，对重要物理区域(如计算机集中办公区、设备机房等)进入人员的身份进行鉴别，并对电子门禁系统进出记录等数据进行完整性保护。

(2)部署基于密码技术的视频监控系统，对视频监控系统音像记录等数据进行完整性保护。

表 15-1　各级物理和环境安全要求

密码应用要点	一级	二级	三级	四级
身份鉴别	可	宜	应	应
电子门禁系统进出记录数据完整性	可	宜	应	应
视频监控系统音像记录数据完整性	—	—	应	应
密码服务或产品实现	一级	一级及以上	二级及以上	三级及以上

3. 网络和通信安全

信息系统一般通过网络技术来实现与外界的互联互通。网络和通信安全层面的密码应用要求主要指利用密码技术保护网络通信链路的安全，不涉及其他层次的相关概念。网络和通信安全实现对信息系统与网络边界外建立的网络通信信道，以及提供通信保护、边界防护和入网接入功能的设备或组件、密码产品的安全防护。要求采用密码技术对通信实体进行双向身份鉴别，保证通信实体身份的真实性，同时保证通信过程中数据的完整性、重要数据的机密性、网络边界访问控制信息的完整性，并对从外部连接到内部网络的设备进行接入认证。为实现上述功能，可选用以下密码应用措施。

(1) 部署 IPSec VPN 类产品(符合《IPSec VPN 技术规范》(GM/T 0022—2014)和《IPSec VPN 网关产品规范》(GM/T 0023—2014)等标准)，实现通信双方的身份鉴别，以及通信过程中敏感数据的机密性、完整性保护。

(2) 部署 SSL VPN 类产品(符合《SSL VPN 技术规范》(GM/T 0024—2014)和《SSL VPN 网关产品规范》(GM/T 0025—2014)等标准)，实现通信双方的身份鉴别，以及通信过程中敏感数据的机密性、完整性保护。

表 15-2　各级网络和通信安全要求

密码应用要点	一级	二级	三级	四级
身份鉴别	可	宜	应	应
通信数据完整性	可	宜	应	应
通信数据机密性	可	宜	应	应
集中管理通道安全	可	宜	应	应
访问控制信息完整性	可	宜	应	应
设备接入认证	可	宜	应	应
密码服务或产品实现	一级	一级及以上	二级及以上	三级及以上

4. 设备和计算安全

设备和计算安全要求主要是针对信息系统中设备的用户身份鉴别信息、日志记录、访问控制信息、重要程序或文件、重要信息资源敏感标记等提出的安全要求。要求采用密码技术对登录设备的用户进行身份鉴别，远程管理设备时还应采用密码技术建立安全的信息传输通道，同时采用密码技术保证系统资源访问控制信息、重要信息资源安全标记、日志记录的完整性，针对重要可执行程序，除了要对其完整性进行保护外，还要对其来源进行真实性验证。为实现上述功能，可选用以下密码应用措施。

(1) 部署智能密码钥匙、智能 IC 卡或其他具备身份鉴别功能的密码产品，对登录用户进行身份鉴别。

(2) 为远程管理搭建安全通信链路(如 SSL 通道)，保护鉴别信息的机密性。

(3) 部署可信计算密码支撑平台、签名验签服务器或服务器密码机，实现可信计算能力，建立从系统到应用的信任链，保护重要信息的完整性，保证计算环境的安全可信。

表 15-3　各级设备和计算安全要求

密码应用要点	一级	二级	三级	四级
身份鉴别	可	宜	应	应
访问控制信息完整性	可	宜	应	应
安全标记完整性	可	宜	应	应
日志记录完整性	可	宜	应	应
远程管理身份鉴别信息机密性	可	宜	应	应
重要程序或文件完整性	可	宜	应	应
密码服务或产品实现	一级	一级及以上	二级及以上	三级及以上

5. 应用和数据安全

应用和数据安全要求主要是对信息系统中关键业务应用的用户身份鉴别信息、系统资源访问控制信息、重要信息资源敏感标记、重要数据传输、重要数据存储、行为不可否认、日志记录等提出的安全要求。要求采用密码技术对登录用户进行身份鉴别，同时保证信息系统应用的访问控制信息的完整性、重要信息资源安全标记的完整性、重要数据在传输和存储过程中的完整性与机密性，在可能涉及法律责任认定的应用中，还应采用密码技术提供原发证据和数据接收证据，实现数据原发行为和数据接收行为的不可否认性。为实现上述功能，可选用以下密码应用措施。

(1) 部署证书认证系统或直接采用具有电子认证服务资质的机构提供的电子认证服务，为用户配置智能密码钥匙、智能 IC 卡、移动智能终端密码模块等具备身份鉴别功能的密码产品，对系统用户身份进行管理。

(2) 部署安全认证网关系统，对访问应用服务器的用户进行身份鉴别和权限控制，对客户端与服务器端、应用系统之间传输的数据进行机密性和完整性保护。

(3) 部署存储加密产品、服务器密码机或其他密码模块，对存储的重要数据进行机密性和完整性保护。

(4) 部署签名验签服务器、服务器密码机或其他密码模块，对存储的日志记录进行完整性保护。

(5) 根据应用系统的需要，部署签名验签服务器、电子签章系统、时间戳服务器等密码产品，对收发的数据及相关操作记录进行签名，实现数据原发行为的不可否认性和数据接收行为的不可否认性。

以上四个技术层面如果采用了密码服务或密码产品，采用的密码服务应该符合法律法规的相关要求并经密码认证机构认证合格，使用的密码产品应达到《信息安全技术　密码模块安全要求》(GB/T 37092—2018) 三级及以上安全要求。

表 15-4　各级应用和数据安全要求

密码应用要点	一级	二级	三级	四级
身份鉴别	可	宜	应	应
访问控制	可	宜	应	应
数据传输安全	可	宜	应	应

续表

密码应用要点	一级	二级	三级	四级
数据存储安全	可	宜	应	
日志记录完整性	可	宜	应	应
重要应用程序的加载和卸载	—	—	应	应
抗抵赖	—	—	—	应
密码服务或产品实现	一级	一级及以上	二级及以上	三级及以上

6. 密钥管理

密钥管理是密码应用的基础支撑。根据《基本要求》所定义的密码技术应用的四个安全层面，密码技术所涉及的密钥也可分为四个层次。通常这四个层次的密钥之间应相对独立，即使这些层面所提供的应用功能类似，使用的密钥也不应相同。例如，登录设备和登录应用的用户密钥(或数字证书)一般是独立的。

1) 不同密码技术应用层面中的典型密钥

(1) 物理和环境安全层面中的典型密钥。

信息系统一般应部署典型的满足 GM/T 0036—2014 标准要求的电子门禁系统，以及对进出日志和监控记录进行完整性保护的密码产品。物理和环境安全层面中的典型密钥主要包括以下两类。

①真实性保护密钥，主要是指电子门禁系统用于鉴别身份的密钥。在符合 GM/T 0036—2014 标准的电子门禁系统中，这类密钥为对称密钥，电子门禁系统利用对称加/解密完成"挑战-响应"，以实现身份鉴别。

②完整性保护密钥，主要指保护电子门禁系统的进出记录、视频监控系统音像记录完整性的密钥。根据所使用完整性保护技术的不同，这类密钥可以是对称密钥(用于 MAC 计算)，也可以是非对称密钥(用于数字签名)。对称密钥和非对称密钥中的私钥应进行保密性与完整性保护，一般做法是将它们安全地存储在特定密码产品中，公钥则一般封装为数字证书形式以保证其完整性。

(2) 网络和通信安全层面中的典型密钥。

信息系统一般通过部署 IPSec/SSL VPN 来满足网络和通信安全层面的密码技术应用要求。网络和通信安全层面中的典型密钥主要包括以下三类。

①真实性保护密钥，主要是指在 IPSec VPN 的 IKE 协议阶段和 SSL VPN 握手协议阶段进行身份鉴别所使用的非对称密钥。

②保密性保护密钥，主要是指 IPSec VPN 会话密钥和 SSL VPN 工作密钥中的数据加密密钥，利用对称加密技术完成对传输数据的保密性保护。这类密钥一般临时保存在 IPSec / SSL VPN 中，生命周期较短。

③完整性保护密钥，主要指 IPSec VPN 会话密钥和 SSL VPN 工作密钥中的校验密钥，利用 MAC 技术完成对传输数据的完整性保护。这类密钥一般临时保存在 IPSec / SSL VPN 中，生命周期较短。此外，完整性保护密钥还包括对网络边界和系统资源访问控制信息等进行完整性保护的密钥，根据使用完整性保护技术的不同，这类密钥可以是对称密钥(用于 MAC 计算)，也可以是非对称密钥(用于数字签名)。

(3) 设备和计算安全层面中的典型密钥。

设备和计算安全层面中的典型密钥主要包括以下三类。

①真实性保护密钥，主要是指对各类设备用户/管理员身份进行鉴别所涉及的密钥，根据使用的真实性保护技术的不同，可以是对称密钥(用于对称加/解密或 MAC 计算)，也可以是非对称密钥(用于数字签名)。

②保密性保护密钥，主要是指对设备远程管理鉴别信息进行保密性保护的密钥。

③完整性保护密钥，主要指对设备的系统资源访问控制信息、重要信息资源敏感标记、日志信息进行完整性保护的密钥。根据使用完整性保护技术的不同，这类密钥可以是对称密钥(用于 MAC 计算)，也可以是非对称密钥(用于数字签名)。

(4) 应用和数据安全层面中的典型密钥。

应用和数据安全层面中的典型密钥主要包括以下四类。

①真实性保护密钥，主要是指对各类应用用户/管理员身份进行鉴别所涉及的密钥。根据使用的真实性保护技术的不同，可以是对称密钥(用于对称加/解密或 MAC 计算)，也可以是非对称密钥(用于非对称加/解密或数字签名)。

②保密性保护密钥，主要是指保护重要数据保密性的密钥。这类密钥一般是对称密钥，在传输数据量较少、实时性要求不高的场景下，也可以是非对称密钥。

③完整性保护密钥，主要是指对重要数据、业务应用系统访问控制策略、数据库表访问控制信息和重要信息资源敏感标记、日志等进行完整性保护的密钥。根据使用完整性保护技术的不同，这类密钥可以是对称密钥(用于 MAC 计算)，也可以是非对称密钥(用于数字签名)。

④用于不可否认功能的密钥，主要是指在数字签名技术中用于实现数据原发行为和数据接收行为不可否认的密钥。

2) 密钥管理的应用要求

(1) 密钥生成的应用要求。

密钥应在符合 GB/T 37092—2018 的密码产品中以随机、协商等不同方式产生，密钥产生的同时应在密码产品中记录密钥关联信息，包括密钥种类、长度、拥有者、使用起始时间、使用终止时间等。

(2) 密钥分发的应用要求。

密钥分发是密钥从一个密码产品传递到另一个密码产品的过程，分发时要注意抗截取、篡改、假冒等攻击，保证密钥的机密性、完整性以及分发者、接收者身份的真实性等。

(3) 密钥存储的应用要求。

密钥不应以明文方式存储在密码产品外部，同时还需采取严格的安全防护措施，防止密钥被非授权地访问或篡改。其中，公钥是例外，其可以以明文方式在密码产品外存储、传递和使用，但仍需采取安全防护措施，防止公钥被非授权地篡改。

(4) 密钥使用的应用要求。

每个密钥一般应只有单一的用途，并按明确的用途正确使用。使用密钥前需获得相应授权，使用公钥证书前还需对其进行有效性验证。使用密钥的过程中，需采用安全措施防止密钥的泄露和替换，并为密钥设定更换周期。密钥更换时，需采取有效措施保证更换过程的安全性。

（5）密钥归档的应用要求。

如果信息系统中有密钥归档需求，则根据实际安全需求采取有效的安全措施，保证归档密钥的安全性和正确性，同时保证归档的密钥只能用于解密该密钥加密的历史信息或验证该密钥签名的历史信息。执行密钥归档的过程中，需生成相应的审计信息，包括归档的密钥、归档的时间等。

（6）密钥备份的应用要求。

安全的密钥备份机制必须确保备份密钥的机密性和完整性，这与密钥存储的要求相一致，备份过程中需生成审计信息，包括备份的主体、备份的时间等。

（7）密钥恢复的应用要求。

信息系统可以支持用户密钥恢复和司法密钥恢复，恢复过程中需生成审计信息，包括恢复的主体、恢复的时间等。

（8）密钥销毁的应用要求。

信息系统中的密钥在达到使用期限时，需自动销毁，并在发现密码产品遭受入侵时，提供自动或人工销毁功能，三级及以上密码模块中还需具有自拆卸响应功能，整个销毁过程应不可逆，即无法从销毁结果中恢复原密钥。

表 15-5　各级密钥管理应用要求

要点	一级	二级	三级	四级
密钥生成	应	应	应	应
密钥存储	应	应	应	应
密钥使用	应	应	应	应
密钥分发	—	应	应	应
密钥备份与恢复	—	应	应	应
密钥归档	—	—	应	应
密钥销毁	—	—	应	应

7. 管理制度

使用密码技术的信息系统应具备密码应用安全管理制度，包括密码人员管理制度、密钥管理制度、建设运行制度、应急处置制度、密码软硬件及介质管理制度，同时应根据密码应用方案建立相应密钥管理规则，对管理人员和操作人员执行的日常管理操作建立操作规程，定期对各项管理制度与操作流程的合理性和适用性进行论证及审定，对存在的不足或需要改进之处进行修订，发布和修订过程中做好版本控制，妥善保存管理制度和操作规程的相关执行记录。

表 15-6　各级管理制度应用要求

要点	一级	二级	三级	四级
制定密码管理制度	可	宜	应	应
定期修订密码管理制度	可	宜	应	应
明确制度发布流程	—	宜	应	应
制度执行过程记录留存	—	—	—	应

8. 人员管理

使用密码技术的信息系统的相关人员应了解并遵守密码相关法律法规和密码应用安全管理制度，根据密码应用的实际情况，设置密钥管理员、密码安全审计员、密码操作员等关键安全岗位，建立密码应用岗位责任制度，明确各岗位在安全系统中的职责和权限，对关键岗位建立多人共管机制。关键安全岗位责任相互制约、相互监督，其中密码安全审计员不可兼任密钥管理员、密码操作员，相关设备与系统的管理和使用账户不得多人共用，关键安全岗位应由本机构的内部员工担任，在任前对其进行背景调查，并建立上岗人员培训制度，确保其具备岗位所需专业技能。除此之外，应定期对密码应用安全岗位人员进行考核，并建立关键人员保密制度和调离制度，签订保密协议，承担保密义务。

表 15-7　各级人员管理应用要求

要点	一级	二级	三级	四级
了解并遵守密码相关法律法规	应	应	应	应
正确使用密码相关产品	应	应	应	应
建立岗位责任及人员培训制度	—	应	应	应
建立关键岗位人员保密制度和调离制度	—	应	应	应
设置密码管理和技术岗位定期考核	—	—	应	应
背景调查	—	—	—	应

9. 建设运行

对于使用密码技术的信息系统，应根据密码相关标准和应用需求，制定密码应用方案，根据方案确定系统涉及的密钥种类、体系及其生命周期环节。系统投入运行前应进行密码应用安全性评估，通过评估后系统方可正式运行，在运行过程中严格执行既定的密码应用安全管理制度，定期开展密码应用安全性评估及攻防对抗演习，并根据评估结果进行整改。

表 15-8　各级建设运行应用要求

要点	一级	二级	三级	四级
规划，制定密码应用方案	可	宜	应	应
建设，制定密码实施方案	可	宜	应	应
运行，进行密码应用安全性评估与整改	可	宜	应	应

10. 应急处置

对于使用密码技术的信息系统，应制定密码应用应急策略，做好应急资源准备，当密码应用安全事件发生时，应立即启动应急处置措施，结合实际情况及时进行处置。事件发生后，及时向信息系统主管部门及归属的密码管理部门进行报告，事件处置完成后，及时报告事件发生情况及处置情况。

表 15-9　各级应急处置应用要求

要点	一级	二级	三级	四级
应急预案	—	应	应	应
事件处置	可	应	应	应
向有关主管部门上报处置情况	—	—	应	应

15.2　密码应用解决方案设计

15.2.1　密码应用解决方案设计的基本原则

密码应用解决方案设计是信息系统密码应用的起点，它直接决定着信息系统的密码应用能否合规、正确、有效地部署实施。此外，密码应用解决方案还是开展信息系统密码应用情况分析和评估工作的基础条件，是开展密码应用安全性评估(密评)工作不可或缺的重要参考文件。需依照《基本要求》，结合信息系统的实际情况进行密码应用解决方案设计，并保证其具有总体性、科学性、完备性和可行性。密码应用解决方案设计应遵循以下原则。

(1)总体性原则。密码在信息系统中的应用不是孤立的，必须与信息系统的业务相结合才能发挥作用。密码应用解决方案应做好顶层设计，明确应用需求和预期目标，与信息系统整体网络安全保护等级相结合，通过系统总体方案和密码支撑总体架构设计来引导密码在信息系统中的应用。对于正在规划阶段的新建系统，应同时设计系统总体方案和密码支撑总体架构；对于已建但尚未规划密码应用解决方案的系统，信息系统责任单位要通过调研分析，梳理形成系统当前密码应用的总体架构图，提炼密码应用方案，作为后续测评实施的基础。需要注意的是，密评的对象应当是完整的等级保护定级对象(含关键信息基础设施)，抽取这些信息系统的一部分进行密评是不合适的，也是没有意义的。

(2)科学性原则。《基本要求》是密码应用的通用要求，在密码应用解决方案设计中不能机械照搬，或简单地对照每项要求堆砌密码产品，应通过成体系、分层次的设计，形成包括密码支撑总体架构、密码基础设施建设部署、密钥管理体系构建、密码产品部署及管理等内容的总体方案。通过密码应用解决方案设计，为实现《基本要求》在具体信息系统上的落地创造条件。

(3)完备性原则。信息系统安全防护效果符合"木桶原理"，即任何一个方面存在安全风险均有可能导致信息系统安全防护体系的崩塌。密码应用解决方案设计，应按照《基本要求》对密码技术应用(包括物理和环境安全、网络和通信安全、设备和计算安全、应用和数据安全四个层面)、密钥管理和安全管理的相关要求，组成完备的密码支撑保障体系。

(4)可行性原则。密码应用解决方案设计需进行可行性论证，在保证信息系统业务正常运行的同时，综合考虑信息系统的复杂性、兼容性及其他保障措施等因素，保证方案切合实际、合理可行。要科学评估密码应用解决方案和实施方案，可采取整体设计、分期建设、稳步推进的策略，结合实际情况制定项目实施计划。

15.2.2　密码应用解决方案设计的要点

依据上述原则，密码应用解决方案主要包括系统现状分析、安全风险及风险控制需求、密码应用需求、总体方案设计、密码技术方案设计、管理体系设计与运维体系设计、安全与合规性分析等几个部分，并附加密码产品和服务应用情况、业务系统改造/建设情况、系统和环境改造/建设情况等内容。

(1) 要进行系统现状分析，主要对目标系统的规模、业务应用情况、网络拓扑、信息资源、软硬件组成、管理机制和密码应用等现状加以分析，从而明确密码应用解决方案所要保护的信息资源和所涉及的范围，并对信息系统有一个总体认识。

(2) 要对信息系统面临的安全风险及风险控制需求进行分析，描述风险分析结果(包括每个风险点涉及的威胁、脆弱点和影响)，并给出降低每个风险点的控制措施，同时应重点标示拟通过密码技术解决的风险控制需求问题。通过对风险控制需求进行分析，进一步明确密码应用需求，同时需要确保密码应用的合规性，即符合国家法律法规和相关标准的规定。方案设计需要明确设计的基本原则和依据，并给出密码应用方案的总体架构。

(3) 要从技术角度阐述密码应用解决方案的详细设计，重点对各个子系统、密码产品和服务、密码算法和协议、密码应用工作流程、密钥管理实现等部分进行描述，目的是从细节层面确定密码技术的具体部署情况，以便分析和论证所使用的密码技术是否符合各项要求。在设备配置上，需要列出已有的密码产品和密码服务，并在此基础上给出需要备选的密码产品和新增的密码服务。

(4) 要进行管理体系设计与运维体系设计，主要通过制度、人员、实施、应急等保障措施，合规、正确、有效地将密码技术方案部署到信息系统中，确保密码技术方案在实施、运行阶段能够按照预期的设计目标对信息系统进行安全保护。

(5) 要对所设计的密码应用解决方案进行自查，通过逐条对照《基本要求》中的条款，对标准符合性和密码合规性进行检查，并详细介绍自查的具体情况，情况中要介绍《基本要求》中每个要求项对应的密码产品/服务和实现思路。在最终的密码应用解决方案自查结果中，每个要求项只能是"符合"或"不适用"。需要特别指出的是，对于不适用项，应逐条论证，论证内容至少包括网络或数据的安全需求(资产、数据等的重要性及其安全需求通常由等级保护定级、关键信息基础设施识别等来确定，密码应用解决方案设计时应继承这些内容)、不适用的具体原因(如环境约束、业务条件约束、经济社会稳定性等)和可满足安全要求并实现等效控制的其他替代性风险控制措施。

(6) 要对密码产品和服务应用情况、业务系统改造/建设情况、系统和环境改造/建设情况等加以说明。

在具体实施上，密码应用解决方案可以根据责任主体的不同分别设计相应方案，主要针对计算平台环境设计密码解决方案，针对密码支撑环境设计密码支撑方案，针对各类业务系统设计密码应用方案。《基本要求》把信息系统密码技术应用分为四个层面：物理和环境安全、网络和通信安全、设备和计算安全、应用和数据安全，前三个层面是对信息系统计算和支撑平台的密码应用要求，第四个层面是对信息系统业务应用的密码应用要求。因此，在设计密码应用解决方案时，应关注两大方面内容：一是信息系统支撑平台的密码应用，主要解决前三个层面的密码相关安全问题，并为业务应用提供密码支撑服务；二是信息系统业务应用的密码应用，主要在应用和数据安全层面，利用密码技术解决具体业务在实际开展过程中存在的安全问题，形成使用密码技术保护的具体业务处理机制和流程，这也是整个密码应用解决方案的重中之重。

1. 密码解决方案设计

设计密码解决方案的目的是使用密码技术保障计算平台的安全，应遵循《基本要求》中明确的物理和环境安全、网络和通信安全、设备和计算安全的对象与要求，并结合信息系统具体环境、等级和需求进行设计。属于平台的资产、对应用透明的服务，也在该方案中进行设计。

密码解决方案设计的对象应包括但不限于下列内容：

(1)门禁/监控数据；

(2)对外通信信道加密；

(3)计算机操作系统/数据库访问控制策略；

(4)运维人员的身份和权限管理数据；

(5)运维日志记录；

(6)远程设备接入认证；

(7)跨平台数据交换；

(8)为业务系统统一提供的存储服务和云桌面服务。

密码解决方案的主要内容应包括：

(1)密码服务机构的选择、服务内容和服务策略；

(2)密码产品清单、部署位置、配置和使用策略；

(3)密码设备管理员的设置和权限；

(4)密码设备的密钥配置和更新、备份、恢复、介质保管等策略；

(5)远程设备接入的认证机制、数据加密机制；

(6)运维人员登录的认证机制、人员信息和权限的保护机制；

(7)运维日志记录的保护机制；

(8)各机制实现的数据结构；

(9)各机制遵循的标准。

2. 密码支撑方案设计

设计密码支撑方案的目的是为平台上的各类应用提供密码支撑，具体包括为应用提供密码功能服务、为用户提供密码资源调度、为租户提供密钥管理支持。

方案设计的主要内容包括：

(1)密码服务机构的接入方式和服务策略；

(2)支持的密码体制和密码算法，如 PKI/证书体制及其使用的 SM2/3/4 算法、PKI/标识体制及其使用的 SM9/3/4 算法、对称密钥/主密钥体制及其使用的 SM1/4 算法；

(3)支持的密码支撑方式，如租密码机、租密码服务器、租密码服务等；

(4)提供的密码功能，如实体鉴别、签名验签、加密解密、时间戳、电子印章等；

(5)接口和功能遵循的标准，如《通用密码服务接口规范》（GM/T 0019—2012）、《证书应用综合服务接口规范》（GM/T 0020—2012）、《时间戳接口规范》（GM/T 0033—2014）、《签名验签服务器技术规范》（GM/T 0029—2014）、《安全电子签章密码应用技术规范》（GM/T 0031—2014）、《基于角色的授权管理与访问控制技术规范》（GM/T 0032—2014）、《信息技术 安全技术 实体鉴别》（GB/T 15843—2017）等；

(6)规划密码资源部署方式，如全网统一部署、分部门散装部署等；

(7)密码资源接入平台的方式，如独立形态接入(不占用平台的任何资源)、非独立形态接入(借用或租用平台的计算资源、网络资源)等；

(8)密钥管理机制，可选择租户自行管理或租户委托支撑平台代管；

(9)支撑平台的自身安全性设计，包括密钥安全、访问安全、管理安全、租户间的隔离安全等。

需要特别说明的是，从安全性的角度考虑，一般情况下，密码支撑方案不要与密码解决方案共用密码资源，至少在逻辑上和管理上要分开。

3. 密码应用方案设计

设计密码应用方案的目的是使用密码功能，解决应用安全问题。不同信息系统的支撑平台密码应用解决方案可能大同小异，但是业务应用的密码应用解决方案则是与业务应用强耦合的。在设计业务应用的密码应用解决方案时，《基本要求》中应用和数据安全层面的相关要求主要发挥指引性作用，更重要的是，要围绕具体开展的业务应用，梳理业务的安全需求，确定需要保护的重要数据，利用支撑平台层提供的密码支撑服务，来设计面向具体业务的密码应用方案。

密码应用方案的主要内容包括：

(1)确定密码体制，一般情况下，确定了密码体制，就确定了密钥体制，方案中只需关注密钥由谁产生、给谁用、何时用、何时更换，谁负责备份，谁负责保管备份材料，怎么保管，什么情况下恢复，恢复的流程等密钥管理策略；

(2)梳理业务流程，根据流程安全需求，为关键环节设计保护机制；

(3)梳理业务数据，根据数据安全需求，为重要数据设计保护机制；

(4)梳理管理对象(如文件、证照、票据、采集的数据、控制指令等)，根据安全需求，为其设计安全机制；

(5)根据角色和访问控制，为其权限和访问策略等数据设计保护机制；

(6)根据审计策略，为日志记录设计安全机制；

(7)为角色分配密钥，明确密钥载体，设计系统的密钥管理策略。

需要特别强调的是，所有的保护机制，若用到加密，应指明加密算法、加密模式(包括填充模式)、密钥属性等；若用到签名，应指明签名算法、签名机制(签什么、谁来签、签在哪)；所有的保护机制，都会改变被保护对象原有的数据结构，所以应设计带安全机制的数据结构。

15.3　政务信息系统密码应用方案模板

1. 背景

背景包含系统的建设规划、国家有关法律法规要求、与规划有关的前期情况概述，以及该项目实施的必要性[①]。

---

① 密码应用方案的具体案例可参照《政务信息系统密码应用与安全性评估工作指南(2020 版)》，网址：https://www.oscca.gov.cn/sca/xwdt/2020-09/16/1060781/files/e96db2ce62e24aa4866bad73ee4f21ce.pdf。

2. 系统概述

系统概述包含系统基本情况、系统网络拓扑、承载的业务情况、系统软硬件构成、管理制度等。

其中，系统基本情况包含系统名称、项目建设单位情况(名称、地址、所属密码管理部门、单位类型等)、系统上线运行时间、完成等保备案时间、网络安全保护等级、系统用户情况(使用单位、使用人员、使用场景等) 等。

系统网络拓扑包含体系结构、网络所在机房情况、网络边界划分、设备组成及实现功能、所采取的安全防护措施等，并给出系统网络拓扑图。

承载的业务情况包含系统承载的业务应用、业务功能、信息种类、关键数据类型等。

系统软硬件构成包含服务器、用户终端、网络设备、存储、安全防护设备、密码设备等硬件资源和操作系统、数据库、应用中间件等软件资源。

管理制度包含系统管理机构、管理人员、管理职责、管理制度、安全策略等。

3. 密码应用需求分析

结合系统安全风险控制需求，以及《基本要求》 针对本政务信息系统网络安全保护等级提出的密码应用要求，对系统的密码应用需求进行分析。

对于密码应用要求在本政务信息系统中不适用的部分，做出相应的原因说明，并给出替代性措施。

4. 设计目标及原则

1)设计目标
提出总的设计目标或分阶段设计目标。
2)设计原则与依据
内容包含方案的设计原则、所遵循的依据等，重点是所遵循的密码相关政策法规要求和《基本要求》等标准规范。

5. 技术方案

1)密码应用技术框架
内容包含密码应用技术框架图及框架说明。技术框架应与"密码应用需求分析"部分对应，根据密码应用需求进行设计。
2)物理和环境安全
描述本层密码保护的对象、采用的密码措施，包含密码子系统组成和功能、密码产品及其遵循的标准、密码服务、密码算法、密码协议、密码应用工作流程、密钥管理体系与实现等内容。
3)网络和通信安全
说明同"物理和环境安全"部分。
4)设备和计算安全
说明同"物理和环境安全"部分。

5) 应用和数据安全

说明同"物理和环境安全"部分。

6) 密钥管理

描述系统中各密钥全生命周期涉及的密钥管理方案和使用的独立的密钥管理设备、设施（若有）。

7) 密码应用部署

内容包含设备选型原则、软硬件设备清单（软硬件设备均需包含已有的密码产品清单）、部署示意图及说明等。

8) 安全与合规性分析

针对"密码应用需求分析"部分中安全需求的满足情况进行分析。

重点对政策法规、标准规范的符合程度进行自查，包含如表 15-10 所示的密码应用合规性对照表，对每一项符合性进行自查（符合或不适用）。对于自查中不适用的项目，逐一说明其原因（如环境约束、业务条件约束、经济社会稳定性等），并指出其所对应的风险点采用了何种替代性风险控制措施来实现等效控制。

表 15-10　密码应用合规性对照表

指标要求	密码应用要点	采取措施	标准符合性（符合/不适用）	说明（针对不适用项说明原因及替代性措施）
物理和环境安全	身份鉴别			
	电子门禁系统进出记录数据完整性			
	视频监控系统音像记录数据完整性			
	密码模块实现			
网络和通信安全	身份鉴别			
	安全接入认证（四级）			
	访问控制信息完整性			
	通信数据完整性			
	通信数据机密性			
	集中管理通道安全			
	密码模块实现			
设备和计算安全	身份鉴别			
	远程管理身份鉴别信息机密性			
	访问控制信息完整性			
	敏感标记的完整性			
	日志记录完整性			
	重要程序或文件完整性			
	密码模块实现			
应用和数据安全	身份鉴别			
	访问控制信息和敏感标记完整性			
	数据传输机密性			
	数据存储机密性			
	数据传输完整性			

续表

指标要求	密码应用要点	采取措施	标准符合性 (符合/不适用)	说明 (针对不适用项说明原因 及替代性措施)
应用和数据安全	数据存储完整性			
	日志记录完整性			
	重要应用程序的 加载和卸载			
	抗抵赖(四级)			
	密码模块实现			

6. 安全管理方案

安全管理方案包含密码安全相关人员、制度、实施、应急等方面的管理措施。

7. 实施保障方案

1）实施内容

根据"技术方案"和"安全管理方案"部分的设计内容，清晰准确地描述项目实施对象的边界及密码应用的范围、任务要求等。

实施内容包含但不限于采购、软硬件开发或改造、系统集成、综合调试、试运行等。

分析项目实施的重难点问题，提出实施过程中可能存在的风险点及应对措施。

2）实施计划

实施计划包含实施路线图、进度计划、重要节点等。

按照施工进度计划确定实施步骤，并分阶段描述任务分工、实施主体、项目建设单位、阶段交付物等。

3）保障措施

保障措施包含项目实施过程中的组织保障、人员保障、经费保障、质量保障、监督检查等。

4）经费概算

应对密码应用及应用改造项目建设和产生的相关费用进行概算，新增的密码产品和相关服务应描述产品名称与服务类型、数量等。该部分按照经费使用有关要求编写。

15.4　本 章 小 结

信息系统建设单位，应该落实密码应用的有关要求，结合信息系统业务应用实际与网络安全保护等级，综合考虑物理和环境安全、网络和通信安全、设备和计算安全、应用和数据安全等层面的密码应用需求，通过自上而下的体系化设计，形成涵盖技术、管理、实施保障的整体解决方案。但是，《基本要求》是密码应用的通用要求，在密码应用解决方案设计中不能机械照搬，或简单地对照每项要求堆砌密码产品，应通过体系化、分层次的设计，形成包括密码支撑总体架构、密码基础设施建设部署、密钥管理体系构建、密码产品部署及管理等内容的总体方案。通过密码应用解决方案设计，为实现《基本要求》在信息系统中的落地创造条件。

习　题

1. 密码应用设计在技术要求上包含哪些层面？具体都包含哪些具体要求？
2. 《基本要求》中密钥管理各生命周期的具体要求分别是什么？
3. 信息系统建设和运行过程中需要建立哪些管理制度？
4. 在人员管理方面需要满足哪些具体要求？
5. 密码应用解决方案的设计原则有哪些？
6. 密码应用解决方案根据责任主体的不同可以细分为哪些方案？
7. 密码解决方案的对象和内容应包含哪些？
8. 密码支撑方案的内容应该包含哪些？
9. 密码应用方案的内容应该包含哪些？

第 16 章　信息系统密码应用安全性评估

《国家政务信息化项目建设管理办法》中明确要求各类信息系统的密码应用与安全性评估都应该贯穿系统的规划、建设和运行阶段的全过程。信息系统项目的建设单位、使用单位、审批部门、主管部门中的密码管理机构，应按职责做好相关项目密码应用与安全性评估工作的指导、评价、督促，对密码应用方案、密码应用安全性评估报告及相关工作质量进行把关。本章在第 15 章的基础上，对密码应用安全性评估的有关概念、在密码应用管理中的作用、实施的过程以及在通用测评、技术测评、管理测评三个层面的实施要点进行介绍，并对密码应用安全性评估过程中存在的风险和规避措施进行分析。

16.1　信息系统密码应用安全性评估概述

16.1.1　密码应用安全性评估的概念

密码应用安全性评估是指在采用密码技术、产品与服务集成建设的网络和信息系统中，对其密码应用的合规性、正确性和有效性等进行评估。

(1)合规性评估，判定信息系统使用的密码算法、密码协议、密码服务是否符合法律法规的规定和密码相关国家标准、行业标准的有关要求，使用的密码产品和密码服务是否经过国家密码管理部门核准或由具备资格的机构认证合格。

(2)正确性评估，判定密码算法、密码协议、密钥管理、密钥管理、密码产品和服务是否正确，即系统中采用的标准密码算法、协议和密钥管理机制是否按照相应的国家及行业密码标准进行正确的设计与实现，自定义密码协议、密钥管理机制的设计与实现是否正确，安全性是否满足要求,密码保障系统建设或改造过程中密码产品和服务的部署与应用是否正确。

(3)有效性评估，判定信息系统中实现的密码保障系统是否在信息系统运行过程中发挥了实际效用，是否满足了信息系统的安全需求，是否切实解决了信息系统面临的安全问题。

密码应用安全性评估与密码测评之间的区别在于，密码测评侧重于密码算法、密码服务和密码产品等的合规性测试，而密码应用安全性评估的内容还包括建设的密码保障系统、编写的密码应用方案的评估，所以从范围上讲，密码应用安全性评估应该包含密码测评，或者说密码应用安全性评估会用到密码测评的相关测试方法和工具。

密码保障措施需要在选取通过检测认证的密码产品的基础上，进行正确配置使用，才能发挥应有的安全保密作用。而密评以其客观性和完善性，面向整个信息系统，对信息系统采用的密码算法、密码技术、密码产品、密码服务，制定的密码应用解决方案，设计的密码应用系统进行全面评估，重点关注信息系统中关键业务、重要数据的保护情况，对于保障密码技术的正确使用具有重要的作用。在组织密评过程中，需要遵循以下原则。

(1)客观公正性原则。测评实施过程中，测评方应保证在符合国家密码主管部门要求及最小主观判断的情形下，按照与被测单位共同认可的密评方案，基于明确定义的测评方式和解释，开展测评活动。

(2)可重用性原则。测评工作可重用已有测评结果，包括商用密码检测认证结果和密码应用安全性评估的测评结果等。所有重用结果都应以已有测评结果仍适用于当前被测信息系统为前提，并能够客观反映系统当前的安全状态。

(3)可重复性和可再现性原则。依照同样的要求，使用同样的测评方法，在同样的环境下，不同的密评人员对每个测评过程的重复执行应得到同样的结果。可重复性和可再现性的区别在于，前者关注同一密评人员测评结果的一致性，后者关注不同密评人员测评结果的一致性。

(4)结果完善性原则。在正确理解相关国家标准和行业标准的各个要求项内容的基础之上，测评所产生的结果应客观反映信息系统的密码应用现状。测评过程和结果应基于正确的测评方法，以确保其满足要求。

16.1.2 信息系统密码应用安全性评估的重要性

(1)开展密评是应对网络安全严峻形势的迫切需要。

建立密评体系，就是为了解决密码应用中存在的突出问题，为重要网络与信息系统的安全提供科学评价方法，以评促建、以评促改、以评促用，逐步规范密码的使用和管理，从根本上改变密码应用不广泛、不规范、不安全的现状，确保密码在网络与信息系统中的有效使用，切实构建起坚实可靠的网络空间安全密码屏障。

(2)开展密评是系统安全维护的必然要求。

密码应用安全是整体的、系统的、动态的。密码应用安全是网络与信息系统安全的前提，构建成体系的、安全有效的密码保障系统，对重要网络与信息系统有效抵御网络攻击具有关键作用和重要意义。密码应用是否合规、正确、有效，涉及密码算法、协议、产品、技术体系、密钥管理、密码应用等多个方面。需要对系统整体的密码应用进行专项测试和综合评估，形成科学准确的评估结果，以便及时掌握密码安全现状，采取必要的技术和管理措施。

(3)开展密评是相关责任主体的法定职责。

2019 年 10 月正式颁布的《中华人民共和国密码法》(以下简称《密码法》)中规定，商用密码从业单位开展商用密码活动，应当符合相关法律、行政法规、商用密码强制性国家标准以及该从业单位公开标准的技术要求，涉及国家安全、国计民生、社会公共利益的商用密码产品，由具备资格的机构检测认证合格后，方可销售或者提供，使用商用密码进行保护的关键信息基础设施，其运营者应当使用商用密码进行保护，自行或者委托商用密码检测机构开展商用密码应用安全性评估。《中华人民共和国网络安全法》(以下简称《网络安全法》)也指出，网络运营者应当履行网络安全保护义务，并明确在网络安全等级保护制度的基础上，对关键信息基础设施实行重点保护，采取必要技术措施维护网络数据的完整性、保密性和可用性。《网络安全等级保护条例(征求意见稿)》强化密码应用要求，重点面向网络安全等级保护三级及以上系统，落实密码应用安全性测评。

16.1.3 信息系统密码应用安全性评估在密码应用管理中的作用

在信息安全管理标准 BS7799 中，信息安全管理采用"计划-实施-检查-处理"循环，即 PDCA 循环，保证管理体系持续改进。同样，密码应用管理过程应遵循信息安全管理科学规律，采用 PDCA 循环，以保证密码应用管理体系的持续改进。密码应用安全性测评使密码应用管理过程构成闭环，促进密码应用管理体系持续改进。

在计划(Plan)阶段，应详细梳理分析信息系统所包含的网络平台、应用系统和数据资源的信息保护需求，定义密码应用安全需求，设计密码应用总体框架和详细方案，即具体的密码应用方案。对密码应用方案的评估是保证计划阶段有效性的必要手段，密码应用方案在评估或者整改通过后，可进入系统建设阶段，也就是实施(Do)阶段。

在实施(Do)阶段，信息系统责任方需要按照计划阶段产出的密码应用方案进行系统建设，发挥密码技术的安全支撑作用。信息系统的开发商在具备正确规范使用密码支撑资源的能力的基础上，系统了解、提炼用户实际安全需求，细化密码应用方案，避免发生弃用、乱用、误用密码技术的情况。

在检查(Check)阶段，密码应用安全性评估包括初次测评、定期测评和应急测评三种情况。针对已经建设完成的信息系统，责任方应对进行初次测评，测评结果作为项目建设验收的必备材料，测评通过后，系统方可投入运行。系统投入运行后，信息系统责任方应当定期开展密码应用安全性测评，即定期测评。当系统发生密码相关重大安全事件、重大调整或特殊紧急情况时，信息系统责任方应当及时开展应急测评，并依据测评结果进行应急处置。

若未通过测评，信息系统责任方应当限期整改并重新组织测评，也就是进入信息系统安全管理的处理(Act)阶段，进入新一轮的 PDCA 循环。

从图 16-1 中可以看出，密码应用管理形成了一个完整的循环，且密码应用安全性评估是其中重要的组成部分。密码应用安全性评估能够保证各个阶段密码应用的有效性，并持续改进密码在信息系统中应用的安全性，保障密码应用动态安全，为信息系统的安全提供坚实的基础支撑。

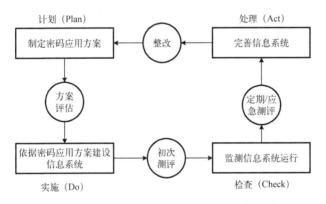

图 16-1　PCDA 循环下的密码应用安全性评估

16.1.4　密码应用安全性评估实施过程

密码应用安全性评估应该遵循"三同步一评估"的原则，即同步规划、同步建设、同步运行，并在三个阶段分别开展相应的密码应用安全性评估，其实施过程如图 16-2 所示。

1. 规划阶段

在信息系统规划阶段，项目建设单位分析系统现状，对系统面临的安全风险和风险控制需求进行分析，明确密码应用需求，根据系统的网络安全保护等级以及《基本要求》 等相关标准，编制信息系统密码应用解决方案，从《商用密码应用安全性评估试点机构目录》中选择商用密码应用安全性评估机构(以下简称"密评机构")进行商用密码应用安全性评估。密码应用解决方案通过密评是项目立项的必要条件。

2. 建设阶段

在信息系统建设阶段，系统集成单位在项目建设单位的明确要求下按照通过密评的密码应用解决方案建设密码保障系统，确保密码系统应用符合国家密码管理要求。建设阶段若涉及密码应用解决方案调整优化,应委托密评机构再次对调整后的密码应用解决方案进行确认。系统建设完成后,项目建设单位委托密评机构对系统开展密评。系统通过密评是项目验收的必要条件。对于未通过密评的信息系统,项目建设单位针对评估中发现的安全问题及时进行整改，整改完成后可请密评机构进行复评，更新评估结果，若仍未通过，不得通过项目验收。

3. 运行阶段

在信息系统运行阶段，项目使用单位定期委托密评机构对系统开展密评，对于网络安全保护等级三级及以上的信息系统，每年至少密评一次，可与关键信息基础设施安全检测评估、网络安全等级测评等工作统筹考虑、协调开展。信息系统运行期间的密码应用安全应遵循持续改进的原则，根据安全需求、系统脆弱性、风险威胁程度、系统环境变化以及对系统安全认识的深化等，及时检查、总结、调整现有的密码应用措施，确认系统各项密码技术和管理措施是否落实到位。若系统约束条件发生重要变化，必要时，项目使用单位需修订密码应用解决方案，对系统进行升级改造。若运行后的信息系统密评未通过，则项目使用单位按要求对系统进行整改后再次开展密评，整改期间项目使用单位应保证系统的安全性。

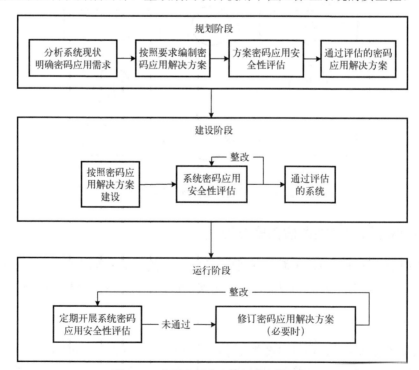

图 16-2　密码应用安全性评估实施过程

16.2　信息系统密码应用安全性评估的实施要点

密码应用安全性评估应根据《基本要求》中各级的要求项，针对相关物理安防设施、通信信道、密码产品、通用设备、应用、人员、制度文档等测评对象，对照《基本要求》中的测评指标所规定的测评要点，通过测评实施过程中所取得的证据，判定信息系统的密码应用是否满足某个测评指标要求的方法和原则。具体可以从通用测评要求、技术测评要求、管理测评要求三个维度实施。

16.2.1　信息系统密码应用安全性评估的通用测评要求

1. 密码算法、密码技术、密码产品、密码服务的合规性

根据信息系统中使用的密码算法、密码技术、密码产品、密码服务应符合法律、法规的规定和密码相关国家标准、行业标准的有关要求，对信息系统中使用的密码产品、密码服务以及密码算法实现进行测评，重点核查系统所使用的密码算法、密码技术是否以国家标准或行业标准形式发布或取得国家密码管理部门同意使用的证明文件；信息系统中的密码产品、密码服务是否经密码认证机构认证合格或取得国家密码管理部门同意使用的证明文件。

2. 密钥管理安全性

根据信息系统的密钥管理采用的密码产品、密码服务应符合的法律法规、国家标准和行业标准的要求，针对密钥管理采用的密码产品、密码服务及密钥管理实现，重点核查密钥管理使用的密码产品、密码服务是否满足通用"密码产品合规性""密码服务合规性"的要求；核查信息系统中密钥管理安全性实现技术是否正确有效，例如，非公钥能否被非授权地访问、使用、泄露、修改和替换，公钥能否被非授权地修改和替换等。

16.2.2　信息系统密码应用安全性评估的技术测评要求

1. 典型的密码功能测评技术

密码功能测评，是采用相应测试技术、方法和工具，针对通用设备、网络及安全设备、密码设备、各类虚拟设备，以及提供安全保密功能的密码产品的密码功能进行测试。典型的密码功能测评技术如表 16-1 所示。

表 16-1　典型的密码功能测评技术

密码功能	测评实施	预期结果
传输机密性	(1) 利用协议分析工具，分析传输的重要数据或鉴别信息是否为密文、数据格式（如分组长度等）是否符合预期。 (2) 如果信息系统以外接密码产品的形式实现传输机密性，如 VPN、密码机等，则参考这些密码产品的测评方法	(1) 传输的重要数据和鉴别信息均为密文，数据格式（如分组长度等）符合预期。 (2) 实现传输机密性的外接密码产品符合相应密码产品的要求

续表

密码功能	测评实施	预期结果
存储机密性	(1)读取存储的重要数据，判断存储的数据是否为密文、数据格式是否符合预期。 (2)如果信息系统以外接密码产品的形式实现存储机密性，如密码机、加密存储系统、安全数据库等，则参考这些密码产品的测评方法	(1)存储的重要数据均为密文，数据格式符合预期。 (2)实现存储机密性的外接密码产品符合相应密码产品的要求
传输完整性	(1)利用协议分析工具，分析受到完整性保护的数据在传输时的数据格式(如签名长度、MAC 长度)是否符合预期。 (2)如果是使用数字签名技术进行完整性保护的，则密评人员可以使用公钥对抓取的签名结果进行验证。 (3)如果信息系统以外接密码产品的形式实现传输完整性，如 VPN、密码机等，则参考这些密码产品的测评方法	(1)受到完整性保护的数据在传输时的数据格式(如签名长度、MAC 长度)符合预期。 (2)如果是使用签名技术进行完整性保护的，使用公钥对抓取的签名结果的验证通过。 (3)实现传输完整性的外接密码产品符合相应密码产品的要求
存储完整性	(1)通过读取存储的重要数据，判断受到完整性保护的数据在存储时的数据格式(如签名长度、MAC 长度)是否符合预期。 (2)如果是使用数字签名技术进行完整性保护的，则密评人员可使用公钥对存储的签名结果进行验证。 (3)条件允许的情况下，密评人员可尝试对存储数据进行篡改(如修改 MAC 或数字签名)，验证完整性保护措施的有效性。 (4)如果信息系统以外接密码产品的形式实现存储完整性保护，如密码机、智能密码钥匙，则参考这些密码产品的测评方法	(1)受到完整性保护的数据在存储时的数据格式(如签名长度、MAC 长度)符合预期。 (2)如果是使用签名技术进行完整性保护的，使用公钥对存储的签名结果的验证通过。 (3)对存储数据进行篡改，完整性保护措施能够检测出存储数据的完整性受到破坏。 (4)实现存储完整性的外接密码产品符合相应密码产品的要求
真实性	(1)如果信息系统以外接密码产品的形式实现对用户、设备的真实性鉴别，如 VPN、安全认证网关、智能密码钥匙、动态令牌等，则参考对这些密码产品的测评方法。 (2)若不能复用密码产品检测结果，还要查看实体鉴别协议是否符合标准中的要求，特别是对于"挑战-响应"方式的鉴别协议，可以通过协议抓包进行分析，验证每次的挑战值是否不同。 (3)对于基于静态口令的鉴别过程，抓取鉴别过程的数据包，确认鉴别信息(如口令)未以明文形式传输；对于采用数字签名的鉴别过程，抓取鉴别过程的挑战值和签名结果，使用对应公钥验证签名结果的有效性。 (4)如果鉴别过程使用了数字证书，则参考对证书认证系统应用的测评方法；如果鉴别未使用证书，则密评人员要验证公钥或(对称)密钥与实体的绑定方式是否可靠、实际部署过程是否安全	(1)实现对用户、设备的真实性鉴别的外接密码产品符合相应密码产品的要求。 (2)实体鉴别协议符合《信息技术 安全技术 实体鉴别》(GB/T 15843—2017)中的要求。 (3)静态口令的鉴别信息以非明文形式传输，对于使用数字签名进行鉴别的过程，公钥验证签名结果通过，并且符合证书认证系统应用的相关要求。 (4)公钥和(对称)密钥与实体的绑定方式可靠，部署过程安全
不可否认性	(1)如果使用第三方电子认证服务，则应对密码服务进行核查；如果信息系统中部署了证书认证系统，则参考对证书认证系统应用的测评方法。 (2)使用相应的公钥对作为不可否认性证据的签名结果进行验证。 (3)如果使用电子签章系统，则参考对电子签章系统应用的测评方法	(1)使用的第三方电子认证密码服务或系统中部署的证书认证系统符合相关要求。 (2)使用相应公钥对不可否认性证据的签名结果的验证通过。 (3)使用的电子签章系统符合电子签章系统应用的相关标准规范要求

2. 典型的密码产品测评方法

密码产品测评，是利用测试技术和工具对密码产品运行的合规性进行测评，现以密码机、电子门禁系统、证书认证系统三个典型的密码产品为例，介绍典型的测评方法，具体如表 16-2 所示。

表 16-2 典型的密码产品测评方法

密码产品	测评方法
密码机	(1)利用协议分析工具，抓取应用系统调用密码机的指令报文，验证其是否符合预期(如调用频率是否正常、调用指令是否正确)； (2)管理员登录密码机查看相关配置，检查内部存储的密钥是否对应合规的密码算法、密码计算时是否使用合规的密码算法等； (3)管理员登录密码机查看日志文件，根据与密钥管理、密码计算相关的日志记录，检查是否使用合规的密码算法等
电子门禁系统	(1)尝试发一些错误的门禁卡，验证这些卡无法打开门禁； (2)利用发卡系统分发不同权限的卡，验证非授权的卡无法打开门禁
证书认证系统	(1)对于信息系统内部署的证书认证系统，参考《证书认证系统检测规范》(GM/T 0037—2014)和《证书认证密钥管理系统检测规范》(GM/T 0038—2014)的要求进行测评； (2)查看证书扩展项 KeyUsage 字段，确定证书类型(签名证书或加密证书)，并验证证书及其相关私钥是否正确使用； (3)通过数字证书格式合规性检测工具，验证生成或使用的证书格式是否符合《信息安全技术 公钥基础设施 数字证书格式》(GB/T 20518—2018)的有关要求

3. 密码应用技术测评的常用工具

密码应用的技术测评大多采用相应的工具，包括通用测评工具、专用工具两大类，基于工具管理平台实施自动化、半自动化的测试。从协议分析、端口和漏洞扫描、渗透测试、逆向分析、算法和随机性检测、密码安全协议检测、密码应用检测等多个角度对密码产品、密码服务、密码算法的安全保密能力进行检测，工具的分类体系如图 16-3 所示。

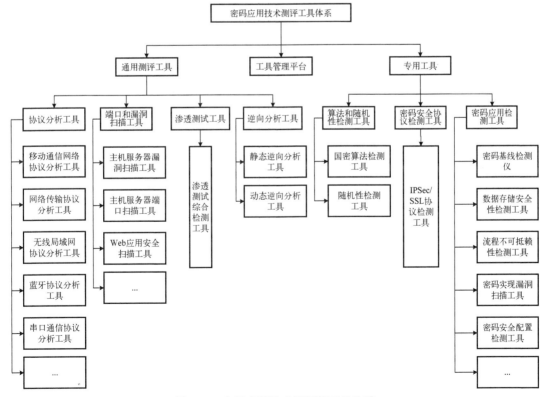

图 16-3 密码应用技术测评的工具体系

16.2.3　信息系统密码应用安全性评估的管理测评要求

1. 管理制度测评

根据《基本要求》中关于管理制度的要求，针对密码人员管理制度、密钥管理制度、建设运行制度、应急处置制度、密码软硬件及介质等管理制度和相应策略类文档，重点检查制度和文档的完备性、合理性，制度和文档起草、审定、修订等过程的合规性，以及制度执行的相关记录等。

2. 人员管理测评

根据《基本要求》中关于人员管理的要求，针对使用密码技术的信息系统的相关人员，重点检查人员对于密码相关法律法规、管理制度的了解和遵守情况，人员岗位权限是否遵守最小授权、权责分类、权限互斥等原则，人员上岗前是否经过严格的资格审查、培训并签订保密协议，是否定期开展人员考核等。

3. 建设运行测评

根据《基本要求》中关于建设运行的要求，针对使用密码技术的信息系统，重点检查密码应用方案的制定和执行情况、方案与信息系统具体应用需求的契合程度、系统投入运行前是否进行密码应用安全性评估、相关评估的过程性和结论性材料是否齐备、评估结论是否具有法定效力、系统投入运行后是否定期开展密码应用安全性评估及攻防对抗演习并根据评估结果进行整改。

4. 应急处置测评

根据《基本要求》中关于应急处置的要求，针对使用密码技术的信息系统，重点检查密码应用应急策略的制定、审定和应急资源的准备情况，应急策略中是否明确了密码应用安全事件发生时的应急处理流程及其他管理措施并遵照执行，若在检查过程中发现信息系统曾发生过密码应用安全事件，还应检查是否立即启动应急处置措施并具有相应的处置记录。

对于上述通用测评、技术测评和管理测评的三个层面，其测评结果的判定应遵循以下原则。

（1）针对单个测评对象，如果测评结果均为是，则该测评对象符合本单元的测评指标要求；如果测评结果均为否，则不符合本单元的测评指标要求；否则，部分符合本单元的测评指标要求。

（2）针对测评单元，对该单元涉及的所有测评对象的判定结果进行汇总，如果判定结果均为符合，则本单元的测评结果为符合；如果判定结果均为不符合，则本单元的测评结果为不符合；否则，本单元的测评结果为部分符合。

16.2.4　信息系统密码应用测评过程

《信息系统密码应用测评过程指南》（GM/T 0116—2021）中明确指出测评过程包括四项基本测评活动：测评准备活动、方案编制活动、现场测评活动、分析与报告编制活动，如图 16-4 所示。测评准备活动是开展测评工作的前提和基础，主要任务是掌握被测信息系统的详细情况，准备测评工具，为编制测评方案做好准备；方案编制活动是开展测评工作的关键活动，主要任务是确定与被测信息系统相适应的测评对象、测评指标、测评检测点及测评内容等，编制测评方案，为进行现场测评提供依据；现场测评活动是开展测评工作的核心活动，主要任务是根据测评方案分步实施所有测评项目，以了解被测信息系统真实的密码应用现状，获取足够的证据，发现其存在的密码应用安全性问题；分析与报告编制活动是给出测评工作结果的活动，主要任务是根据有关行业或国家标准要求，通过单元测评、整体测评、量化评估和风险分析等方法，找出被测信息系统密码应用的安全保护现状与相应等级的保护要求之间的差距，并分析这些差距可能导致的被测信息系统所面临的风险，从而给出各个测评对象的测评结果以形成被测信息系统的测评结论，编制测评报告，各阶段的主要任务及输出文档如表 16-3 所示。

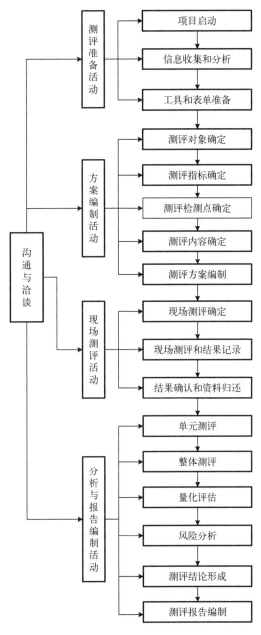

图 16-4　密码测评过程

表 16-3 密码测评各阶段的主要任务及输出文档

测评阶段	任务	输出文档	文档内容
测评准备活动	项目启动	项目计划书	项目概述、工作依据、技术思路、工作内容和项目组织等
	信息收集和分析	完成的调查表格、各种与被测信息系统相关的技术资料	被测信息系统的网络安全保护等级、业务情况、软硬件情况、密码应用情况、密码管理情况和相关部门及角色等
	工具和表单准备	选用的测评工具清单、打印的各类表单，如现场测评授权书、风险告知书、文档交接单、会议记录表单、会议签到表单等	测评工具、现场测评授权、测评可能带来的风险、交接的文档名称、会议记录表单、会议签到表单等
方案编制活动	测评对象确定	测评方案的测评对象部分	被测信息系统的整体结构、边界、网络区域、核心资产、面临的威胁、测评对象等
	测评指标确定	测评方案的测评指标部分	被测信息系统相应等级对应的适用和不适用的测评指标
	测评检测点确定	测评方案的测评检测点部分	测评检测点、测评内容及测评方法
	测评内容确定	测评方案的单元测评实施部分	单元测评实施内容
	测评方案编制	经过评审和确认的测评方案文本	项目概述、测评对象、测评指标、测评检测点、单元测评实施内容、测评实施计划等
现场测评活动	现场测评准备	会议记录、更新确认后的测评方案、确认的测评授权书和风险告知书等	工作计划和内容安排、双方人员的协调、被测单位应提供的配合与支持
	现场测评和结果记录	各类测评结果记录	访谈、文档审查、实地察看和配置检查、工具测试的记录及测评结果
	结果确认和资料归还	经过被测单位确认的各类测评结果记录	测评活动中发现的问题、问题的证据和证据源、每项测评活动中被测单位配合人员的书面认可文件
分析与报告编制活动	单元测评	测评报告的单元测评部分	汇总统计各测评指标的各个测评对象的测评结果，给出单元测评结果
	整体测评	测评报告的单元测评结果修正部分	分析被测信息系统整体安全状况及对各测评对象测评结果的修正情况
	量化评估	测评报告中整体测评结果和量化测评部分，以及总体评价部分	综合单元测评和整体测评结果，计算得分，并对被测信息系统的密码应用情况安全性进行总体评价
	风险分析	测评报告的风险分析部分	分析被测信息系统存在的安全问题和风险情况
	测评结论形成	测评报告的测评结论部分	对测评结果进行分析，形成测评结论
	测评报告编制	经过评审和确认的测评报告	概述、被测信息系统描述、测评对象说明、测评指标说明、测评内容和方法说明、单元测评、整体测评、量化测评、风险分析、测评结论和改进建议等

信息系统密码应用测评包括两部分重要内容：信息系统规划阶段对密码应用方案的评审、评估以及建设完成后对信息系统开展的实际测评。两部分内容的主要依据就是《基本要求》中明确的四个技术方面和四个管理方面的相关要求，前面已经对此进行了详细的介绍，在此不再赘述。

16.3　信息系统密码应用安全性评估中的风险

16.3.1　存在的风险

信息系统密码应用安全性评估的目的是检测信息系统的安全保密保障能力，但在具体实施过程中，却可能由于测评的时机、方法、手段和工具的原因而带来一定的风险，具体如下。

(1)验证测试可能影响被测信息系统正常运行。在现场测评时，需对设备和系统进行一定的验证测试工作，部分测试内容需上机查看信息，可能对被测信息系统的运行造成不可预期的影响。

(2)测评工具可能影响被测信息系统正常运行。在现场测评时，根据实际需要可能会使用一些测评工具进行测评。测评工具使用时可能会产生冗余数据，同时可能会对系统的负载造成一定的影响，进而对被测信息系统中的服务器和网络通信造成一定的影响甚至损害。

(3)可能导致被测信息系统敏感信息泄露。测评过程中，可能泄露被测信息系统的敏感信息，如加密机制、业务流程、安全机制和有关文档信息。

(4)其他可能面临的风险。在测评过程中，也可能出现其他影响被测信息系统可用性、机密性和完整性的风险。

16.3.2　风险的规避

为有效规避密评过程中存在的安全风险，可从以下几个层面着手。

(1)签署委托测评。在测评工作正式开始之前，测评方和被测单位需要以委托协议的方式，明确测评工作的目标、范围、人员组成、计划安排、执行步骤和要求以及双方的责任和义务等，使得测评双方对测评过程中的基本问题达成共识。

(2)签署保密协议。测评相关方应签署合乎法律规范的保密协议，以规定测评相关方在保密方面的权利、责任与义务。

(3)签署现场测评授权书。现场测评之前，测评方和被测单位签署现场测评授权书，要求测评相关方对系统及数据进行备份，采取适当的方法进行风险规避，并针对可能出现事件制定应急处理方案。

(4)明确现场测评要求。需进行验证测试和工具测试时，应避开被测信息系统业务高峰期，在系统资源处于空闲状态时进行测试，或配置与被信息系统一致的模拟/仿真环境，在模拟/仿真环境下开展测评工作；确需进行上机验证测试时，密评人员应提出需要验证的内容，由被测单位技术人员进行实际操作。整个现场测评过程，由被测单位和测评方相关人员进行全程监督。

16.4　本 章 小 结

密评机构需依据《基本要求》的标准要求，对信息系统的密码应用解决方案和信息系统自身进行密评。

密评机构对信息系统的密码应用解决方案进行密评时，应分析密码应用解决方案是否对信息系统中需要保护的资产、数据提供了体系化、完备、适用的密码保障措施。若密码应用解决方案中存在不适用指标，需对不适用指标及其论证材料进行评估，审核不适用的具体原因的合理性，并审核是否存在可满足安全要求并实现等效控制的其他替代性风险控制措施。

密评机构对信息系统开展密评时，应对照通过密评的密码应用方案，核查不适用指标的条件是否成立、替代性风险控制措施是否落实，从而确定适用和不适用的测评指标，然后从总体要求、物理和环境安全、网络和通信安全、设备和计算安全、应用和数据安全、密钥管理、安全管理等方面开展评估，根据信息系统当前的安全状况，给出评估结果并提出有针对性的整改建议。

习　　题

1．密评是对密码应用的合规性、正确性和有效性等进行的评估，具体包含哪些内容？

2．在组织密评过程中，需要遵循哪些原则？

3．密评在信息系统的规划阶段、建设阶段和运行阶段主要完成哪些工作？

4．对于传输机密性、存储机密性、传输完整性、存储完整性、真实性、不可否认性等密码功能的技术测评分别需要采取哪些测评措施？

5．密评中的管理测评主要包含对哪些方面的测评？具体的要求是什么？

6．密评过程中存在哪些风险？如何有效规避这些风险？

第 17 章　网络攻击溯源

近年来，网络安全事件层出不穷，各种网络攻击给国家、社会和个人带来了严重的危害，如分布式拒绝服务攻击(DDoS)、基于僵尸网络(Botnet)的高级可持续攻击(APT)、利用远程控制木马的信息窃取等。在这些攻击中，攻击者会向目标主机，也就是受害主机，发送特定的攻击数据包。从受害主机的角度来看，如果能追踪这些攻击数据包的来源，定位攻击者的真正位置，那么受害主机不但可以采用应对措施，如在合适的位置过滤攻击数据包，而且可以对攻击者采取法律手段。

当网络信息系统遭受攻击时，如何确定攻击者、攻击源、攻击意图及攻击过程？这些都需要攻击溯源技术的支持。在网络空间中有效使用攻击溯源技术，有助于定位攻击源，重构攻击时序，重塑攻击事件，进而进行有针对性的阻截与反制，实现从传统的被动防御转为主动防御，占领网络攻防制高点。

17.1　概念及作用

攻击者，一般指攻击实施者，在网络攻击溯源中也可指发起攻击指令的网络设备。事实上，从攻击设备到攻击者之间还有一道鸿沟，就是如何通过追踪定位攻击者的主机确定攻击者身份，即攻击是由哪个人或哪个组织实施的。追踪定位攻击者主机是追踪溯源的终极目标，但这需要将网络空间中的"主机"与现实物理空间中的"人"进行关联，需要物理空间的情报支持，因此相对在网络空间中识别出攻击者直接使用的主机来讲，难度要大得多。

一般来说，攻击者会使用伪造 IP 地址、跳板、匿名网络等技术开展网络攻击活动，以逃避追踪，致使防御方难以确定其攻击源，从而不能实施有针对性的防护策略。网络攻击溯源正是在网络空间中实现攻击源定位和攻击时序重构，以有效应对网络攻击，进行有针对性的防御与反制，是网络攻防对抗中的关键技术之一，也是网络主动防御中的重要环节，对于最小化网络攻击的效果、威慑潜在的网络攻击都有至关重要的作用。

网络攻击溯源，美国军方将其称为"网络攻击归因"(Cyber Attack Attribution)，目前还没有一个统一标准的定义。本书所说的网络攻击溯源就是指从受害者开始，逆向追踪定位攻击的中间介质，并最终确定攻击者身份或位置，还原攻击路径的过程。身份指攻击者名字、账户或与之有关系的位置等类似信息；位置包括其地理位置或虚拟地址，如 IP 地址、MAC 地址等。追踪溯源的过程应还能提供其他辅助信息，如攻击路径和攻击时序等。

一个理想的攻击溯源总是能够有效确定攻击者身份或位置。但是，聪明的攻击者总是能够采取各种各样的手段或技术，隐藏自身信息，逃避追踪。实际上，即便不能轻易追踪定位攻击源，但能够确定攻击中间介质或攻击路径上的某台主机等，也能有效切断攻击路径，实施有针对性的防护措施，减少攻击损害。

通常，追踪溯源问题可以分为网络攻击、非网络攻击和供应链威胁三大类问题。对于非网络攻击以及供应链威胁，追踪溯源与现实生活中的事件侦查取证问题类似。网络攻击根据其造成的损害可以分为网络战、网络利用、网络犯罪、暴力攻击及恶意行为滋扰等不同攻击层次，网络攻击溯源对不同类型的攻击威胁起到的作用也不尽相同。

网络攻击溯源技术的研究及运用在网络安全中具有十分重要的意义，为国家网络安全、防范黑客攻击等提供有力的技术保障。

(1)利用网络攻击溯源技术，可及时确定攻击源，使防御方能够及时地制定、实施有针对性的防御策略，提高了网络主动防御的及时性和有效性。

(2)利用网络攻击溯源技术，使得防御方在确定攻击源后可以通过拦截、隔离、关闭等手段将攻击损害降到最低，保证网络平稳健康地运行。

(3)利用网络攻击溯源技术，在定位攻击源后，通过多部门配合协调，可对攻击主机进行关闭搜查等，从源头保证网络运行安全。

(4)利用网络攻击溯源技术，可追踪定位网络内部攻击行为，防御内部攻击。

(5)利用网络攻击溯源技术，可以对各种网络攻击过程进行记录，为司法取证提供有力的保证，威慑网络犯罪。

17.2　层次划分

从网络攻击溯源的概念中可以知道，网络攻击溯源需要通过网络及网络信息设备中的相关信息实现攻击中间介质与攻击路径的快速确认和重构，以实现更有实用意义的追踪定位，并据此采取相应的防护措施，将网络攻击的损害降为最低。

根据网络攻击中间介质识别确认、攻击路径的重构以及追踪溯源的深度和细微度，可将追踪溯源技术分为四个层次。

第一层：溯源攻击主机。

第二层：溯源攻击的控制主机。

第三层：溯源攻击者。

第四层：溯源攻击者所在的组织机构。

可以使用图 17-1 来解释追踪溯源技术的四个层次的划分原理。图中的 PC1～PC4 代表的是主机，PC1、PC4 是攻击主机，PC2 是跳板，PC3 是被攻击主机；①～⑤代表的含义是攻击事件；R1～R3 代表路由器。图示的攻击过程为：攻击者通过 PC1 利用攻击事件①来入侵跳板 PC2，并在 PC2 上利用攻击事件②入侵被攻击主机 PC3，再在 PC3 中触发攻击事件③（如DDoS 代理）；攻击者通过 PC4 利用攻击事件④向 PC3 发起一个激励或命令，联合或直接启动攻击事件③，从而导致攻击事件⑤的发生。

第一层的追踪溯源技术常常称为 IP 追踪，其目标是定位攻击主机，即实施最终攻击行为的主机，在图 17-1 中可以理解为从被攻击主机 PC3 寻找直接实施攻击的跳板 PC2 的过程。

第二层的追踪溯源技术是寻找攻击的控制主机。因为网络中主机上事件的发生总是由某种原因或事件导致的，所以这一层模型可以看作基于因果关系的一种抽象。例如，一台主机上的事件（请求服务）可能导致另一台主机上的事件（提供服务）发生。第二层追踪溯源技术的目标就是寻找导致该事件发生的某个"因果链"事件。一般来说，这种"因果链"是按某种顺序组合的一系列主机。事实上，这种事件的因果关系是一种控制关系，这种关系常常是多对多的，也可能是一对多的，甚至是多对的控制关系。因此，网络中主机间事件的控制路径是多样的。例如，在图 17-1 中，攻击事件①～⑤不需要同时发生，在攻击事件⑤发生时，事件①、②、③、④已经完成并停止活动。追踪者最初只看到事件⑤的发生，第二层追踪溯源技术的目标就是通过事件⑤的发生寻找触发事件①的攻击主机 PC1。

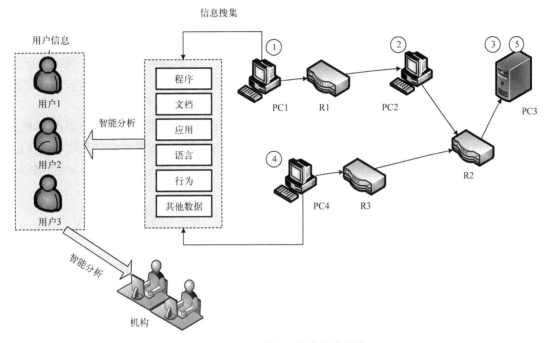

图 17-1　追踪溯源技术层次划分

完成第二层追踪溯源技术的目标，最浅显的思路就是一级一级地反向追踪溯源。

第三层的追踪溯源技术是追踪具体的攻击者，即通过对网络空间和物理世界的信息数据分析，将网络空间中的事件与物理世界中的事件相关联，并以此确定物理世界中对网络事件负责的自然人。

第三层追踪溯源技术包含四个环节：①网络空间的事件信息确认；②物理世界的事件信息确认；③网络事件与物理事件间的关联分析；④物理事件与自然人间的因果确认。对于第①个环节，通过前两个层次的追踪溯源技术可较好地实现。第②个环节需要物理世界中的情报、侦察取证等手段。第③个环节是通过对网络世界中的信息主机的位置、攻击模式、攻击行为、时间、习惯、文件语言、键盘使用方式等与物理世界中取证的各种信息情报进行综合分析，确认网络事件与物理事件的因果关联。第④个环节是采取司法取证等手段，对物理事件中的可疑人员进行调查分析，最终确定事件责任人，即真正的攻击者。

从上述第三层追踪溯源技术的问题描述中可以看到，完成第三层追踪溯源技术的目标就需要对攻击主机进行信息搜集，并通过智能分析主机在物理世界中对应的用户信息，为寻找对应的物理世界中的攻击者进行画像。但不是所有的网络信息都可用于第三层追踪溯源技术中，需要在网络空间中有针对性地收集信息。这些信息主要包括以下几个。

（1）自然语言文档。通过对收集到的攻击主机中的文档(需确认能否通过入侵攻击主机或司法手段获得)语言的分析，确认攻击者的身份。

（2）E-mil 和聊天记录。收集其 E-mail 和聊天记录等，分析其爱好、朋友圈、习惯甚至信仰等信息。

(3)攻击代码。捕获网络攻击代码，逆向分析确认编程习惯、语言、工具等信息。

(4)键盘信息。记录攻击主机的键盘使用信息，确认攻击者进行网络攻击时的惯用手和键盘操作模式等信息。

(5)攻击模型。通过对网络攻击模型的重构和分析，可以分析攻击者如何调动各种资源实施攻击，以及攻击路径、过程控制等信息。

以上这些信息数据的收集，有的需要在网络空间完成，有的需要采取司法行政手段等，信息数据收集受到各种各样的限制，如网络的连通性和可访问性等。因此完成这些信息数据收集本身就已是一项非常艰巨的任务。

第四层的追踪溯源技术是寻找与攻击者相关联的组织机构，即实施网络攻击的幕后组织或机构。在确定物理世界攻击者的基础上，依据潜在机构、外交、政策战略以及攻击者身份信息、工作单位、社会地位、人际交往等多种情报信息分析评估确认特定人与特定组织机构的关系，如图 17-2 所示。

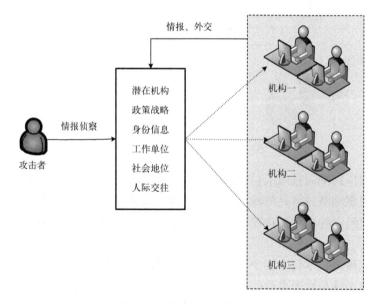

图 17-2　第四层追踪溯源

应用在不同层次的追踪溯源技术主要包含以下几个方面。

在第一层次的溯源攻击主机中，其主要技术有：基于日志存储查询的追踪技术，通过对网络设备数据流进行详细的记录来溯源；路由器输入调试追踪技术，向上游路由器报告攻击数据特征，并提出追踪报告申请，当路由器再次匹配到具有该特征的数据时，将向上反馈数据来源信息。

在第二层次的溯源攻击控制主机中，其主要技术是链路的测试技术，从与被攻击主机距离最近的路由器开始，通过多种技术手段来判断攻击数据流的来源，并不断地寻找上游路由器，直到寻找到边界路由器。

在第三层次的溯源攻击者中，其主要技术有：文档分析技术，通过分析文档使用的语言、文化背景、专业领域等属性，或者使用算法对文档书写特征进行统计分析，来帮助缩小文档作者范围；攻击代码分析技术，通过分析恶意攻击代码的内容、编写风格、使用习惯等方面来寻找出对应作者。

在第四层的溯源攻击者的组织机构中，其技术主要是针对攻击者关联的机构、社交、身份地位等大量信息进行分析。第四层追踪溯源技术的操作需要更多相关联的信息支持，也包括第一～三层的溯源结果。

17.3　主要技术挑战

现有的 TCP/IP 协议在设计之初，并没有考虑攻击源追踪问题，不能提供对数据包来源的认证功能，这使得在现有互联网基础设施条件下，对攻击源进行追踪是很困难的事情。因为一般在 IP 数据包中，只有源 IP 地址这一个字段能够表征该数据包的发送者。对于攻击者来说，为了隐藏自身，可以有意识地采取措施避免数据包中的源 IP 地址暴露自己的真实 IP 地址，主要的方法有：如果攻击者不需要接收受害主机的响应数据包，如 DoS 攻击，则可以用虚假 IP 地址来填充源 IP 地址字段；如果攻击者需要与受害主机建立连接，则可以先攻击控制其他主机，将其作为跳板，而后从跳板发动攻击，这样源 IP 地址字段中出现的是跳板的 IP 地址，而非攻击者的 IP 地址。对于取证人员来说，即使检测到攻击数据包，也很难凭借这些攻击数据包去追踪定位真正的攻击者。

(1)互联网设计之初未考虑用户行为的追踪审计。

面向连接的电话网络，可以依据用户每一次的呼叫连接，实现追踪溯源，而互联网却没有这样的基础追踪定位联网的用户。由于互联网是无连接的分组数据网，没有电路连接，其最初的设计目的是方便国家重要部门之间的交流合作，并尽量保持其在外部攻击下的可用性。其设计是基于可信用户群的，重点在于防范外部攻击，因此没有考虑记录用户活动(例如，利用用户间的连接信号或传递用户指纹信息等手段进行审计追踪)、防范不可信用户、抵御内部攻击等方面，使网络攻击追踪缺乏必要的基础支持。因特网服务提供方(ISP)和建设者更多地关注连通性、传输速率及存储能力等服务，这些服务都不需要网络提供对网络用户行为的追踪溯源能力。

(2)互联网设计之初未考虑防范不可信用户。

随着互联网的规模发展、网络路由节点的部署，全球互联网形成以路由器为节点的网状结构，单个或部分路由节点损坏时，互联网能够自动更新相应路由，绕过损坏的路由节点连通网络。当前网络在路由协议(BGP 等)的支持下，能够很好地实现网络连通这一设计目标。但是这样的设计主要用来防御网络外部的攻击或破坏，对来自网络内部的攻击或破坏没有任何作用。互联网从早期面向专业的可信的用户到面向普通民众，其面临的用户群体发生了根本性的改变。

(3)数据源地址可假冒，阻碍追踪。

目前网络所使用的 TCP/IP 协议没有源地址认证等安全措施，攻击者能够对数据源地址字段直接进行修改，或者假冒，以隐藏其自身信息。对于单向通信而言，攻击者可以直接篡改其地址，填入虚假地址信息；对于双向通信而言，伪造源地址相对复杂，但相关技术也已被攻击者所掌握，并广泛传播。

一种伪造源地址的攻击方法是在攻击实施前渗透控制数台计算机，将其作为中间机或跳板，再通过这些受控制的中间机或跳板攻击最终的目标系统，以达到隐藏自身的目的。基于这种方法，产生了不少改进的攻击方法，以最大化地实现攻击者隐藏，扰乱安全监测逃避追踪。例如，延迟攻击，攻击者在控制了中间机或跳板后，通过在系统内设置特有的定时器等，实现攻击行为的延迟，使攻击追踪更加困难。

针对跳板前后数据流的特性，以图 17-3 为例，进行分析说明。攻击者在网络中可以利用或控制跳板，改变攻击数据流的特性，达到隐藏自身的目的。定义从攻击者 A 到跳板 S 的数据流为 F1，从跳板 S 到受害者 V 的数据流为 F2。攻击者通过控制跳板，可以轻易地改变 F2 的源地址，甚至伪造地址。利用跳板，攻击者可以对攻击数据流的源地址、数据内容以及时间进行变换，使得 F1 与 F2 数据流属性发生改变，两者之间的相似性变弱，甚至没有。追踪者顺藤摸瓜式地沿着攻击数据流追踪攻击者将变得异常困难。

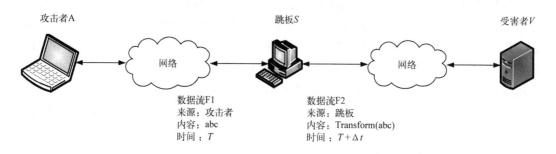

图 17-3　跳板前后数据流关系

按照攻击者对跳板控制的程度，可以将跳板分为反射器、专有跳板和僵尸跳板三类。其中反射器被攻击者控制的程度最低，攻击者只能访问反射器，利用网络协议的漏洞进行攻击数据流的放大和地址伪造等；僵尸跳板被攻击者控制的程度最高，攻击者具有管理员权限，能够在僵尸跳板上做任何想做的操作，僵尸网络中的僵尸机就是这一类跳板。

(4) 网络新技术层出不穷，妨碍追踪。

随着计算机及网络技术的发展，一些新技术在互联网上得到广泛应用，为用户带来好处的同时，也给追踪溯源带来了更大的障碍，具体表现如下。

① 为了实现更快的网络传输速度，路由器的发展趋势是尽可能快地转发报文，这意味着在高速网络中利用路由器协助跟踪的信息不可能保存太久，否则会很快超出路由器的存储能力。但是为了跟踪而使路由器的速度降下来又是不符合实际需求的，这样必然会影响网络的通信性能，降低网络的可用性。

② 在计算机网络中建立虚拟专用网 (VPN) 所采用的 IP 隧道技术，由于其对原 IP 报文进行加密处理，很难从新报文中得到原 IP 报文信息，从而很难追踪到攻击这种 IP 报文的源地址。类似技术广泛应用在反追踪上。防止被追踪的工具，称为匿名器，它保证双方通信而不被追踪定位。追踪者能够看到匿名器外的通信数据流，确定一个范围内的通信节点，却不能确定是哪个通信节点进行了通信。一组或多个匿名器组织在一起可以构成匿名网络。匿名网络中的通信采用固定速率，严格限制数据长度，并用加密信道传输数据。所有待传输的源数据，都根据匿名网络的通信要求编码进行传输。这样的匿名网络使得追踪者很难根据网络数据流信息追踪攻击数据流。

③网络用户数量剧增造成当前 IP 地址紧缺。ISP 为了节约地址，采用了地址池和网络地址转换（NAT）技术；移动通信网络中的移动设备可以随机接入网络；为了增加网络服务的灵活性，随遇随入、按时付费等新型网络服务形式出现。这些都使得网络地址不再固定地对应特定的用户，给攻击追踪提出了实时性的要求，增加了难度。

④随着社会信息化的进一步发展，移动互联网、工业控制网络（如电力、供水、地铁）等新兴网络系统的应用，网络管理结构更加复杂，这些使得攻击者能够利用网络结构上的复杂性和管理上的不协调性，逃避追踪。

（5）网络攻击复杂化、工具化增加了追踪难度。

17.4　网络攻击溯源所需信息

17.4.1　网络数据流

网络数据流是指计算机网络中，按照网络通信协议，如 TCP/P 协议等，组织起来的一串数字编码，用于网络中通信实体间的信息交互。网络数据流中一般包含源地址、目标地址、信息内容等用于通信的所有信息。追踪者可以通过网络抓包等手段获取数据流，然后对网络数据流进行适当分析，从中获知数据来自哪里、数据属于恶意行为还是正常通信过程等重要信息以确定攻击行为，对攻击源进行定位。

在网络中通过路由器、交换机等网络设备传输数据流时，这些设备只是按照数据段中的地址信息，根据网络路由结构和策略对网络数据流进行转发及路由，对数据流本身不做处理。而转发前后的数据包内容一般不会变化，因此在路由器、交换机前后的数据流具有内容上的相关性。对比前后数据流的相关内容可以确定数据流的网络传输路径。网络中传输的数据流还要经过主机、应用服务器等信息系统，以便为用户提供网络相关应用服务，如 DNS 查询、TCP 会话连接等。当这样的数据流进入相应信息系统后，经过处理，信息系统会按照一定的规则进行响应，其响应信息与请求信息在内容上存在较大差异，从内容的角度上看不到相关性。然而，这样的交互信息在时间上却存在较大的相关性，通过时间上的相关分析，可以确定与请求响应关联的数据流。

在网络攻击追踪过程中，为了提高准确性，减少误追踪，可以综合使用内容和时间的相关分析，确定特定数据流的传输路径。

17.4.2　日志信息

为了维护自身系统资源的运行状况，网络系统中的信息设备（包括计算机、路由器、入侵检测设备等）一般都会有相应的日志，记录系统有关日常事件或者误操作警报的日期及时间戳等信息。其对于网络攻击溯源非常有用。

然而，由于网络中不同的操作系统、应用软件、网络设备和服务产生不同的日志文件，即使相同的服务也可能采用不同格式的日志文件记录日志信息。目前国际上还没有形成标准的日志格式，各系统开发商和网络设备生产商往往根据各自的需要制定自己的日志格式，使得不同系统的日志格式和存储方式有所差别。获取并理解不同系统产生的不同日志文件是一个困难的工作。此外，由于网络中的设备可能属于不同的管理机构，甚至不同国家，在获取系统日志信息的过程中，需要协调相应管理结构，摒弃政治、经济等利益冲突等，这本身也是巨大的挑战。

另外，一个系统的日志是对本系统涉及的运行状况的信息按时间顺序做的简单记录，仅反映本系统的某些特定事件的操作情况，并不完全反映某一用户的整个活动情况。一个用户在网络活动的过程中，会在很多的系统日志中留下痕迹，如防火墙日志、IDS 日志、操作系统日志等。只有将多个系统的日志结合起来分析，才能准确反映用户活动情况。

更麻烦的是，系统日志通常存储在未经保护的目录中，并以文本方式存储，未经加密和校验处理，没有提供防止恶意篡改的有效保护机制。因此，日志文件并不一定是可靠的，入侵者可能会篡改或删除与其相关的日志信息，甚至根据系统的漏洞伪造日志以迷惑网络攻击追踪人员。

17.5　追踪溯源系统架构

网络攻击溯源就是通过对网络信息数据的收集、分析处理，还原信息数据在网络中的传输路径，确定其真正的源头。追踪溯源系统架构包括三个层次，即数据采集、分析追踪和追踪控制，如图 17-4 所示。

数据采集是网络攻击溯源的基础，为追踪溯源提供信息数据支撑，直接与网络进行交互操作。根据具体需求不同，数据采集层会涉及在数据链路层、网络层以及应用层等网络层次上的数据收集。数据采集层可以对网络信息数据直接进行采集记录，又或者依据具体的追踪溯源方法对网络信息数据进行标记，

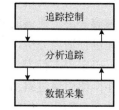

图 17-4　追踪溯源系统架构

注入必要的路径信息，为后续的分析追踪提供必需的信息数据。在数据采集层，还需要根据应用网络的环境和具体的追踪需求，选取合适的数据采集方式，最小化对网络造成的影响。

分析追踪是网络攻击溯源的核心，主要完成与网络攻击溯源相关的分析操作。根据具体应用的追踪溯源方法，分析追踪包括路径重构、基于数据日志的查询、链路相关分析等工作，判别真正的传输路径。

追踪控制是网络攻击溯源的控制中心，可以对分析追踪和数据采集的策略进行调整，以更加有效地实现追踪溯源。追踪控制中非常重要的控制是追踪溯源过程的控制，包括两个方面的内容。一是追踪过程的迭代控制，通常来说，追踪溯源是沿着网络攻击路径逆向逐节点追踪，在每一个追踪节点处需要判定其是否为最终真正的攻击源点，以及其上一级节点是谁。如果能确定为攻击源点，则完成追踪过程；如果不能确定，则在确定其上一级节点后，开启下一个追踪过程。二是跨网域的协同追踪控制。网络攻击的范围越来越大，需要在多个网域间进行协同追踪，因此追踪控制需要负责各网域追踪的协同控制以及追踪信息的交互，最终实现跨网域攻击路径的追踪。

在 17.2 节中将追踪溯源技术分为了四个层次，即攻击主机、攻击控制主机、攻击者以及攻击者组织机构。在此，从追踪者的角度对追踪溯源技术四个层次的追踪过程进行描述，让读者对追踪溯源的整体过程有一个统一的轮廓。网络攻击溯源的过程描述如图 17-5 所示。

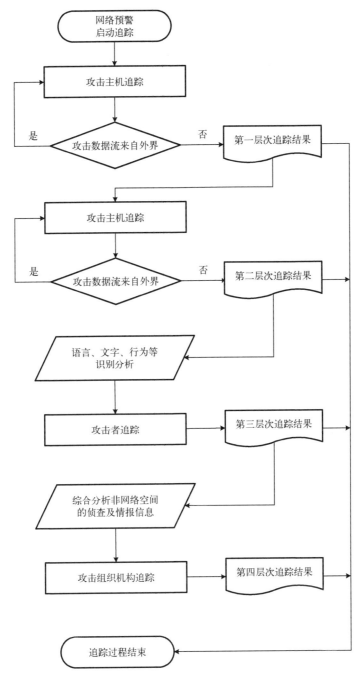

图 17-5　网络攻击溯源的过程描述

　　网络预警系统发现攻击行为后，向追踪溯源系统发送追踪请求。追踪溯源系统启动追踪过程，对攻击数据流进行追踪定位，确定发送攻击数据流的网络设备，即攻击主机，完成第一层次的追踪溯源。确定攻击主机后，通过分析该主机输入输出信息，或者其系统日志等信息，判定该主机是否被第三方控制，从而导致攻击数据流的产生，据此进一步确定攻击控制链路，确定其上一级控制节点，如此循环实现逐级追踪，完成第二层次的追踪溯源。在第二层次追踪溯源的基础上，结合语言、文字、行为等识别分析，可以对攻击者进行分析确定，从而完成第三层次的追踪溯源。在第三层次追踪溯源的基础上，结合网络空间之外的侦查及情报等信息，判定攻击者的目的、幕后组织机构等信息，实现第四层次的追踪溯源。这里需要特别强调的是，第三层次追踪溯源从网络设备到人的跨越，将网络设备的控制行为与具体的自然人相关联在技术上具有极大的挑战，而第四层次的追踪溯源更多地依赖于物理自然世界的侦查、情报等信息。

17.6　本章小结

对于攻击溯源问题，由于攻击路径可能分布在整个互联网上，可能涉及跨司法管辖权的问题，因此司法溯源不一定能掌握实现攻击溯源所需的全部资源。从目前的溯源方法来看，取证人员需要掌握的资源越少，溯源越容易，但技术难度越大；反之，实施起来越困难，但技术难度越小。目前，还无法做到自动化地对攻击进行追踪，更多地要依赖人工分析。

通过对现有网络攻击源追踪技术的分析可以发现，大部分的技术依赖于网络基础设施的帮助，否则几乎不可能发现真正的网络攻击者的主机，这就给下一代网络基础设施的设计带来一个挑战，即是否要支持网络攻击源追踪技术，并在网络安全结构或协议中有所考虑。

由于目前攻击溯源方法的实用性较差，实际效果不理想，随着网络安全领域威胁情报（Threat Intelligence）研究的兴起，利用共享的威胁情报来进行攻击溯源成为可能。威胁情报能够为攻击溯源提供更多的数据支撑，并且利用威胁情报有可能追踪到实施攻击的真正的个人或组织。

习　　题

1. 追踪溯源技术包含哪四个层次？每一个层次涉及哪些技术？
2. 攻击者会使用哪些技术躲避溯源？
3. 可以利用哪些信息实现对攻击的溯源？

参 考 文 献

蔡晶晶, 李炜, 2017. 网络空间安全导论[M]. 北京: 机械工业出版社.

陈福才, 2018. 网络空间主动防御技术[M]. 北京: 科学出版社.

陈耿, 韩志耕, 卢孙中, 2013. 信息系统审计、控制与管理[M]. 北京: 清华大学出版社.

陈华, 范丽敏, 2011. 密码测评——信息安全领域的核心技术[J]. 中国科学院院刊, 26(3): 297-302.

陈龙, 麦永浩, 黄传河, 2007. 计算机取证技术[M]. 武汉: 武汉大学出版社.

崔蔚, 赵强, 姜建国, 等, 2004. 基于主机的安全审计系统研究[J]. 计算机应用, 24(4): 124-126.

戴英侠, 2002. 系统安全与入侵检测[M]. 北京: 清华大学出版社.

杜虹, 2012. 保密技术概论[M]. 北京: 金城出版社.

冯登国, 2013. 可信计算——理论与实践[M]. 北京: 清华大学出版社.

冯登国, 赵险峰, 2014. 信息安全技术概览[M]. 北京: 电子工业出版社.

冯俊, 王箭, 2012. 一种基于 T-RBAC 的访问控制改进模型[J]. 计算机工程, 38(16): 138-141.

郭启全, 2018. 网络安全法与网络安全等级保护制度培训教程[M]. 北京: 电子工业出版社.

郭兆亮, 2013. 多媒体信息内容过滤研究[D]. 北京: 北方工业大学.

何占博, 王颖, 刘军, 2019. 我国网络安全等级保护现状与 2.0 标准体系研究[J]. 信息技术与网络安全, 38(3): 9-14, 19.

胡嘉麟, 2015. 基于移动网络的信息过滤模型及设计[D]. 兰州: 兰州大学.

黄璐, 林川杰, 何军, 2017. 融合主题模型和协同过滤的多样化移动应用推荐[J]. 软件学报, 28(3): 708-720.

黄旗绅, 李留英, 2017. 网络空间信息内容安全综述[J]. 信息安全研究, 12(3): 1115-1118.

蒋天发, 2009. 网络信息安全[M]. 北京: 电子工业出版社.

靳佩瑶, 2015. 基于内容的网页文本信息过滤技术研究[D]. 成都: 西南石油大学.

李炳龙, 2007. 文档碎片取证关键技术研究[D]. 郑州: 中国人民解放军战略支援部队信息工程大学.

李凤华, 苏铓, 史国振, 等, 2012. 访问控制模型研究进展及发展趋势[J]. 电子学报, 40(4): 805-813.

李晖, 牛少彰, 2011. 通信安全理论与技术[M]. 北京: 北京邮电大学出版社.

李澜, 冯登国, 徐震, 2005. 多级安全 OS 与 DBMS 模型的信息流及其一致性分析[J]. 计算机学报, 28(7): 1123-1129.

李晓峰, 冯登国, 陈朝武, 等, 2008. 基于属性的访问控制模型[J]. 通信学报, 29(4): 90-98.

李新伟, 2011. 抗共谋攻击的数字指纹技术研究[D]. 西安: 西安电子科技大学.

李毅超, 梁宗文, 李晓冬, 2016. 信息安全原理与技术[M]. 北京: 电子工业出版社.

林建, 张帆, 2007. 网络不良信息过滤研究[J]. 情报理论与实践, 30(4): 534-539.

林英, 张雁, 康雁, 2015. 网络攻击与防御技术[M]. 北京: 清华大学出版社.

刘华春, 王星捷, 2016. 网络舆情信息提取技术研究与实现[J]. 计算机技术与发展, 26(9): 11-18.

刘梅彦, 黄改娟, 2017. 面向信息内容安全的文本过滤模型研究[J]. 中文信息学报, 31(2): 126-138.

刘晓玲, 汤庸翼, 高峰, 等, 2007. 基于 TBAC 的 BPEL 访问控制技术研究[J]. 计算机科学, 34(2): 132-136.

刘毅, 2006. 内容分析法在网络舆情信息分析中的应用[J]. 天津大学学报(社会科学版), 8(4): 307-311.

刘颖, 2007. 基于的 SSE-CMM 电子政务安全体系结构的研究[D]. 成都: 电子科技大学.

马力, 祝国邦, 陆磊, 2019. 《网络安全等级保护基本要求》(GB/T 22239—2019)标准解读[J]. 信息网络安全, 2019(2): 77-84.

马楠, 2013. 基于内容的垃圾短信过滤技术研究[D]. 北京: 北京邮电大学.

彭安妮, 周威, 贾岩, 等, 2018. 物联网操作系统安全研究综述[J]. 通信学报, 39(3): 22-34.

彭新光, 2019. 信息安全技术与应用[M]. 北京: 人民邮电出版社.

覃张华, 2008. 短文本语义过滤技术的研究[D]. 北京: 北方工业大学.

卿斯汉, 2004. 高安全等级安全操作系统的隐蔽通道分析[J]. 软件学报, 15(12): 1837-1849.

沈昌祥, 左晓栋, 2018. 网络空间安全导论[M]. 北京: 电子工业出版社.

史凌云, 2004. 多级安全数据库系统集合推理问题研究[D]. 武汉: 华中科技大学.

孙晶涛, 2010. 基于内容的垃圾邮件过滤系统研究[D]. 兰州: 兰州理工大学.

唐涛, 2014. 基于大数据的网络舆情分析方法研究[J]. 现代情报, 34(3): 3-6, 11.

田里, 2014. 一个分布式深度报文过滤系统的设计与实现[D]. 武汉: 华中科技大学.

汪德嘉, 2017. 身份危机[M]. 北京: 电子工业出版社.

王兵, 武杰, 2011. 爱因斯坦-3 计划解读与分析[J]. 中国信息安全, 2011(2): 51-54.

王德松, 2012. 基于生物特征信息隐藏与身份认证及其应用研究[D]. 成都: 电子科技大学.

王张超, 2017. 铁路网络安全监控平台的设计与实现[D]. 北京: 中国铁道科学研究院.

吴尚荣, 2015. 基于 ARBAC 与 TRBAC 模型邮电印刷厂文件报批审核系统的设计与实现[D]. 成都: 电子科技大学.

武传坤, 2013. 物联网安全基础[M]. 北京: 科学出版社.

席荣荣, 云晓春, 金舒原, 2012. 网络安全态势感知研究综述[J]. 计算机应用, 32(1): 1-4.

向宏, 2014. 信息安全测评与风险评估[M]. 北京: 电子工业出版社.

闫怀志, 2018. 网络空间安全原理、技术与工程[M]. 北京: 电子工业出版社.

杨黎斌, 戴航, 蔡晓妍, 2017. 网络信息内容安全[M]. 北京: 清华大学出版社.

曾庆凯, 许峰, 张有东, 2010. 信息安全体系结构[M]. 北京: 电子工业出版社.

张焕国, 韩文报, 来学嘉, 2016. 网络空间安全综述[J]. 中国科学, 46(2): 125-164.

张凯涵, 梁吉业, 赵兴旺, 2018. 一种基于社区专家信息的协同过滤推荐算法[J]. 计算机研究与发展, 55(5): 968-976.

张笑鲁, 2016. Android 移动设备的数字取证关键问题研究[D]. 长春: 吉林大学.

钟林栖, 2006. 基于 CAS 协议的单点登录系统的研究[D]. 成都: 四川大学.

朱建明, 王秀利, 2017. 信息安全导论[M]. 北京: 清华大学出版社.

朱礼智, 2015. 分布式网络应急响应管理系统 CHAIRS 的设计与实现[D]. 南京: 东南大学.

祝世雄, 陈周国, 张小松, 等, 2015. 网络攻击追踪溯源[M]. 北京: 国防工业出版社.